JN272667

ライブラリ演習新数学大系＝S3

理工基礎 演習 微分積分

米田 元 著

サイエンス社

サイエンス社のホームページのご案内
http://www.saiensu.co.jp
ご意見・ご要望は　rikei@saiensu.co.jp　まで．

まえがき

　本書は，理工系の学生が微分積分学を演習形式で学ぶための本である．大学初年級の微分積分学は内容がたくさんあるわりに，授業時間数は少ないことが多い．なかなか授業中に問題を解く時間がとれないことが多いであろう．それを補う副教材あるいは独習書として，本書を利用してもらえれば幸いである．

本書の構成　本書の姉妹書である「理工系のための微分積分入門」（米田元著）と章節の構成は全く同一である．各節の初めには，定義・定理・基本例などの基本事項をまとめてある．その次に例題とその解答，そしてその類題として問題がある．例題の類題ではない問題は，章末問題として，各章の最後に挙げてある．

本書の使い方　まず各節の初めの基本事項を一通り読み，完全に理解できなくてもよいので，例題に進む．例題とその解法を理解しながら，基本事項を再読し，理解を深めるようにしよう．最後に問題を解くことで，基本事項，例題を確実に身につけることができる．なぜ，そのような方法で正解を得ることができるのかを考えることも大事である．一方，既に微分積分学を 1 回学んだ者ならば，基本事項や例題を眺めるだけでも，大学初年級の微分積分学の全体を把握することができるだろう．

謝辞　まず，姉妹書の教科書とこの演習書を書く機会を与えて下さった足立恒雄先生に感謝します．そして，サイエンス社の田島さま，鈴木さまにも多大なご協力を頂きました．改めて感謝申し上げます．

　2011 年 2 月

米田　元

目　　次

1　1変数関数の微分　　1

- 1.1　基本的な関数 ………………………………………… 1
  - 例題 1.1〜1.3
- 1.2　数列と関数の極限 …………………………………… 6
  - 例題 1.4〜1.6
- 1.3　導 関 数 ……………………………………………… 12
  - 例題 1.7〜1.8
- 1.4　逆三角関数 …………………………………………… 15
  - 例題 1.9〜1.11
- 1.5　逆関数の微分 ………………………………………… 19
  - 例題 1.12
- 1.6　双曲線関数 …………………………………………… 20
  - 例題 1.13〜1.14
- 1.7　対数微分法 …………………………………………… 23
  - 例題 1.15
- 1.8　高階微分とライプニッツの公式 …………………… 24
  - 例題 1.16〜1.17
- 1.9　テイラーの定理とテイラー展開 …………………… 26
  - 例題 1.18〜1.19
- 1.10　マクローリン展開の応用 …………………………… 29
  - 例題 1.20〜1.21
- 1.11　ロピタルの定理 ……………………………………… 31
  - 例題 1.22
- 1.12　ロピタルの定理の応用 ……………………………… 32
  - 例題 1.23〜1.24

目　次　　　　　　　　　　　iii

- 1.13　極　　値 ································· 34
    - 例題 1.25〜1.26
- 1.14　グラフの凹凸 ···························· 37
    - 例題 1.27
- 章 末 問 題 ······································ 39

2　1変数関数の積分　　　　　　　　40

- 2.1　不 定 積 分 ································ 40
    - 例題 2.1
- 2.2　定　積　分 ································ 42
    - 例題 2.2〜2.3
- 2.3　置 換 積 分 ································ 45
    - 例題 2.4〜2.5
- 2.4　部 分 積 分 ································ 47
    - 例題 2.6〜2.7
- 2.5　有理関数の積分 ···························· 49
    - 例題 2.8〜2.10
- 2.6　三角関数の積分 ···························· 52
    - 例題 2.11〜2.12
- 2.7　無理関数の積分 ···························· 55
    - 例題 2.13〜2.15
- 2.8　特 異 積 分 ································ 59
    - 例題 2.16〜2.17
- 2.9　無 限 積 分 ································ 61
    - 例題 2.18〜2.19
- 2.10　曲線の長さ ································ 63
    - 例題 2.20〜2.22
- 2.11　図形の面積 ································ 66
    - 例題 2.23〜2.25
- 2.12　体　　積 ··································· 70

目次

  例題 2.26〜2.27

2.13 重　心 ·· 73
  例題 2.28〜2.30

2.14 慣性モーメント ·· 76
  例題 2.31〜2.33

章末問題 ·· 79

3 多変数関数の微分   81

3.1 2 変数関数の極限，連続性 ···································· 81
  例題 3.1〜3.3

3.2 2 変数関数の偏微分 ·· 85
  例題 3.4〜3.5

3.3 勾配ベクトル ·· 87
  例題 3.6〜3.7

3.4 曲面の接平面と法線 ·· 89
  例題 3.8〜3.10

3.5 合成関数の偏微分 ·· 92
  例題 3.11〜3.12

3.6 変数変換と偏微分 ·· 94
  例題 3.13〜3.14

3.7 高階偏導関数 ·· 96
  例題 3.15

3.8 2 変数関数のテイラーの定理，テイラー展開 ············ 98
  例題 3.16〜3.17

3.9 陰関数 ··· 100
  例題 3.18

3.10 極　値 ··· 101
  例題 3.19〜3.20

3.11 条件付き極値問題 ··· 104
  例題 3.21〜3.23

目　　次　　　　　　　　　　v

3.12　3 変数関数の微分 ………………………………… 107
　　　例題 3.24〜3.27
章 末 問 題 ……………………………………………………… 114

4　多変数関数の積分　　　　　　　　　115

4.1　2 重積分の定義 ……………………………………… 115
　　　例題 4.1
4.2　累 次 積 分 …………………………………………… 118
　　　例題 4.2〜4.4
4.3　2 重積分の置換積分 ………………………………… 122
　　　例題 4.5〜4.7
4.4　特異 2 重積分 ………………………………………… 125
　　　例題 4.8〜4.9
4.5　無限 2 重積分 ………………………………………… 127
　　　例題 4.10〜4.11
4.6　2 重積分で体積を求める …………………………… 129
　　　例題 4.12〜4.13
4.7　2 重積分で曲面積を求める ………………………… 131
　　　例題 4.14〜4.15
4.8　3 重 積 分 …………………………………………… 133
　　　例題 4.16〜4.17
章 末 問 題 ……………………………………………………… 136

5　微分方程式　　　　　　　　　　　137

5.1　1 階微分方程式の解法 ……………………………… 137
　　　例題 5.1〜5.3
5.2　2 階微分方程式の解法 ……………………………… 141
　　　例題 5.4〜5.6
章 末 問 題 ……………………………………………………… 144

6 無限級数の収束 — 145

- 6.1 無限級数の収束判定 ································ 145
  - 例題 6.1〜6.2
- 6.2 無限積分・特異積分の収束 ···················· 148
  - 例題 6.3〜6.4
- 章末問題 ·· 152

問題解答 — 153

- 第 1 章の解答 ·· 153
- 第 2 章の解答 ·· 170
- 第 3 章の解答 ·· 194
- 第 4 章の解答 ·· 211
- 第 5 章の解答 ·· 229
- 第 6 章の解答 ·· 236

索引 — 242

第1章

1変数関数の微分

1.1 基本的な関数

多項式関数 x^n (実変数 x, 整数定数 n)

n が正のときは $x^n = x \cdot x \cdots x$ (n 個の積) とする. n が負で, $x \neq 0$ に対しては $x^n = 1/x^{-n}$ とする. n が 0 で, $x \neq 0$ に対しては $x^0 = 1$ とする. ($x = 0$ に対しては, 負の整数乗と 0 乗は定義しない.)

べき関数 x^a (正の実変数 x, 実数定数 a)

自然数 n と正変数 x に対し $x^{1/n}$ は n 乗すると x になるもののうち正のものとする. 有理数 m/n (m は整数, n は自然数) に対して, $x^{m/n}$ は $x^{1/n}$ の m 乗とする. 一般の実数 a に対しては, a に収束する有理数列 a_n を考えて, その x^{a_n} の極限で定義する. $a \geq 0$ のときは $0^a = 0$ と定義できるが, $a < 0$ のときは 0^a は無定義とする.

(指数の公式) $x^a x^b = x^{a+b}, \quad x^a/x^b = x^{a-b}, \quad (x^a)^b = x^{ab}$

指数関数 a^x (実変数 x, 1 でない正定数 a)

正定数 a ($\neq 1$) と変数 x に対し, $f(x) = a^x$ としたものを指数関数という. 底^{指数} という形で, 前述のべき関数は底は正変数, 指数は定数であった. 逆に底を正定数, 指数を変数にしたものが指数関数である.

対数関数 $\log_a x$ (正変数 x, 1 でない正定数 a)

$a^y = x$ となる y のことを $\log_a x$ と表す. $\log x$ は底の $e \left(= \lim_{x \to \infty} (1 + 1/x)^x \right)$ が省略されているもので**自然対数**と呼ばれる. この本では $\log x$ は自然対数のこととし, 常用対数 (底が 10) は使わない.

(対数の公式) $b, c > 0$ とする.

$$\log_a(bc) = \log_a b + \log_a c, \quad \log_a(b/c) = \log_a b - \log_a c,$$
$$\log_a(b^c) = c \log_a b, \qquad \log_a b = (\log_c b)/(\log_c a)$$

三角関数 $\sin x, \cos x, \tan x$

xy 平面上の単位円 ($x^2 + y^2 = 1$) の上を，毎秒 1 の速さで左回りに回り続ける点 P について．時刻 $t = 0$ で $(1, 0)$ にあったとして，時刻 t での x 座標を $\cos t$, y 座標を $\sin t$ と定義する．さらに $\tan t = \sin t / \cos t$ と定義する．

この本では弧度法（1 周が 2π ラジアン）を用い，度数法（1 周が 360 度）は使わない．$f(x) = \tan x$ は $x = \pi/2 + \pi n$ （n は整数）では定義されない．こういう点を**無定義点**という．

公式	$\sin^2 x + \cos^2 x = 1, \quad 1 + \tan^2 x = \dfrac{1}{\cos^2 x}$
加法定理	$\sin(x \pm y) = \sin x \cos y \pm \cos x \sin y$ （複号同順） $\cos(x \pm y) = \cos x \cos y \mp \sin x \sin y$ （複号同順） $\tan(x \pm y) = \dfrac{\tan x \pm \tan y}{1 \mp \tan x \tan y}$ （複号同順）
倍角	$\sin 2x = 2 \sin x \cos x$ $\cos 2x = 2\cos^2 x - 1 = 1 - 2\sin^2 x = \cos^2 x - \sin^2 x$ $\tan 2x = \dfrac{2\tan x}{1 - \tan^2 x}$ $\tan x = t$ と置く． $\sin 2x = \dfrac{2t}{1 + t^2}, \quad \cos 2x = \dfrac{1 - t^2}{1 + t^2}, \quad \tan 2x = \dfrac{2t}{1 - t^2}$
半角	$\sin^2 \dfrac{x}{2} = \dfrac{1 - \cos x}{2}, \quad \cos^2 \dfrac{x}{2} = \dfrac{1 + \cos x}{2}$
3 倍角	$\sin 3x = 3\sin x - 4\sin^3 x, \quad \cos 3x = 4\cos^3 x - 3\cos x$ $\tan 3x = \dfrac{3\tan x - \tan^3 x}{1 - 3\tan^2 x}$
積和	$\sin x \cos y = \frac{1}{2}\{\sin(x+y) + \sin(x-y)\}$ $\cos x \sin y = \frac{1}{2}\{\sin(x+y) - \sin(x-y)\}$ $\cos x \cos y = \frac{1}{2}\{\cos(x+y) + \cos(x-y)\}$ $\sin x \sin y = -\frac{1}{2}\{\cos(x+y) - \cos(x-y)\}$
和積	$\sin x + \sin y = 2\sin\dfrac{x+y}{2}\cos\dfrac{x-y}{2}$ $\sin x - \sin y = 2\cos\dfrac{x+y}{2}\sin\dfrac{x-y}{2}$ $\cos x + \cos y = 2\cos\dfrac{x+y}{2}\cos\dfrac{x-y}{2}$ $\cos x - \cos y = -2\sin\dfrac{x+y}{2}\sin\dfrac{x-y}{2}$
合成	$a\sin x + b\cos x = \sqrt{a^2 + b^2}\sin(x + \alpha)$ $\cos\alpha = \dfrac{a}{\sqrt{a^2 + b^2}}, \quad \sin\alpha = \dfrac{b}{\sqrt{a^2 + b^2}}$

● 関数 $f(x)$ に対し，x の取り得る範囲を**定義域**，それに対応して $f(x)$ の取り得る範囲を**値域**という．

例題 1.1 ── 多項式関数，べき関数

(1) $\left(2x - 1/x^2\right)^{10}$ の x^4 の係数を求めよ．
(2) 関数 $y = x^2 + x + 1$ の最小値を求めよ．
(3) 関数 $y = \sqrt{1 - 2x - x^2}$ の定義域と値域を求めよ．
(4) a, b, c は定数で，$a^2 + b^2 \neq 0$ とする．直線 $ax + by + c = 0$ の方向ベクトルと法線ベクトルを求めよ．

ヒント (1) 2項定理 $(x+y)^n = \sum_{k=0}^{n} {}_nC_k x^k y^{n-k}$ $\left({}_nC_k = \frac{n!}{(n-k)!\,k!}\right)$ を用いる．x^4 に相当する k を求める．(2) 平方完成する．(3) 定義域はルートの中が 0 以上．(4) ベクトル方程式 $\overrightarrow{OP} \cdot \boldsymbol{n} = k$ は，$\frac{k}{|\boldsymbol{n}|^2}\boldsymbol{n}$ という位置ベクトルを持った点を通り，法線ベクトル $\boldsymbol{n}$ を持った直線である．適当な定数 p, q, k を用いて方程式を $(p, q) \cdot (x, y) = k$ の形にする．

解答 (1) 2項定理より
$$\left(2x - \frac{1}{x^2}\right)^{10} = \sum_{k=0}^{10} {}_{10}C_k (2x)^k (-x^{-2})^{10-k} = \sum_{k=0}^{10} {}_{10}C_k 2^k (-1)^{10-k} x^{-20+3k}$$
となるが，$-20 + 3k = 4$ つまり $k = 8$ に相当する部分から x^4 が出現する．そのときの係数は ${}_{10}C_8 \, 2^8 (-1)^{10-8} = 45 \times 256 \times 1 = 11520$ となる．

(2) $y = (x + 1/2)^2 + 3/4$ となるので，$x = -1/2$ のとき最小値 $y = 3/4$ をとる．

(3) 定義域は $1 - 2x - x^2 \geq 0$ を解いた $-1 - \sqrt{2} \leq x \leq -1 + \sqrt{2}$．そのとき $y^2 = 1 - 2x - x^2 = 2 - (x+1)^2$ は最小値 0 から最大値 2 まで，任意の値をとるので，値域は $0 \leq y \leq \sqrt{2}$．

(4) $ax + by + c = 0 \Leftrightarrow (a, b) \cdot (x, y) = -c$ と書けるので，法線ベクトルは (a, b) となる．よって方向ベクトルは $(a, b) \cdot (b, -a) = 0$ となるので，$(b, -a)$ となる．

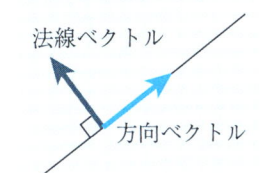

問題

1.1 $(x^2 - 1/2x)^{12}$ の x^3 の係数を求めよ．　**ヒント** 2項定理

1.2 関数 $y = -x^2 + 3x - 2$ の最大値を求めよ．　**ヒント** 平方完成

1.3 関数 $y = (-x^2 + 4x - 3)^{-3/2}$ の定義域と値域を求めよ．
ヒント 指数の底は正．

1.4 a, b, c, d は定数で，$a^2 + b^2 + c^2 \neq 0$ とする．平面 $ax + by + cz + d = 0$ の法線ベクトルを求めよ．　**ヒント** $(p, q, r) \cdot (x, y, z) = k$ の形にする．

例題 1.2 ── 指数関数・対数関数

(1) $y = \dfrac{2^x \cdot 4^x}{8 \cdot (2^{2x})^2}$ を簡単にしてグラフを描け．

(2) 方程式 $\exp x = 1$ を解け．

(3) 対数の公式 $\log(ab) = \log a + \log b \ (a, b > 0)$ を証明せよ．

ヒント (1) 全て 2 のべき乗の形にして，指数法則を使って整理する．(2) 曲線 $y = \exp x$ と直線 $y = 1$ の交点を調べる．(3) $\exp(\text{左辺} - \text{右辺}) = 1$ を示す．

解答 (1) $y = \dfrac{2^x \cdot 2^{2x}}{2^3 \cdot 2^{4x}} = 2^{x+2x-3-4x} = 2^{-x-1}$ となる．グラフは下図左．

(2) $y = \exp x$ と $y = 1$ の交点の x 座標を求めればよいので，下図右より $x = 0$.

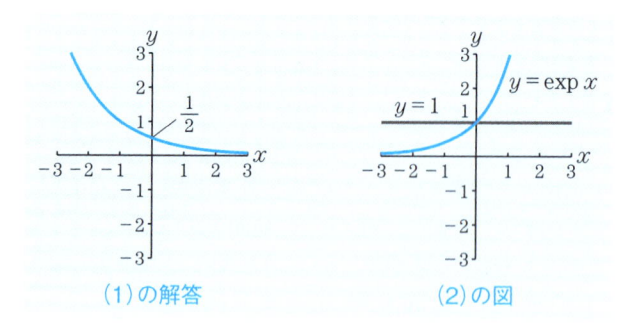

(1)の解答　　　(2)の図

(3) $\exp(\text{左辺} - \text{右辺}) = \dfrac{\exp(\log(ab))}{\exp(\log a) \exp(\log b)} = \dfrac{ab}{ab} = 1$

よって (2) より 左辺 − 右辺 = 0 となる．

問題

2.1 $y = \dfrac{(9^x)(27)^{x/3+1/3}}{3 \cdot (\sqrt{(3^x)})^5}$ のグラフを描け．

ヒント 全て 3 のべき乗の形にして，指数法則を使って整理する．

2.2 a を定数とする．次の方程式を解け．
 (1) $\exp x = a$ 　　(2) $\log x = a$

ヒント (1) $0 < a$ と $a \leqq 0$ で，場合分けが必要．(2) 場合分けは不要．

2.3 次の対数の公式を証明せよ．$a, b, c > 0$ とする．
 (1) $\log(a^b) = b \log a$ 　　(2) $\log_a b = \dfrac{\log_c b}{\log_c a}$
 (3) $\log_a b = \log_a c \log_c b$ 　　**ヒント** $\exp(\text{左辺} - \text{右辺}) = 1$ を示す．

1.1 基本的な関数

---例題 1.3--- 三角関数 ---

(1) sin と cos の加法定理を用いて，tan の加法定理を証明せよ．

(2) $x^2+y^2=1$ を満たす (x,y) について，$x=\cos\theta, y=\sin\theta$ $(0 \leqq \theta < 2\pi)$ となる θ が存在することを示せ．

(3) $\sin(\pi-\theta)\cos\left(\dfrac{\pi}{2}+\theta\right)+\tan\left(\dfrac{\pi}{2}-\theta\right)\sin(3\pi+\theta)\cos(2\pi-\theta)$ を簡単にせよ．

(4) $f(x)=2\sin x - 3\cos x$ の最大値を求めよ（最大となるときの x は求めなくてもよい）．

ヒント (2) $x=\cos\theta$ となる θ は 2 つある．(4) 三角関数の合成

解答 (1) $\tan(x\pm y) = \dfrac{\sin(x\pm y)}{\cos(x\pm y)} = \dfrac{\sin x \cos y \pm \cos x \sin y}{\cos x \cos y \mp \sin x \sin y}$

（分母・分子とも $\cos x \cos y$ で割る）

$$= \dfrac{\tan x \pm \tan y}{1 \mp \tan x \tan y}$$

(2) $-1 \leqq x \leqq 1$ なので，$\cos\varphi = x$ $(0 \leqq \varphi \leqq \pi)$ となる φ が存在する．

$y \geqq 0$ のときは，$\theta=\varphi$ とすれば $x=\cos\theta$，
$$y = \sqrt{1-x^2} = \sqrt{1-\cos^2\theta} = \sin\theta \text{ となる．}$$

$y<0$ のときは，$\theta=2\pi-\varphi$ とすれば $x=\cos(2\pi-\theta)=\cos\theta$，
$$y = -\sqrt{1-x^2} = -\sqrt{1-\cos^2\varphi} = -\sin\varphi = \sin\theta \text{ となる．}$$

(3) 与式 $= \sin\theta(-\sin\theta) + \dfrac{1}{\tan\theta}(-\sin\theta)\cos\theta = -(\sin^2\theta+\cos^2\theta) = -1$

(4) $f(x)=\sqrt{2^2+(-3)^2}\sin(x+\alpha)$ となる．ただし α は $\cos\alpha=2/\sqrt{14}$, $\sin\alpha=-3/\sqrt{14}$ となるようなもの．よって $\sin(x+\alpha)=1$ のときに最大値 $\sqrt{14}$ をとる．

問題

3.1 sin と cos の 2 倍角の公式を用いて，tan の 2 倍角の公式を証明せよ．

3.2 $x^2+y^2=1$ を満たす (x,y) について，$x=\cos\theta, y=\sin\theta$ $(-\pi \leqq \theta < \pi)$ となる θ が存在することを示せ． **ヒント** $x=\cos\theta$ となる θ は 2 つある．

3.3 $-\sin(\pi+\theta)\cos(\pi+\theta)\tan(\pi-\theta)+\sin\left(\dfrac{3\pi}{2}+\theta\right)\cos(3\pi-\theta)$ を簡単にせよ．

3.4 $f(x)=\dfrac{1}{4\sin x - 3\cos x + 6}$ の最大値・最小値を求めよ．

ヒント 三角関数の合成．

1.2 数列と関数の極限

極限（数列）

数列の極限の定義 (1) $\lim_{n\to\infty} a_n = a$：自然数 n を限りなく大きくしたときに，数列 a_n が定数 a に限りなく近づくこと．a に**収束**する，という．
(2) $\lim_{n\to\infty} a_n = \infty\, (-\infty)$：自然数 n を限りなく大きくしたときに，数列 a_n が限りなく大きく（小さく）なること．$\infty\, (-\infty)$ に**発散**する，という．
(3) a_n がどんな a にも収束しないときは**発散**する，という．a_n がある a に収束するか，$\infty\, (-\infty)$ に発散するときに，$\lim_{n\to\infty} a_n$ は存在する，という．存在しないときは，$\lim_{n\to\infty} a_n$ は**振動**する，という．

数列の極限の性質 $\lim_{n\to\infty} a_n = a,\ \lim_{n\to\infty} b_n = b$ のとき．
(1) $\lim_{n\to\infty}(k\,a_n + l\,b_n) = k\,a + l\,b \quad (k, l\text{ は定数})$
(2) $\lim_{n\to\infty} a_n b_n = a\,b$
(3) $b \neq 0$ のとき，$\lim_{n\to\infty} \dfrac{a_n}{b_n} = \dfrac{a}{b}$
(4) $a_n \leq c_n \leq b_n$ が成り立ち，$a = b$ であるとき，
$\lim_{n\to\infty} c_n = a = b$ （はさみうちの定理）

数列の極限の基本例
$$a \text{ は正定数} \quad \lim_{n\to\infty} n^a = \infty, \quad \lim_{n\to\infty} n^0 = 1, \quad \lim_{n\to\infty} n^{-a} = 0$$
$$a > 1 \text{ は定数} \quad \lim_{n\to\infty} a^n = \infty, \quad \lim_{n\to\infty} 1^n = 1, \quad \lim_{n\to\infty} (1/a)^n = 0$$

$$\lim_{n\to\infty} \frac{n+1}{n+2} = 1, \quad \lim_{n\to\infty} \frac{n+1}{n^2+2} = 0, \quad \lim_{n\to\infty} \frac{n^2+1}{n+2} = \infty,$$
$$\lim_{n\to\infty} \frac{n^2+1}{2^n} = 0, \quad \lim_{n\to\infty} \frac{2^n}{n^2+1} = \infty, \quad \lim_{n\to\infty} \frac{n^2+1}{n!} = 0,$$
$$\lim_{n\to\infty} \frac{n!}{n^2+1} = \infty$$

重要な極限値
$$\lim_{n\to\infty} \left(1 + \frac{1}{n}\right)^n = e$$

第 1 章章末問題 1 より，$\left(1 + \dfrac{1}{n}\right)^n$ は単調増加で有界である．単調かつ有界な数列は収束する．

極限（関数）

関数の極限の定義

(1) $\lim_{x \to a(+0,-0)} f(x) = b$：変数 x を $x \neq a$ $(x > a, x < a)$ をとりながら限りなく a に近づけたときに，関数 $f(x)$ が定数 b に限りなく近づくこと．

(2) $\lim_{x \to a(+0,-0)} f(x) = \infty\, (-\infty)$：変数 x を $x \neq a$ $(x > a, x < a)$ をとりながら限りなく a に近づけたときに，関数 $f(x)$ が限りなく大きく（小さく）なること．

(3) $\lim_{x \to \infty (-\infty)} f(x) = b$：変数 x を限りなく大きく（小さく）したとき，関数 $f(x)$ が定数 b に限りなく近づくこと．

(4) $\lim_{x \to \infty (-\infty)} f(x) = \infty\, (-\infty)$：変数 x を限りなく大きく（小さく）したとき，関数 $f(x)$ が限りなく大きく（小さく）なること．

- $f(x) \to b\ (x \to a)$, $f(x) \to \infty\ (x \to \infty)$ などと書くこともある．
- 数列の極限と同じように，**収束**とはある定数 b に収束すること，**発散**とは収束しないこと，**存在**とは収束するか無限に発散すること，**振動**とは存在しないことである．

関数の極限の性質 $\lim_{x \to a} f(x) = b$, $\lim_{x \to a} g(x) = c$ のとき．

(1) $\lim_{x \to a}(k f(x) + l g(x)) = k b + l c$ （k, l は定数）

(2) $\lim_{x \to a} f(x)\, g(x) = b c$

(3) $c \neq 0$ のとき，$\lim_{x \to a} \dfrac{f(x)}{g(x)} = \dfrac{b}{c}$

(4) $f(x) \leq h(x) \leq g(x)$ が成り立ち，$b = c$ であるとき
$$\lim_{x \to a} h(x) = b = c \quad \text{（はさみうちの定理）}$$

関数の極限の基本例 n は自然数定数，a は正の定数とする．

(1) $\lim_{x \to 0} x^n = 0$, $\lim_{x \to \infty} x^n = \infty$, $\lim_{x \to -\infty} x^{2n} = \infty$,
$\lim_{x \to -\infty} x^{2n-1} = -\infty$, $\lim_{x \to \infty} x^{-2n} = \infty$, $\lim_{x \to 0} x^{-2n+1} = $ なし,
$\lim_{x \to 0+0} x^{-n} = \infty$, $\lim_{x \to 0-0} x^{-2n} = \infty$, $\lim_{x \to 0-0} x^{-2n+1} = -\infty$,
$\lim_{x \to \infty} x^{-n} = 0$, $\lim_{x \to -\infty} x^{-n} = 0$

(2) $\lim_{x \to 0+0} x^a = 0$, $\lim_{x \to \infty} x^a = \infty$,
$\lim_{x \to 0+0} x^{-a} = 0$, $\lim_{x \to \infty} x^{-a} = 0$

(3) $a>1$ のとき $\quad \lim_{x\to -\infty} a^x, \lim_{x\to \infty} a^x$.

$0<a<1$ のとき $\quad \lim_{x\to -\infty} a^x, \lim_{x\to \infty} a^x$

(4) $a>1$ のとき $\quad \lim_{x\to 0+0} \log_a x = -\infty, \quad \lim_{x\to \infty} \log_a x = \infty$

$0<a<1$ のとき $\quad \lim_{x\to 0+0} \log_a x = \infty, \quad \lim_{x\to \infty} \log_a x = -\infty$

(5) $\lim_{x\to 0} \sin x = 0, \quad \lim_{x\to \infty} \sin x = $ なし, $\quad \lim_{x\to 0} \cos x = 1, \quad \lim_{x\to \infty} \cos x = $ なし,

$\lim_{x\to 0} \tan x = 0, \quad \lim_{x\to \infty} \tan x = $ なし

$\lim_{x\to \pi/2+0} \tan x = -\infty, \quad \lim_{x\to \pi/2-0} \tan x = \infty, \quad \lim_{x\to \pi/2} \tan x = $ なし

重要な極限値

$$\lim_{x\to 0} \frac{\sin x}{x} = 1, \quad \lim_{x\to \infty} \left(1+\frac{1}{x}\right)^x = e$$

第 1 章章末問題 2 より, n は自然数, x は実数として

$$\lim_{n\to \infty} \left(1+\frac{1}{n}\right)^n = \lim_{x\to \infty} \left(1+\frac{1}{x}\right)^x$$

関数の連続性

連続 関数 $f(x)$ が定数 a に対し, $\lim_{x\to a} f(x) = f(a)$ を満たすとき, "$f(x)$ は $x=a$ において連続" という.

連続関数の基本例 多項式関数 x^n は, n が負の場合の $x=0$ を除き連続である. べき関数 x^a は, $x>0$ で連続である. 指数関数 a^x は連続である. 対数関数 $\log_a x$ は $x>0$ で連続である. 三角関数 $\sin x, \cos x$ は連続である. $\tan x$ は $x \neq \pi/2 + n\pi$ (n は整数) で連続である. また連続関数を分母・分子に持つ分数関数は, 分母が 0 にならない限り連続である.

最大値・最小値の存在 連続関数は有界閉区間で最大値・最小値をとる.

中間値の定理 関数 $f(x)$ が $[a,b]$ で連続であるならば, 区間 $[a,b]$ 内で $f(a)$ と $f(b)$ の間の任意の値を取りうる. つまり $f(a)<f(b)$ ならば, 任意の $c \in [f(a), f(b)]$ に対し $f(d)=c$ となる $d \in [a,b]$ が存在する. $f(a)>f(b)$ ならば, 任意の $c \in [f(b), f(a)]$ に対し $f(d)=c$ となる $d \in [a,b]$ が存在する.

1.2 数列と関数の極限

例題 1.4 ─────────────────────── 数列の極限 ─

次の極限値を求めよ.ただし $\lim_{n\to\infty}(1+1/n)^n = e$ は使ってよい.

(1) $\displaystyle\lim_{n\to\infty}\frac{n!}{3^n}$ (2) $\displaystyle\lim_{n\to\infty}\left(1-\frac{1}{n}\right)^n$

ヒント (1) $(4/3)^n$ 以上であることを示す.(2) 極限 e を用いる形に変形する.

解答 (1) $\displaystyle\frac{n!}{3^n} = \frac{1}{3}\frac{2}{3}\frac{3}{3}\left(\frac{4}{3}\frac{5}{3}\cdots\frac{n}{3}\right) \geq \frac{1}{3}\frac{2}{3}\frac{3}{3}\left(\frac{4}{3}\frac{4}{3}\cdots\frac{4}{3}\right)$

$\displaystyle\qquad\qquad = \frac{2}{9}\left(\frac{4}{3}\right)^{n-3} \to \infty \quad (n\to\infty)$

(2) $\displaystyle 1-\frac{1}{n} = \frac{n-1}{n} = \left(\frac{n}{n-1}\right)^{-1} = \left(1+\frac{1}{n-1}\right)^{-1}$

となるので,この両辺を n 乗すると

$$\left(1-\frac{1}{n}\right)^n = \left(1+\frac{1}{n-1}\right)^{-n}$$

$$= \left\{\left(1+\frac{1}{n-1}\right)^{n-1}\right\}^{-1}\left(1+\frac{1}{n-1}\right)^{-1}$$

となる. $n\to\infty$ とすると,右辺第 1 項 $\to e^{-1}$,右辺第 2 項 $\to 1$ となるので

$$与式 = e^{-1}.$$

問題

4.1 次の数列 a_n について,$\displaystyle\lim_{n\to\infty}a_n$ を求めよ.

(1) $(-1)^n$ (2) $\displaystyle\sin\frac{\pi n}{2}$ (3) $\displaystyle\frac{(-1)^n}{n}$ (4) $\displaystyle\frac{n+1}{n^2+1}$ (5) $\displaystyle\frac{2^n}{n!}$

(6) $\displaystyle\frac{(-2)^n}{n!}$ (7) $\displaystyle\frac{n!}{(-2)^n}$ (8) $\displaystyle\left(1+\frac{a}{n}\right)^{bn}$

(9) $\displaystyle\sum_{k=1}^{n}\frac{1}{2^k}$ (10) $\displaystyle\sum_{k=1}^{n}\frac{1}{k^2+k}$ (11) $\displaystyle\frac{1}{n}\sum_{k=1}^{n}\frac{k}{2^k}$

ヒント (11) $\displaystyle\frac{1}{k^2+k} = \frac{1}{k} - \frac{1}{k+1}$,(12) $\displaystyle\sum_{k=1}^{n}\frac{k}{2^k} = 2 - 2^{1-n} - n\cdot 2^{-n}$

例題 1.5 ─────────────────── 関数の極限

次の極限値を求めよ．n は自然数，a は定数とする．ただし $\lim_{x \to 0} \frac{\sin x}{x} = 1$ は使ってもよい． (1) $\displaystyle\lim_{x \to 0} \frac{(a+x)^n - a^n}{x}$ (2) $\displaystyle\lim_{x \to 0} \frac{1 - \cos x}{x^2}$

ヒント (1) 2 項定理を用いる．(2) $\lim_{x \to 0} \frac{\sin x}{x} = 1$ を使える形に変形．

解答 (1)
$$\frac{(a+x)^n - a^n}{x} = \frac{1}{x}\left\{\left(\sum_{k=0}^{n} {}_n C_k a^{n-k} x^k\right) - a^n\right\}$$
$$= \frac{1}{x}\left\{\left(a^n + na^{n-1}x + \frac{n(n-1)}{2}a^{n-2}x^2 + \cdots + x^n\right) - a^n\right\}$$
$$= \frac{1}{x}\left\{na^{n-1}x + \frac{n(n-1)}{2}a^{n-2}x^2 + \cdots + x^n\right\}$$
$$= na^{n-1} + \frac{n(n-1)}{2}a^{n-2}x + \cdots + x^{n-1} \to na^{n-1} \quad (x \to 0)$$

(2) $\displaystyle\frac{1-\cos x}{x^2} = \frac{1-\cos x}{x^2} \cdot \frac{1+\cos x}{1+\cos x} = \frac{\sin^2 x}{x^2(1+\cos x)} = \frac{1}{1+\cos x}\left(\frac{\sin x}{x}\right)^2$

となるが，$x \to 0$ のとき，$\frac{1}{1+\cos x} \to \frac{1}{2}$，$\frac{\sin x}{x} \to 1$ となるので，答は $\frac{1}{2}$ となる．

問題

5.1 次の極限値を求めよ．ただし，$\lim_{x \to \infty}\left(1 + \frac{1}{x}\right)^x = e$ と $\lim_{x \to 0}\frac{\sin x}{x} = 1$ は使ってもよい．a, b は実数定数，n は自然数定数とする．

(1) $\displaystyle\lim_{x \to \infty}\left(1 + \frac{a}{x}\right)^{bx}$ $(a, b \neq 0)$ (2) $\displaystyle\lim_{x \to 0}(1 + ax)^{1/bx}$ $(a, b \neq 0)$

(3) $\displaystyle\lim_{x \to 0}\frac{e^x - 1}{x}$ (4) $\displaystyle\lim_{x \to 0}\frac{a^x - 1}{x}$ $(a > 0)$ (5) $\displaystyle\lim_{x \to 0}\frac{\sin(ax)}{\sin(bx)}$ $(b \neq 0)$

(6) $\displaystyle\lim_{x \to 0}\frac{\tan x}{x}$ (7) $\displaystyle\lim_{x \to \pi/2}\frac{\cos x}{x - \pi/2}$

(8) $\displaystyle\lim_{x \to 0}\frac{\tan(a+x) - \tan a}{x}$ (9) $\displaystyle\lim_{x \to \pi/2}\left(\frac{1}{\tan x} - \frac{1}{\sin x}\right)$

(10) $\displaystyle\lim_{x \to 0}\frac{\sqrt{a+x} - \sqrt{a}}{x}$ $(a > 0)$ (11) $\displaystyle\lim_{x \to -\infty}\sqrt{x^2 + 1} + x$

ヒント (1) $x = at$ と置き，a の符号で場合分け．(2) $x = 1/t$ と置き，$x \to 0 + 0$ と $x \to 0 - 0$ で場合分け．(3) $e^x - 1 = t$．(4) $(\log a)x = t$．(5) $\lim_{x \to 0}\frac{\sin x}{x} = 1$ が使える形に．(6)(7) $x - \pi/2 = t$，(8) $\tan$ の加法定理，(9) $x = \pi/2 + t$，(10) 分母・分子に $\sqrt{a+x} + \sqrt{a}$ をかける．(11) $\sqrt{x^2+1} + x = \frac{1}{\sqrt{x^2+1} - \sqrt{x}}$．

例題 1.6 ─────────────── 関数の連続性

(1) 次の関数について，連続性を調べ，最大値・最小値を求めよ．
  (i) $\cos x \quad (0 \leq x \leq \pi)$ (ii) $x + \dfrac{1}{x} \quad (0 < x)$

(2) 次の関数 $f(x)$ について，連続性を調べ，$f(x) = 1/10$ は解を 4 つ以上持つことを示せ．
$$f(x) = \begin{cases} x \sin \dfrac{1}{x} & \left(0 < |x| \leq \dfrac{1}{2\pi} \text{のとき}\right) \\ 0 & (x = 0 \text{のとき}) \end{cases}$$

ヒント (1) 閉区間上の連続関数は必ず最大値・最小値を持つ．逆は不成立．(2) $g(x)$ が連続で，$g(a)g(b) < 0$ であれば，(a, b) に $g(x) = 0$ となる x がある．

解答 (1) (i) $\cos 0 = 1$ から $\cos \pi = -1$ まで減少する連続関数である．$x = 0$ のとき最大値 1，$x = \pi$ のとき最小値 -1．(ii) 分母は 0 にならないので連続．$\displaystyle\lim_{x \to 0+0} x + \dfrac{1}{x} = \infty$ なので最大値なし．相加相乗平均より
$$x + \dfrac{1}{x} \geq 2\sqrt{x \dfrac{1}{x}} = 2$$
なので，$x = \dfrac{1}{x}$ のとき，つまり $x = 1$ のとき最小値 2．

(2) 分母が 0 にならない $0 < x$ では連続．$0 \leq |x \sin(1/x)| \leq |x| \to 0 \ (x \to 0)$ なので，$\displaystyle\lim_{x \to 0} x \sin \dfrac{1}{x} = 0$ となり $x = 0$ でも連続．$f(0) = 0 < 1/10$，$f\left(\dfrac{2}{5\pi}\right) = \dfrac{2}{5\pi} > 1/10$ なので，区間 $\left(0, \dfrac{2}{5\pi}\right)$ に解を持つ．さらに $f\left(\dfrac{1}{2\pi}\right) = 0 < 1/10$ なので，$\left(\dfrac{2}{5\pi}, \dfrac{1}{2\pi}\right)$ に解を持つ．$f(x)$ は偶関数であるから，$\left(-\dfrac{2}{5\pi}, 0\right)$ と $\left(-\dfrac{1}{2\pi}, -\dfrac{2}{5\pi}\right)$ にも 1 つずつ解を持つ．よって 4 つ以上の解があることが示された．

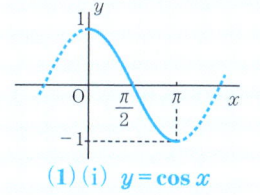

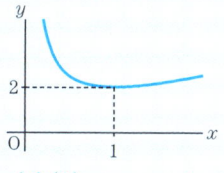

(1)(i) $y = \cos x$

(1)(ii) $y = x + 1/x$

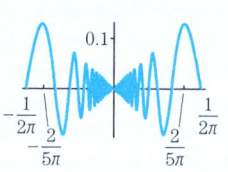

(2) $y = x \sin(1/x)$

問題

6.1 次の関数 $f(x)$ について，連続性を調べ，最大値・最小値を求めよ．

(1) $\sin x \quad \left(-\dfrac{\pi}{2} \leq x < \dfrac{\pi}{2}\right)$ (2) $\dfrac{1}{\cos x} \quad \left(0 \leq x < \dfrac{\pi}{2}\right)$

(3) $x^2(1 - x^2) \quad (0 \leq x \leq 1)$

ヒント (1) $\sin(\pi/2)$ は最大値とはいわない．(3) $X = x^2$ とすると，X の 2 次方程式．

6.2 次の関数 $f(x)$ について，連続性を調べ，$f(x) = 3 - \dfrac{15}{2}\pi|x|$ は解を 3 つ以上持つことを示せ．
$$f(x) = \begin{cases} \sin \dfrac{1}{x} & \left(0 < |x| \leq \dfrac{2}{5\pi} \text{のとき}\right) \\ 0 & (x = 0 \text{のとき}) \end{cases}$$

ヒント $\sin(1/x) = \pm 1$ となる x を探す．

1.3 導関数

導関数 関数 $f(x)$ に対して

$$\lim_{h \to 0} \frac{f(x+h) - f(x)}{h}$$

が収束するとき，$f(x)$ は x において**微分可能**という．この収束値を $f'(x)$ と書き**微分係数**という．任意の x において微分可能なとき，$f(x)$ は微分可能であるといい，関数 $f'(x)$ を $f(x)$ の**導関数**という．導関数を求めることを "微分する" という．

導関数の性質 $f(x), g(x)$ は微分可能な関数，a, b は定数とする．
(1) $(a f(x) + b g(x))' = a f'(x) + b g'(x)$ 　　（線形性）
(2) $(f(x) g(x))' = f'(x) g(x) + f(x) g'(x)$ 　　（積の微分法則）
(3) $(f(g(x)))' = f'(g(x)) g'(x)$ 　　（合成関数の微分法則）
(4) $\left(\dfrac{f(x)}{g(x)}\right)' = \dfrac{f'(x) g(x) - f(x) g'(x)}{g(x)^2}$ 　　（分数関数の微分法則）

微分可能と連続 関数 $f(x)$ が $x = a$ において微分可能であれば，$x = a$ において連続である．ただし逆は成り立たない（連続で微分不可能なことがある）．

基本的な関数の導関数 a は定数とする．

$$(x^a)' = a \, x^{a-1}$$

$$(a^x)' = \log a \cdot a^x$$

$$(\log x)' = \frac{1}{x}$$

$$(\sin x)' = \cos x$$

$$(\cos x)' = -\sin x$$

$$(\tan x)' = \frac{1}{\cos^2 x}$$

1.3 導関数

---**例題 1.7**------------------------------------**基本的な関数の導関数**---

次の関数を微分せよ．n は自然数とする．
(1) x^n (2) $1/x$ (3) x^{-n} (4) $\cos x$

ヒント (1)(2)(4) 導関数の定義 $f'(x) = \lim_{h \to 0} \frac{f(x+h)-f(x)}{h}$ を使う．(3) $x^{-n} = 1/x^n$ と合成関数の微分を使う．

解答 (1) $(x^n)' = \lim_{h \to 0} \frac{(x+h)^n - x^n}{h}$ であるが，p.10 例題 1.5(1) より，これは nx^{n-1} となる．

(2) $\left(\frac{1}{x}\right)' = \lim_{h \to 0} \frac{1}{h}\left(\frac{1}{x+h} - \frac{1}{x}\right)$ であるが

$$\frac{1}{h}\left(\frac{1}{x+h} - \frac{1}{x}\right) = \frac{1}{h}\frac{x-(x+h)}{x(x+h)} = -\frac{1}{x(x+h)} \to -\frac{1}{x^2} \quad (h \to 0)$$

となる．

(3) $f(x) = 1/x, g(x) = x^n$ とすると，(2), (1) より $f'(x) = -x^{-2}, g'(x) = nx^{n-1}$．
$x^{-n} = 1/x^n = f(g(x))$ なので，合成関数の微分を用いて

$$(x^{-n})' = f'(g(x))g'(x) = -g(x)^{-2}(nx^{n-1}) = -(x^n)^{-2}(nx^{n-1}) = -nx^{-n-1}.$$

(4) $(\cos x)' = \lim_{h \to 0} \frac{\cos(x+h) - \cos x}{h}$ であるが，加法定理を使って

$$\frac{\cos(x+h) - \cos x}{h} = \frac{\cos x \cos h - \sin x \sin h - \cos x}{h}$$
$$= \frac{\cos x(\cos h - 1) - \sin x \sin h}{h} = \cos x \underbrace{\frac{\cos h - 1}{h}}_{a} - \sin x \underbrace{\frac{\sin h}{h}}_{b}$$

となる．

p.10 例題 1.5 (2) の $\lim_{h \to 0} \frac{1 - \cos h}{h^2} = \frac{1}{2}$ を使うと

$$a = -h\frac{1-\cos h}{h^2} \to -0 \times \frac{1}{2} = 0 \quad (h \to 0).$$

また，p.8 の重要な極限値より $b \to 1 \ (h \to 0)$．よって $(\cos x)' = -\sin x$

---**問 題**---

7.1 次の関数を導関数の定義に戻って微分せよ．
   (1) $\sin x$ (2) $\tan x$ (3) $\exp x$ (4) $\log x$
   (5) $\log_a x$ (6) $\log_a |x|$

   ヒント (5) $\log_a x = \log x / \log a$, (6) x の符号で場合分け．

7.2 $x^a = \exp(a \log x)$ と合成関数の微分を利用して，x^a の導関数を求めよ．

例題 1.8 ──連続性と微分可能性──

(1) $f(x) = x|x|$ の $x = 0$ における連続性，微分可能性を調べよ．
(2) $y = \log(x^2+1)$ の $x = 2$ における接線の方程式を求めよ．

ヒント (1) $x = 0$ における微分可能性は $\lim_{x \to 0} \frac{f(h)-f(0)}{h}$ が収束するか否かを確かめる．微分可能であれば連続である．(2) y' は合成関数の微分 $(f(g(x)))' = f'(g(x))g'(x)$ を使う．$y = f(x)$ の $x = a$ における接線の方程式は $y = f'(a)(x-a) + f(a)$．

解答 (1) $f(0) = 0$ なので，微分可能性は $\lim_{h \to 0+0} \frac{f(h)}{h}$ と $\lim_{h \to 0-0} \frac{f(h)}{h}$ が一致するかどうかを調べる．
$$\lim_{h \to 0+0} \frac{h|h|}{h} = \lim_{h \to 0+0} \frac{h^2}{h} = \lim_{h \to 0+0} h = 0$$
$$\lim_{h \to 0-0} \frac{h|h|}{h} = \lim_{h \to 0-0} \frac{-h^2}{h} = \lim_{h \to 0-0} (-h) = 0$$
よって微分可能である．よって p.12 の微分可能と連続の定理より連続である．
(2) $f(x) = \log x$ と $g(x) = x^2+1$ とすると，$f'(x) = 1/x$, $g'(x) = 2x$．$y = \log(x^2+1) = f(g(x))$ であるので，p.12 の合成関数の微分法則を用いて
$$y' = f'(g(x)) \cdot g'(x) = \frac{1}{g(x)} \cdot (2x) = \frac{2x}{x^2+1}$$
となる．よって接線 $y = y'(2)(x-2) + y(2)$ は，$y = \frac{4}{5}(x-2) + \log(5)$ となる．

問題

8.1 次の関数の $x = 0$ における連続性，微分可能性を調べよ．
(1) $|x|$ (2) $x^2|x|$ (3) $\sin|x| - x$ **ヒント** 全て連続．

8.2 次の関数を微分せよ．ただし $f(x), g(x), h(x)$ は微分可能とする．
(1) $(x^2+1)^7$ (2) $\cos(x^2+1)$ (3) $\log(x + \sqrt{x^2+1})$
(4) $\log(x + \sqrt{x^2-1})$ (5) $\log \frac{1+x}{1-x}$ (6) $\sqrt{1-\sqrt{x}}$
(7) $\log f(x)$ (8) $f(x^2-1)$ (9) $f(g(h(x)))$
ヒント 合成関数の微分．

8.3 次の関数のグラフの，指定された点での接線を求めよ．
(1) $y = \sqrt{x}$ $(x = 1)$ (2) $y = \exp(x^2+1)$ $(x = -1)$
ヒント $y = f'(a)(x-a) + f(a)$．

1.4 逆三角関数

単調性　関数 $f(x)$ が
$$a \leqq x_1 < x_2 \leqq b \ \text{ならば} \ f(x_1) < f(x_2)$$
が成り立つとき，"$f(x)$ は区間 $[a,b]$ において**単調増加**" という．逆に
$$a \leqq x_1 < x_2 \leqq b \ \text{ならば} \ f(x_1) > f(x_2)$$
が成り立つとき，"$f(x)$ は区間 $[a,b]$ において**単調減少**" という．区間 $[a,b]$ において，単調増加または単調減少するとき，"$f(x)$ は区間 $[a,b]$ において**単調**" という．

逆関数　連続関数 $f(x)$ $(a \leqq x \leqq b)$ が単調であるとき，$f(a)$ と $f(b)$ の間の値 x $(x \in [f(a), f(b)]$ あるいは $x \in [f(b), f(a)])$ に対し，$f(y) = x$ となる $y \in [a,b]$ がただ 1 つ存在する．この y を $f^{-1}(x)$ と表す．次のように書ける．
$$y = f^{-1}(x) \ \Leftrightarrow \ f(y) = x$$
この関数 $f^{-1}(x)$ を $f(x)$ の**逆関数**という．$y = f(x)$ のグラフと $y = f^{-1}(x)$ のグラフは直線 $y = x$ に対し対称である．

逆関数の基本例　(1)　$f(x) = x^2 \ (x \geqq 0)$ の逆関数 $f^{-1}(x) = \sqrt{x}$．
(2)　$f(x) = \exp x$ の逆関数 $f^{-1}(x) = \log x$．

逆三角関数　$f(x) = \sin x \left(-\dfrac{\pi}{2} \leqq x \leqq \dfrac{\pi}{2}\right)$ の逆関数を $\sin^{-1} x$ と書く．つまり
$$y = \sin^{-1} x \ \Leftrightarrow \ \sin y = x \quad \left(-\dfrac{\pi}{2} \leqq y \leqq \dfrac{\pi}{2}\right)$$
である．同様に $\cos x \ (0 \leqq x \leqq \pi)$ の逆関数を $\cos^{-1} x$，$\tan x \ (-\pi/2 < x < \pi/2)$ の逆関数を $\tan^{-1} x$ と書く．つまり
$$y = \cos^{-1} x \Leftrightarrow \cos y = x \quad (0 \leqq y \leqq \pi)$$
$$y = \tan^{-1} x \Leftrightarrow \tan y = x \quad \left(-\dfrac{\pi}{2} < y < \dfrac{\pi}{2}\right)$$
である．また，定義よりすぐに次のことが分かる．

$\sin^{-1}(\sin x) = x \quad (-\pi/2 \leqq x \leqq \pi/2), \quad \sin(\sin^{-1} x) = x \quad (-1 \leqq x \leqq 1)$
$\cos^{-1}(\cos x) = x \quad (0 \leqq x \leqq \pi), \qquad\quad \cos(\cos^{-1} x) = x \quad (-1 \leqq x \leqq 1)$
$\tan^{-1}(\tan x) = x \quad (-\pi/2 < x < \pi/2), \quad \tan(\tan^{-1} x) = x \quad (-\infty < x < \infty)$

例題 1.9 ───── 逆三角関数の値とグラフ

次のものを求めよ．
(1) $\sin^{-1}(-1/\sqrt{2})$ (2) $\sin^{-1}(0)$ (3) $\sin^{-1}(1)$
(4) $y = \sin^{-1} x$ の定義域と値域 (5) $y = \sin^{-1} x$ のグラフ

ヒント (1)-(3) $\theta = \sin^{-1}(a) \Leftrightarrow \sin\theta = a, -\pi/2 \leqq \theta \leqq \pi/2$，(4) もとの関数と定義域，値域が逆になる．(5) $y = f(x)$ のグラフと $y = f^{-1}(x)$ のグラフは直線 $y = x$ に対し対称である．

解答 (1) $\theta = \sin^{-1}(1/\sqrt{2})$ と置くと，$\sin^{-1}$ の定義より，$\sin\theta = -1/\sqrt{2}$ $(-\pi/2 \leqq \theta \leqq \pi/2)$ である．これを θ について解くと，$\theta = -\pi/4$ である．
(2) $\theta = \sin^{-1}(0)$ と置くと，$\sin^{-1}$ の定義より，$\sin\theta = 0$ $(-\pi/2 \leqq \theta \leqq \pi/2)$ である．これを θ について解くと，$\theta = 0$ である．
(3) $\theta = \sin^{-1}(-1)$ と置くと，$\sin^{-1}$ の定義より，$\sin\theta = -1$ $(-\pi/2 \leqq \theta \leqq \pi/2)$ である．これを θ について解くと，$\theta = -\pi/2$ である．
(4) $y = \sin x$ $(x \in [-\pi/2, \pi/2])$ の値域は $[-1, 1]$ である．$y = \sin^{-1} x$ はこの逆関数なので，定義域は $[-1, 1]$，値域は $[-\pi/2, \pi/2]$ となる．
(5) 曲線 $y = \sin x$ $(-\pi/2 \leqq x \leqq \pi/2)$ を直線 $y = x$ に対し対称移動すれば，右のグラフが得られる．

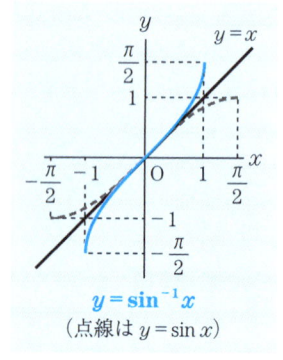

$y = \sin^{-1} x$
（点線は $y = \sin x$）

問題

9.1 次のものを求めよ．
(1) $\cos^{-1}\left(\frac{1}{2}\right)$ (2) $\cos^{-1}(0)$
(3) $\cos^{-1}\left(-\frac{\sqrt{3}}{2}\right)$ (4) $y = \cos^{-1} x$ の定義域と値域
(5) $y = \cos^{-1} x$ のグラフ (6) $\tan^{-1}(\sqrt{3})$ (7) $\tan^{-1}(-1)$
(8) $\lim_{x \to -\infty} \tan^{-1} x$ (9) $y = \tan^{-1} x$ の定義域と値域
(10) $y = \tan^{-1} x$ のグラフ

ヒント (1)(2)(3)(6)(7) 答を θ と置く．(4)(9) もとの関数の定義域と値域．(5)(10) もとの関数のグラフと $y = x$ に対して対称．(8) $\lim_{x \to \pi/2 - 0} \tan x = -\infty$

1.4 逆三角関数

---**例題 1.10**--------------------------------------逆三角関数の応用---

(1) $\sin(\cos^{-1} x) = \sqrt{1-x^2}$ を示せ。　(2) $\cos^{-1}(\cos(2.3\pi))$ の値を求めよ。
(3) $\cos^{-1}(\cos(1.2\pi))$ の値を求めよ。　(4) $y = \cos^{-1}(\cos x)$ のグラフを描け。
(5) $\tan^{-1}\frac{1}{2} + \tan^{-1}\frac{1}{3}$ の値を求めよ。

ヒント (1) $\cos^{-1} x = \theta$ と置く。(2)(3) 答を θ と置く。(4) n を自然数として、$[2n\pi, (2n+1)\pi]$ と $[(2n+1)\pi, (2n+2)\pi]$ で分けて考える。

解答 (1) $\theta = \cos^{-1} x$ と置くと、$\cos\theta = x$ $(0 \leq \theta \leq \pi)$ となる。このとき、$\sin\theta \geq 0$ なので、$\sin\theta = \sqrt{1-\cos^2\theta} = \sqrt{1-x^2}$ となる。

(2) 与式を θ と置くと、$\cos\theta = \cos(2.3\pi)$ $(0 \leq \theta \leq \pi)$ となる。これを満たす θ は、右図上のように $2.3\pi - 2\pi = 0.3\pi$ である。

(3) 与式を θ と置くと、$\cos\theta = \cos(1.2\pi)$ $(0 \leq \theta \leq \pi)$ となる。これを満たす θ は、右図上のように $2\pi - 1.2\pi = 0.8\pi$ である。

(4) $\cos y = \cos x$ $(0 \leq y \leq \pi)$ となる y を求める。n を整数として、$2n\pi \leq x \leq (2n+1)\pi$ のときは $y = x - 2n\pi$ となり、$(2n+1)\pi \leq x \leq (2n+2)$ のときは $y = 2\pi - x + 2n\pi$ となる。よってグラフは右図下のようになる。

(5) $\alpha = \tan^{-1}\frac{1}{2}$, $\beta = \tan^{-1}\frac{1}{3}$ と置くと、$\tan\alpha = \frac{1}{2}$, $\tan\beta = \frac{1}{3}$ $(\alpha, \beta \in (0, \pi/2))$.

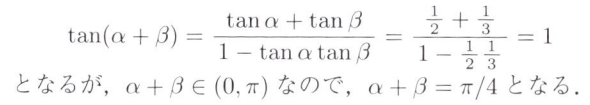

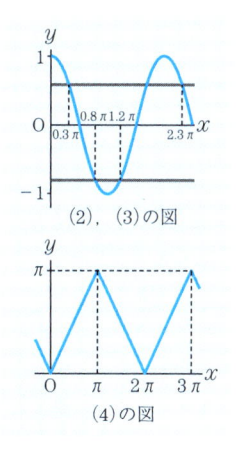

$$\tan(\alpha + \beta) = \frac{\tan\alpha + \tan\beta}{1 - \tan\alpha\tan\beta} = \frac{\frac{1}{2} + \frac{1}{3}}{1 - \frac{1}{2}\frac{1}{3}} = 1$$

となるが、$\alpha + \beta \in (0, \pi)$ なので、$\alpha + \beta = \pi/4$ となる。

(2), (3)の図

(4)の図

問題

10.1 簡単にせよ。

(1) $\tan(\sin^{-1} x)$　(2) $\tan(\cos^{-1} x)$　(3) $\sin(\tan^{-1} x)$
(4) $\cos(\tan^{-1} x)$　(5) $\sin\left(\tan^{-1}\frac{x}{\sqrt{1-x^2}}\right)$　(6) $\sin^{-1} x + \cos^{-1} x$

ヒント 上の例題 (1) を参考に。

10.2 (1) $\sin^{-1}(\sin 0.7\pi)$ の値を求めよ。(2) $\sin^{-1}(\sin(-0.8\pi))$ の値を求めよ。
(3) $y = \sin^{-1}(\sin x)$ のグラフを描け。(4) $\tan^{-1}(\tan 0.4\pi)$ の値を求めよ。
(5) $\tan^{-1}(\tan(0.7\pi))$ の値を求めよ。(6) $y = \tan^{-1}(\tan x)$ のグラフを描け。

ヒント 上の例題 (2)(3)(4) を参考に。

10.3 $\sin^{-1}\frac{3}{5} + \cos^{-1}\frac{3\sqrt{3}-4}{10}$ の値を求めよ。　**ヒント** 上の例題 (5) を参考に。

例題 1.11 ———————————————— 逆三角関数と方程式

次の方程式を解け． (1) $\sin^{-1} x = \cos^{-1} \dfrac{4}{5}$

(2) $\sin^{-1} x = 2\sin^{-1}\left(-\dfrac{3}{5}\right)$ (3) $\tan^{-1} x + \tan^{-1} 2 = \dfrac{\pi}{2}$

ヒント (1)(2) 両辺の sin をとる．(3) $\tan^{-1} x = \dfrac{\pi}{2} - \tan^{-1} 2$ として，両辺の tan をとる．

解答 (1) 与式両辺の sin をとると，$\sin(\sin^{-1} x) = \sin(\cos^{-1} 4/5)$ となる．この左辺は定義より x，この右辺は例題 1.10(1) より $\sqrt{1-(4/5)^2}$ となるので，$x = 3/5$

(2) 与式両辺の sin をとると，$\sin(\sin^{-1} x) = x$ を使って
$$x = \sin\left\{2\sin^{-1}\left(-\dfrac{3}{5}\right)\right\}$$
となる．さらに倍角の公式 $\sin 2\theta = 2\sin\theta\cos\theta$ を使って
$$x = 2\sin\left\{\sin^{-1}\left(-\dfrac{3}{5}\right)\right\}\cos\left\{\sin^{-1}\left(-\dfrac{3}{5}\right)\right\}$$
となる．ここで $\sin(\sin^{-1} x) = x$ と $\cos(\sin^{-1} x) = \sqrt{1-x^2}$ を使う．
$$x = 2\left(-\dfrac{3}{5}\right)\sqrt{1-\left(-\dfrac{3}{5}\right)^2} = -\dfrac{24}{25}$$

(3) 与式を $\tan^{-1} x = \dfrac{\pi}{2} - \tan^{-1} 2$ と変形し，両辺の tan をとると
$$x = \tan\left(\dfrac{\pi}{2} - \tan^{-1} 2\right)$$
となる．ここで公式 $\tan\left(\dfrac{\pi}{2} - \theta\right) = \dfrac{1}{\tan\theta}$ を使うと
$$x = \dfrac{1}{\tan(\tan^{-1} 2)} = \dfrac{1}{2}$$

問題

11.1 次の方程式を解け．

(1) $\cos^{-1} x = \sin^{-1} \dfrac{3}{4}$ (2) $\tan^{-1} x = 2\tan^{-1} \dfrac{1}{3}$

(3) $\cos^{-1} x = \tan^{-1} 2$ (4) $2\tan^{-1} \dfrac{1}{2} - \tan^{-1} x = \dfrac{\pi}{4}$

(5) $2\sin^{-1} x + \cos^{-1} \dfrac{4\sqrt{2}}{9} = \dfrac{\pi}{2}$

ヒント 左辺に x によって決まるものを，右辺にそれ以外を移項し，両辺の cos や tan をとる．

1.5 逆関数の微分

逆関数の微分　微分可能な $f(x)$ の逆関数 $f^{-1}(x)$ の導関数は次のようになる．
$$\{f^{-1}(x)\}' = \frac{1}{f'(f^{-1}(x))}$$

逆関数の微分の基本例　(1) $f(x) = x^2$ $(x \geqq 0)$ の逆関数 $f^{-1}(x) = \sqrt{x}$ の導関数は，$f'(x) = 2x$ を使って，$\{f^{-1}(x)\}' = \frac{1}{2f^{-1}(x)} = \frac{1}{2\sqrt{x}}$ となる．

(2) $f(x) = \exp x$ の逆関数 $f^{-1}(x) = \log x$ の導関数は，$f'(x) = \exp x$ を使って，$\{f^{-1}(x)\}' = \frac{1}{\exp(f^{-1}(x))} = \frac{1}{\exp(\log x)} = \frac{1}{x}$ となる．

例題 1.12　　　　　　　　　　　　　　　　　　　　　　　逆関数の微分

次の関数を微分せよ．(1) $\cos^{-1} x$ 　(2) $\cos^{-1}(x/a)$ (a は正定数)

[ヒント] (1) 逆関数の微分の公式を使うか，$\cos y = x$ に直して微分する．(2) 合成関数の微分と (1) を使う．

[解答] (1) もとの関数 $f(x) = \cos x$ の導関数は $f'(x) = -\sin x$ なので
$$(\cos^{-1} x)' = \frac{1}{-\sin(\cos^{-1} x)} = -\frac{1}{\sqrt{1 - x^2}}$$
となる．最後の等号には，例題 1.10 (1) を使った．

[別解] $y = \cos^{-1} x$ のとき，y は x の関数で $\cos y = x$ である．この両辺を微分して，$-(\sin y) y'(x) = 1$ となり，$y'(x) = -1/\sin(y)$ となる．$\sin y = \sin(\cos^{-1} x) = \sqrt{1 - x^2}$ なので，$y'(x) = -1/\sqrt{1 - x^2}$ となる．

(2) 合成関数の微分と (1) の結果を用いて
$$\left(\cos^{-1}\frac{x}{a}\right)' = \left((\cos^{-1})'\frac{x}{a}\right)\left(\frac{x}{a}\right)' = -\frac{1}{\sqrt{1 - (x/a)^2}}\frac{1}{a} = -\frac{1}{\sqrt{a^2 - x^2}}$$

問題

12.1 次の関数を微分せよ．a は 0 でない定数，$f(x)$ は微分可能とする．
(1) $\sin^{-1} x$ 　(2) $\sin^{-1}\frac{x}{a}$ 　(3) $\tan^{-1} x$ 　(4) $\tan^{-1}\frac{x}{a}$
(5) $\sin^{-1} f(x)$ 　(6) $\cos^{-1} f(x)$ 　(7) $\tan^{-1} f(x)$ 　(8) $f(\sin^{-1} x)$
(9) $f(\cos^{-1} x)$ 　(10) $f(\tan^{-1} x)$

[ヒント] 逆関数の微分公式 $\{f^{-1}(x)\}' = \frac{1}{f'(f^{-1}(x))}$ を使うか，$y = $ 与式 と置いて，もとの関数で表せるようにする．

1.6 双曲線関数

双曲線関数

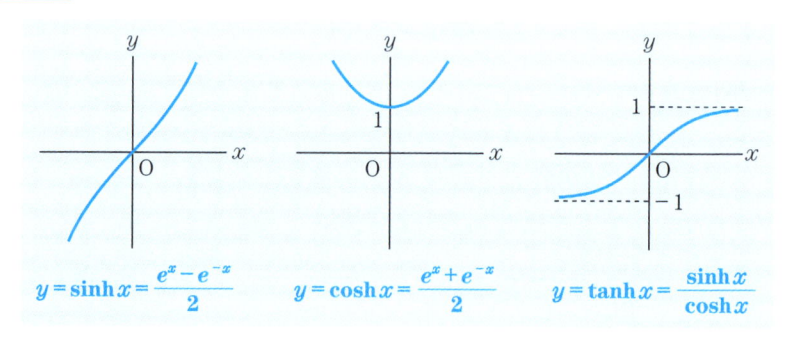

$$y = \sinh x = \frac{e^x - e^{-x}}{2} \qquad y = \cosh x = \frac{e^x + e^{-x}}{2} \qquad y = \tanh x = \frac{\sinh x}{\cosh x}$$

双曲線関数の性質

(1) $\cosh^2 x - \sinh^2 x = 1, \quad 1 - \tanh^2 x = \dfrac{1}{\cosh^2 x}$

(2) $\sinh(x \pm y) = \sinh x \cosh y \pm \cosh x \sinh y$ （複号同順）
$\cosh(x \pm y) = \cosh x \cosh y \pm \sinh x \sinh y$ （複号同順）
$\tanh(x \pm y) = \dfrac{\tanh x \pm \tanh y}{1 \pm \tanh x \tanh y}$ （複号同順）
$\sinh 2x = 2 \sinh x \cosh x, \quad \cosh 2x = 2 \cosh^2 x - 1$
$\sinh^2 x = \dfrac{-1 + \cosh(2x)}{2}, \quad \cosh^2 x = \dfrac{1 + \cosh(2x)}{2}$

(3) $(\sinh x)' = \cosh x, \quad (\cosh x)' = \sinh x, \quad (\tanh x)' = \dfrac{1}{\cosh^2 x}$

逆双曲線関数 $\sinh x, \cosh x \ (x \geqq 0), \tanh x$ の逆関数をそれぞれ $\sinh^{-1} x, \cosh^{-1} x, \tanh^{-1} x$ とすると，次の式が成り立つ．

(1) $\sinh^{-1} x = \log(x + \sqrt{x^2 + 1}) \quad (x \in \mathbf{R})$

(2) $\cosh^{-1} x = \log(x + \sqrt{x^2 - 1}) \quad (1 \leqq x)$

(3) $\tanh^{-1} x = \dfrac{1}{2} \log \dfrac{1 + x}{1 - x} \quad (-1 < x < 1)$

定義よりすぐに $\sinh(\sinh^{-1} x) = x, \sinh^{-1}(\sinh x) = x, \cosh(\cosh^{-1} x) = x,$ $\tanh(\tanh^{-1} x) = x, \tanh^{-1}(\tanh x) = x$ となることが分かる．$\cosh^{-1}(\cosh x)$ は，例題 1.14(3) で求める．

1.6 双曲線関数

例題 1.13 ───────────────── 双曲線関数 ─

(1) $\tanh x = a$ のとき，$\sinh x, \cosh x$ の値を求めよ．
(2) 加法定理を使って $\sinh(2x) = 2\sinh x \cosh x$ を証明せよ．
(3) $(\cosh t, \sinh t)$ $(t \in \mathbf{R})$ と表される曲線を描け．
(4) $f(x) = \cosh^2 x - \sinh^2 x$ を微分せよ．

ヒント (1) $1 - \tanh^2 x = 1/\cosh^2 x$ と $\tanh x = \sinh x / \cosh x$ を使う．(2) $\sinh(x \pm y) = \sinh x \cosh y \pm \cosh x \sinh y$ を使う．(3) $\cosh^2 x - \sinh^2 x = 1$ に注意．(4) $(\sinh x)' = \cosh x$, $(\cosh x)' = \sinh x$ を使う．

解答 (1) $1 - \tanh^2 x = 1/\cosh^2 x$ より $\cosh x = \pm 1/\sqrt{1 - \tanh^2 x}$ であるが，$\cosh x > 0$ なので，複号の + のみ．

$$\cosh x = \frac{1}{\sqrt{1 - \tanh^2 x}} = \frac{1}{\sqrt{1 - a^2}}, \quad \sinh x = \cosh x \tanh x = \frac{a}{\sqrt{1 - a^2}}$$

(2) 加法定理 $\sinh(x+y) = \sinh x \cosh y + \cosh x \sinh y$ に，$y = x$ を代入すると，$\sinh(2x) = \sinh x \cosh x + \cosh x \sinh x = 2 \sinh x \cosh x$ となる．

(3) $\cosh^2 t - \sinh^2 t = 1$ なので，軌跡は双曲線 $x^2 - y^2 = 1$ 上にある．$x = \cosh t \geqq 1$ なので，2本ある双曲線の x 正側の線の上にある（右図）．また $\sinh t$ の値域は $(-\infty, \infty)$ なので，右側の双曲線全てが軌跡の曲線である．

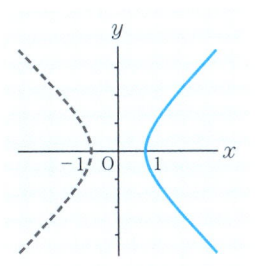

(4) $f'(x) = 2 \cosh x (\cosh x)' - 2 \sinh x (\sinh x)'$
$= 2 \cosh x (\sinh x) - 2 \sinh x (\cosh x) = 0$

問題

13.1 (1) $\sinh x = a$ のとき，$\cosh x, \tanh x$ の値を求めよ．
(2) $\cosh x = a$ のとき，$\sinh x, \tanh x$ の値を求めよ．
ヒント (2) では x が 1 つに決まらない．

13.2 次の式を証明せよ． (1) $\cosh 2x = 2 \cosh^2 x - 1$
(2) $\cosh^2 x = \dfrac{1 + \cosh(2x)}{2}$ (3) $\sinh^2 x = \dfrac{-1 + \cosh(2x)}{2}$
ヒント (1) 加法定理を使う．(2) (1) を使う．(3) (2) を使う．

13.3 $(-\cosh t, \sinh t)$ $(t \in \mathbf{R})$ と表される曲線を描け． **ヒント** $-\cosh t \leqq -1$

例題 1.14 ——————————————————————— 逆双曲線関数

(1) $\tanh^{-1} x$ を log を用いて表せ． (2) $\tanh^{-1} x$ を微分せよ．
(3) $\cosh^{-1}(\cosh x)$ を簡単にせよ． (4) $\sinh(\cosh^{-1} x)$ を簡単にせよ．

ヒント (1) $y = \tanh x = \frac{e^x - e^{-x}}{e^x + e^{-x}}$ の x, y を入れ替える．(2) (1) を使う．逆関数の微分公式を使ってもできる．(3) $\cosh x > 0$ に注意．(4) $a = \cosh^{-1} x$ と置いて，$\sinh a$ を求める．

解答 (1) の x, y を入れ替えた $x = \frac{e^y - e^{-y}}{e^y + e^{-y}}$ を y について解く．$Y = e^y > 0$ とすると，$x\left(Y + \frac{1}{Y}\right) = Y - \frac{1}{Y}$, $x(Y^2 + 1) = Y^2 - 1$ となり，$Y > 0$ だから，$Y = \sqrt{\frac{1+x}{1-x}}$ となる．よって $y = \log Y = \log \sqrt{\frac{1+x}{1-x}} = \frac{1}{2} \log \frac{1+x}{1-x}$ となる．

(2) (1) の結果を微分する．
$$(\tanh^{-1} x)' = \frac{1}{2} \frac{1-x}{1+x} \left(\frac{1+x}{1-x}\right)' = \frac{1}{2} \frac{1-x}{1+x} \frac{(1-x)-(1+x)}{(1-x)^2} = \frac{1}{1-x^2}$$

別解 $(\tanh^{-1} x)' = \frac{1}{\cosh^2 x}$ より $(\tanh^{-1} x)' = \cosh^2(\tanh^{-1} x)$

(例題 1.13(1) より) $= \left(\frac{1}{\sqrt{1-x}}\right)^2 = \frac{1}{1-x^2}$

(3) $\cosh^{-1}$ の値域は $[0, \infty)$ であることに注意すると，$0 \leq x$ のときは，$\cosh^{-1}(\cosh x) = x$. $x < 0$ のときは，$\cosh^{-1}(\cosh x) = \cosh^{-1}(\cosh(-x)) = -x$ となる．つまり与式 $= |x|$ となる．

(4) $\cosh^{-1} x = a$ とおくと，$\cosh a = x$, $a \geq 0$. よって $\sinh a = \sqrt{\cosh^2 a - 1} = \sqrt{x^2 - 1}$ となる．

問題

14.1 (1) $\sinh^{-1} x$ を log を用いて表せ． (2) $\sinh^{-1} x$ を微分せよ．
(3) $\cosh^{-1} x$ を log を用いて表せ． (4) $\cosh^{-1} x$ を微分せよ．

ヒント 上の例題 (1), (2) を参考に．

14.2 簡単にせよ．
(1) $\tanh(\sinh^{-1} x)$ (2) $\tanh(\cosh^{-1} x)$ (3) $\sinh(\tanh^{-1} x)$
(4) $\cosh(\tanh^{-1} x)$ (5) $\sinh^{-1}(\sinh x)$ (6) $\tanh^{-1}(\tanh x)$

ヒント 上の例題 (3) を参考に．

14.3 $x^2 - y^2 = 1$ を満たす任意の (x, y) について，$(x, y) = (\cosh t, \sinh t)$ または $(x, y) = (-\cosh t, \sinh t)$ となる $t \in \mathbf{R}$ が存在することを示せ．

ヒント まず $y = \sinh t$ となる t を 1 つ定める．

1.7 対数微分法

対数微分法 関数 $f(x) > 0$ と $g(x)$ が微分可能なとき,次の式が成り立つ.
$$\left\{f(x)^{g(x)}\right\}' = g(x)\,f(x)^{g(x)-1}\,f'(x) + \log f(x)\,f(x)^{g(x)}\,g'(x)$$

例題 1.15 ──────────────── 対数微分法

次の関数を微分せよ.
(1) $y = (\cos x)^{(x^2)}$ $\left(0 \leqq x < \dfrac{\pi}{2}\right)$
(2) $y = (ax)^{bx}$ $(0 < x)$ (a は正定数, b は定数)

ヒント 上の公式を使ってもできるが,$y = f(x)^{g(x)}$ の log をとって,$\log y = g(x)\log f(x)$ とし,この両辺を微分することで y' を計算する.

解答 (1) $\log y = x^2 \log(\cos x)$ の両辺を微分.
$$\dfrac{y'}{y} = 2x\log(\cos x) + x^2 \dfrac{-\sin x}{\cos x} \text{ より}$$
$$y' = (\cos x)^{(x^2)}\left(2x\log(\cos x) - x^2 \tan x\right)$$

(2) $\log y = \log(ax)^{bx} = bx\log(ax)$ の両辺を微分.
$$\dfrac{y'}{y} = b\log(ax) + bx\dfrac{a}{ax} = b(\log(ax) + 1) \text{ より}$$
$$y' = b(ax)^{bx}(\log(ax) + 1)$$

問 題

15.1 次の関数を微分せよ.
(1) $x^{1/x}$ $(0 < x)$ (2) $\left(1+\dfrac{1}{x}\right)^x$ (3) $(1+x)^{1/x}$ (4) $x^{(x^2)}$
(5) $(x^x)^2$ (6) $(1+x)^x$ (7) $x^{\log x}$ (8) $(\log x)^x$
(9) $x^{\sin x}$ (10) $(\sin x)^x$ (11) $\sin(x^x)$ (12) $x^{(x^x)}$
(13) $(x^x)^x$

ヒント (12) $g(x) = x^x$ として,$y = x^{g(x)}$ を対数微分法で微分すればよい.一般に $(a^b)^c$ と $a^{(b^c)}$ は異なる.

1.8 高階微分とライプニッツの公式

高階導関数 関数 $f(x)$ に対し，$f^{(0)}(x) = f(x)$, $f^{(n+1)}(x) = \{f^{(n)}(x)\}'$ ($n = 0, 1, 2, 3, \cdots$) と帰納的に $f^{(n)}(x)$ を定義する．$f^{(n)}(x)$ を **n 階導関数**といい，これが存在するとき **n 階微分可能**という．

ライプニッツの公式 $f(x), g(x)$ が n 階微分可能なとき
$$\{f(x)g(x)\}^{(n)} = \sum_{k=0}^{n} {}_nC_k\, f^{(k)}(x)\, g^{(n-k)}(x)$$

例題 1.16 ─────────────────────── べき関数，指数関数の高階導関数 ─

a は実定数，n は 0 以上の整数とする．次のことを示せ．
(1) $(x^a)^{(n)} = a(a-1)(a-2)\cdots(a-n+1)x^{a-n}$
(2) $(\exp(ax))^{(n)} = a^n \exp(ax)$

ヒント 帰納法で示す．

解答 (1) $n = 0$ のとき，与式は $(x^a)^{(0)} = x^a$ と解釈して成り立つ．ある n で与式が成り立つと仮定する．その式を微分する．$(x^a)^{(n+1)} = a(a-1)(a-2)\cdots(a-n+1)(x^{a-n})' = a(a-1)(a-2)\cdots(a-n+1)(a-n)x^{a-n-1}$．よって，$n+1$ でも与式が成り立つ．

(2) $n = 0$ のとき，与式は $(\exp(ax))^{(0)} = a^0 \exp(ax)$ となり成り立つ．ある n で与式が成り立つと仮定する．その式を微分する．$(\exp(ax))^{(n+1)} = a^n(\exp(ax))' = a^n a \exp(ax) = a^{n+1}\exp(ax)$．よって，$n+1$ でも与式が成り立つ．

問題

16.1 n は 0 以上の整数，k は自然数，a は正定数とする．次のことを示せ．
(1) $n \leqq k$ のとき，$(x^k)^{(n)} = \dfrac{k!}{(k-n)!}x^{k-n}$．$n > k$ のとき，$(x^k)^{(n)} = 0$
(2) $(x^{-k})^{(n)} = (-1)^n \dfrac{(k+n-1)!}{(k-1)!}x^{-k-n}$ (3) $(a^x)^{(n)} = (\log a)^n a^x$

ヒント (1)(2) 例題 1.16(1) を使う．(3) 帰納法で示す．

16.2 次の関数の n 階導関数を求めよ（n は 0 以上の整数）．
(1) x^3 (2) $1/x$ (3) e^x (4) $\exp(2x)$ (5) 2^x
(6) $1/2^x$ (7) $\log x$ **ヒント** (7) $\log x = 1/x$

1.8 高階微分とライプニッツの公式

例題 1.17 ─────────────────────── 高階微分とライプニッツの公式 ─

n は 0 以上の整数，$f(x)$ は何階でも微分可能な関数，a,b は定数とする．
(1) $(\sin x)^{(n)} = \sin\{x + (\pi/2)n\}$ を示せ．
(2) $\{f(ax+b)\}^{(n)} = a^n f^{(n)}(ax+b)$ を示せ．　(3) $(x^2 e^{2x})^{(n)}$ を求めよ．

ヒント (1)(2) 帰納法で示す．(3) ライプニッツの公式を使う．

解答 (1) $n=0$ のとき与式は $(\sin x)^{(0)} = \sin\{x+(\pi/2)0\}$ なので成立．ある n で $(\sin x)^{(n)} = \sin\{x+(\pi/2)n\}$ と仮定する．この両辺を x で微分して
$$(\sin x)^{(n+1)} = \cos\{x+(\pi/2)n\} = \sin\{x+(\pi/2)(n+1)\}$$
となり，$n+1$ でも与式は成立する．
(2) $n=0$ のとき，与式は $\{f(ax+b)\}^{(0)} = a^0 f^{(0)}(ax+b)$ となり成り立つ．ある n で与式が成り立つと仮定する．その式を微分する．
$$\{f(ax+b)\}^{(n+1)} = a^n \{f^{(n)}(ax+b)\}' = a^n (f^{(n)})'(ax+b)(ax+b)'$$
$$= a^{n+1} f^{(n+1)}(ax+b)$$
よって，$n+1$ でも与式が成り立つ．
(3) p.24 ライプニッツの公式で $f(x)=x^2,\ g(x)=e^x$ とすると
$$(x^2 e^{2x})^{(n)} = \sum_{k=0}^{n} {}_n\mathrm{C}_k (x^2)^{(k)} (e^{2x})^{(n-k)} = \dagger$$
となる．これを展開していくが，x^2 の 3 階以上の導関数は 0 になるので
$$\dagger = {}_n\mathrm{C}_0 (x^2)^{(0)} (e^{2x})^{(n)} + {}_n\mathrm{C}_1 (x^2)^{(1)} (e^{2x})^{(n-1)} + {}_n\mathrm{C}_2 (x^2)^{(2)} (e^{2x})^{(n-2)} = \ddagger$$
となる．さらに $(e^{2x})^{(k)} = 2^k e^{2x}$ を使って計算していくと次のようになる．
$$\ddagger = x^2 2^n e^{2x} + n \cdot 2x \cdot 2^{n-1} e^{2x} + \frac{n(n-1)}{2} \cdot 2 \cdot 2^{n-2} e^{2x}$$
$$= 2^{n-2} e^x \{4x^2 + 4nx + n(n-1)\}$$

問題

17.1 次の関数の n 階導関数を求めよ．a,b は定数とする．
(1) $\cos x$　(2) $\log(ax+b)$　(3) $(1+x)^a$　(4) $\dfrac{1}{ax+b}$　(5) $\cos(2x)$
(6) $\cos^2 x$　(7) $\dfrac{x}{x^2-1}$　(8) $\dfrac{1}{(x+a)(x+b)}$　(9) $(x^3+x^2)e^x$
(10) $x^3 \log x$　(11) $x^2 \sin x$

ヒント (1) 例題 1.17(1) の sin を cos で置き換えたものも成り立つ．(2)(3)(4) 例題 1.17(2)，例題 1.16(1)，問題 16.2(2)，(7) を使う．(5) (1) と例題 1.17(2) を使う．(6) $\cos^2 x = \frac{1+\cos(2x)}{2}$．(7)(8) 部分分数分解．(9)(11) ライプニッツの公式．(10) とりあえず 4 階微分まで計算してみよう．

1.9 テイラーの定理とテイラー展開

ロルの定理 関数 $f(x)$ は区間 $[a,b]$ で微分可能とし，$f(a) = f(b) = 0$ のとき，$f'(c) = 0$ となる $c \in [a,b]$ が存在する．

平均値の定理（ラグランジュ） 関数 $f(x)$ が区間 $[a,b]$ で微分可能なとき，$\dfrac{f(b) - f(a)}{b - a} = f'(c)$ となる $c \in [a,b]$ が存在する．

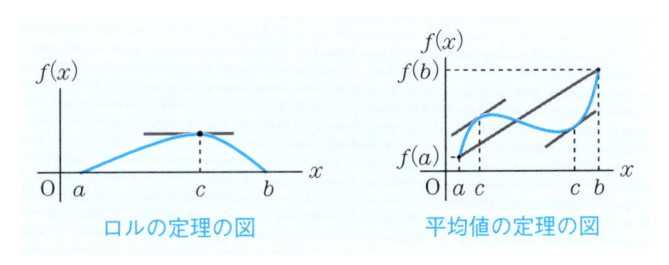

ロルの定理の図　　平均値の定理の図

テイラーの定理 関数 $f(x)$ が $x = a$ 付近で n 階微分可能であるならば，$a+h$ がその $x = a$ 付近にあるとき

$$f(a+h) = \left(\sum_{k=0}^{n-1} \frac{f^{(k)}(a)}{k!} h^k\right) + \frac{f^{(n)}(c)}{n!} h^n$$

となる c が a と $a+h$ の間に存在する．これを n 次の**テイラーの定理**という．右辺最終項を**剰余項**という．特に $a = 0$ のときは，**マクローリンの定理**と呼ぶ．

テイラー展開 関数 $f(x)$ が $x = a$ 付近で何回でも微分可能であって，テイラーの定理の剰余項が $(f^{(n)}(c)/n!)h^n \to 0 \ (n \to \infty)$ となるとき，$a + h = x$ と置けば

$$f(x) = \sum_{k=0}^{\infty} \frac{f^{(k)}(a)}{k!} (x - a)^k$$

となる．これを $x = a$ を中心にした**テイラー展開**という．

マクローリン展開 $a = 0$ のときのテイラー展開を**マクローリン展開**という：

$$f(x) = \sum_{k=0}^{\infty} \frac{f^{(k)}(0)}{k!} x^k = f(0) + f'(0)x + \frac{f''(0)}{2!} x^2 + \frac{f'''(0)}{3!} x^3 + \cdots$$

1.9 テイラーの定理とテイラー展開

---**例題 1.18**------------------------**基本的なマクローリン展開**---

次の関数 $f(x)$ をマクローリン展開せよ． (1) $\sin x$ (2) $(1+x)^a$ (a は定数)

ヒント $f(x) = \sum_{k=0}^{\infty} \frac{f^{(k)}(0)}{k!} x^k$ を使う．剰余項の収束の証明は省略する．

解答 (1) $f^{(k)}(x) = \sin(x + k\pi/2)$ なので，$x=0$ を代入して $f^{(k)}(0) = \sin(k\pi/2)$ となる．よって $\{f^{(k)}(0)\}_{k=0,1,2,3,\cdots} = \{0, 1, 0, -1, 0, 1, 0, -1, \cdots\}$ となり，$f^{(2k)}(0) = 0$, $f^{(2k+1)}(0) = (-1)^k$ となる．よって

$$\sin x = \sum_{k=0}^{\infty} \frac{(-1)^k}{(2k+1)!} x^{2k+1} = x - \frac{x^3}{3} + \frac{x^5}{5} - \frac{x^7}{7} + \cdots$$

となる．

(2) $f^{(k)}(x) = a(a-1)\cdots(a-k+1)(1+x)^{a-k}$ なので，$f^{(k)}(0) = a(a-1)\cdots(a-k+1)$ となる．よって

$$(1+x)^a = 1 + ax + \frac{a(a-1)}{2!} x^2 + \frac{a(a-1)(a-2)}{3!} x^3 + \frac{a(a-1)(a-2)(a-3)}{4!} x^4 + \cdots$$

となる．

問題

18.1 次の関数をマクローリン展開せよ．

(1) $\cos x$ (2) e^x (3) $\log(1+x)$

ヒント k 階微分は，p.25 問題 17.1 (1), (2) を使う．

主なマクローリン展開のまとめ

$$\sin x = x - \frac{x^3}{3!} + \frac{x^5}{5!} - \frac{x^7}{7!} + \cdots$$

$$\cos x = 1 - \frac{x^2}{2!} + \frac{x^4}{4!} - \frac{x^6}{6!} + \frac{x^8}{8!} - \cdots$$

$$e^x = 1 + x + \frac{1}{2!} x^2 + \frac{1}{3!} x^3 + \frac{1}{4!} x^4 + \cdots$$

$$\log(1+x) = x - \frac{x^2}{2} + \frac{x^3}{3} - \frac{x^4}{4} + \cdots \quad (-1 < x \leq 1)$$

$$(1+x)^a = 1 + ax + \frac{a(a-1)}{2!} x^2 + \frac{a(a-1)(a-2)}{3!} x^3 + \cdots$$

$$(-1 < x < 1)$$

例題 1.19 ————————————— 様々な関数のマクローリン展開 ———

次の関数 $f(x)$ のマクローリン展開を 4 次まで求めよ．ただし，主なマクローリン展開（前ページ）は使ってもよいことにする．

(1) $\dfrac{1}{1-x}$ (2) $\sinh x$ (3) $(\exp x)(\sin x)$

ヒント $f(x) = \sum_{k=0}^{\infty} \dfrac{f^{(k)}(0)}{k!} x^k$ に戻っても計算できるが，前ページの結果を使うと早い．

解答 (1) $(1+x)^a$ のマクローリン展開の $a = -1$ を代入すると

$$(1+x)^{-1} = 1 - x + \frac{2}{2!}x^2 + \frac{-6}{3!}x^3 + \frac{24}{4!}x^4 + \cdots = 1 - x + x^2 - x^3 + x^4 - \cdots$$

となる．この x に $-x$ を代入して，$(1-x)^{-1} = 1 + x + x^2 + x^3 + x^4 + \cdots$.

(2) $\exp x$ のマクローリン展開の x に $-x$ を代入して

$$\exp(-x) = 1 - x + \frac{1}{2!}x^2 - \frac{1}{3!}x^3 + \frac{1}{4!}x^4 - \cdots$$

となる．$\sinh x = \frac{1}{2}(\exp x - \exp(-x))$ であるから

$$\begin{aligned}\sinh x &= \frac{1}{2}\Big\{ \Big(1 + x + \frac{1}{2!}x^2 + \frac{1}{3!}x^3 + \frac{1}{4!}x^4 + \cdots\Big) \\ &\quad - \Big(1 - x + \frac{1}{2!}x^2 - \frac{1}{3!}x^3 + \frac{1}{4!}x^4 - \cdots\Big) \Big\} \\ &= x + \frac{x^3}{3!} + \cdots\end{aligned}$$

となる．

(3) $\exp x$ と $\sin x$ のマクローリン展開を利用する．

$$\begin{aligned}(\exp x)(\sin x) &= \Big(1 + x + \frac{1}{2!}x^2 + \frac{1}{3!}x^3 + \frac{1}{4!}x^4 + \cdots\Big)\Big(x - \frac{x^3}{3!} + \frac{x^5}{5!} - \frac{x^7}{7!} + \cdots\Big) \\ &= x + x^2 + \frac{1}{3}x^3 + \cdots\end{aligned}$$

問題

19.1 次の関数 $f(x)$ のマクローリン展開を 4 次まで求めよ．ただし，主なマクローリン展開（前ページ）は使ってもよいことにする．

(1) $\sqrt{1-x}$ (2) $\cosh x$ (3) $\log(1+x)\cos x$

ヒント それぞれ上の例題 (1)(2)(3) を参考に．

1.10 マクローリン展開の応用

例題 1.20 ────── マクローリン展開を利用した極限の計算 ──

(1) $\lim_{x \to 0} \frac{e^x - 1 - x}{x^2}$ を求めよ．

(2) $\lim_{x \to 0} \frac{\log(1+x)}{x^a}$ が収束するための定数 a の条件を求めよ．

(3) $\lim_{x \to 0} \frac{\sin x + ax}{x^3} = b$ を満たすような定数 a, b を求めよ．

ヒント (1), (2), (3) は順に e^x, $\log(1+x)$, $\sin x$ のマクローリン展開を利用する．

解答 (1) e^x のマクローリン展開を使う．

$$\frac{e^x - 1 - x}{x^2} = \frac{1}{x^2}\left\{-1 - x + \left(1 + x + \frac{x^2}{2!} + \frac{x^3}{3!} + \frac{x^4}{4!} + \cdots\right)\right\}$$
$$= \frac{1}{2} + \frac{x}{3!} + \frac{x^2}{4!} + \cdots \to \frac{1}{2} \quad (x \to 0)$$

(2) $\log(1+x)$ のマクローリン展開を使う．

$$\frac{\log x}{x^a} = \frac{1}{x^a}\left(x - \frac{x^2}{2} + \frac{x^3}{3} - \frac{x^4}{4} + \cdots\right) = \left(1 - \frac{x}{2} + \frac{x^2}{3} - \frac{x^3}{4} + \cdots\right)x^{1-a}$$

カッコの中は 1 に収束するので，x^{1-a} の収束性を調べればよい．$1 - a = 0$ のとき 1 に収束，$1 - a > 0$ のとき 0 に収束，$1 - a < 0$ のとき発散する．つまり収束の条件は $1 \leq a$ である．

(3) $\sin x$ のマクローリン展開を使う．

$$\frac{\sin x + ax}{x^3} = \frac{1}{x^3}\left(ax + x - \frac{x^3}{3!} + \frac{x^5}{5!} - \frac{x^7}{7!} + \cdots\right) = \frac{a+1}{x^2} - \frac{1}{3!} + \frac{x^2}{5!} - \frac{x^4}{7!} + \cdots = \dagger$$

x の負のべき乗があると発散するので，$a = -1$．そのとき，$\dagger \to -1/6$ $(x \to 0)$ となるので $b = -1/6$．

問

20.1 次の極限を求めよ．(1) $\lim_{x \to 0} \frac{e^x - 1 - x - \frac{x^2}{2}}{x^3}$ (2) $\lim_{x \to 0} \frac{\cos x \log(1+x) - x}{x^2}$

(3) $\lim_{x \to 0} \frac{1}{x^2}\left(1 - \frac{\sin x}{x}\right)$ **ヒント** (2) p.28 問題 19.1(3)

20.2 次の極限が収束するような定数 a の条件を求めよ．(1) $\lim_{x \to 0} \frac{\sin x}{x^a}$

(2) $\lim_{x \to 0} \frac{\sqrt{1+x} - 1}{x^a}$ (3) $\lim_{x \to 0} \frac{\log x - x}{x^a}$ **ヒント** (3) 上の例題 (2) を参考に．

20.3 $\lim_{x \to 0} \frac{1 - \cos x + ax^2}{x^4} = b$ を満たすような定数 a, b を求めよ．

ヒント 上の例題 (3) を参考に．

例題 1.21 — テイラーの定理を利用した近似値の計算

$\log(1.01)$ の値を有効数字 4 桁まで求めよ．

ヒント テイラーの定理を使い，剰余項の影響が答えに影響を与えないようになるまで展開の次数を上げる．真の値の有効数字 5 桁目を四捨五入したものを答える．

解答 $k \geq 1$ のときは $(\log(1+x))^{(k)} = (-1)^{k+1}(k-1)!(1+x)^{-k}$ なので

$$\log(1+x) = \sum_{k=1}^{n-1} \frac{(-1)^{k+1}}{k} x^k + \frac{(-1)^{n+1}}{n(1+\theta x)^n} x^n$$

となる $0 \leq \theta \leq 1$ が存在する．これに $x = 0.01, n = 3$ を代入して

$$\log(1.01) = \underbrace{0.01 - \frac{(0.01)^2}{2}}_{0.00995} + \underbrace{\frac{(0.01)^3}{3(1+\theta 0.01)^2}}_{\text{剰余項}}$$

となるが

$$0 \leq \frac{(0.01)^3}{3(1+\theta 0.01)^2} \leq \frac{(0.01)^3}{3} \leq 0.0000004$$

なので

$$0.00995 \leq \log(1.01) \leq 0.0099504$$

となり，$\log(1.01) \cong 9.950 \cdot 10^{-2}$ となる．

問題

21.1 次の値を有効数字 4 桁まで求めよ．

(1) $\sin(0.1)$ (2) $(1.01)^{10}$ (3) $\sin(46°)$ (4) $\sqrt{101}$

ヒント 順に $\sin x, (1+x)^{10}, \sin(\frac{\pi}{4} + x), \sqrt{1+x}$ のテイラー展開を使う．
(3) $\sin(\frac{\pi}{4} + \frac{\pi}{180})$．(4) $10\sqrt{1+0.01}$．

1.11 ロピタルの定理

平均値の定理（コーシー） 関数 $f(x), g(x)$ は区間 $[a,b]$ で微分可能で, $g(b) \neq g(a)$ のとき

$$\frac{f(b)-f(a)}{g(b)-g(a)} = \frac{f'(c)}{g'(c)}$$

となる $c \in [a,b]$ が存在する．

ロピタルの定理

$\displaystyle\lim_{x \to a} \frac{f(x)}{g(x)}$ が $\dfrac{0}{0}$ または $\dfrac{\infty}{\infty}$ の不定形のとき, $\displaystyle\lim_{x \to a} \frac{f'(x)}{g'(x)}$ が存在すれば

$$\lim_{x \to a} \frac{f(x)}{g(x)} = \lim_{x \to a} \frac{f'(x)}{g'(x)}$$

が成り立つ．

$x \to a$ の代わりに $x \to \infty$ や $x \to -\infty$ にしても同様なことが成り立つ．

例題 1.22 ────────────────── $0/0, \infty/\infty$ の不定形 ──

極限値を求めよ．(1) $\displaystyle\lim_{x \to 0} \frac{\sin(3x)}{2x}$ (2) $\displaystyle\lim_{x \to \infty} \frac{x}{e^x}$ (3) $\displaystyle\lim_{x \to 0} \frac{\cosh x - 1}{x^2}$

ヒント $0/0$ または ∞/∞ の不定形であることを確認してからロピタルの定理を使う．

解答

(1) $0/0$ なのでロピタルの定理を使う． 与式 $= \displaystyle\lim_{x \to 0} \frac{3\cos(3x)}{2} = \frac{3}{2}$

(2) ∞/∞ なのでロピタルの定理を使う． 与式 $= \displaystyle\lim_{x \to \infty} \frac{1}{e^x} = 0$

(3) $0/0$ なのでロピタルの定理を使う． 与式 $= \displaystyle\lim_{x \to 0} \frac{\sinh x}{2x} = $ †

$0/0$ なので，再びロピタルの定理を使う． † $= \displaystyle\lim_{x \to 0} \frac{\cosh x}{2} = \frac{1}{2}$

問題

22.1 極限値を求めよ．
(1) $\displaystyle\lim_{x \to \infty} \frac{\log(1+e^x)}{x}$
(2) $\displaystyle\lim_{x \to 0} \frac{x - \sin x}{x^3 + x^4}$
(3) $\displaystyle\lim_{x \to \infty} \frac{\log(1+x^2)}{2x+1}$
(4) $\displaystyle\lim_{x \to 0} \frac{\sin^{-1} x}{x}$
(5) $\displaystyle\lim_{x \to \infty} \frac{x \log x}{x^x}$
(6) $\displaystyle\lim_{x \to 1} \frac{\log x}{x^2 - 1}$
(7) $\displaystyle\lim_{x \to 0} \frac{3^x - 2^x}{x}$
(8) $\displaystyle\lim_{x \to \infty} \frac{\log x}{x}$

ヒント 全て $0/0$ または ∞/∞ である．ロピタルの定理を使う．

1.12 ロピタルの定理の応用

例題 1.23 ─────────────────────── $\infty - \infty$, $0 \cdot \infty$ の不定形 ─

極限値を求めよ． (1) $\displaystyle\lim_{x \to 0+0}\left(\dfrac{1}{\sin x} - \dfrac{1}{x}\right)$ (2) $\displaystyle\lim_{x \to \infty}(e^x - x)$
(3) $\displaystyle\lim_{x \to 0+0} x^a \log x$ （a は正定数）

ヒント (1) $\infty - \infty$ は $f - g = \dfrac{\frac{1}{g} - \frac{1}{f}}{\frac{1}{fg}}$ と変形して $\dfrac{0}{0}$ 形にする．(2) $\infty - \infty$ であるが，(1) と同様の変形ではうまくいかない．$f - g = f(1 - g/f)$ と変形すると計算できる．(3) $0 \cdot \infty$ （$0 \cdot (-\infty)$ も含む）は $fg = \dfrac{f}{\frac{1}{g}}$ または $\dfrac{g}{\frac{1}{f}}$ と変形して $\dfrac{0}{0}$ または $\dfrac{\infty}{\infty}$ 形にする．

解答 (1) $\infty - \infty$ の不定形である．与式 $= \displaystyle\lim_{x \to 0+0} \dfrac{x - \sin x}{x \sin x} = \dagger$ と変形すれば $0/0$ なので，ロピタルの定理を使う．$\dagger = \displaystyle\lim_{x \to 0+0} \dfrac{1 - \cos x}{\sin x + x \cos x} = \ddagger$ 再び $0/0$ なので，ロピタルの定理を使う．$\ddagger = \displaystyle\lim_{x \to 0+0} \dfrac{\sin x}{\cos x + x - x \sin x} = 0$

(2) $\infty - \infty$ である 与式 $= \displaystyle\lim_{x \to \infty} \underbrace{e^x}_{\dagger} \underbrace{\left(1 - \dfrac{x}{e^x}\right)}_{\ddagger}$ と変形する．$\dagger \to \infty$．問題 1.22 (2) より $\displaystyle\lim_{x \to \infty} \dfrac{x}{e^x} = 0$ なので，$\ddagger \to 1$ よって 与式 $= \infty$ である．

(3) $0 \cdot \infty$ の不定形である．与式 $= \displaystyle\lim_{x \to 0+0} \dfrac{\log x}{x^{-a}} = \dagger$ と変形すると，∞/∞ なのでロピタルの定理を使う．$\dagger = \displaystyle\lim_{x \to 0+0} \dfrac{x^{-1}}{-a x^{-a-1}} = \displaystyle\lim_{x \to 0+0} \dfrac{-x^a}{a} = 0$

問 題

23.1 極限値を求めよ．
(1) $\displaystyle\lim_{x \to 0+0}\left(\dfrac{1}{x^2} - \dfrac{1}{\log(x+1)}\right)$ (2) $\displaystyle\lim_{x \to 0}\left(\dfrac{1}{x} - \dfrac{1}{\cos x - 1}\right)$
(3) $\displaystyle\lim_{x \to \infty}(x - \log x)$ (4) $\displaystyle\lim_{x \to 0+0} \log x \sin^{-1} x$ (5) $\displaystyle\lim_{x \to -\infty} x e^x$

ヒント (1)(2) 上の例題 (1) のように変形．(3) $x(1 - (\log x)/x)$ と変形．(4)(5)(6) 上の例題 (3) のように変形．(4) は $\sin^{-1} x$ を，(5) は e^x を分母にもっていく．

1.12 ロピタルの定理の応用

―― 例題 1.24 ――――――――――――――――――― $1^\infty, 0^0, \infty^0$ の不定形 ――

極限値を求めよ．(1) $\lim_{x\to\infty} x^{1/x}$ (2) $\lim_{x\to 0+0} (ax)^{bx}$ (a は正定数, b は定数)

ヒント $1^\infty, 0^0, \infty^0$ は log をとり $\log(f^g) = g\log f$ と変形して，$0 \times \infty$ 形にする．さらに前ページの例題 (3) のように $\frac{\log f}{1/g}$ あるいは $\frac{g}{1/\log f}$ と変形し，$0/0$ あるいは ∞/∞ 形にする．最後に，この $\log f^g$ の極限値の exp をとって，f^g の極限値とする．

解答 (1) ∞^0 の不定形である．log をとって
$$k = \lim_{x\to\infty} \log(x^{\frac{1}{x}}) = \lim_{x\to\infty} \frac{\log x}{x} = \dagger$$
を考える．∞/∞ なので，ロピタルの定理を使って
$$\dagger = \lim_{x\to\infty} \frac{x^{-1}}{1} = 0$$
となる．(問題 22.1 (8) で既に求めているが．) よって与式 $= e^0 = 1$．

(2) $b \neq 0$ の場合は 0^0 の不定形である．log をとって
$$k = \lim_{x\to 0+0} \log(ax)^{bx} = \lim_{x\to 0+0} bx\log(ax) = \lim_{x\to 0+0} b\frac{\log(ax)}{x^{-1}} = \dagger$$
を考える．∞/∞ なので，ロピタルの定理を使って
$$\dagger = \lim_{x\to 0+0} b\frac{\frac{a}{ax}}{-x^{-2}} = \lim_{x\to 0+0} b(-x) = 0$$
となる．よって与式 $= e^0 = 1$．$b = 0$ の場合も 与式 $= 1$．

問 題

24.1 極限値を求めよ．(1) $\lim_{x\to 0+0}(\sin x)^x$ (2) $\lim_{x\to\infty}\left(\frac{2}{\pi}\tan^{-1} x\right)^x$
(3) $\lim_{x\to 1} x^{1/(1-x)}$ (4) $\lim_{x\to\infty}(\log x)^{1/x}$ (5) $\lim_{x\to 0}(1-\cos x)^{\sin x}$
(6) $\lim_{x\to 0}\left(\frac{a^x + b^x}{2}\right)^{1/x}$ (a, b は正定数)
(7) $\lim_{x\to\infty}\left(1 + \frac{a}{x}\right)^{bx}$ (a, b は 0 でない定数) (8) $\lim_{x\to 0}(\cos x)^{\log x}$

ヒント 全て log をとって考える．最後に exp をとるのを忘れないように．
(2) $\lim_{x\to\infty} \tan^{-1} x = \frac{\pi}{2}$, (3) $\lim_{x\to\infty} \frac{\log x}{x} = 0$, (7) $\lim_{x\to 0+0} x\log x = 0$ (例題 1.23(3))

1.13 極値

微分係数と単調性 関数 $f(x)$ は区間 $[a,b]$ で微分可能とする．任意の $x \in (a,b)$ で $f'(x) > 0$ ならば，区間 $[a,b]$ で単調増加する．逆に，任意の $x \in (a,b)$ で $f'(x) < 0$ ならば，区間 $[a,b]$ で単調減少する．また，任意の $x \in (a,b)$ で $f'(x) = 0$ ならば，$f(x)$ は $[a,b]$ で定数関数である．

極大・極小 関数 $f(x)$ について，$x = a$ 付近で $f(a)$ が最大のとき，$f(a)$ は**極大値**であるという．同様に $x = a$ 付近で $f(a)$ が最小のとき，$f(a)$ は**極小値**であるという．$f(a)$ が極大値または極小値のとき，"$f(x)$ は $x = a$ で**極値をとる**" という．

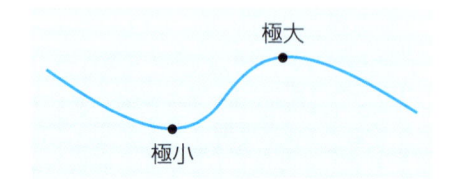

極値と 1 階微分係数 微分可能な $f(x)$ が $x = a$ で極値をとるならば $f'(a) = 0$ となる．

極値と高階微分係数

1. $f(x)$ は 2 階微分可能とする．$f'(a) = 0$ かつ $f''(a) < 0$ ならば，$f(a)$ は極大値である．
2. $f(x)$ は 2 階微分可能とする．$f'(a) = 0$ かつ $f''(a) > 0$ ならば，$f(a)$ は極小値である．
3. $f(x)$ は n 階微分可能とする．$f'(a) = f''(a) = f'''(a) = \cdots = f^{(n-1)}(a) = 0$ かつ $f^{(n)}(a) \neq 0$ のとき．
   (a) n が偶数で $f^{(n)}(a) < 0$ のとき，$f(a)$ は極大値．
   (b) n が偶数で $f^{(n)}(a) > 0$ のとき，$f(a)$ は極小値．
   (c) n が奇数で $f^{(n)}(a) < 0$ のとき，$f(a)$ は極値ではなく，$x = a$ 付近で $f(x)$ は単調減少．
   (d) n が奇数で $f^{(n)}(a) > 0$ のとき，$f(a)$ は極値ではなく，$x = a$ 付近で $f(x)$ は単調増加．

1.13 極値

例題 1.25 ――――――――――――――――――――――― 極値，最大・最小 ――

極値を調べ，最大値・最小値を求めよ．
(1) $f(x) = 4x^5 + 5x^4$ $(-2 \leq x \leq 1/2)$　　(2) $f(x) = x^x$ $(0 < x \leq 1/2)$

ヒント ① まず $f'(x) = 0$ を解き，極値の候補を挙げる．② それらについて，高階の微分係数を用いて，極値かどうか判定する．前後の $f'(x)$ を調べても極値かどうか判定ができる．
③ 最大値・最小値は，端点と極値を調べればよい（最大値・最小値だけならば，極値の判定をしなくても，端点と極値の候補を調べることでも可能）．

解答 (1) ① $f'(x) = 20x^4 + 20x^3 = 20x^3(x+1)$ より $x = -1, 0$ のとき $f'(x) = 0$.
② $f''(x) = 80x^3 + 60x^2$ より $f''(-1) = -80 + 60 = -20$. よって $f'(-1) = 0$ かつ $f''(-1) < 0$ となり，$f(-1) = 1$ は極大値．$f'''(x) = 240x^2 + 120x$, $f''''(x) = 480x + 120$ より $f''''(0) = 120$. よって $f'(0) = f''(0) = f'''(0) = 0$ かつ $f''''(0) > 0$ となり，$f(0) = 0$ は極小値．③ 極値 $f(0) = 0, f(-1) = 1$ と端点 $f(-2) = -48, f(1/2) = 7/16$ の中で比較する．最も大きい $f(-1) = 1$ が最大値．最も小さい $f(-2) = -48$ が最小値（グラフは p.38 例題 1.27 で凹凸を調べてから描くので，そちらを参照）．
(2) ① 例題 1.15(2) より $f'(x) = x^x(\log x + 1)$. よって $f'(x) = 0$ となるのは $x = 1/e$.
② $f'(x)$ は $x < 1/e$ では負，$1/e < x$ では正となるので，$f(1/e) = (e^{-1})^{(e^{-1})} = \exp(-1/e)$ は極小値．③ 下の増減表より最小値は $f(1/e) = \exp(-1/e)$. 左端の $\lim_{x \to 0+0} x^x$ は問題 1.24(2) より 1 である．右端は $f(1/2) = 2^{-1/2} = 1/\sqrt{2}$ であり，左端より小さい．だが，左端の $x = 0$ は定義域ではないので，最大値は存在しない．

x	$0+0$	$\cdots$	e^{-1}	$\cdots$	$1/2$
$f'(x)$		$-$	0	$+$	$+$
$f(x)$	1	↘	$e^{-1/e}$ 極小	↗	$1/\sqrt{2}$

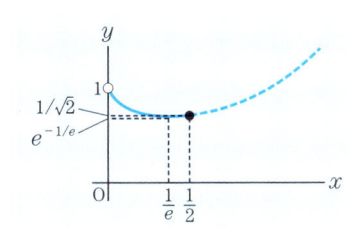

――― 問　題 ――――――――――――――――――――――――――――――――――

25.1 極値を調べ，最大値・最小値を求めよ．　(1) $f(x) = \exp(-x^2)$ $(-1 \leq x \leq 2)$
(2) $f(x) = \log(x^2 + 1)$ $(-1 \leq x \leq 1)$　　(3) $f(x) = \dfrac{x^3}{x^2 - 2}$ $(x \neq \pm 2)$
(4) $f(x) = \sin x(1 + \cos x)$ $(0 \leq x \leq 2\pi)$

ヒント 閉区間上の連続関数であれば，必ず最大値・最小値が存在する．

例題 1.26 ─────────────────────────── 不等式の証明 ─

次の不等式が成り立つことを示せ.
(1) $x^3 + 3x^2 \leqq 3x^4/4 + 8$ (2) $0 \leqq x$ のとき $x - x^3/6 \leqq \sin x \leqq x$

ヒント 右辺 − 左辺 の最小値を調べる. (2) まず右側の不等式から示す.

解答 (1) $f(x) = 3x^4/4 + 8 - x^3 - 3x^2$ と置く.
$$f'(x) = 3x^3 - 3x^2 - 6x = 3x(x^2 - x - 2) = 3x(x-2)(x+1)$$
なので, $f'(x) = 0$ となる, $x = -1, 0, 2$ が極値の候補. $f(-1) = 27/4$, $f(0) = 8$, $f(2) = 0$, $f(-\infty) = \infty$, $f(\infty) = \infty$ の中で最も小さいのは $f(2) = 0$ なので, $f(x)$ の最小値は $f(2) = 0$. よって $f(x) \geqq 0$ が示された.

(2) ① まず $\sin x \leqq x$ を示す. $f(x) = x - \sin x$ と置く.
$$f'(x) = 1 - \cos x \geqq 0 \quad \text{かつ} \quad f(0) = 0$$
なので, $x \geqq 0$ で $f(x) \geqq 0$. ② 次に $x - x^3/6 \leqq \sin x$ を示す. $g(x) = \sin x - x + x^3/6$ と置く. $g'(x) = \cos x - 1 + x^2/2$. ($g'(x)$ の符号や $g'(x) = 0$ となる 0 を求めるのは難しい.) $g''(x) = -\sin x + x \geqq 0$ $(x \geqq 0)$ (①より) $g'(0) = 0$ と $g''(x) \geqq 0$ $(x \geqq 0)$ より $g'(x) \geqq 0$ $(x \geqq 0)$ となる. さらにこれと $g(0) = 0$ を用いれば, $g(x) \geqq 0$ $(x \geqq 0)$ が示せた.

(1) $y = 3x^4/4 + 8 - x^3 - 3x^2$

(2) $y = x, y = \sin x, y = x - x^3/6$

問題

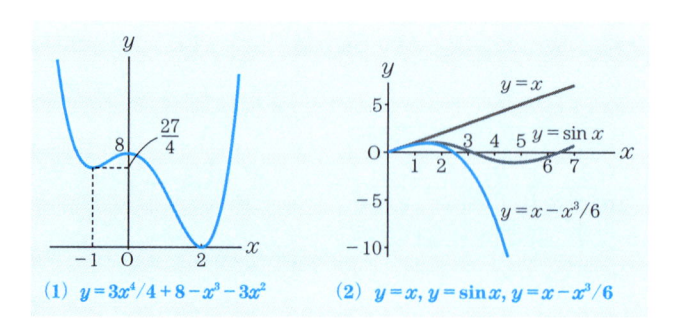

26.1 次の不等式を証明せよ. (1) $12x^2 - 63 \leqq x^4 + (4/3)x^3$
(2) $\log x < x - 1$ (3) $x \leqq 0$ のとき $1 + x < e^x < 1 + x + x^2/2$
(4) $1 - x^2/2 < \cos x < 1 - x^2/2 + x^4/24$
(5) $-1 \leqq x$ のとき $0 \leqq (1+x)e^{-x}$

ヒント (4) 例題 1.26(2) を利用. (5) $\lim_{x \to \infty}(1+x)e^{-x} = 0$

1.14 グラフの凹凸

グラフの凹凸 関数 $f(x)$ が $x=a$ 付近で，$f(x) \leqq f'(a)(x-a)+f(a)$ が成り立つとき，"$f(x)$ は $x=a$ で上に凸" という．逆に $f(x) \geqq f'(a)(x-a)+f(a)$ が成り立つとき，"$f(x)$ は $x=a$ で下に凸" という．

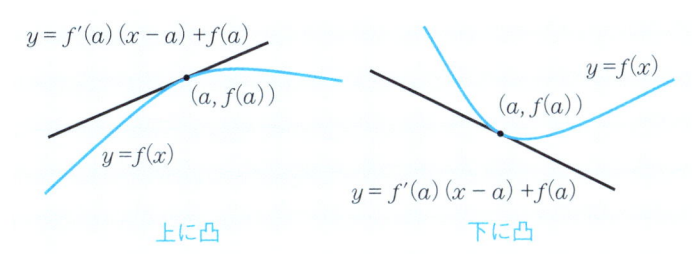

上に凸　　　　　　下に凸

凹凸と 2 階微分 2 階微分可能な $f(x)$ が $f''(a)>0$ であれば，$x=a$ で下に凸である．$f''(a)<0$ であれば，$x=a$ で上に凸である．

変曲 関数 $f(x)$ が $x=a$ の前後で，凸の上下が変わるとき，"$x=a$ で**変曲**する" といい，$(a, f(a))$ は**変曲点**であるという．

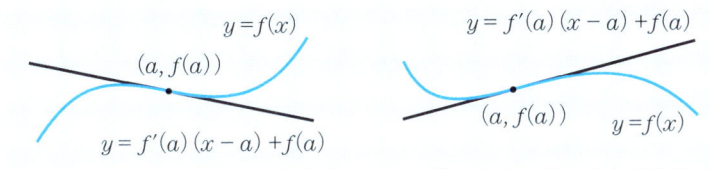

上に凸から下に凸に変わる変曲点　　下に凸から上に凸に変わる変曲点

変曲と 2 階微分 2 階微分可能な関数 $f(x)$ が $x=a$ で変曲するとき，$f''(a)=0$ である．逆は成り立たない．つまり $f''(a)=0$ だが変曲点でないこともある．

変曲と 3 階以上の微分 $f(x)$ は n 階微分可能とする．$f''(a) = f'''(a) = \cdots = f^{(n-1)}(a) = 0$ かつ $f^{(n)}(a) \neq 0$ のとき，n が奇数ならば $f(a)$ は変曲点，n が偶数で $f^{(n)}(a)>0$ ならば $x=a$ 付近で $f(x)$ は下に凸．n が偶数で $f^{(n)}(a)<0$ ならば $x=a$ 付近で $f(x)$ は上に凸．

例題 1.27 ─────────────── 凹凸・変曲とグラフ

$f(x) = 4x^5 + 5x^4$ について変曲を調べよ．またグラフを描け．

ヒント 変曲を調べるには $f''(x) = 0$ を解いて，変曲の候補を挙げ，3 階以上の微分係数を用いて変曲の判定をする．前後の $f''(x)$ の符号の変化を調べてもよい．グラフを描くには，例題 1.26 での極値と合わせて増減表を書く．

解答

$$f''(x) = 80x^3 + 60x^2 = 20x^2(4x+3)$$

より $x = -3/4, 0$ のとき $f'' = 0$．

$$f'''(x) = 240x^2 + 120x$$

より $f'''(-3/4) = 45$ である．よって $f''(-3/4) = 0, f'''(-3/4) \neq 0$ となり，$f(-3/4) = 81/128$ は変曲点．また $f''(0) = f'''(0) = 0$ かつ $f''''(0) \neq 0$ なので，$f(0) = 0$ は変曲点ではない．

x	$-\infty$	$\cdots$	-1	$\cdots$	$-\frac{3}{4}$	$\cdots$	0	$\cdots$	∞
$f'(x)$		$+$	0	$-$	$-$	$-$	0	$+$	$+$
$f''(x)$		$-$	$-$	$-$	0	$+$	0	$+$	$+$
$f(x)$	$-\infty$	↗	1 極大	↘	$\frac{81}{128}$ 変曲点	↘	0 極小	↗	∞

問題

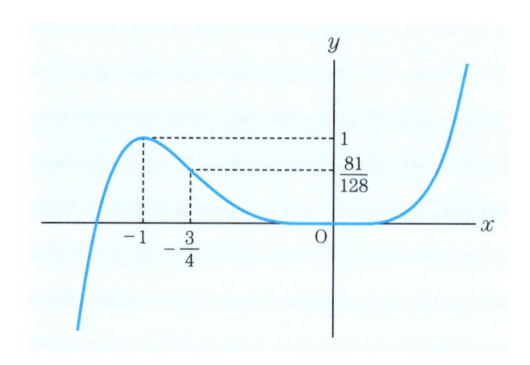

27.1 次の関数 $f(x)$ の増減・極値，凹凸・変曲を調べてグラフを描け．

(1) $\log(x^2+1)$ (2) $\dfrac{x+1}{x^2+1}$

章末問題

1 $a_n = \left(1 + \dfrac{1}{n}\right)^n$ とする．次のことを示せ．

(1) $a_n < a_{n+1}$ (2) $a_n < 3$

ヒント 2項定理を使う．(1) $a_{n+1} - a_n = \sum_{k=0}^{n}\left(\dfrac{{}_{n+1}\mathrm{C}_k}{(n+1)^k} - \dfrac{{}_n\mathrm{C}_k}{n^k}\right) + \dfrac{1}{(n+1)^{n+1}}$

(2) $a_n < \sum_{k=0}^{n} \dfrac{1}{k!}$

2 自然数 n として，$e = \lim\limits_{n\to\infty}\left(1+\dfrac{1}{n}\right)^n$ と置くと，実数 x に対しても $e = \lim\limits_{x\to\infty}\left(1+\dfrac{1}{x}\right)^x$ となることを示せ．

ヒント x を超えない最大の自然数を $[x]$ と書くことにする．十分大きい x で次式が成り立つ．
$$\left(1+\dfrac{1}{[x]+1}\right)^{[x]} \leq \left(1+\dfrac{1}{x}\right)^x \leq \left(1+\dfrac{1}{[x]}\right)^{[x]+1}$$

3
$$\overset{\text{コセカント}}{\operatorname{cosec}} x = \dfrac{1}{\sin x}\left(-\dfrac{\pi}{2} \leq x \leq \dfrac{\pi}{2},\ x \neq 0\right),$$
$$\overset{\text{セカント}}{\operatorname{sec}} x = \dfrac{1}{\cos x}\left(0 \leq x \leq \pi,\ x \neq \dfrac{\pi}{2}\right),$$
$$\overset{\text{コタンジェント}}{\operatorname{cot}} x = \dfrac{1}{\tan x}(0 < x < \pi)$$

の逆関数をそれぞれ $\operatorname{cosec}^{-1} x$, $\sec^{-1} x$, $\cot^{-1} x$ とする．これらの導関数を求めよ．

4 a は定数とする．x に関する方程式 $\log|x| - ax = 0$ の解の個数を調べよ．

5 関数 $f(x)$ は 2 階微分可能として，$f''(a) > 0$ とする．次のことを示せ．ある $\varepsilon > 0$ が存在し，$0 < h < \varepsilon$ ならば
$$\dfrac{f(a) - f(a-h)}{h} < \dfrac{f(a+h) - f(a)}{h}$$

が成り立つ．

ヒント 2 次のテイラーの定理を使う．$f''(a) > 0$ であるので，ある $\varepsilon > 0$ が存在し，$f''(x) > 0$ $(x \in [a-\varepsilon, a+\varepsilon])$ となる．

6 次の関数は微分可能であるが，導関数は不連続であることを示せ．
$$f(x) = \begin{cases} x^2 \sin(1/x) & (x \neq 0 \text{ のとき}) \\ 0 & (x = 0 \text{ のとき}) \end{cases}$$

第2章

1変数関数の積分

2.1 不定積分

不定積分 微分すると $f(x)$ になる関数を $f(x)$ の**原始関数**という．不定積分は原始関数の集合を $\int f(x)\,dx$ と書き，**不定積分**といい，$f(x)$ を**被積分関数**という．不定積分は定数分の自由度がある．積分定数 C を使って，この自由度を表現する．例えば x の原始関数は $x^2/2+$ 任意定数 なので，$\int x\,dx = x^2/2 + C$ と表す．ただし，この本では積分定数 C は省略することにして，$\int x\,dx = x^2/2$ と書く．

不定積分の性質 (1) では $f(x), g(x)$ は原始関数を持ち，(2), (3) では $f(x), g(x)$ は微分可能とする．

(1) $\displaystyle\int (k f(x) + l\, g(x))\,dx = k\int f(x)\,dx + l\int g(x)\,dx \quad (k, l \in \mathbf{R})$

(2) $\displaystyle\int (f'(x)g(x) + f(x)g'(x))\,dx = f(x)g(x)$

(3) $\displaystyle\int f'(g(x))g'(x)\,dx = f(g(x))$ （合成関数の積分）

基本的な関数の不定積分

微分	不定積分
$(x^a)' = a x^{a-1}$	$\displaystyle\int x^a\,dx = \frac{x^{a+1}}{a+1} \quad (a \neq -1)$
$(a^x)' = (\log a)\,a^x$	$\displaystyle\int a^x\,dx = \frac{a^x}{\log a}$
$(\log |x|)' = \dfrac{1}{x}$	$\displaystyle\int \frac{dx}{x} = \log|x|$
$(\sin x)' = \cos x$	$\displaystyle\int \cos x\,dx = \sin x$
$(\cos x)' = -\sin x$	$\displaystyle\int \sin x\,dx = -\cos x$
$(\tan x)' = \dfrac{1}{\cos^2 x}$	$\displaystyle\int \frac{dx}{\cos^2 x} = \tan x$

2.1 不定積分

微分	不定積分
$(\sin^{-1} x)' = \dfrac{1}{\sqrt{1-x^2}}$	$\displaystyle\int \dfrac{dx}{\sqrt{1-x^2}} = \sin^{-1} x$
$(\tan^{-1} x)' = \dfrac{1}{1+x^2}$	$\displaystyle\int \dfrac{dx}{1+x^2} = \tan^{-1} x$
$(\sinh x)' = \cosh x$	$\displaystyle\int \cosh x \, dx = \sinh x$
$(\cosh x)' = \sinh x$	$\displaystyle\int \sinh x \, dx = \cosh x$
$(\tanh x)' = \dfrac{1}{\cosh^2 x}$	$\displaystyle\int \dfrac{dx}{\cosh^2 x} = \tanh x$
$(\sinh^{-1} x)' = \dfrac{1}{\sqrt{x^2+1}}$	$\displaystyle\int \dfrac{dx}{\sqrt{x^2+1}} = \sinh^{-1} x$ $= \log(x + \sqrt{x^2+1})$
$(\cosh^{-1} x)' = \dfrac{1}{\sqrt{x^2-1}}$	$\displaystyle\int \dfrac{dx}{\sqrt{x^2-1}} = \cosh^{-1} x$ $= \log(x + \sqrt{x^2-1}) \quad (1 \leq x)$
$(\tanh^{-1} x)' = \dfrac{1}{1-x^2}$	$\displaystyle\int \dfrac{dx}{1-x^2} = \tanh^{-1} x \quad (|x| < 1)$ $= \dfrac{1}{2} \log \left| \dfrac{1+x}{1-x} \right|$

例題 2.1 ─────────────────────── 不定積分 ─

次の不定積分を求めよ． (1) $\displaystyle\int x \cos(x^2+1) \, dx$ (2) $\displaystyle\int \dfrac{x}{\sqrt{x^2+1}} \, dx$

ヒント $\{f(x^2+1)\}' = 2x f'(x^2+1)$ なので，$\displaystyle\int x f'(x^2+1) \, dx = \dfrac{1}{2} f(x^2+1)$

解答 (1) $f(x) = \sin x$ と置くと，$f'(x) = \cos x$ であり，$x \cos(x^2+1) = x f'(x^2+1) = \dfrac{1}{2} \{f(x^2+1)\}'$ となる．よって与式 $= \dfrac{1}{2} \sin(x^2+1)$

(2) $f(x) = \sqrt{x}$ と置く．$f'(x) = \dfrac{1}{2\sqrt{x}}$ であり，$\dfrac{x}{\sqrt{x^2+1}} = 2x f'(x^2+1) = \{f(x^2+1)\}'$ となる．よって与式 $= \sqrt{x^2+1}$．

問題

1.1 次の不定積分を求めよ． (1) $\displaystyle\int x(x^2+1)^5 \, dx$ (2) $\displaystyle\int x \exp(x^2+1) \, dx$
(3) $\displaystyle\int x\sqrt{x^2+1} \, dx$ (4) $\displaystyle\int \dfrac{x}{x^2+1} \, dx$ **ヒント** 上の例題解答のように，いちいち f を置かなくてもよい．例えば (1) では，$a(x^2+1)^6$ が答と推測し，微分して $x(x^2+1)^5$ となるように a を決める，という方法もある．

2.2 定積分

定積分 区間 $[a,b]$ で連続な関数 $f(x)$ について
$$\int_a^b f(x)\,dx = 区間\ [a,b]\ で, y=f(x)\ と\ x\ 軸で囲まれた部分の面積$$
を $f(x)$ の $[a,b]$ 上の**定積分**という．ただし x 軸より下にある部分の面積は負と勘定する．さらに

$a>b$ のときは $\int_a^b f(x)\,dx = -\int_b^a f(x)\,dx$ で定義し，

$a=b$ のときは $\int_a^b f(x)\,dx = 0$ とする．

次のようにも表せる．これを**区分求積法**という．
$$\int_a^b f(x)\,dx = \lim_{n\to\infty}\sum_{k=1}^n f(a+k\,dx)\,dx \quad \left(dx=\frac{b-a}{n}\right)$$

定積分の性質 $f(x), g(x)$ は $[a,b]$ で連続とする．

(1) $\int_a^b (k\,f(x)+l\,g(x))\,dx = k\int_a^b f(x)\,dx + l\int_a^b g(x)\,dx \quad (k,l\in\mathbf{R})$

(2) $\int_a^b f(x)\,dx = \int_a^c f(x)\,dx + \int_c^b f(x)\,dx \quad (c\in[a,b]\ とする)$

(3) $0\leq f(x)$ のとき $0\leq \int_a^b f(x)\,dx$

(4) $m\leq f(x)\leq M$ のとき $m(b-a)\leq \int_a^b f(x)\,dx \leq M(b-a)$

(5) $\int_a^b f(x)\,dx = f(c)(b-a)$ となる $c\in[a,b]$ が存在する（**積分の平均値の定理**）．

(6) $\left|\int_a^b f(x)\,dx\right| \leq \int_a^b |f(x)|\,dx$

(7) $|f(x)|\leq M$ のとき，$\left|\int_a^b f(x)\,dx\right| \leq M(b-a)$

微積分の基本定理

(1) 連続関数 $f(x)$ について
$$\frac{d}{dx}\left(\int_a^x f(t)\,dt\right) = f(x)$$

(2) 微分可能な関数 $f(x)$ について
$$\int_a^b f'(x)\,dx = f(b)-f(a) \ \left(=\Big[f(x)\Big]_a^b\ と書く\right)$$

2.2 定積分

---**例題 2.2**------------------------------定積分---

次の定積分の値を求めよ．

(1) $\int_1^2 \dfrac{dx}{x}$ (2) $\int_{-1/2}^{1/2} \dfrac{dx}{\sqrt{1-x^2}}$ (3) $\int_0^1 \dfrac{x}{\sqrt{x^2+1}}\,dx$ (4) $\int_{-2}^3 |x-1|\,dx$

ヒント 被積分関数の原始関数を求め，微積分の基本定理 (2) を使って定積分の値を計算する．(4) 絶対値の中の符号に応じて，積分区間を分割する．

解答 (1) $\int \dfrac{dx}{x} = \log|x|$ であるから 与式 $= \Big[\log x\Big]_1^2 = \log 2 - \log 1 = \log 2\ (\log 1 = 0)$．

(2) $\int \dfrac{dx}{\sqrt{1-x^2}} = \sin^{-1} x$ であるから

$$\text{与式} = \Big[\sin^{-1} x\Big]_{-1/2}^{1/2} = \sin^{-1}\dfrac{1}{2} - \sin^{-1}\left(-\dfrac{1}{2}\right) = \dfrac{\pi}{6} - \left(-\dfrac{\pi}{6}\right) = \dfrac{\pi}{3}$$

(3) p.41 例題 2.1(2) より $\int \dfrac{x}{\sqrt{x^2+1}}\,dx = \sqrt{x^2+1}$ であるから

$$\text{与式} = \Big[\sqrt{x^2+1}\Big]_0^1 = \sqrt{2} - 1.$$

(4) $x \leqq 1$ では $|x-1| = -x+1$，$1 \leqq x$ では $|x-1| = x-1$ である．p.42 定積分の性質 (2) を使って積分区間 $[-2, 3]$ を $[-2, 1]$ と $[1, 3]$ に分割する．

$$\text{与式} = \int_{-2}^1 |x-1|\,dx + \int_1^3 |x-1|\,dx = \int_{-2}^1 (-x+1)\,dx + \int_1^3 (x-1)\,dx$$

$$= \Big[-\dfrac{x^2}{2} + x\Big]_{-2}^1 + \Big[\dfrac{x^2}{2} - x\Big]_1^3 = \dfrac{1}{2} - (-4) + \dfrac{3}{2} - \left(-\dfrac{1}{2}\right) = \dfrac{13}{2}$$

問 題

2.1 次の定積分の値を求めよ． (1) $\int_0^1 x^3\,dx$ (2) $\int_0^1 e^x\,dx$ (3) $\int_{-2}^{-1} \dfrac{dx}{x}$

(4) $\int_0^{\pi/2} \cos x\,dx$ (5) $\int_0^{\pi/4} \dfrac{dx}{\cos^2 x}$ (6) $\int_0^1 \dfrac{dx}{1+x^2}$

(7) $\int_0^{\log 2} \cosh x\,dx$ (8) $\int_0^{\log 2} \dfrac{dx}{\cosh^2 x}$ (9) $\int_0^1 \dfrac{dx}{\sqrt{x^2+1}}$

(10) $\int_0^{1/2} \dfrac{dx}{1-x^2}$ (11) $\int_2^3 \dfrac{dx}{\sqrt{x^2-1}}$ (12) $\int_0^1 x\exp(x^2+1)\,dx$

(13) $\int_0^1 \dfrac{x}{x^2+1}\,dx$ (14) $\int_0^2 |x+1|\,dx$ (15) $\int_0^2 |x(1-x)|\,dx$

ヒント (1)-(11) 必要ならば p.40 の表を見て，不定積分を調べる．(12)(13) p.41 例題 2.1. (14)(15) 絶対値の中の符号で場合分け．

例題 2.3 ─────────────────── 区分求積法

区分求積法で次のものを求めよ．l, m は定数とする．
(1) $\displaystyle\int_0^1 (lx+m)\,dx$ (2) $\displaystyle\lim_{n\to\infty}\sum_{k=1}^n \frac{1}{\sqrt{n^2+k^2}}$ (3) $\displaystyle\lim_{n\to\infty}\sum_{k=1}^n \frac{1}{\sqrt{4n^2-k^2}}$

ヒント (1) 区分求積法を用いるより，p.42 微積分の基本定理を用いた方が早いかもしれないが，区分求積法でも計算可能であることを確認するための問題である．(2)(3) 区分求積法で積分に直し，微積分の基本定理を用いて値を計算する．

解答 (1) $dx = \dfrac{1-0}{n} = \dfrac{1}{n}$ より

$$\text{与式} = \lim_{n\to\infty}\sum_{k=1}^n \left(l\frac{k}{n}+m\right)\frac{1}{n} = \lim_{n\to\infty}\left\{\frac{l}{n^2}\left(\sum_{k=1}^n k\right) + \frac{m}{n}\left(\sum_{k=1}^n 1\right)\right\}$$

$$= \lim_{n\to\infty}\left\{\frac{l}{n^2}\cdot\frac{n(n-1)}{2} + \frac{m}{n}n\right\} = \frac{l}{2}\left(\lim_{n\to\infty}\frac{n(n-1)}{n^2}\right) + m = \frac{l}{2} + m$$

(2) $\displaystyle\text{与式} = \lim_{n\to\infty}\frac{1}{n}\sum_{k=1}^n \frac{1}{\sqrt{1+(k/n)^2}} = \int_0^1 \frac{dx}{\sqrt{1+x^2}} = \Big[\log(x+\sqrt{x^2+1})\Big]_0^1$
$= \log(1+\sqrt{2})$

(3) $\displaystyle\text{与式} = \lim_{n\to\infty}\frac{1}{2n}\sum_{k=1}^n \frac{1}{\sqrt{1-(k/2n)^2}} = \int_0^{1/2}\frac{dx}{\sqrt{1-x^2}} = \Big[\sin^{-1} x\Big]_0^{1/2}$
$= \dfrac{\pi}{6}$

問題

3.1 区分求積法で次のものを求めよ．(1) $\displaystyle\int_0^1 x^2\,dx$ (2) $\displaystyle\int_0^1 e^x\,dx$

(3) $\displaystyle\lim_{n\to\infty}\frac{1}{n^{a+1}}\sum_{k=1}^n k^a$ $(a \neq -1)$ (4) $\displaystyle\lim_{n\to\infty}\sum_{k=1}^n \frac{1}{n+k}$

(5) $\displaystyle\lim_{n\to\infty}\sum_{k=1}^n \frac{n}{n^2+k^2}$ (6) $\displaystyle\lim_{n\to\infty}\sum_{k=1}^n \frac{k}{n^2+k^2}$

(7) $\displaystyle\lim_{n\to\infty}\sum_{k=1}^n \frac{2n}{4n^2-k^2}$ (8) $\displaystyle\lim_{n\to\infty}\sum_{k=1}^n \frac{1}{\sqrt{k^2+4kn+3n^2}}$

(9) $\displaystyle\lim_{n\to\infty}\frac{n}{\pi}\sum_{k=1}^n \sin\frac{k\pi}{n}$

ヒント (1)(2) 例題 2.3(1) と同様の確認問題である．(3)-(9) 例題 2.3(2), (3) と同様に，区分求積法で積分に直し，微積分の基本定理を用いて値を計算する．

2.3 置換積分

置換積分 $f(x)$ は連続関数とする．変数 t の連続関数 $x(t)$ が単調であるとき，逆関数 $t(x)$ も存在して，以下のような変数変換が可能である．

(1) $\displaystyle\int f(x)\,dx = \int f(x(t))\,\frac{dx}{dt}\,dt$ (2) $\displaystyle\int_a^b f(x)\,dx = \int_{t(a)}^{t(b)} f(x(t))\,\frac{dx}{dt}\,dt$

例題 2.4 ──────────────── 置換積分 $x = at + b$ ──

次の定積分の値，不定積分を求めよ．a は正定数とする．

(1) $\displaystyle\int_0^{\pi/6} \cos\left(-2x + \frac{\pi}{3}\right) dx$ (2) $\displaystyle\int \frac{dx}{\sqrt{x^2 + a^2}}$ (3) $\displaystyle\int \frac{dx}{x^2 + 2x + 3}$

ヒント (1) カッコの中を t と置く．(2) $\int \frac{dx}{\sqrt{x^2+1}} = \sinh^{-1} x$ が使える形に変形．
(3) $\int \frac{dx}{x^2+1} = \tan^{-1} x$ が使える形に変形．

解答 (1) $-2x + \pi/3 = t$ と置く．$-2\,dx = dt$．$x : 0 \to \pi/6$ より $t : \pi/3 \to 0$．

$$\text{与式} = \int_{\pi/3}^{0} \cos(t)\,\frac{dx}{-2} = -\frac{1}{2}\Big[\sin t\Big]_{\pi/3}^{0} = \frac{\sqrt{3}}{4}$$

(2) $x = at$ と変換すると，$dx = a\,dt$

$$\text{与式} = \int \frac{a\,dt}{\sqrt{(at)^2 + a^2}} = \int \frac{dt}{\sqrt{t^2 + 1}} = \sinh^{-1} t = \sinh^{-1}\frac{x}{a}$$

この解答を，慣れてきたら 与式 $= \displaystyle\int \frac{d\left(\frac{x}{a}\right)}{\sqrt{\left(\frac{x}{a}\right)^2 + a}} = \sinh^{-1}\left(\frac{x}{a}\right)$ と書いてもよい．内容的には上の解答と同じである．

(3) 与式 $= \displaystyle\int \frac{dx}{(x+1)^2 + 2} = \frac{\sqrt{2}}{2} \int \frac{d\left(\frac{x+1}{\sqrt{2}}\right)}{\left(\frac{x+1}{\sqrt{2}}\right)^2 + 1} = \frac{\sqrt{2}}{2} \tan^{-1}\left(\frac{x+1}{\sqrt{2}}\right)$

問題

4.1 次の定積分の値，不定積分を求めよ．a は正定数とする．

(1) $\displaystyle\int_0^1 \exp(2x+1)\,dx$ (2) $\displaystyle\int \frac{dx}{\sqrt{x^2 - a^2}}$ $(x \geqq a)$

(3) $\displaystyle\int \frac{dx}{\sqrt{a^2 - x^2}}$ (4) $\displaystyle\int \frac{dx}{a^2 - x^2}$ (5) $\displaystyle\int \frac{dx}{a^2 + x^2}$

(6) $\displaystyle\int \frac{dx}{\sqrt{x^2 + 2x + 5}}$ (7) $\displaystyle\int \frac{dx}{\sqrt{x^2 - 2x}}$ $(x \geqq 2)$ **ヒント** 上の例題を参考にする．(1) は例題 (1), (2)-(5) は例題 (2), (6)-(7) は例題 (3) を．

例題 2.5 — 様々な置換積分

次の定積分の値，不定積分を求めよ．
(1) $\int_0^1 \dfrac{dx}{1+x^2}$　(2) $\int \sqrt{1+x^2}\,dx$　(3) $\int_1^2 \dfrac{(\log x)^2}{x}\,dx$

ヒント (1) は $\int \frac{dx}{1+x^2} = \tan^{-1} x$ を使っても計算可能であるが，ここではそれを使わず置換積分を使った計算方法を紹介する．(2) ルートの中が 2 乗になるように工夫する．ルートに関連した積分は，2.7 節でも扱う．(3) 被積分関数の中に $f(x)$ と $f'(x)dx$ があった場合，$f(x) = t$ と置くと，それぞれ t と dt に変換できる．

解答 (1) $x = \tan t$ と置く．$dx = \dfrac{dt}{\cos^2 t}$．$x : 0 \to 1$ より $t : 0 \to \pi/4$.

$$\text{与式} = \int_0^{\pi/4} \dfrac{1}{1+\tan^2 t} \dfrac{dt}{\cos^2 t} = \int_0^{\pi/4} dt = \dfrac{\pi}{4}$$

(2) $x = \sinh t$ とおく，$dx = \cosh t\,dt$.

$$\text{与式} = \int \sqrt{1+\sinh^2 t}\,(\cosh t\,dt) = \int \cosh^2 t\,dt = \int \dfrac{1+\cosh(2t)}{2}\,dt$$
$$= \dfrac{t}{2} + \dfrac{\sinh(2t)}{4} = \dfrac{1}{2}t + \dfrac{1}{2}\sinh t \cosh t = \dfrac{1}{2}\sinh^{-1} x + \dfrac{1}{2}x\sqrt{x^2+1}$$

(3) $\log x = t$ と置くと，$\dfrac{dx}{x} = dt$．$x : 1 \to 2$ より $t : 0 \to \log 2$.

$$\text{与式} = \int_0^{\log 2} \dfrac{t^2}{x}(x\,dt) = \int_0^{\log 2} t^2\,dt = \left[\dfrac{t^3}{3}\right]_0^{\log 2} = \dfrac{(\log 2)^3}{3}$$

別解 $f(x) = x^3/3$, $g(x) = \log x$ とすると，$\dfrac{(\log x)^2}{x} = f'(g(x))\,g'(x)$ なので，p.40 不定積分の性質 (3) 合成関数の積分を使って，$\int f'(g(x))\,g'(x)\,dx = f(g(x)) = (\log x)^3/3$

問題

5.1 次の定積分の値を求めよ．

(1) $\int_0^{1/\sqrt{2}} \dfrac{dx}{\sqrt{1-x^2}}$　(2) $\int_0^{1/3} \dfrac{dx}{1-x^2}$　(3) $\int_0^1 x^2\sqrt{1-x^2}\,dx$

(4) $\int_0^1 \dfrac{x^2}{\sqrt{1+x^2}}\,dx$　(5) $\int_1^2 \dfrac{\log x}{x}\,dx$　(6) $\int_0^1 \dfrac{e^x}{1+e^x}\,dx$

(7) $\int_0^{\pi/2} \sin^2 x \cos x\,dx$　**ヒント** (1) $x = \sin t$, (2) $x = \tanh t$, (3) $x = \sin t$,
(4) $x = \sinh t$, (5) $\log x = t$, (6) $e^x = t$, (7) $\sin x = t$ と置く．

2.4 部分積分

部分積分 $f(x), g(x)$ は微分可能で，$f'(x), g'(x)$ は連続であるとする．
(1) $\displaystyle\int f'(x)g(x)\,dx = f(x)g(x) - \int f(x)g'(x)\,dx$
(2) $\displaystyle\int_a^b f'(x)g(x)\,dx = \Big[f(x)g(x)\Big]_a^b - \int_a^b f(x)g'(x)\,dx$

例題 2.6 ────────────────────── 積の形の部分積分 ─

次の不定積分を求めよ．
(1) $\displaystyle\int x\cos x\,dx$ (2) $\displaystyle\int x^2 e^x\,dx$ (3) $\displaystyle\int \frac{\tan x}{\cos^2 x}\,dx$

ヒント $\displaystyle\int f(x)g(x)\,dx$ という不定積分は，$f(x)$ または $g(x)$ の原始関数を求めて，例えば $\displaystyle\int f(x)\,dx = F(x)$ とすると，
$$\int f(x)g(x)\,dx = F(x)g(x) - \int F(x)g'(x)\,dx$$
と変形できる．うまくいかないときは，もう片方（例えばここでは $g(x)$）の原始関数を求めてみよう．

解答 (1) 与式 $= \displaystyle\int x(\sin x)'\,dx = x\sin x - \int (x)'(\sin x)\,dx = x\sin x + \cos x$
（x の方の原始関数を使ったら，次数があがってしまうだけである）

(2) 与式 $= \displaystyle\int x^2(e^x)'\,dx = x^2 e^x - \int (2x)e^x\,dx = x^2 e^x - 2\int x(e^x)'\,dx$
$= x^2 e^x - 2\left(xe^x - \displaystyle\int e^x\,dx\right) = x^2 e^x - 2xe^x + 2e^x = (x^2 - 2x + 2)e^x$
（このように，何回も部分積分を使うことも可能である）

(3) 与式 $= \displaystyle\int (\tan x)(\tan x)'\,dx = (\tan x)^2 - \int (\tan x)'(\tan x)\,dx = (\tan x)^2 -$ 与式
最後の ($-$ 与式) を左辺に移行して，全体を 2 で割ると，与式 $= (\tan x)^2/2$
$\left(\displaystyle\int f(x)f'(x)\,dx = \frac{1}{2}\{f(x)\}^2\ \text{という公式を使ってもよい}\right)$

問題

6.1 次の不定積分を求めよ． (1) $\displaystyle\int x^2 \sin x\,dx$ (2) $\displaystyle\int xe^x\,dx$
(3) $\displaystyle\int e^x \cos x\,dx$ (4) $\displaystyle\int e^x \sin x\,dx$ (5) $\displaystyle\int x\log x\,dx$
(6) $\displaystyle\int \frac{\tanh x}{\cosh^2 x}\,dx$ (7) $\displaystyle\int \sin x\cos x\,dx$ (8) $\displaystyle\int \frac{\sin^{-1} x}{\sqrt{1-x^2}}\,dx$

ヒント (6)-(8) $\displaystyle\int f(x)f'(x)\,dx$ の形

―例題 2.7――――――――――――――――――――――$(x)' = 1$ を使う部分積分―

次の不定積分を求めよ． (1) $\int (\log x)^2 \, dx$ (2) $\int \sqrt{1-x^2} \, dx$

[ヒント] 被積分関数が積の形になっていなくても，$(x)' = 1$ なので，1 がかくれていると思えば部分積分できる．

[解答] (1) 与式 $= \int (x)'(\log x)^2 \, dx = x(\log x)^2 - \int x\{(\log x)^2\}' \, dx$

$= x(\log x)^2 - \int x(2x^{-1}\log x) \, dx$

(第 2 項 $\{(\log x)^2\}' = 2(\log x)'(\log x)$ を使った)

$= x(\log x)^2 - 2\int \log x \, dx = \dagger$

ここで第 2 項に再び $(x)' = 1$ を補って部分積分する．

$\dagger = x(\log x)^2 - 2\int (x)' \log x \, dx$

$= x(\log x)^2 - 2\left(x\log x - \int x\, x^{-1} \, dx\right) = x(\log x)^2 - 2x\log x + 2x$

(2) 与式 $= \int (x)' \sqrt{1-x^2} \, dx = x\sqrt{1-x^2} - \int x\left(\sqrt{1-x^2}\right)' \, dx$

$= x\sqrt{1-x^2} - \int x \frac{-x}{\sqrt{1-x^2}} \, dx = x\sqrt{1-x^2} + \int \frac{x^2}{\sqrt{1-x^2}} \, dx = \dagger$

ここで 2 項目の被積分関数を

$$\frac{x^2}{\sqrt{1-x^2}} = \frac{-(1-x^2) + 1}{\sqrt{1-x^2}} = -\sqrt{1-x^2} + \frac{1}{\sqrt{1-x^2}}$$

と分解する．

$\dagger = x\sqrt{1-x^2} - \underbrace{\int \sqrt{1-x^2} \, dx}_{\text{与式}} + \underbrace{\int \frac{dx}{\sqrt{1-x^2}}}_{\sin^{-1} x}$

右辺の (−与式) を左辺に移行して，2 で割ると，与式 $= \dfrac{x}{2}\sqrt{1-x^2} + \dfrac{1}{2}\sin^{-1} x$．

■ 問 題

7.1 次の不定積分を求めよ． (1) $\int \log x \, dx$ (2) $\int (\log x)^3 \, dx$

(3) $\int \sin^{-1} x \, dx$ (4) $\int \tan^{-1} x \, dx$ (5) $\int \sqrt{1+x^2} \, dx$

[ヒント] 全て $(x)' = 1$ を使って部分積分する．

2.5 有理関数の積分

有理関数の積分の基本公式 a は実定数,n は自然数定数とする.

(1) $\displaystyle \int \frac{dx}{(x+a)^n} = \begin{cases} \dfrac{1}{(-n+1)(x+a)^{n-1}} & (n \geqq 2 \text{ のとき}) \\ \log|x+a| & (n=1 \text{ のとき}) \end{cases}$

(2) $\displaystyle \int \frac{x\,dx}{(x^2+a^2)^n} = \begin{cases} \dfrac{1}{2(-n+1)(x^2+a^2)^{n-1}} & (n \geqq 2 \text{ のとき}) \\ \frac{1}{2}\log(x^2+a^2) & (n=1 \text{ のとき}) \end{cases}$

(3) a は 0 でない定数とする.

$$\int \frac{dx}{(x^2+a^2)^n} = \begin{cases} \dfrac{x}{a^2(2n-2)(x^2+a^2)^{n-1}} \\ \quad + \dfrac{(2n-3)}{a^2(2n-2)} \displaystyle\int \frac{dx}{(x^2+a^2)^{n-1}} & (n \geqq 2 \text{ のとき}) \\ \frac{1}{a}\tan^{-1}\frac{x}{a} & (n=1 \text{ のとき}) \end{cases}$$

例題 2.8 ──────── 有理関数の積分(分母が 1 次式)──

次の不定積分を求めよ. (1) $\displaystyle\int \frac{dx}{(2x+1)^2}$ (2) $\displaystyle\int \frac{dx}{x^2-3x+2}$

ヒント 必要に応じて変形して,基本公式 (1) が使える形にする.

解答 (1) 与式 $= \dfrac{1}{4}\displaystyle\int \dfrac{dx}{(x+\frac{1}{2})^2} = \dfrac{1}{4}(-1)\left(x+\dfrac{1}{2}\right)^{-1} = -\dfrac{1}{4x+2}$

(2) 分母を $x^2-3x+2 = (x-1)(x-2)$ と因数分解する.被積分関数を部分分数分解する.$\dfrac{1}{x^2-3x+2} = \dfrac{a}{x-2} + \dfrac{b}{x-1} = \dfrac{a(x-1)+b(x-2)}{(x-1)(x-2)}$ とすると,$1 = a(x-1) + b(x-2) = (a+b)x + (-a-2b)$ となる必要があり,$a+b=0, -a-2b=1$ だから $a=1, b=-1$.よって $\dfrac{1}{x^2-3x+2} = \dfrac{1}{x-2} - \dfrac{1}{x-1}$ である.これを使って

$$\text{与式} = \int \frac{dx}{x-2} - \int \frac{dx}{x-1} = \log|x-2| - \log|x-1| = \log\left|\frac{x-2}{x-1}\right|$$

別解 与式 $= \displaystyle\int \dfrac{dx}{(x-\frac{3}{2})^2 - \frac{1}{4}} = -2\displaystyle\int \dfrac{d(2x-3)}{1-(2x-3)^2} = -2\tanh^{-1}(2x-3)$

問題

8.1 次の不定積分を求めよ. (1) $\displaystyle\int \frac{dx}{(3-2x)^2}$ (2) $\displaystyle\int \frac{dx}{x^2-2x-3}$

ヒント (2) 上の例題 (2) のように部分分数分解する方法と,別解のようにする方法がある.

例題 2.9 ─────── 有理関数の積分（分母が 2 次式）

次の不定積分を求めよ． (1) $\int \dfrac{4x+3}{x^2-2x+4}\,dx$ (2) $\int \dfrac{x^4-4x^2-6x-4}{x^3+3x^2+4x+2}\,dx$

ヒント (1) 基本公式 (2), (3) が使える形に分割する． (2) 割り算を行い，分子の次数を分母の次数より小さくする．そのあと分母を因数分解し，部分分数分解する．

解答 (1) $(x^2-2x+4)' = 2x-2$ なので，分子を $2x-2$ の定数倍と残りに分割すると，被積分関数 $= \dfrac{2(2x-2)}{x^2-2x+4} + \dfrac{7}{x^2-2x+4}$．第 1 項を f，第 2 項を g と置く．

$$\int f\,dx = 2\int \frac{(x^2-2x+4)'}{x^2-2x+4}\,dx = 2\log(x^2-2x+4)$$

$$\int g\,dx = \int \frac{7}{(x-1)^2+3}\,dx = \frac{7}{\sqrt{3}}\int \frac{d\left(\frac{x-1}{\sqrt{3}}\right)}{\left(\frac{x-1}{\sqrt{3}}\right)^2+1} = \frac{7}{\sqrt{3}}\tan^{-1}\left(\frac{x-1}{\sqrt{3}}\right)$$

よって，

$$与式 = \int f\,dx + \int g\,dx = 2\log(x^2-2x+4) + \frac{7}{\sqrt{3}}\tan^{-1}\left(\frac{x-1}{\sqrt{3}}\right)$$

(2) 割り算を実行する． $\dfrac{x^4-4x^2-6x-4}{x^3+3x^2+4x+2} = x-3 + \dfrac{x^2+4x+2}{x^3+3x^2+4x+2} = \dagger$

分母を因数分解する． $\dagger = x-3 + \dfrac{x^2+4x+2}{(x+1)(x^2+2x+2)}$

部分分数分解する．$\dfrac{x^2+4x+2}{(x+1)(x^2+2x+2)} = \dfrac{a}{x+1} + \dfrac{bx+c}{x^2+2x+2}$ と置いて通分したものを解くと，$a=-1$, $b=2$, $c=4$ なので，$\dagger = x-3 - \dfrac{1}{x+1} + \dfrac{2x+4}{x^2+2x+2}$．

第 1, 2, 3 項の積分は簡単．第 4 項の積分は，(1) と同様に行う．

$$\dagger 第 4 項の積分 = \int \frac{2x+4}{x^2+2x+2}\,dx = \int \frac{2x+2}{x^2+2x+2}\,dx + \int \frac{2}{x^2+2x+2}\,dx$$
$$= \int \frac{(x^2+2x+2)'}{x^2+2x+2}\,dx + \int \frac{2}{(x+1)^2+1}\,dx$$
$$= \log(x^2+2x+2) + 2\tan^{-1}(x+1)$$

よって，

$$与式 = \frac{x^2}{2} - 3x - \log|x+1| + \log(x^2+2x+2) + 2\tan^{-1}(x+1)$$

問題

9.1 (1) $\int \dfrac{x}{x^2-x+1}\,dx$ (2) $\int \dfrac{x^4}{x^3-1}\,dx$

ヒント 次のように被積分関数を分割する．

(1) $\dfrac{1}{2}\dfrac{2x-1}{x^2-x+1} + \dfrac{1}{2}\dfrac{1}{x^2-x+1}$, (2) $x + \dfrac{1}{3}\dfrac{1}{x-1} - \dfrac{1}{6}\dfrac{2x+1}{x^2+x+1} + \dfrac{1}{2}\dfrac{1}{x^2+x+1}$

2.5 有理関数の積分

例題 2.10 ─────────── 有理関数の積分（分母が 4 次式）─

次の不定積分を求めよ． $\displaystyle\int \frac{dx}{(x^2+2x+3)^2}$

ヒント 基本公式 (3) の $n=2$ のときを使っても計算可能であるが，ここではそれを導出する形で計算する．

解答 $(x^2+2x+3)' = 2x+2$ なので，x^2+2x+3 を $x(2x+2), 2x+2, 1$ の定数倍の和で書くと

$$x^2+2x+3 = \frac{1}{2}x(2x+2) + \frac{1}{2}(2x+2) + 2$$

となる．この右辺第 1, 2 項を左辺に移項し，$2(x^2+2x+3)^2$ で割ると

$$\text{被積分関数} = \frac{1}{2}\frac{x^2+2x+3}{(x^2+2x+3)^2} - \frac{1}{4}\frac{x(2x+2)}{(x^2+2x+3)^2} - \frac{1}{4}\frac{(2x+2)}{(x^2+2x+3)^2}$$

この第 1 項の不定積分は p.45 例題 2.4(3) で求めた $I = \displaystyle\int \frac{dx}{x^2+2x+3} = \frac{\sqrt{2}}{2}\tan^{-1}\left(\frac{x+1}{\sqrt{2}}\right)$ の 1/2 倍．第 3 項の不定積分は $\dfrac{1}{4}\dfrac{1}{x^2+2x+3}$．第 2 項の不定積分は次のように部分積分を使う．

$$-\frac{1}{4}\int \frac{x(2x+2)}{(x^2+2x+3)^2}dx = -\frac{1}{4}\int x\left(\frac{-1}{x^2+2x+3}\right)' dx$$
$$= -\frac{1}{4}x\left(\frac{-1}{x^2+2x+3}\right) + \frac{1}{4}\int \left(\frac{-1}{x^2+2x+3}\right) dx$$
$$= \frac{1}{4}\frac{x}{x^2+2x+3} - \frac{1}{4}I$$

よって

$$\text{与式} = \frac{1}{4\sqrt{2}}\tan^{-1}\left(\frac{x+1}{\sqrt{2}}\right) + \frac{1}{4}\frac{x+1}{x^2+2x+3}$$

問題

10.1 (1) $\displaystyle\int \frac{dx}{(x^2-4x+5)^2}$ (2) $\displaystyle\int \frac{x^6-4x^4-3x^3-19}{x^5+3x^4+4x^3-4x-4}dx$

ヒント 次のように被積分関数を分割する．

(1) $\dfrac{1}{x^2-4x+5} - \dfrac{1}{2}\dfrac{x(2x-4)}{(x^2-4x+5)^2} + \dfrac{2x-4}{(x^2-4x+5)^2}$

(2) $x - 3 - \dfrac{1}{x-1} + \dfrac{2x+2}{x^2+2x+2} + \dfrac{9}{x^2+2x+2} + \dfrac{x}{(x^2+2x+2)^2} + \dfrac{5}{(x^2+2x+2)^2}$

2.6 三角関数の積分

三角関数の積分(基本)

$$\int \sin x\, dx = -\cos x, \quad \int \cos x\, dx = \sin x, \quad \int \frac{dx}{\cos^2 x} = \tan x$$

三角関数の積分(応用)

1. 三角関数の公式を使う.
   1.1 節にあるような三角関数の公式を用いて,積分しやすい形に変形していく.
2. 置換積分を使う. $\sin x, \cos x, \tan x$ などを t と置いて置換積分する.合成関数の微分と考えてもよい.
3. 部分積分を使う.
4. 有理関数に変換する.
   (a) $\tan \dfrac{x}{2} = t$ と置いて
   $$\sin x = \frac{2t}{1+t^2}, \quad \cos x = \frac{1-t^2}{1+t^2}, \quad \tan x = \frac{2t}{1-t^2}, \quad dx = \frac{2}{1+t^2}\, dt$$
   と変換する.
   (b) $\tan x = t$ と置いて
   $$\sin^2 x = \frac{t^2}{1+t^2}, \quad \cos^2 x = \frac{1}{1+t^2}, \quad \sin x \cos x = \frac{t}{1+t^2}, \quad dx = \frac{1}{1+t^2}\, dt$$
   と変換する.

三角関数の n 乗の積分　n は 2 以上の自然数,$a \neq 0$ は定数とする.

(1) $\displaystyle\int \sin^n ax\, dx = -\frac{1}{na} \sin^{n-1} ax \cos ax + \frac{n-1}{n} \int \sin^{n-2} ax\, dx$

(2) $\displaystyle\int \cos^n ax\, dx = \frac{1}{na} \cos^{n-1} ax \sin ax + \frac{n-1}{n} \int \cos^{n-2} ax\, dx$

(3) $\displaystyle\int \tan^n ax\, dx = \frac{1}{a(n-1)} \tan^{n-1} ax - \int \tan^{n-2} ax\, dx$

2.6 三角関数の積分

---**例題 2.11**---------------**三角関数の積分（置換積分，部分積分）**---

次の不定積分を求めよ．a は 0 でない定数とする．
(1) $\int \cos^2(ax)\,dx$ (2) $\int \sin(3x)\cos(2x)\,dx$ (3) $\int \sin^2 x \cos x\,dx$
(4) $\int \dfrac{dx}{\cos x}$ (5) $\int \dfrac{dx}{\sin x \cos^3 x}$

ヒント (1) 半角の公式，(2) 積和の公式，(3) $\sin x = t$ と置換積分，(4) $\tan x = t$ と置換積分，(5) $\tan \frac{x}{2} = t$ と置換積分．

解答 (1) 半角の公式 $\cos^2 \frac{x}{2} = \frac{1+\cos x}{2}$ の x に $2ax$ を代入して
$$\cos^2(ax) = \frac{1}{2} + \frac{1}{2}\cos(2ax). \quad \text{よって} \quad \text{与式} = \frac{1}{2}x + \frac{1}{4a}\sin(2ax)$$

(2) 積和の公式を使う．$\sin x \cos y = \frac{1}{2}\{\sin(x+y) + \sin(x-y)\}$ に x に $3x$，y に $2x$ を代入して
$$\sin(3x)\cos(2x) = \frac{1}{2}\sin(5x) + \frac{1}{2}\cos x. \quad \text{よって} \quad \text{与式} = -\frac{1}{10}\cos(5x) + \frac{1}{2}\sin x$$

(3) $\sin x = t$ と置くと，$\cos x\,dx = dt$. 与式 $= \int t^2\,dt = \dfrac{t^3}{3} = \dfrac{1}{3}\sin^3 x$.

(4) $\tan \frac{x}{2} = t$ と置く．$\cos x = \frac{1-t^2}{1+t^2}$, $dx = \frac{2}{1+t^2}\,dt$.
$$\text{与式} = \int \frac{1+t^2}{1-t^2} \frac{2}{1+t^2}\,dt = \int \frac{2\,dt}{1-t^2} = 2\tanh^{-1} t = 2\tanh^{-1}\left(\tan \frac{x}{2}\right)$$

(5) $\tan x = t$ と置く．$\cos^2 x = \frac{1}{1+t^2}$, $\sin x \cos x = \frac{t}{1+t^2}$, $dx = \frac{1}{1+t^2}\,dt$
$$\text{与式} = \int \frac{1+t^2}{t}(1+t^2)\frac{1}{1+t^2}\,dt = \int \left(\frac{1}{t} + t\right)dt$$
$$= \log|t| + \frac{t^2}{2} = \log|\tan x| + \frac{\tan^2 x}{2}$$

問題

11.1 次の不定積分を求めよ．a は 0 でない定数とする． (1) $\int \sin^2(ax)\,dx$
(2) $\int \dfrac{dx}{\cos^2(ax)}$ (3) $\int \sin(3x)\sin(2x)\,dx$
(4) $\int \cos(3x)\cos(2x)\,dx$ (5) $\int \cos^2 x \sin x\,dx$ (6) $\int \dfrac{dx}{\sin x}$
(7) $\int \dfrac{dx}{\sin^3 x \cos x}$ (8) $\int \dfrac{dx}{1+\cos x}$ (9) $\int \dfrac{dx}{1+\sin x}$

ヒント (6)-(9) は $\tan x = t$ または $\tan \frac{x}{2} = t$ と置換積分する．

---例題 2.12---————————————————————三角関数の積分（n 乗の積分）——

(1) $\int \sin^n x\, dx = -\frac{1}{n}\sin^{n-1} x \cos x + \frac{n-1}{n}\int \sin^{n-2} x\, dx$ を示せ．n は 2 以上の自然数とする．　(2) $\int \sin^4 x\, dx$ を求めよ．　(3) $\int_0^{\pi/2} \sin^8 x\, dx$ を求めよ．

[ヒント] (1) $\sin x$ を 1 つ分 $(-\cos x)'$ と見て，部分積分．(2)(3) は (1) を使う．

[解答] ここでは $\sin x$ のことを s，$\cos x$ のことを c と略記する．

(1) 与式 $= \int s^n\, dx = \int s^{n-1}(-c)'\, dx = -s^{n-1}c + \int (s^{n-1})'c\, dx$
$= -s^{n-1}c + \int \{(n-1)s^{n-2}c\}c\, dx = -s^{n-1}c + (n-1)\int s^{n-2}(1-s^2)\, dx$
$= -s^{n-1}c + (n-1)\int s^{n-2}\, dx - (n-1)\int s^n\, dx$

最終項を最左辺に移動し，n で割ると $\int s^n\, dx = -\frac{1}{n}s^{n-1}c + \frac{n-1}{n}\int s^{n-2}\, dx$．

(2) (1) を 2 回使う．

与式 $= -\frac{1}{4}s^3 c + \frac{3}{4}\int s^2\, dx = -\frac{1}{4}s^3 c + \frac{3}{4}\left(-\frac{1}{2}sc + \frac{1}{2}\int dx\right) = -\frac{1}{4}s^3 c - \frac{3}{8}sc + \frac{3}{8}x$

(3) 0 以上の自然数 n について $I_n = \int_0^{\pi/2} \sin^n x\, dx$ と置く．$I_0 = \pi/2$．$n \geq 2$ について (2) に $x = \pi/2$ を代入したものから，$x = 0$ を代入したものを引くと

$$I_n = -\frac{1}{n}[s^{n-1}c]_0^{\pi/2} + \frac{n-1}{n}I_{n-2} = \frac{n-1}{n}I_{n-2}$$

となる．よって $I_8 = \frac{7}{8}I_6 = \frac{7}{8}\frac{5}{6}I_4 = \frac{7}{8}\frac{5}{6}\frac{3}{4}I_2 = \frac{7}{8}\frac{5}{6}\frac{3}{4}\frac{1}{2}I_0 = \frac{35}{256}\pi$

問題

12.1 n は 2 以上の自然数とする．(1)(4)(8) は証明し，(2)(3)(5)(6)(7) は値を求めよ．

(1) $\int \cos^n x\, dx = \frac{1}{n}\cos^{n-1} x \sin x + \frac{n-1}{n}\int \cos^{n-2} x\, dx$

(2) $\int \cos^5 x\, dx$　　(3) $\int_0^{\pi/2} \cos^6 x\, dx$

(4) $\int \tan^n x\, dx = \frac{1}{n-1}\tan^{n-1} x - \int \tan^{n-2} x\, dx$

(5) $\int \tan^4 x\, dx$　　(6) $\int_0^{\pi/4} \tan^5 x\, dx$　　(7) $\int_{\pi/2}^{\pi} \sin^8 x\, dx$

(8) $\int_0^{\pi/2} f(\sin x)\, dx = \int_0^{\pi/2} f(\cos x)\, dx$　　[ヒント] (1) $\cos x = (-\sin x)'$ で部分積分，(2)(3) は (1) を使う．(4) $\tan^2 x = \frac{1}{\cos^2 x} - 1 = (\tan x)' - 1$，(5)(6) は (4) を使う．(7) 上の例題 (3) と同じ値．(8) $x = \pi/2 - t$ と置く．

2.7 無理関数の積分

<u>ルートの入った関数の積分 1</u>　(1) ルートの中を t と置く．(2) ルートを t と置く．

<u>ルートの入った関数の積分 2</u>

(1) $\displaystyle\int \sqrt{x^2+1}\,dx = \frac{1}{2}\sinh^{-1} x + \frac{1}{2}x\sqrt{1+x^2}$

(2) $\displaystyle\int \frac{dx}{\sqrt{x^2+1}} = \sinh^{-1} x$

(3) $\displaystyle\int \sqrt{1-x^2}\,dx = \frac{1}{2}\sin^{-1} x + \frac{1}{2}x\sqrt{1-x^2}$

(4) $\displaystyle\int \frac{dx}{\sqrt{1-x^2}} = \sin^{-1} x$

(5) $\displaystyle\int \sqrt{x^2-1}\,dx = \frac{1}{2}x\sqrt{x^2-1} - \frac{1}{2}\cosh^{-1} x \quad (x \geqq 1)$

(6) $\displaystyle\int \frac{dx}{\sqrt{x^2-1}} = \cosh^{-1} x \quad (x \geqq 1)$

<u>ルートの入った関数の積分 3</u>　$0 < x$ とする．

(1) $\displaystyle\int \frac{\sqrt{x^2+1}\,dx}{x} = \sqrt{x^2+1} - \sinh^{-1}\frac{1}{x}$

(2) $\displaystyle\int \frac{dx}{x\sqrt{x^2+1}} = -\sinh^{-1}\frac{1}{x}$

(3) $\displaystyle\int \frac{\sqrt{1-x^2}\,dx}{x} = \sqrt{1-x^2} - \cosh^{-1}\frac{1}{x}$

(4) $\displaystyle\int \frac{dx}{x\sqrt{1-x^2}} = -\cosh^{-1}\frac{1}{x}$

(5) $\displaystyle\int \frac{\sqrt{x^2-1}\,dx}{x} = \sqrt{x^2-1} + \sin^{-1}\frac{1}{x}$

(6) $\displaystyle\int \frac{dx}{x\sqrt{x^2-1}} = -\sin^{-1}\frac{1}{x}$

<u>ルートの入った関数の積分 4</u>

$$\sqrt{a^2x^2+bx+c} \;\to\; t=\sqrt{a^2x^2+bx+c}+ax$$

と変換する．

$$\sqrt{a(x-\alpha)(x-\beta)} \;\to\; t=\sqrt{\frac{a(x-\alpha)}{x-\beta}}$$

と変換する．

例題 2.13 ──── 無理関数の積分（基本置換積分）

次の不定積分を求めよ．

(1) $\displaystyle\int x\sqrt{x^2-1}\,dx$ (2) $\displaystyle\int \frac{\sqrt{x}}{1+x\sqrt{x}}\,dx$ (3) $\displaystyle\int \sqrt{x^2-1}\,dx$ $(x \geq 1)$

ヒント (1) ルートの中を t と置く．(2) ルートを t と置く．(3) ルートの中を 2 乗にするために，$\sqrt{1-x^2}$ のときは $x=\sin t$，$\sqrt{x^2-1}$ のときは $x=\pm\cosh t$，$\sqrt{x^2+1}$ のときは $x=\sinh t$ と置く．

解答 (1) $t=x^2-1$ と置く．$dt = 2x\,dx$．

$$\text{与式} = \int x\sqrt{t}\,\frac{dt}{2x} = \frac{1}{2}\int \sqrt{t}\,dt = \frac{1}{2}\cdot\frac{2}{3}t^{3/2} = \frac{1}{3}(x^2-1)^{3/2}$$

(2) $t=\sqrt{x}$ と置く．$t^2 = x$ なので，$2t\,dt = dx$．

$$\text{与式} = \int \frac{t}{1+t^3}(2t\,dt) = \int \frac{2t^2}{1+t^3}\,dt = \frac{2}{3}\log|1+t^3|$$
$$= \frac{2}{3}\log\left(1+x^{3/2}\right)$$

(3) $x=\cosh t\ (t>0)$ と置く．$dx = (\sinh t)\,dt$．

$$\text{与式} = \int \sqrt{\cosh^2 t - 1}\,(\sinh t)\,dt = \int \sinh^2 t\,dt = \int \frac{-1+\cosh(2t)}{2}\,dt$$
$$= -\frac{t}{2} + \frac{1}{4}\sinh(2t) = -\frac{t}{2} + \frac{1}{2}(\sinh t)(\cosh t)$$
$$= -\frac{1}{2}\cosh^{-1} x + \frac{1}{2}x\sqrt{1+x^2}$$

問 題

13.1 次の不定積分を求めよ． (1) $\displaystyle\int x\sqrt{1-x^2}\,dx$ (2) $\displaystyle\int \frac{x\,dx}{\sqrt{x^2+1}}$

(3) $\displaystyle\int \frac{\sinh x\,dx}{\sqrt{\cosh x}}$ (4) $\displaystyle\int \log(1+\sqrt{x+1})\,dx$ (5) $\displaystyle\int \sqrt{1+\frac{1}{x}}\,dx$

(6) $\displaystyle\int \sqrt{1-x^2}\,dx$ (7) $\displaystyle\int x^3\sqrt{1-x^2}\,dx$

(8) $\displaystyle\int \sqrt{x^2-1}\,dx$ $(x \geq 1)$ (9) $\displaystyle\int \frac{dx}{\sqrt{x^2-1}}$ $(x \leq -1)$

(10) $\displaystyle\int \frac{dx}{\sqrt{x^2+1}}$ (11) $\displaystyle\int x^2\sqrt{x^2+1}\,dx$

ヒント (1)-(3) ルートの中を t と置く．(4)(5) ルートを t と置く．(6)(7) $x=\sin t$，(8) $x=\cosh t$, (9) $x=-\cosh t$, (10)(11) $x=\sinh t$．

2.7 無理関数の積分

例題 2.14 ─────────────── 無理関数の積分（変形して基本形に）──

次の不定積分を求めよ．　(1) $\displaystyle\int\frac{dx}{\sqrt{-2x^2+4x+6}}$

(2) $\displaystyle\int\frac{3-2x}{\sqrt{x^2-1}}\,dx\quad(x\geqq 1)$　　(3) $\displaystyle\int x\sqrt{-x^2+2x+3}\,dx$

ヒント (1) $\int\frac{dx}{\sqrt{1-x^2}}$ の形に変形する．(2)(3) ルートの中が 2 次式で，ルートの外の分子に 1 次式がある場合，2 次式の導関数の定数倍と，それ以外に分ける．

解答 このページの解答は，p.55 のルートの入った関数の積分 2 を公式として使う．

(1) 与式 $\displaystyle =\int\frac{dx}{\sqrt{-2(x-1)^2+8}}=\frac{1}{\sqrt 2}\int\frac{d\left(\frac{x-1}{2}\right)}{\sqrt{1-\left(\frac{x-1}{2}\right)^2}}=\frac{1}{\sqrt 2}\sin^{-1}\left(\frac{x-1}{2}\right)$

(2) 与式 $\displaystyle =3\int\frac{dx}{\sqrt{x^2-1}}-2\int\frac{x\,dx}{\sqrt{x^2-1}}$

$\displaystyle =3\left(\frac{1}{2}x\sqrt{x^2-1}-\frac{1}{2}\cosh^{-1}x\right)-2\sqrt{x^2-1}$

$\displaystyle =\left(\frac{3}{2}x-2\right)\sqrt{x^2-1}-\frac{3}{2}\cosh^{-1}x$

(3) ルートの中の導関数は $(-x^2+2x+3)'=-2x+2$．$x=-\frac{1}{2}(-2x+2)+1$ なので

与式 $\displaystyle =-\frac{1}{2}\int(-2x+2)\sqrt{-x^2+2x+3}\,dx+\int\sqrt{-x^2+2x+3}\,dx=\dagger$

†第 1 項 $\displaystyle =-\frac{1}{3}(-x^2+2x+3)^{3/2}=\left(\frac{1}{3}x^2-\frac{2}{3}x-1\right)\sqrt{-x^2+2x+3}$

†第 2 項 $\displaystyle =\int\sqrt{-(x-1)^2+4}\,dx=4\int\sqrt{1-\left(\frac{x-1}{2}\right)^2}\,d\left(\frac{x-1}{2}\right)$

$\displaystyle =2\sin^{-1}\left(\frac{x-1}{2}\right)+2\left(\frac{x-1}{2}\right)\sqrt{1-\left(\frac{x-1}{2}\right)^2}$

$\displaystyle =2\sin^{-1}\left(\frac{x-1}{2}\right)+\frac{x-1}{2}\sqrt{-x^2+2x+3}$

よって　与式 $\displaystyle =\left(\frac{1}{3}x^2-\frac{1}{6}x-\frac{3}{2}\right)\sqrt{-x^2+2x+3}+2\sin^{-1}\left(\frac{x-1}{2}\right)$

問題

14.1 次の不定積分を求めよ．

(1) $\displaystyle\int\sqrt{x^2-2x+2}\,dx$　　(2) $\displaystyle\int(x-3)\sqrt{x^2+1}\,dx$

(3) $\displaystyle\int x\sqrt{x^2+2x+3}\,dx$　　**ヒント** ここでは，$\int\sqrt{x^2+1}\,dx=\frac{1}{2}\sinh^{-1}x+\frac{1}{2}x\sqrt{1+x^2}$ は公式として使う．

―― 例題 2.15 ――――――――――――――――――― 無理関数の積分（発展置換積分）――

次の不定積分を求めよ．
(1) $\displaystyle\int \frac{dx}{x\sqrt{x^2-1}}$ (2) $\displaystyle\int \frac{dx}{(2x+1)\sqrt{1-x^2}}$ (3) $\displaystyle\int \frac{\sqrt{x^2+2x+2}}{x}dx$

ヒント (1) $x = 1/t$, (2)(3) p.55 のルートの入った関数の積分 4 の置換積分を使う．(2) は $t = \sqrt{(1+x)/(1-x)}$, (3) は $t = \sqrt{x^2+2x+2}+x$.

解答 (1) $x = t^{-1}$ と置く．$dx = -t^{-2}dt$.
$$\text{与式} = \int \frac{-t^{-2}dt}{t^{-1}\sqrt{t^{-2}-1}} = -\int \frac{dt}{\sqrt{1-t^2}} = -\sin^{-1}t = -\sin^{-1}\frac{1}{x}$$

(2) ルートの中が $1-x^2 = (1-x)(1+x)$ と因数分解できるので，$t = \sqrt{(1+x)/(1-x)}$ と置換積分する．$x = \frac{t^2-1}{t^2+1}$. $dt = \frac{1}{(1-x)\sqrt{1-x^2}} dx$.

$$\text{与式} = \int \frac{(1-x)\sqrt{1-x^2}\,dt}{(2x+1)\sqrt{1-x^2}} = \int \frac{1-x}{2x+1}dt = \int \frac{1-\frac{t^2-1}{t^2+1}}{2\frac{t^2-1}{t^2+1}+1}dt = \int \frac{2}{3t^2-1}dt$$

$$= -\frac{2}{\sqrt{3}}\int \frac{1}{1-(\sqrt{3}t)^2}d(\sqrt{3}t) = -\frac{2}{\sqrt{3}}\cdot\frac{1}{2}\log\left|\frac{1+\sqrt{3}t}{1-\sqrt{3}t}\right|$$

$$= -\frac{1}{\sqrt{3}}\log\left|\frac{1+\sqrt{3}\sqrt{(1+x)/(1-x)}}{1-\sqrt{3}\sqrt{(1+x)/(1-x)}}\right| = -\frac{1}{\sqrt{3}}\log\left|\frac{\sqrt{1-x}+\sqrt{3}\sqrt{1+x}}{\sqrt{1-x}-\sqrt{3}\sqrt{1+x}}\right|$$

(3) $t = \sqrt{x^2+2x+2}+x$ と置く．$x = \frac{t^2-2}{2+2t} = x$, $dt = \frac{t+1}{\sqrt{x^2+2x+2}}dx$.

$$\text{与式} = \int \frac{\sqrt{x^2+2x+2}}{x}\cdot\frac{\sqrt{x^2+2x+2}}{t+1}dt = \int \frac{(t^2+2t+2)^2}{2(t^2-2)(1+t)^2}dt$$

$$= \int\left(\frac{1}{2}+\frac{1}{t+1}-\frac{1}{2(t+1)^2}+\frac{4}{t^2-2}\right)dt$$

$$= \frac{t}{2}+\log(t+1)+\frac{1}{2(t+1)}+\sqrt{2}\log\frac{\sqrt{2}-t}{\sqrt{2}+t}$$

$$= \sqrt{x^2+2x+2}-\frac{1}{2}+\sinh^{-1}(x+1)+\sqrt{2}\log\frac{\sqrt{2}-\sqrt{x^2+2x+2}-x}{\sqrt{2}+\sqrt{x^2+2x+2}+x}$$

▨▨▨ **問　題** ▨▨

15.1 次の不定積分を求めよ． (1) $\displaystyle\int \frac{dx}{x\sqrt{1-x^2}}$ $(0 < x \leq 1)$

(2) $\displaystyle\int \frac{\sqrt{x^2-3x+2}}{x-2}dx$ $(2 < x)$ (3) $\displaystyle\int \frac{dx}{(2x-3)\sqrt{x^2-1}}$

ヒント (1) $x = 1/t$, (2) $t = \sqrt{(x-2)/(x-1)}$, (3) $t = \sqrt{x^2-1}+x$

2.8 特異積分

特異積分

$$\int_a^b f(x)\,dx = \begin{cases} \lim_{n\to\infty} \int_{a+1/n}^b f(x)\,dx & (x=a \text{ で無定義の場合}) \\ \lim_{n\to\infty} \int_a^{b-1/n} f(x)\,dx & (x=b \text{ で無定義の場合}) \\ \lim_{n\to\infty} \int_a^{c-1/n} f(x)\,dx + \lim_{n\to\infty} \int_{c+1/n}^b f(x)\,dx \\ \qquad (x=c \in (a,b) \text{ で無定義の場合}) \end{cases}$$

べき関数の特異積分 a を正定数とする．$\int_0^1 \dfrac{dx}{x^a}$ は $a<1$ のとき $1/(1-a)$ に収束し，$1 \leqq a$ のとき発散する．

例題 2.16 ───────────────────── 特異積分

次の定積分の値を求めよ． (1) $\int_0^1 \dfrac{dx}{x^{0.9}}$ (2) $\int_0^a \dfrac{dx}{\sqrt{a^2-x^2}}$ (a は正定数)

ヒント (1) $x=0$ で無定義，(2) $x=a$ で無定義．

解答 (1) 与式 $= \lim\limits_{n\to\infty} \int_{1/n}^1 x^{-0.9}\,dx = \lim\limits_{n\to\infty} \left[\dfrac{1}{0.1}x^{0.1}\right]_{1/n}^1 = \lim\limits_{n\to\infty}\left[10 - \dfrac{10}{n^{0.1}}\right] = 10$

(2) $\displaystyle \int \dfrac{dx}{\sqrt{a^2-x^2}} = \int \dfrac{d\left(\dfrac{x}{a}\right)}{\sqrt{1-\left(\dfrac{x}{a}\right)^2}} = \sin^{-1}\left(\dfrac{x}{a}\right)$ なので

$$\text{与式} = \lim_{n\to\infty} \int_0^{a-1/n} \dfrac{dx}{\sqrt{a^2-x^2}} = \lim_{n\to\infty}\left[\sin^{-1}\left(\dfrac{x}{a}\right)\right]_0^{a-1/n}$$
$$= \lim_{n\to\infty}\left[\sin^{-1}\left(\dfrac{a-1/n}{a}\right) - \sin^{-1} 0\right] = \sin^{-1}(1) - \sin^{-1}(0) = \dfrac{\pi}{2}$$

問題

16.1 次の定積分の値を求めよ．

(1) $\int_0^1 \dfrac{dx}{\sqrt[3]{x}}$ (2) $\int_0^1 \dfrac{dx}{x}$ (3) $\int_0^1 \dfrac{dx}{x^{1.1}}$ (4) $\int_0^1 \dfrac{dx}{1-x^2}$

(5) $\int_1^2 \dfrac{dx}{\sqrt{x^2-1}}$ **ヒント** (1)(2)(3) $x=0$ で無定義，(4)(5) $x=1$ で無定義．

---例題 2.17--------------------------------特異積分（極限，両側，途中）---

次の定積分の値を求めよ．
(1) $\int_0^1 (\log x)^2 dx$　(2) $\int_0^1 \dfrac{dx}{\sqrt{x(1-x)}}$　(3) $\int_{-1}^2 \dfrac{dx}{\sqrt{|x|}}$

[ヒント] (1) $x=0$ で無定義，(2) $x=\pm 1$ で無定義，(3) $x=1$ で無定義．

[解答] (1) p.48 例題 2.7(1) より $\int (\log x)^2 dx = x(\log x)^2 - 2x\log x + 2x$．

$$与式 = \lim_{n\to\infty} \int_{1/n}^1 (\log x)^2 dx = \lim_{n\to\infty} \left[x(\log x)^2 - 2x\log x + 2x \right]_{1/n}^1$$

$$= \lim_{n\to\infty} \left[2 - \frac{1}{n}\left(\log\frac{1}{n}\right)^2 - 2\frac{1}{n}\log\frac{1}{n} \right] \quad (x=1/n \text{ と置くと})$$

$$= \lim_{x\to 0+0} \left[2 - x(\log x)^2 - 2x\log x \right] = \dagger$$

† 第 3 項 $= \lim_{x\to 0+0} x(\log x) = 0$ （p.32 例題 1.23(3)）

† 第 2 項 $= \lim_{x\to 0+0} x(\log x)^2 = \lim_{x\to 0+0} \dfrac{(\log x)^2}{x^{-1}}$ （0/0 でロピタルの定理）

$$= \lim_{x\to 0+0} \frac{2(\log x)x^{-1}}{-x^{-2}} = -2\lim_{x\to 0+0} x(\log x) = 0$$

よって，与式 $= 2$

(2) $\displaystyle\int \frac{dx}{\sqrt{x(1-x)}} = \int \frac{dx}{\sqrt{-\left(x-\frac{1}{2}\right)^2 + \frac{1}{4}}} = \int \frac{d(2x-1)}{\sqrt{1-(2x-1)^2}} = \sin^{-1}(2x-1)$

$$与式 = \int_0^{1/2} \frac{dx}{x(x-1)} + \int_{1/2}^1 \frac{dx}{x(x-1)}$$

$$= \lim_{n\to\infty} \left[\sin^{-1}(2x-1) \right]_{1/n}^{1/2} + \lim_{n\to\infty} \left[\sin^{-1}(2x-1) \right]_{1/2}^{1-1/n}$$

$$= \sin^{-1}(0) - \sin^{-1}(-1) + \sin^{-1}(1) - \sin^{-1}(0) = \pi$$

(3) $与式 = \displaystyle\lim_{n\to\infty} \int_{1/n}^2 \frac{dx}{\sqrt{|x|}} + \lim_{n\to\infty} \int_{-1}^{-1/n} \frac{dx}{\sqrt{|x|}}$

$$= \lim_{n\to\infty} \left[2\sqrt{x} \right]_{1/n}^2 + \lim_{n\to\infty} \left[-2\sqrt{-x} \right]_{-1}^{-1/n} = 2\sqrt{2} + 2$$

===== 問　題 =====

17.1 次の定積分の値を求めよ．

(1) $\int_0^1 \log x\, dx$　(2) $\int_0^1 x\log x\, dx$　(3) $\int_0^{\pi/2} \dfrac{dx}{\cos x}$

(4) $\int_0^1 \dfrac{\log x}{\sqrt{x}} dx$　(5) $\int_a^b \dfrac{dx}{\sqrt{(x-a)(b-x)}}$　$(a<b)$　(6) $\int_0^\pi \tan x\, dx$

[ヒント] 無定義点は次の通り．(1)(2)(4) $x=0$, (3)(6) $x=\pi/2$, (5) $x=a,b$．

2.9 無限積分

無限積分　$f(x)$ は連続関数とする．
(1) $\displaystyle\int_a^\infty f(x)\,dx = \lim_{n\to\infty}\int_a^n f(x)\,dx$
(2) $\displaystyle\int_{-\infty}^a f(x)\,dx = \lim_{n\to\infty}\int_{-n}^a f(x)\,dx$
(3) $\displaystyle\int_{-\infty}^\infty f(x)\,dx = \lim_{n\to\infty}\int_{-n}^a f(x)\,dx + \lim_{n\to\infty}\int_a^n f(x)\,dx$

べき関数の無限積分　a を正定数とする．無限積分 $\displaystyle\int_1^\infty \frac{dx}{x^a}$ は，$1<a$ で $1/(a-1)$ に収束し，$a\leq 1$ で発散する．

例題 2.18　　　　　　　　　　　　　　　　　　　　　　　　　　　　**無限積分（片側）**

次の定積分の値を求めよ．
(1) $\displaystyle\int_1^\infty x^{-1.1}\,dx$　　(2) $\displaystyle\int_0^\infty x\exp(-x)\,dx$

ヒント　(1) $\int x^{-1.1}\,dx = -10x^{-0.1}$．(2) 不定積分を求めるには，部分積分を使う．

解答　(1) 与式 $= \displaystyle\lim_{n\to\infty}\bigl[-10x^{-0.1}\bigr]_1^n = \lim_{n\to\infty}(-10n^{-0.1}+10) = 10$
(2) $\displaystyle\int x(-e^{-x})'\,dx = -xe^{-x} + \int e^{-x}\,dx = -xe^{-x} - e^{-x}$
　　与式 $= \displaystyle\lim_{n\to\infty}\bigl[-xe^{-x} - e^{-x}\bigr]_0^n = 1$
$\Bigl(\displaystyle\lim_{x\to\infty} xe^{-x} = \lim_{x\to\infty}\frac{x}{e^x}\ (\infty/\infty\ なのでロピタルの定理を使う) = \lim_{x\to\infty}\frac{1}{e^x} = 0\Bigr)$

問題

18.1 次の定積分の値を求めよ．　(1) $\displaystyle\int_0^\infty \frac{dx}{a^2+x^2}$　（a は正定数）
(2) $\displaystyle\int_0^\infty x\exp(-x^2)\,dx$　　(3) $\displaystyle\int_0^\infty x^2\exp(-x)\,dx$　　(4) $\displaystyle\int_2^\infty \frac{dx}{\sqrt{x^2-1}}$
(5) $\displaystyle\int_1^\infty \frac{dx}{x(1+2x)}$　　(6) $\displaystyle\int_{-\infty}^0 \sin x\,e^x\,dx$

ヒント　不定積分は以下の通り．(1) $\frac{1}{a}\tan^{-1}\frac{x}{a}$，(2) $-\frac{1}{2}e^{-x^2}$，(3) $-e^{-x}(x^2+2x+2)$，(4) $\log(x+\sqrt{x^2-1})$，(5) $\log\frac{x}{1+2x}$，(6) $\frac{1}{2}e^x(\sin x - \cos x)$．

―― 例題 2.19 ――――――――――――――――――――――― 無限積分（両側）――

次の定積分の値を求めよ．
(1) $\displaystyle\int_{-\infty}^{\infty} \frac{dx}{x^2+2x+2}$ (2) $\displaystyle\int_{1}^{\infty} \frac{dx}{x\sqrt{x^2-1}}$

ヒント (1) 両端で無限積分である．(2) 下端で特異積分，上端で無限積分である．

解答 (1) $\displaystyle\int \frac{dx}{x^2+2x+2} = \int \frac{dx}{(x+1)^2+1} = \tan^{-1}(x+1)$

$$\text{与式} = \int_0^\infty \frac{dx}{x^2+2x+1} + \int_{-\infty}^0 \frac{dx}{x^2+2x+1}$$

$$= \lim_{n\to\infty}\left[\tan^{-1}(x+1)\right]_0^n + \lim_{n\to\infty}\left[\tan^{-1}(x+1)\right]_{-n}^0$$

$$= \frac{\pi}{2} - \frac{\pi}{4} + \frac{\pi}{4} - \left(-\frac{\pi}{2}\right) = \pi$$

(2) p.58 例題 2.15(1) より，$\displaystyle\int \frac{dx}{x\sqrt{x^2-1}} = -\sin^{-1}\frac{1}{x}$．

$$\text{与式} = \int_1^2 \frac{dx}{x\sqrt{x^2-1}} + \int_2^\infty \frac{dx}{x\sqrt{x^2-1}}$$

$$= \lim_{n\to\infty}\left[-\sin^{-1}\frac{1}{x}\right]_{1+1/n}^2 + \lim_{n\to\infty}\left[-\sin^{-1}\frac{1}{x}\right]_2^n$$

$$= -\sin^{-1}\frac{1}{2} + \lim_{n\to\infty}\sin^{-1}\frac{n}{n+1} - \lim_{n\to\infty}\sin^{-1}\frac{1}{n} + \sin^{-1}\frac{1}{2}$$

$$= \sin^{-1} 1 - \sin^{-1} 0 = \frac{\pi}{2}$$

問　題

19.1 次の定積分の値を求めよ．　(1) $\displaystyle\int_{-\infty}^{\infty} \frac{dx}{x^2+1}$　(2) $\displaystyle\int_{-\infty}^{\infty} \frac{dx}{x^2-x+1}$

(3) $\displaystyle\int_{-\infty}^{\infty} \frac{dx}{\sqrt{x^2+1}}$　(4) $\displaystyle\int_0^\infty \frac{\sqrt{x}}{x^2+x}\,dx$　(5) $\displaystyle\int_0^\infty \log x\,dx$

(6) $\displaystyle\int_0^\infty \frac{dx}{x^a}$　(a は正定数)　(7) $\displaystyle\int_0^\infty x^{-x}(1+\log x)\,dx$

ヒント (1)(3) は偶関数なので，$[0,\infty)$ 上での積分を 2 倍すればよい．(2) 不定積分は $\frac{2}{\sqrt{3}}\tan^{-1}\frac{2x-1}{\sqrt{3}}$．(4)-(7) 下端は特異積分である．(4) 不定積分を求めるには $\sqrt{x}=t$ と置く．(5) 不定積分を求めるには $x'=1$ を補って部分積分．
(6) $0<a<1, a=1, 1<a$ に場合分けする．(7) 不定積分は $-x^{-x}$．

2.10 曲線の長さ

曲線の長さ（xy 座標） $(x(t), y(t))$ $(a \le t \le b)$ と表される曲線の長さ l
$$l = \int_a^b \sqrt{\left(\frac{dx}{dt}\right)^2 + \left(\frac{dy}{dt}\right)^2}\, dt$$
特に $t = x$ のとき，つまり $(x, y(x))$ $(a \le x \le b)$ と表される曲線の長さ l
$$l = \int_a^b \sqrt{1 + \left(\frac{dy}{dx}\right)^2}\, dx$$

曲線の長さ（極座標） $(x, y) = (r(t)\cos\theta(t), r(t)\sin\theta(t))$ $(a \le t \le b)$ と表される曲線の長さ l
$$l = \int_a^b \sqrt{\left(\frac{dr}{dt}\right)^2 + r^2 \left(\frac{d\theta}{dt}\right)^2}\, dt$$
特に $t = \theta$ のとき，つまり極方程式で $r = r(\theta)$ $(a \le \theta \le b)$ と表される曲線の長さ l
$$l = \int_a^b \sqrt{\left(\frac{dr}{d\theta}\right)^2 + r^2}\, d\theta$$

例題 2.20 ────────────── 曲線の長さ（$y = f(x)$）

次の曲線の長さ l を求めよ． $y = \dfrac{1}{2}x^2$ $(0 \le x \le 1)$

ヒント $l = \int_a^b \sqrt{1 + (y')^2}\, dx$ を使う．

解答
$$l = \int_0^1 \sqrt{1 + \left(\frac{dy}{dx}\right)^2}\, dx = \int_0^1 \sqrt{1 + x^2}\, dx \quad \text{(p.46 例題 2.5(2) を使って)}$$
$$= \left[\frac{1}{2}\sinh^{-1}(x) + \frac{x}{2}\sqrt{x^2 + 1}\right]_0^1 = \frac{1}{2}\sinh^{-1} 1 + \frac{\sqrt{2}}{2}$$
$$= \frac{1}{2}\log(1 + \sqrt{2}) + \frac{\sqrt{2}}{2}$$

問 題

20.1 次の曲線の長さ l を求めよ．
 (1)　$y = x^2$　$(0 \le x \le 1)$　　(2)　$y = \sqrt{1 - x^2}$　$(0 \le x \le 1)$
 (3)　$y = \cosh x$　$(0 \le x \le 1)$
 ヒント まず $1 + (y')^2$ を計算，整理しよう．

例題 2.21 ——————————————————— 曲線の長さ（xy 座標）

次の曲線の長さ l を求めよ． $(x,y) = (t - \sin t, 1 - \cos t)$ $(0 \leq t \leq 2\pi)$

ヒント $l = \int_a^b \sqrt{(x')^2 + (y')^2}\, dt$ を使う．

解答
$$l = \int_0^{2\pi} \sqrt{\left(\frac{dx}{dt}\right)^2 + \left(\frac{dy}{dt}\right)^2}\, dt = \int_0^{2\pi} \sqrt{(1-\cos t)^2 + (\sin t)^2}\, dt$$
$$= \int_0^{2\pi} \sqrt{2 - 2\cos t}\, dt = \int_0^{2\pi} \sqrt{4\sin^2 \frac{t}{2}}\, dt = 2\int_0^{2\pi} \sin \frac{t}{2}\, dt$$
$$= 2\left[-2\cos \frac{t}{2}\right]_0^{2\pi} = 8$$

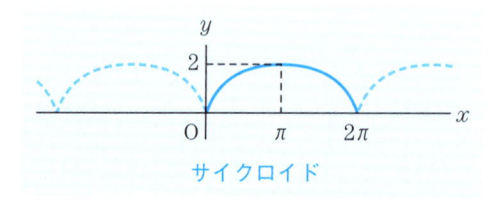

サイクロイド

問題

21.1 次の曲線の長さ l を求めよ．

(1) $(x,y) = (2\cos t + \cos(2t), 2\sin t - \sin(2t))$ $(0 \leq t \leq 2\pi)$

(2) $(x,y) = (\cos t + t\sin t, \sin t - t\cos t)$ $(0 \leq t \leq 10)$

(3) $(x,y) = (\cos^3 t, \sin^3 t)$ $(0 \leq t \leq 2\pi)$

ヒント まず $(x')^2 + (y')^2$ を計算，整理しよう．

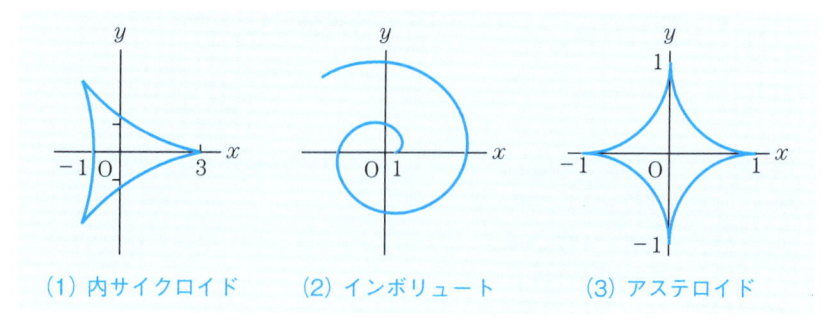

(1) 内サイクロイド　　(2) インボリュート　　(3) アステロイド

2.10 曲線の長さ

―― 例題 2.22 ――――――――――――――――― 曲線の長さ（極座標）――

極方程式 $r = \cos\theta + 1$ $(0 \leqq \theta \leqq 2\pi)$ で表される曲線の長さ l を求めよ．

ヒント $l = \int_a^b \sqrt{(r')^2 + r^2}\, d\theta$ $(r' = dr/d\theta)$ を使う．

解答
$$l = \int_0^{2\pi} \sqrt{\left(\frac{dr}{d\theta}\right)^2 + r^2}\, d\theta = \int_0^{2\pi} \sqrt{(-\sin\theta)^2 + (\cos\theta + 1)^2}\, d\theta$$
$$= \int_0^{2\pi} \sqrt{2 + 2\cos\theta}\, d\theta = \int_0^{2\pi} \sqrt{4\cos^2\frac{\theta}{2}}\, d\theta$$
$$= 4\int_0^{\pi} \cos\frac{\theta}{2}\, d\theta = 4\left[2\sin\frac{\theta}{2}\right]_0^{\pi} = 8$$

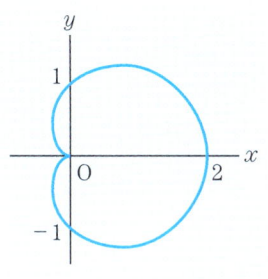

カージオイド（心臓形）

問題

22.1 次の曲線の長さ l を求めよ．　(1) $r = \pi - \theta$ $(0 \leqq \theta \leqq \pi)$
(2) $r = e^{\theta}$ $(0 \leqq \theta \leqq \pi)$　(3) $r\theta = \pi$ $(\pi \leqq \theta \leqq 2\pi)$

ヒント まず $(r')^2 + r^2$ を計算，整理しよう．

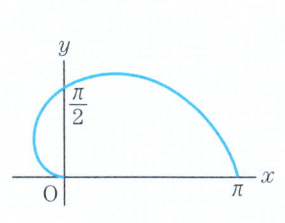

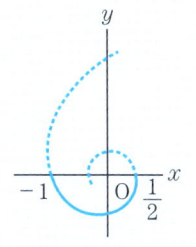

(1) アルキメデスのらせん　　(2) ベルヌーイのらせん　　(3) 双曲らせん

2.11 図形の面積

図形の面積 1 $y=f(x), y=g(x), x=a, x=b$ で囲まれた部分の面積 S

$$S = \int_a^b |f(x)-g(x)|\,dx$$

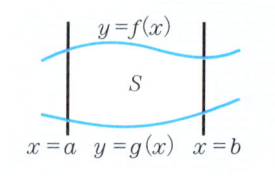

図形の面積 2 曲線 $(x(t),y(t))$ $(a \leq t \leq b)$ と x 軸, $x=x(a), x=x(b)$ で囲まれた部分の面積 S

$$S = \int_a^b \left| y(t) \frac{dx}{dt} \right| dt$$

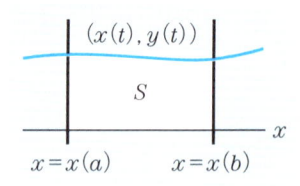

図形の面積 3 曲線 $(x(t),y(t))$ $(a \leq t \leq b)$ と原点を結ぶ直線群でできる領域の面積 S

$$S = \frac{1}{2} \left| \int_a^b \left(x\frac{dy}{dt} - y\frac{dx}{dt} \right) dt \right|$$

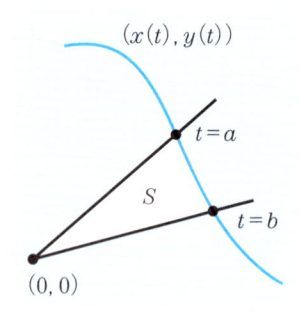

図形の面積 4 極座標で $(r(t),\theta(t))$ $(a \leq t \leq b)$ と表される曲線上の点と原点を結ぶ直線群でできる領域の面積 S

$$S = \frac{1}{2} \left| \int_a^b r^2 \frac{d\theta}{dt}\,dt \right|$$

特に $\theta = t$ のとき

$$S = \frac{1}{2} \int_a^b r^2\,d\theta$$

2.11 図形の面積

---**例題 2.23**------------------**図形の面積 ($y = f(x)$)**---

2本の曲線 $y = x^2$ と $y = x^3$ で囲まれた部分の面積 S を求めよ。

ヒント $S = \int_a^b |f(x) - g(x)| \, dx$ を使う.

解答 $x^2 = x^3$ を解くと $x = 0, 1$. 題意の図形は $0 \leq x \leq 1$ で上側 $y = x^2$, 下側 $y = x^3$ で挟まれた部分である.

$$S = \int_0^1 (x^2 - x^3) \, dx = \left[\frac{x^3}{3} - \frac{x^4}{4} \right]_0^1 = \frac{1}{12}$$

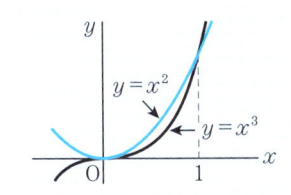

問題

23.1 次の図形の面積 S を求めよ. a, b は定数とする.

(1) 2曲線 $y = \sqrt{x}$ と $y = x^2$ で囲まれた部分

(2) $\sqrt{x} + \sqrt{y} = 1$ と表される曲線と x 軸, y 軸で囲まれた部分

(3) $y^2 = x^2(1-x)$ で囲まれた部分

ヒント (3) $x^2(1-x) \geq 0$ である必要があるので, $x \leq 1$ である. $f(x) = |x^2(1-x)|$ ($x \leq 1$) のグラフを描いてみると, 問題の曲線の様子が分かる.

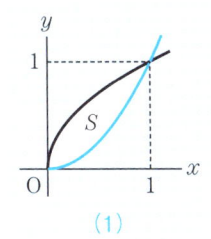

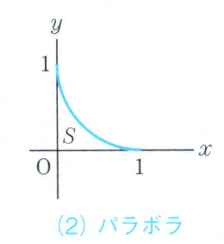

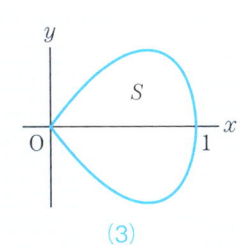

(1)   (2) パラボラ   (3)

例題 2.24 ────── 図形の面積 $(x(t), y(t))$

次の図形の面積 S を求めよ.
(1) $(x,y) = (t - \sin t, 1 - \cos t)$ $(0 \leq t \leq 2\pi)$
と $x = \frac{\pi}{2} - 1$ と x 軸で囲まれた部分.
(2) 正定数 a に対し，A$(\cosh a, \sinh a)$, B$(\cosh(-a),$
$\sinh(-a))$ とする．線分 OA, OB および曲線 $x^2 - y^2$
$= 1$ で囲まれた部分.

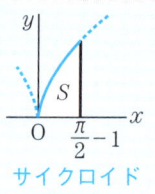

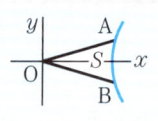

サイクロイド

ヒント (1) $S = \int_a^b \left|y(t)\frac{dx}{dt}\right| dt$, $x(\pi/2) = \pi/2 - 1$, (2) 曲線 $(\cosh t, \sinh t)$ $(-a \leq t \leq a)$ 上の各点と原点を結ぶ線分群でできる図形である. $S = \frac{1}{2}\left|\int_a^b (xy' - yx') dt\right|$.

解答 (1) $yx' = (1-\cos t)^2 = 1 - 2\cos t + \cos^2 t = \frac{3}{2} - 2\cos t + \frac{1}{2}\cos(2t)$

$$S = \int_0^{\pi/2} \left|y(t)\frac{dx}{dt}\right| dt = \left[\frac{3}{2}t - 2\sin t + \frac{\sin(2t)}{4}\right]_0^{\pi/2} = \frac{3\pi}{4} - 2$$

(2) $xy' - yx' = \cosh t \cosh t - \sinh t \sinh t = 1$

$$S = \frac{1}{2}\left|\int_{-a}^a \left(x\frac{dy}{dt} - y\frac{dx}{dt}\right) dt\right| = \frac{1}{2}\left|\int_{-a}^a dt\right| = \frac{1}{2}|2a| = a$$

問題

24.1 次の曲線で囲まれた部分の面積 S を求めよ. a, b は正定数とする.

(1) $\dfrac{x^2}{a^2} + \dfrac{y^2}{b^2} = 1$ 　　(2) $(\sin t, \sin 2t)$ $(0 \leq t \leq 2\pi)$

(3) $|x|^{2/3} + |y|^{2/3} = a^{2/3}$ 　　(4) $\left(\dfrac{3t}{1+t^3}, \dfrac{3t^2}{1+t^3}\right)$ $(0 \leq t)$

ヒント $S = \int_a^b \left|y(t)\frac{dx}{dt}\right| dt$ でも, $S = \frac{1}{2}\left|\int_a^b \left(x\frac{dy}{dt} - y\frac{dx}{dt}\right) dt\right|$ でも計算可.

(1) 楕円 　　(2) リサージュ 　　(3) アステロイド 　　(4) デカルトの正葉線

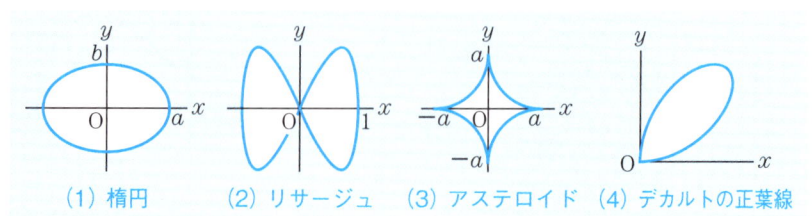

例題 2.25 ─── 図形の面積（極形式）

極不等式で
$$0 \leqq r \leqq \sin(3\theta) \quad (0 \leqq \theta \leqq 2\pi)$$
と表される図形の面積 S（青色部分）を求めよ．

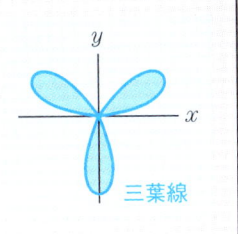

三葉線

ヒント $\sin(3\theta)$ の符号を考えると，$[0, \pi/3]$, $[2\pi/3, \pi]$, $[4\pi/3, 5\pi/3]$ の 3 区間で曲線ができ，それ以外では曲線ができない．$[0, \pi/3]$ での面積を $S = \frac{1}{2}\int_a^b r^2 d\theta$ を使って計算し，3 倍にする．

解答 曲線 $r = \sin(3\theta)$ $(0 \leqq t \leqq \pi/3)$ 上の各点と原点を結ぶ線分群でできる図形の面積を 3 倍にすればよい．

$$S = 3\frac{1}{2}\int_0^{\pi/3} r^2 d\theta = \frac{3}{2}\int_0^{\pi/3} \sin^2(3\theta) d\theta$$
$$= \frac{3}{2}\int_0^{\pi/3} \frac{1-\cos(6\theta)}{2} d\theta = \frac{3}{2}\left[\frac{t}{2} - \frac{\sin(6\theta)}{12}\right]_0^{\pi/3} = \frac{\pi}{4}$$

問題

25.1 極形式で次のように表される図形の面積 S を求めよ．

(1) $r^2 \leqq \cos(2\theta) \quad (0 \leqq \theta \leqq 2\pi)$

(2) $0 \leqq r \leqq 1 + \cos\theta \quad (0 \leqq \theta \leqq 2\pi)$

(3) $r = 2\cos\theta + 1 \quad \left(-\frac{2\pi}{3} \leqq \theta \leqq \frac{2\pi}{3}\right)$

(4) $r = 2\cos\theta + 1 \quad \left(\frac{2\pi}{3} \leqq \theta \leqq \frac{4\pi}{3}\right)$ ただし $r < 0$ も許す．

ヒント (1) $-\frac{\pi}{4} \leqq \theta \leqq \frac{\pi}{4}$ の部分の面積を求めて 2 倍にする．(4) $r \leqq 0$ でも，$S = \frac{1}{2}\int_a^b r^2 d\theta$ を使ってよい．

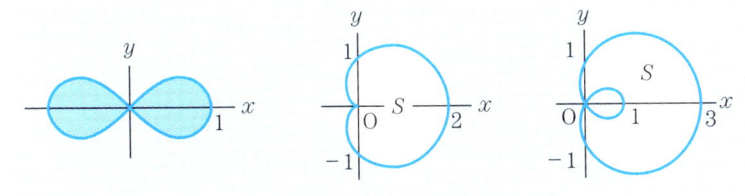

(1) レムニスケート　　(2) カージオイド（心臓形）　　(3)(4) リマソン

2.12 体　積

断面積と体積　物体の x 座標一定面で切った断面積が $S(x)$ で，物体の存在する範囲が $a \leqq x \leqq b$ のとき，物体の体積は

$$V = \int_a^b S(x)\,dx$$

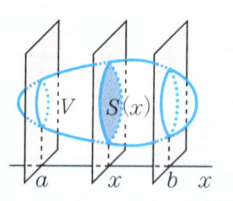

回転体の体積 1　曲線 $y = f(x)$ $(a \leqq x \leqq b)$, $x = a, x = b$, x 軸で囲まれた部分を x 軸の周りに 1 回転してできる回転体の体積は

$$V = \int_a^b \pi (f(x))^2\,dx$$

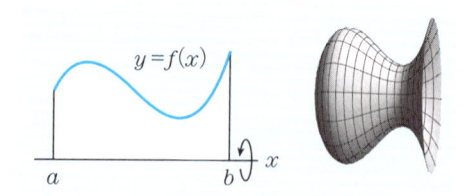

回転体の体積 2　$y = f(x), y = g(x), x = a, x = b$ で囲まれた部分を y 軸の周りに 1 回転してできる回転体の体積は

$$V = \int_a^b 2\pi\,x\,|f(x) - g(x)|\,dx$$

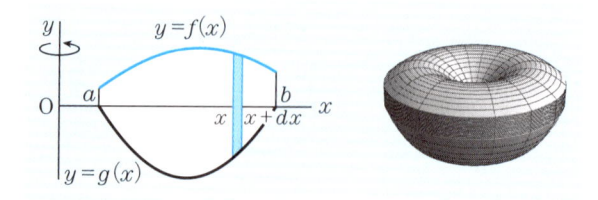

2.12 体積

例題 2.26 — 体積（断面積）

xyz 空間内で $x^2 + z^2 \leqq 1$ かつ $x^2 + y^2 \leqq 1$ と表される物体の体積を求めよ．

ヒント $x =$ 一定 の面で切った断面は正方形．この面積 $S(x)$ を求め，$V = \int_a^b S(x)\,dx$．

解答 $x =$ 一定 の面で切った断面は
$$-\sqrt{1-x^2} \leqq z \leqq \sqrt{1-x^2},$$
$$-\sqrt{1-x^2} \leqq y \leqq \sqrt{1-x^2}$$
で，1辺の長さが $2\sqrt{1-x^2}$ の正方形であり，断面積は $S(x) = 4 - 4x^2$ である．
$$V = \int_{-1}^{1} S(x)\,dx = \int_{-1}^{1} (4 - 4x^2)\,dx$$
$$= \left[4x - \frac{4x^3}{3} \right]_{-1}^{1}$$
$$= \frac{16}{3}$$

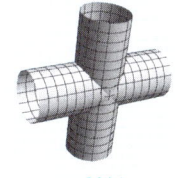

円柱相貫体（そうかん）

問題

26.1 次のような立体の体積 V を求めよ．

(1) $x^2 + y^2 + z^2 \leqq 1,\ x \leqq a$ （a は $-1 \leqq a \leqq 1$ を満たす定数）

(2) $2x^2 + z^2 \leqq 2$ かつ $x^2 + y^2 \leqq 1$

(3) $|x|^{2/3} + |y|^{2/3} + |z|^{2/3} \leqq a^{2/3}$ （a は正定数）

ヒント 平面 $x =$ 一定，で切った断面を考える．

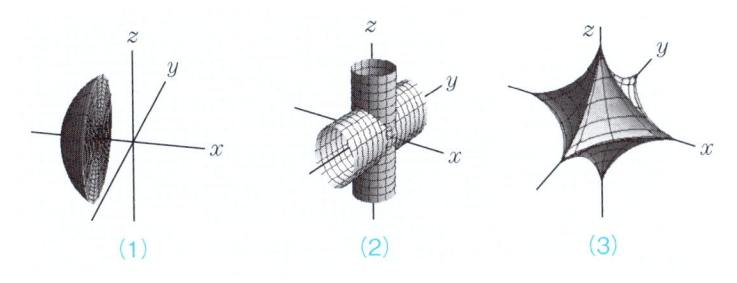

(1) (2) (3)

例題 2.27 ──────────────── 体積（回転体）

$y = \sin x \ (0 \leq x \leq \pi)$ と x 軸に囲まれた部分について，次の回転体の体積 V を求めよ．
(1) x 軸の周りに 1 回転してできる物体
(2) y 軸の周りに 1 回転してできる物体

ヒント (1) $V = \int_a^b \pi (f(x))^2 \, dx$ を使う．(2) $V = \int_a^b 2\pi x |f(x) - g(x)| \, dx$ を使う．

解答 (1) $V = \int_0^\pi \pi \sin^2 x \, dx = \pi \int_0^\pi \dfrac{1 - \cos(2x)}{2} \, dx = \pi \left[\dfrac{x}{2} - \dfrac{\sin(2x)}{4} \right]_0^\pi = \dfrac{\pi^2}{2}$

(2) $V = \int_0^\pi 2\pi x \sin x \, dx = 2\pi \int_0^\pi x(-\cos x)' \, dx$　　（部分積分する）

$= 2\pi \left(\left[-x \cos x \right]_0^\pi + \int_0^\pi \cos x \, dx \right) = 2\pi \left(\pi + \left[\sin x \right]_0^\pi \right) = 2\pi^2$

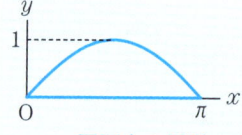

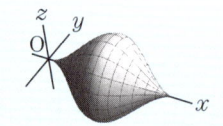

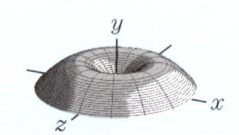

xy 平面上の図形　　　(1) *x* 軸周りに回転したもの　　(2) *y* 軸周りに回転したもの

問題

27.1 次のような図形を，x 軸と y 軸の周りに 1 回転してできる物体について，それぞれの体積 V_x, V_y を求めよ．

(1) $0 \leq y \leq \cos x,\ 0 \leq x \leq \pi/2$　　(2) $(x - 2)^2 + y^2 \leq 1$
(3) $0 \leq x \leq 1,\ 0 \leq y \leq x(x-1)(x-2)$　　(4) $1 \leq x,\ 0 \leq y \leq 1/x^3$

ヒント $V_x = \int_a^b \pi (f(x))^2 \, dx,\ V_y = \int_a^b 2\pi x |f(x)| \, dx$

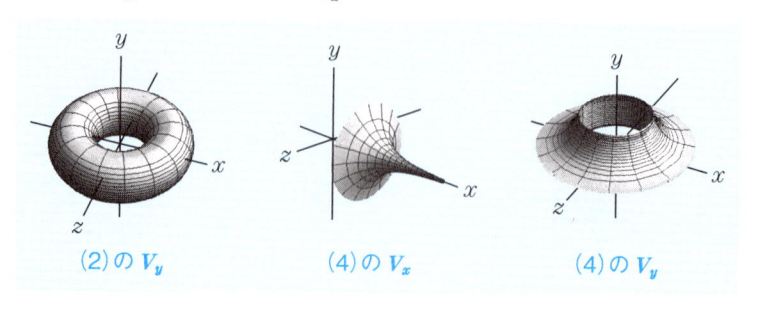

(2) の V_y　　　(4) の V_x　　　(4) の V_y

2.13 重　心

剛体の重心　適当な x 軸をとり，剛体が存在する範囲が $a \leq x \leq b$ であり，$x \sim x+dx$ にあたる部分の質量が $\rho(x)\,dx$ と近似できるとき，重心の x 座標 x_c は

$$x_c = \int_a^b \rho(x)\, x\, dx \Big/ \int_a^b \rho(x)\, dx$$

となる．右辺の分母は剛体の全質量である（c は center of mass の頭文字である）．

図形の重心　図形の存在する範囲が $a \leq x \leq b$ であり，$x \sim x+dx$ にあたる部分の面積（体積）が $ds = s(x)\,dx$ と近似できるとき，重心の x 座標 x_c は

$$x_c = \int_a^b s(x)\, x\, dx \Big/ \int_a^b s(x)\, dx$$

となる．右辺の分母は図形の全面積（体積）S に等しい．

─── 例題 2.28 ─────────────────── 重心（平面内の図形，x 軸上）───

$A(a,0),\ B(0,b),\ C(0,-b)$ を頂点とする三角形の重心を求めよ．a, b は定数．

ヒント　全面積 S と，$x \sim x+dx$ に対応する面積 ds を求め，$x_c = \dfrac{1}{S}\int_a^b x\,ds$ を使う．x 軸上に重心があるので，重心は $(x_c, 0)$ である．

解答　全面積 $S = ab$．$x \sim x+dx$ の領域の面積は $ds = 2(b - bx/a)\,dx$．

$$\begin{aligned}
x_c &= \frac{1}{S}\int_0^a x\,ds = \frac{1}{ab}\int_0^a 2x\left(b - \frac{bx}{a}\right)dx \\
&= \frac{2}{a}\int_0^a \left(x - \frac{x^2}{a}\right)dx \\
&= \frac{2}{a}\left[\frac{x^2}{2} - \frac{x^3}{3a}\right]_0^a = \frac{2}{a}\cdot\frac{a^2}{6} = \frac{a}{3}
\end{aligned}$$

よって重心は $(a/3, 0)$．

問　題

28.1　次の図形の重心を求めよ．r, θ は極座標．a は正定数．

(1) $x^2 + y^2 \leq a^2,\ 0 \leq x$ 　　(2) $0 \leq r \leq 1,\ -\pi/6 \leq \theta \leq \pi/6$

(3) $A(\cosh a, \sinh a),\ B(\cosh(-a), \sinh(-a))$ とする．線分 OA, OB および曲線 $x^2 - y^2 = 1$ で囲まれた部分

ヒント　全て x 軸上に重心がある．(2) $0 \leq x \leq \dfrac{\sqrt{3}}{2}$ と $\dfrac{\sqrt{3}}{2} \leq x \leq 1$ で場合分け．
(3) $0 \leq x \leq 1$ と $1 \leq x \leq \cosh a$ で場合分け．

例題 2.29 ─ 重心（平面内の図形，x 軸上でない）

次の図形の重心を求めよ．
(1) $\sqrt{x} + \sqrt{y} \leqq 1$
(2) A$(0,0)$, B$(a,0)$, C(b,c) を頂点とする三角形の内部．$0 < a, 0 < c, 0 \leqq b \leqq a$ とする．

ヒント (1) 対称性より重心は直線 $y = x$ 上にある．x_c を求めれば，重心は (x_c, x_c)．
(2) 重心の x 座標 x_c，y 座標 y_c をそれぞれ求める．

解答 ここでは簡単な積分計算の過程は省略する．
(1) $\sqrt{x} + \sqrt{y} = 1$ は $y = (1 - \sqrt{x})^2 = 1 - 2\sqrt{x} + x$ と変形できる．
$$S = \int_0^1 (1 - 2\sqrt{x} + x)\,dx = \frac{1}{6}$$
$$x_c = \frac{1}{S}\int_0^1 (1 - 2\sqrt{x} + x)x\,dx = \frac{1}{30}$$
よって重心は $\left(\frac{1}{30}, \frac{1}{30}\right)$

(2) 全面積は $S = \frac{ac}{2}$．直線 AC は $y = \frac{cx}{b}$，直線 CB は $y = \frac{c(x-a)}{b-a}$ である．よって $x \sim x + dx$ に対応する部分の面積 ds_x は，$0 \leqq x \leqq b$ のとき $ds_x = \frac{cx}{b}dx$，$b \leqq x \leqq a$ のとき $ds_x = \frac{c(x-a)}{b-a}dx$ となる．

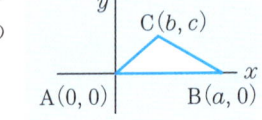

$$x_c = \frac{1}{S}\int_0^a x\,ds_x$$
$$= \frac{2}{ac}\int_0^b \frac{cx}{b}x\,dx + \frac{2}{ac}\int_b^a \frac{c(x-a)}{b-a}x\,dx = \frac{a+b}{3}$$

$y \sim y + dy$ に対応する部分の面積は $ds_y = \left(\frac{b-a}{c}y + a - \frac{b}{c}y\right)dy = \left(-\frac{a}{c}y + a\right)dy$

$$y_c = \frac{1}{S}\int_0^c y\,ds_y = \frac{2}{ac}\int_0^c \left(-\frac{a}{c}y^2 + ay\right)dy = \frac{c}{3}$$

よって重心は $\left(\frac{a+b}{3}, \frac{c}{3}\right)$．

問題

29.1 次の図形の重心を求めよ．(1) A$(0,0)$, B$(a,0)$, C(b,c) を頂点とする三角形の内部．$0 < a, 0 < c, 0 \leqq a \leqq b$ とする．(2) $x^2 + y^2 \leqq 1, 0 \leqq x, 0 \leqq y$ (3) $(x, y) = (t - \sin t, 1 - \cos t)$ $(0 \leqq t \leqq 2\pi)$ と y 軸で囲まれた部分．(4) $x^{2/3} + y^{2/3} \leqq 1, 0 \leqq x, 0 \leqq y$

ヒント (1) ds_x と ds_y を求める．ds_x は $0 \leqq x \leqq a$ と $a \leqq x \leqq b$ に場合分け．(2) 四分球，(3) サイクロイド（p.64 例題 2.21），(4) 三葉線（p.69 例題 2.25）．

2.13 重心

―例題 2.30―――――――――――――――――――重心（空間内の立体）

次の立体の重心を求めよ．
$$x^2 + y^2 + z^2 \leqq 1,\ x \leqq a \quad (a は -1 \leqq a \leqq 1 を満たす定数)$$

ヒント $x \sim x + dx$ に対応する部分の体積 dv と，全体の体積 V を求める．$x_c = \frac{1}{V}\int_a^b x\,dv$ となる．重心は x 軸上にある．

解答 $x \sim x + dx$ の領域は，半径 $\sqrt{1-x^2}$，高さ dx の円筒なので，体積は $dv = \pi(1-x^2)dx$．

$$V = \int_{-1}^{a} \pi(1-x^2)\,dx = \left(a - \frac{a^3}{3} + \frac{2}{3}\right)\pi$$

$$x_c = \frac{1}{V}\int_{-1}^{a} x \cdot \pi(1-x^2)\,dx$$

$$= \frac{1}{a - \frac{a^3}{3} + \frac{2}{3}} \int_{-1}^{a} (x - x^3)\,dx$$

$$= \frac{1}{a - \frac{a^3}{3} + \frac{2}{3}} \left(\frac{a^2}{2} - \frac{a^4}{4} - \frac{1}{4}\right) = \frac{3(a-1)^2}{4(a-2)}$$

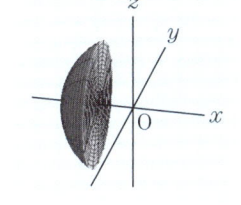

よって重心は $\left(\frac{3(a-1)^2}{4(a-2)}, 0, 0\right)$．

問題

30.1 次の立体の重心を求めよ．a は正定数．

(1) $(x-a)^2 = y^2 + z^2,\ 0 \leqq x \leqq a$

(2) $x^2 + y^2 + z^2 \leqq 1,\ 0 \leqq x,\ 0 \leqq y,\ 0 \leqq z$

(3) $0 \leqq x,\ 0 \leqq y,\ 0 \leqq z,\ x + y + z \leqq 1$

(4) $0 \leqq x,\ 0 \leqq y,\ 0 \leqq z,\ x^{2/3} + y^{2/3} + z^{2/3} \leqq 1$

ヒント (1) 重心は x 軸上にある．(2)-(4) 重心は直線 $x = y = x$ 上にある．

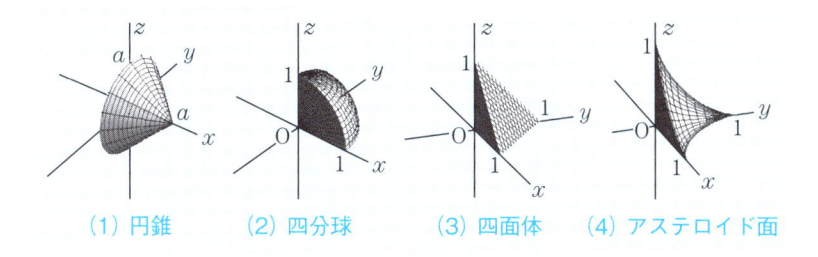

(1) 円錐　　(2) 四分球　　(3) 四面体　　(4) アステロイド面

2.14 慣性モーメント

慣性モーメント 剛体を細かい部分に分け，それぞれの重さに回転軸からの距離の2乗をかけたものを足し上げたものが剛体の**慣性モーメント**である．適当な座標 x をとり，剛体が存在する範囲が $a \leq x \leq b$ であり，$x \sim x+dx$ にあたる部分の質量が $dm = \rho(x)\,dx$ と近似でき，軸からの距離が $r(x)$ であれば，次のようになる．

$$I = \int_a^b \rho(x)\, r(x)^2\, dx$$

例題 2.31 ─────────────── 慣性モーメント（線）

長さ l の棒があり，回転軸は棒の中心を通り棒と垂直の物体の慣性モーメント I を求めよ．ただし，質量 m で質量分布は一様とする．

ヒント 適当に x 軸をとり，$x \sim x+dx$ の部分の質量 dm と，回転軸からの距離 $r(x)$ を求めれば，$I = \int_a^b r(x)^2\, dm$．

解答 棒と同じ向きに x 軸をとり，棒の中心を $x=0$ とする．$x \sim x+dx$ に対応する部分を考える．長さは dx，長さあたりの質量は $\frac{m}{l}$ なので，$dm = \frac{m}{l} dx$．軸からの距離は $r = |x|$．

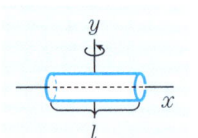

$$I = \int_{-l/2}^{l/2} \frac{m}{l} dx\, |x|^2 = \frac{m}{l} \left[\frac{x^3}{3}\right]_{-l/2}^{l/2} = \frac{ml^2}{12}$$

問題

31.1 次の物体の慣性モーメント I を求めよ．ただし，どれも質量 m で質量分布は一様とする．

(1) 長さ l の棒があり，回転軸は棒と垂直で棒との距離は a の位置
(2) 長さ l の棒があり，回転軸は棒の中心を通り棒と角 θ をなす．$\left(0 \leq \theta \leq \frac{\pi}{2}\right)$
(3) 半径 a の円（円弧のみ）があり，回転軸は円の1つの直径を貫く．

ヒント (1)(2) 棒の長さ方向に x 軸をとる．(3) 円弧に沿って t 軸をとる．

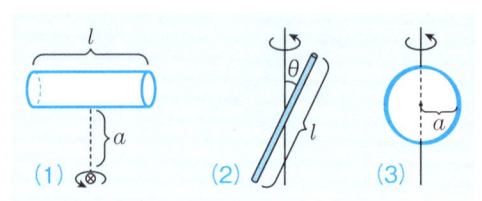

例題 2.32 — 慣性モーメント（面）

半径 a の薄い円盤があり，回転軸は円の直径を貫く物体の慣性モーメント I を求めよ．ただし，質量 m で質量分布は一様とする．

ヒント 適当に x 軸をとり，$x \sim x + dx$ の部分の面積を求め，全体の面積との比率から質量 dm を求める．さらに回転軸からの距離 $r(x)$ を求めれば，$I = \int_a^b r(x)^2 dm$．

解答 回転軸と垂直な直径方向に x 軸をとり，円の中心を $x = 0$ とする．$x \sim x + dx$ に対応する部分を考える．この部分の長さは $2\sqrt{a^2 - x^2}\, dx$ で，長さあたりの質量は $\frac{m}{\pi a^2}$ なので，$dm = 2\sqrt{a^2 - x^2}\, \frac{m}{\pi a^2}\, dx$．軸からの距離は $|x|$．

$$I = \int_{-a}^{a} \frac{m}{\pi a^2} \cdot 2\sqrt{a^2 - x^2}\, dx \cdot |x|^2 = \frac{2m}{\pi a^2} \int_{-a}^{a} x^2 \sqrt{a^2 - x^2}\, dx$$

$x = a \sin t$ と置く．$t : -\pi/2 \to \pi/2,\, dx = a \cos t\, dt$，

$$I = \frac{2m}{\pi a^2} \int_{-\pi/2}^{\pi/2} a^2 \sin^2 t \sqrt{a^2 - a^2 \sin^2 t}\, (a \cos t\, dt)$$

$$= \frac{2ma^2}{\pi} \int_{-\pi/2}^{\pi/2} \sin^2 t \cos^2 t\, dt$$

$\cdot \int \sin^2 t \cos^2 t\, dt = \frac{1}{4} \int \sin^2 (2t)\, dt = \frac{1}{4} \int \frac{1 - \cos(4t)}{2}\, dt = \frac{t}{8} - \frac{\sin(4t)}{32}$

$$I = \frac{2ma^2}{\pi} \left[\frac{t}{8} - \frac{\sin(4t)}{32} \right]_{-\pi/2}^{\pi/2} = \frac{2ma^2}{\pi} \cdot \frac{\pi}{8} = \frac{ma^2}{4}$$

問題

32.1 次の物体の慣性モーメント I を求めよ．ただし，どれも質量 m で質量分布は一様とする．

(1) 一辺の長さ l の薄い正三角形板があり，回転軸は1頂点と対辺の中点を貫く．

(2) 半径 a の薄い円盤があり，回転軸は円の中心を通り円に垂直．

(3) 一辺の長さ a の薄い正方形板があり，回転軸は正方形の中心を通り正方形に垂直．

ヒント (1) 回転軸と垂直に三角形と同じ平面上に x 軸をとる．(2)(3) 回転軸からの距離が $x \sim x + dx$ の部分を考える．

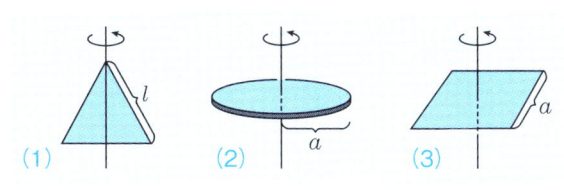

― 例題 2.33 ――――――――――――――――――――― 慣性モーメント（立体）―

半径 a の中身のつまった球があり，回転軸は球の直径を貫く物体の慣性モーメント I を求めよ．ただし，質量 m で質量分布は一様とする．

ヒント 回転軸からの距離を x とし，$x \sim x+dx$ の部分の体積を求め，全体の体積との比率から質量 dm を求める．$I = \int_a^b x^2 dm$.

解答 回転軸からの距離が $x \sim x+dx$ の部分を考える．それは円筒板で，半径 x，高さ $2\sqrt{a^2-x^2}$，厚さ dx であるので，体積は $4\pi x\sqrt{1-x^2}\,dx$．全体の体積は $\frac{4\pi a^3}{3}$ なので，この部分の質量は $dm = \frac{3m}{a^3}x\sqrt{a^2-x^2}\,dx$.

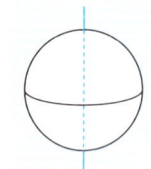

$$I = \int_0^a x^2\,dm = \frac{3m}{a^3}\int_0^a x^3\sqrt{a^2-x^2}\,dx = \dagger$$

$x = a\sin t$ と置く．$t : 0 \to \pi/2$, $dx = a\cos t\,dt$,

$$\dagger = \frac{3m}{a^3}\int_0^{\pi/2} a^3\sin^3 t(a\cos t)(a\cos t\,dt) = 3ma^2\int_0^{\pi/2}\sin^3 t\cos^2 t\,dt$$

$$= 3ma^2\int_0^{\pi/2}\sin^3 t(1-\sin^2 t)\,dt = 3ma^2\left(\int_0^{\pi/2}\sin^3 t\,dt - \int_0^{\pi/2}\sin^5 t\,dt\right) = \ddagger$$

p.54 例題 2.12(3) と同様に，$I_1 = \int_0^{\pi/2}\sin x\,dx = [-\cos x]_0^{\pi/2} = 1$. $I_3 = \frac{2}{3}I_1 = \frac{2}{3}$. $I_5 = \frac{4}{5}I_3 = \frac{8}{15}$. よって $\ddagger = 3ma^2\left(\frac{2}{3} - \frac{8}{15}\right) = \frac{2}{15}ma^2$

問題

33.1 次の物体の慣性モーメント I を求めよ．ただし，質量 m で質量分布は一様とする．

(1) 半径 a の円の底面を持つ高さ h の直円錐．回転軸は頂点と円の中心を結んだ線．

(2) 一辺の長さ a の立方体があり，回転軸は対面の中心同士を結んだ線．

(3) $(\sqrt{x^2+z^2}-2a)^2 + y^2 \leqq 1$. 回転軸は y 軸．

ヒント 回転軸からの距離を r とし，$r \sim r+dr$ の部分を考える．(2) は本章の問題 32.1(3) 参照．(3) は本章の問題 27.1(2) 参照．

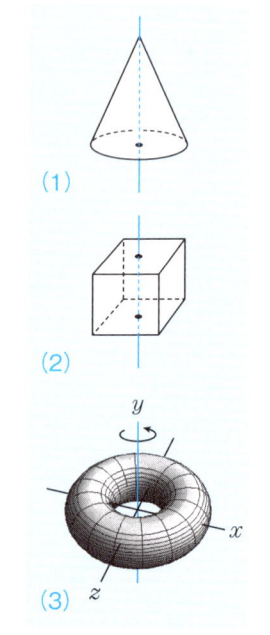

章末問題

1 （楕円の長さの近似値）
$$\frac{x^2}{17} + \frac{y^2}{16} = 1$$
の長さ l を有効数字 3 桁まで求めよ．

ヒント $f(s) = \sqrt{1 + s \sin^2 t}$ に 2 次のマクローリンの定理を適用すると，$s \geqq 0$ のとき，$1 + \frac{\sin^2 t}{2} s - \frac{s^2}{8} \leqq \sqrt{1 + s \sin^2 t} \leqq 1 + \frac{\sin^2 t}{2} s$ が示せる．

2 0 以上の整数 n について
$$\int_0^\infty x^n \exp(-x)\,dx = n!$$
を示せ．

3 （有限区分求積法の誤差）$f(x)$ $(a \leqq x \leqq b)$ は微分可能とする．$a \leqq x \leqq b$ で $|f'(x)| < M$ が成り立つとき，次の不等式が成り立つことを示せ．
$$\left| \int_a^b f(x)\,dx - \sum_{k=0}^{n-1} f\left(a + k\frac{b-a}{n}\right) \frac{b-a}{n} \right| \leqq \frac{M(b-a)^2}{2n}$$

ヒント 平均値の定理を使う．

4 （台形公式の誤差）$f(x)$ $(a \leqq x \leqq b)$ は 2 階微分可能とする．$a \leqq x \leqq b$ で $|f''(x)| < M$ が成り立つとき，次の不等式が成り立つことを示せ．
$$\left| \int_a^b f(x)\,dx - \frac{b-a}{2n}\left(2\sum_{k=0}^{n} f\left(a + k\frac{b-a}{n}\right) - f(a) - f(b)\right) \right| \leqq \frac{M(b-a)^3}{12n^2}$$

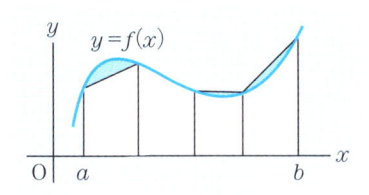

5 （シンプソンの公式の誤差）$f(x)$ $(a \leqq x \leqq b)$ は 4 階微分可能とする．$a \leqq x \leqq b$ で $|f''''(x)| < M$ が成り立つとき，次の不等式が成り立つことを示せ．
$$\left| \int_a^b f(x)\,dx - \frac{b-a}{6n}\left\{f(a) + f(b) + 4\sum_{k=1}^{n} f\left(a + (2k-1)\frac{b-a}{2n}\right) \right.\right.$$
$$\left.\left. + 2\sum_{k=1}^{n-1} f\left(a + (2k)\frac{b-a}{2n}\right)\right\} \right| \leqq \frac{M(b-a)^5}{180(2n)^4}$$

6 (回転体の表面積) グラフ $y=f(x)$ $(a \leq x \leq b)$ を x 軸の周りに 1 回転して得られる曲面の面積 S は

$$S = \int_a^b 2\pi f(x)\sqrt{1+\{f'(x)\}^2}\,dx$$

となる．これを用いて次のものを x 軸の周りに 1 回転して得られる曲面の面積 S を求めよ．

(1) $y = x$ $(0 \leq x \leq 1)$ (2) $y = \sqrt{x}$ $(0 \leq x \leq 1)$

(3) $y = \sin x$ $(0 \leq x \leq \pi)$ (4) $(x-2)^2 + y^2 = 1$

(5) $x^2 + (y-2)^2 = 1$

7 (回転体の体積と表面積) a, b は定数とする．曲線 $(x,y) = (x(t), y(t))$ $(a \leq t \leq b)$，$x = a$, $x = b$, x 軸で囲まれた部分を x 軸の周りに 1 回転してできる回転体の体積 V とする．また，この曲線を x 軸の周りに 1 回転してできる曲面の面積 S とする．これらは次のようになる．ただし，$x(t), y(t)$ は微分可能とし，dx/dt は定符号とする．

$$V = \pi \int_a^b y(t)^2 \left|\frac{dx}{dt}\right| dt, \quad S = 2\pi \int_a^b |y(t)| \sqrt{\left(\frac{dx}{dt}\right)^2 + \left(\frac{dy}{dt}\right)^2}\,dt$$

これを用いて次のものを求めよ．

(1) $(x, y) = (\cosh t, \sinh t)$ $(0 \leq t \leq \log 2)$ を x 軸の周りに 1 回転してできる曲面の面積 S．

(2) この曲線と x 軸，$x = \cosh(\log 2)$ で囲まれた部分を x 軸の周りに 1 回転してできる回転体の体積 V．

ヒント $\int \sinh^3 t\,dt = -(3/4)\cosh t + (1/12)\cosh(3t)$, $\int \sinh t \sqrt{\cosh^2 t + \sinh^2 t}\,dt = (1/2)\cosh t\sqrt{\cosh(2t)} - (1/2\sqrt{2})\log(\sqrt{2}\cosh t + \sqrt{\cosh(2t)})$.

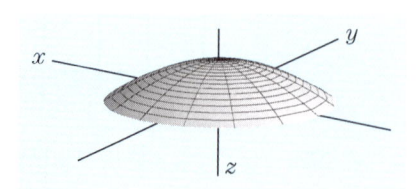

8 (パップス-ギュルダンの定理) xy 平面上で $0 \leq x$ にある図形を，y 軸周りに回転してできる物体の体積 V は，図形の面積 S と，図形の重心の x 座標 x_c として，$V = 2\pi x_c S$ となる．これを，$y = f(x)$, $y = g(x)$, $x = a$, $x = b$ (ただし $0 \leq a < b$, $g(x) \leq f(x)$) で囲まれた図形について証明せよ．

第3章

多変数関数の微分

3.1 2変数関数の極限，連続性

2変数関数 2個の変数 x, y で決まる関数 $f(x, y)$ を **2変数関数**という．$z = f(x, y)$ で決まる $\mathbf{R}^3$ 内の面を f の**グラフ**という．

極限（2変数関数） 変数対 (x, y) を定数対 (a, b) 以外の値をとりながら限りなく (a, b) に近づけたときに，関数 $f(x, y)$ が定数 c に限りなく近づくとき

$$\lim_{(x,y) \to (a,b)} f(x, y) = c$$

と書く．

極限の収束・発散

(1) 任意の θ について $|f(a + r\cos\theta, b + r\sin\theta) - c| \leq g(r)$ となる $g(r)$ が存在し，$g(r) \to 0 \ (r \to 0+0)$ ならば $\displaystyle\lim_{(x,y) \to (a,b)} f(x, y) = c$ となる．

(2) (a, b) の近づき方によって収束値が異なるならば $\displaystyle\lim_{(x,y) \to (a,b)} f(x, y)$ は存在しない．

連続（2変数関数）

$$\lim_{(x,y) \to (a,b)} f(x, y) = f(a, b)$$

が成り立つとき，$f(x, y)$ は (a, b) において**連続**であるという．単に "$f(x, y)$ は連続"といったら，定義域内のどの (x, y) においても連続という意味である．

―例題 3.1―――――――――――――――――――――― 2 変数関数のグラフ ―

次の関数に相当するものを A（3 次元グラフ），B（等高線）グループから 1 つずつ選べ．

(1) $f(x,y) = 1 - x + y$ (2) $f(x,y) = \sin(x+y)$ (3) $f(x,y) = \sqrt{x^2 - y^2}$

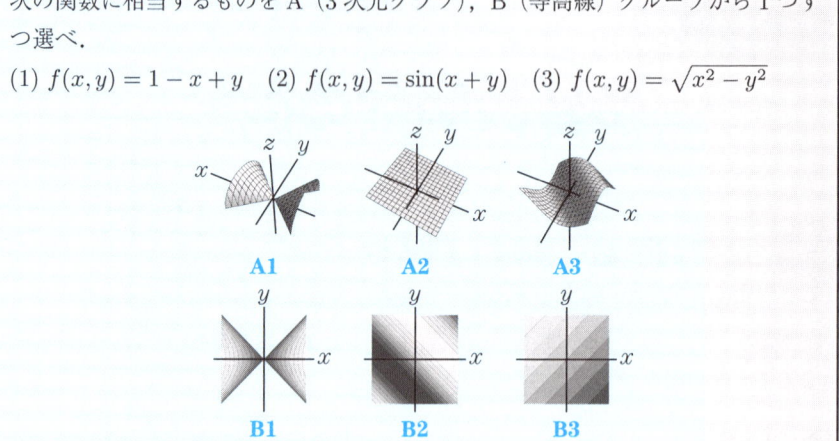

A1　　A2　　A3

B1　　B2　　B3

[ヒント] 原点付近とか，x 軸上とか，ある条件のもとで，特徴的なところをつかんで，それにあったグラフ，等高線を選べばよい．

[解答] 例えば $y = 0$ を代入したのグラフや増減の様子と，3 次元グラフ，等高線の $y = 0$ での断面の様子が一致するものを選ぶ．

(1) は $z = 1 - x$ であり，$y = 0$ のときに直線状になっているのは A2, B3.

(2) は $z = \sin x$ であり，$y = 0$ のときに波打っているものは A3, B2.

(3) は $x = |x|$ であり，$y = 0$ のときに折れ線状になっているものは A1, B1.

問題

1.1 次の関数に相当するものを A（3 次元グラフ），B（等高線）グループから 1 つずつ選べ．

(1) $z = \sqrt{x^2 + y^2}$ (2) $z = x^2 - y^2$ (3) $z = (x^2 - y^2)^2$

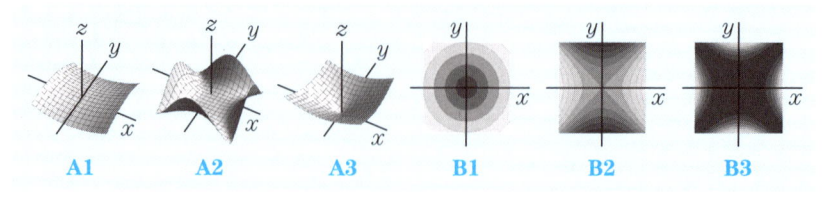

A1　　A2　　A3　　B1　　B2　　B3

[ヒント] 原点から遠ざかる方向によって，z の大きく成り方が異なる．

例題 3.2 ─────────────── 2 変数関数の極限

極限値を求めよ．(1) $\displaystyle\lim_{(x,y)\to(0,0)} \frac{x+y}{\sqrt{x^2+y^2}}$ (2) $\displaystyle\lim_{(x,y)\to(0,0)} \frac{x^2 y}{x^2+y^2}$

(3) $\displaystyle\lim_{(x,y)\to(0,0)} \frac{x^2 y+y^2}{x^4+y^2}$

ヒント $x=r\cos\theta, y=r\sin\theta$ を代入し，$r\to 0+0$ のときの様子を調べる．収束・発散は，p.81 の「極限の収束・発散」の，それぞれ (1), (2) を使って示す．

解答 (1) $x=r\cos\theta, y=r\sin\theta$ と置くと $\dfrac{x+y}{\sqrt{x^2+y^2}} = \dfrac{r\cos\theta + r\sin\theta}{r} = \cos\theta + \sin\theta$ 近づく方向 (θ) によって，収束値が異なるので，極限は存在しない．

(2) $x=r\cos\theta, y=r\sin\theta$ と置くと $\dfrac{x^2 y}{x^2+y^2} = \dfrac{(r\cos\theta)^2 r\sin\theta}{r^2} = r\cos^2\theta \sin\theta$ なので，$\left|\dfrac{x^2 y}{x^2+y^2}\right| \leq r \to 0 \quad (r\to 0+0)$ となり，与式は 0．

(3) $x^2 = my$ と置くと $\dfrac{x^2 y + y^2}{x^4 + y^2} = \dfrac{myy + y^2}{m^2 y^2 + y^2} = \dfrac{m+1}{m^2+1}$
近づき方 (m) によって，収束値が異なるので，極限は存在しない．

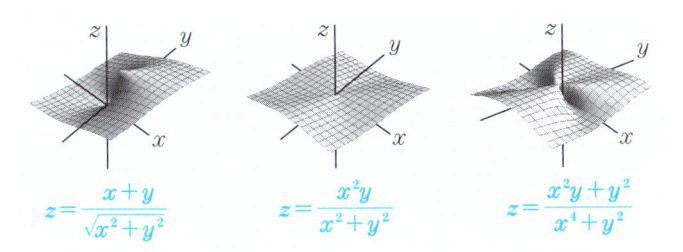

$z=\dfrac{x+y}{\sqrt{x^2+y^2}}$ $\qquad z=\dfrac{x^2 y}{x^2+y^2}$ $\qquad z=\dfrac{x^2 y+y^2}{x^4+y^2}$

問題

2.1 次の関数 $f(x,y)$ について $\displaystyle\lim_{(x,y)\to(0,0)} f(x,y)$ を求めよ．(1) $\dfrac{x-y}{\sqrt{x^2+y^2}}$

(2) $\dfrac{xy^2+y}{x^2+y^2}$ (3) $\dfrac{x^2-y^2 x}{x^2+y^4}$ (4) $\dfrac{x+y}{x-y}$ (5) $\dfrac{x^3-y^3}{x^2+y^2}$

(6) $\dfrac{|xy|^{3/2}}{x^2+y^2}$ (7) $\dfrac{x-y^2}{x^2-y}$ (8) $\dfrac{\sin x \tan^2 y}{\sin^2 x + \tan^2 y}$

ヒント (1)(2)(4)(5)(6) 極座標を使う．(3) $y^2 = mx$．(7) x 軸上で近づける．
(8) $\sin x = r\cos\theta, \tan y = r\sin\theta$．

例題 3.3 ― 2 変数関数の連続性

連続性を調べよ． (1) $f(x,y) = \begin{cases} x^2 + y^2 & ((x,y) \neq (0,0) \text{ のとき}) \\ 1 & ((x,y) = (0,0) \text{ のとき}) \end{cases}$

(2) $f(x,y) = \begin{cases} \dfrac{x^2 y}{x^2 + y^2} & ((x,y) \neq (0,0) \text{ のとき}) \\ 0 & ((x,y) = (0,0) \text{ のとき}) \end{cases}$

(3) $f(x,y) = \begin{cases} \dfrac{(x-1)^2}{(x-1)^2 + y^4} & ((x,y) \neq (1,0) \text{ のとき}) \\ 0 & ((x,y) = (1,0) \text{ のとき}) \end{cases}$

ヒント 分母も分子も連続関数である場合は，分母が 0 にならない限り連続である．(1)(2)(3) のように場合分けになっているところでは，上の極限が収束し，下の値と一致すれば連続，収束しなかったり，収束しても下の値と一致しないときは不連続．

解答 (1) $\displaystyle\lim_{(x,y)\to(0,0)} (x^2 + y^2) = 0$ となるが，1 と一致しないでの $(0,0)$ で不連続．

(2) 前例題 (2) より $\displaystyle\lim_{(x,y)\to(0,0)} \dfrac{x^2 y}{x^2 + y^2} = 0$ なので連続．

(3) $x - 1 = ky^2$ と置くと，$\dfrac{(x-1)^2}{(x-1)^2 + y^4} = \dfrac{k^2 y^4}{k^2 y^4 + y^4} = \dfrac{k^2}{k^2 + 1}$ となる．近づき方 (k) によって収束値が異なるので，$\displaystyle\lim_{(x,y)\to(1,0)} \dfrac{(x-1)^2}{(x-1)^2 + y^4}$ は存在しない．よって $(1,0)$ で不連続．

問題

3.1 連続性を調べよ． (1) $f(x,y) = \dfrac{x+y}{x^2 + y^2 + 1}$

(2) $f(x,y) = \begin{cases} \dfrac{x^4 - 3x^2 y}{2x^2 + y^2} & ((x,y) \neq (0,0) \text{ のとき}) \\ 0 & ((x,y) = (0,0) \text{ のとき}) \end{cases}$

(3) $f(x,y) = \begin{cases} \dfrac{y^2}{x} & (x \neq 0 \text{ のとき}) \\ 0 & (x = 0 \text{ のとき}) \end{cases}$

ヒント 分母が 0 にならない限り連続．(2) 極座標．(3) $(0,b)$ に近づく極限を調べる．

3.2 2変数関数の偏微分

偏微分 2変数関数 $f(x,y)$ について
$$\lim_{h\to 0}\frac{f(x+h,y)-f(x,y)}{h},\quad \lim_{h\to 0}\frac{f(x,y+h)-f(x,y)}{h}$$
が収束するとき，$f(x,y)$ は (x,y) において**偏微分可能**であるという．これらの収束値をそれぞれ $\frac{\partial f}{\partial x}(x,y), \frac{\partial f}{\partial y}(x,y)$ あるいは $f_x(x,y), f_y(x,y)$ と書き，**偏微分係数**という．全ての (x,y) において $f(x,y)$ が偏微分可能なとき，$f(x,y)$ は偏微分可能であるといい，2つの2変数関数 $\frac{\partial f}{\partial x}(x,y), \frac{\partial f}{\partial y}(x,y)$ を**偏導関数**という．2変数関数からその2つの偏導関数を求めることを"偏微分する"という．

例題 3.4 ────────────────── 偏微分 ─

偏微分せよ． (1) $f(x,y)=\sin(xy)$ (2) $f(x,y)=\sqrt{x^2+y^2}$

ヒント x で偏微分するときは y を定数だと考えて微分，y で偏微分するときは x を定数だと思って微分する．

解答 (1) f_x を求める．y を定数 b と書き換えた $\sin(bx)$ の微分を求める．合成関数の微分より $(\sin(bx))'=\cos(bx)\cdot(bx)'=b\cos(bx)$ となる．b を y に戻せば，$f_x=y\cos(yx)$ となる．同様に f_y を求める．x を定数 a と書き換え，変数 y について $\sin(ay)$ を微分すれば，$(\sin(ay))'=\cos(ay)\cdot(ay)'=a\cos(ay)$．$a$ を x に戻せば，$f_y=x\cos(xy)$ となる．もちろん慣れれば a や b に書き換えなどせずに，適宜，x,y に変数と定数の役割を担わせればよい．

(2) $(\sqrt{x})'=\frac{1}{2\sqrt{x}}$ と，合成関数の微分を使う．
$$f_x=\frac{1}{2\sqrt{x^2+y^2}}\frac{\partial}{\partial x}(x^2+y^2)=\frac{1}{2\sqrt{x^2+y^2}}2x=\frac{x}{\sqrt{x^2+y^2}}$$
$$f_y=\frac{1}{2\sqrt{x^2+y^2}}\frac{\partial}{\partial y}(x^2+y^2)=\frac{1}{2\sqrt{x^2+y^2}}2y=\frac{y}{\sqrt{x^2+y^2}}$$

問題

4.1 次の関数 $f(x,y)$ を偏微分せよ． (1) $(x+y)^2-2$ (2) x^2-y^2
(3) $x^3+2x^2y-y^2$ (4) $(\sin x)(\cos y)$ (5) $x^y\tan^{-1}\frac{y}{x}$
(6) $\log\sqrt{x^2+y^2}$ (7) $\log(1+xy)$ (8) $\log_x y$
(9) $\sin^{-1}\frac{y}{\sqrt{x^2+y^2}}$ 　**ヒント** f_x を求めるときは，x は変数扱い，y は定数扱い．f_y を求めるときは，y は変数扱い，x は定数扱い．

―― 例題 3.5 ――――――――――――――――――――――――偏微分可能性――

$f(x, y) = |xy|$ の偏微分可能性を調べよ．

ヒント 前例題のように偏微分の操作が可能で，偏微分係数が有限なときは偏微分可能である．操作が可能かどうか不明だったり，場合分けなどが必要なときは，定義に戻って

$$f_x(x,y) = \lim_{h \to 0} \frac{f(x+h,y)-f(x,y)}{h}, \quad f_y(x,y) = \lim_{h \to 0} \frac{f(x,y+h)-f(x,y)}{h}$$

が収束するかどうかを調べる．

解答 (i) $xy > 0$ のときは $f(x,y) = xy$ となり，$f_x = y, f_y = x$ となるので偏微分可能．

(ii) $xy < 0$ のときも同様にして，偏微分可能．

(iii) $x = 0$ のとき

$$f_x(0,y) = \lim_{h \to 0} \frac{f(h,y)-f(0,y)}{h} = |y| \lim_{h \to 0} \frac{|h|}{h}$$

となるので，$y \neq 0$ のときは発散，$y = 0$ のときは収束する．また

$$f_y(0,y) = \lim_{h \to 0} \frac{f(0,y+h)-f(0,y)}{h} = 0$$

と収束する．

(iv) $y = 0$ のときも同様にして，$f_x(x,0)$ は収束するが，$f_y(x,0)$ は $x \neq 0$ のとき発散する．

(i)-(iv) をまとめると，$x = 0, y \neq 0$ または $x \neq 0, y = 0$ のとき偏微分不可能，それ以外では偏微分可能．

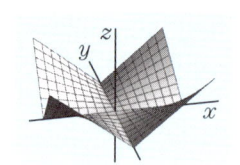

問題

5.1 次の関数の偏微分可能性を調べよ．

(1) $f(x,y) = \sin(xy)$ (2) $f(x,y) = |x+y|$

(3) $f(x,y) = |x^2 y|$ (4) $f(x,y) = \sqrt{x^2+y^2}$

(5) $f(x,y) = \begin{cases} \dfrac{xy}{x^2+y^2} & ((x,y) \neq (0,0) \text{ のとき}) \\ 0 & ((x,y) = (0,0) \text{ のとき}) \end{cases}$

ヒント (2)(3) 絶対値の中が 0 になるところが要注意．(4)(5) 原点のみ要注意．
$f_x(0,0) = \lim_{h \to 0} \frac{f(h,0)-f(0,0)}{h}, \quad f_y(0,0) = \lim_{h \to 0} \frac{f(0,h)-f(0,0)}{h}$

3.3 勾配ベクトル

勾配ベクトル $f(x,y)$ が偏微分可能で，f_x, f_y が連続のとき
$$f'(x,y) := (f_x, f_y)$$
とする．a,b を定数として，$f'(a,b)$ を (a,b) における**勾配ベクトル**という．$f'(x,y)$ の代わりに $\nabla f(x,y)$（∇ はナブラと読む）や $\mathrm{grad}\, f(x,y)$（grad はグラジエントと読む）と書く本もある．$f'(x,y) = (0,0)$ となる点を**停留点**という．停留点は，どちらに進んでも傾きが 0 となる点である．

方向微分 $f(x,y)$ が偏微分可能で，f_x, f_y が連続であるとき次のことが成り立つ．
$$\lim_{h \to 0} \frac{1}{h}(f(a+h\cos\theta, b+h\sin\theta) - f(a,b)) = f'(a,b) \cdot (\cos\theta, \sin\theta)$$
これは $(\cos\theta, \sin\theta)$ 方向の傾きである．このことから勾配ベクトル $f'(a,b)$ は，方向は最大傾斜の方向で，大きさは最大傾斜の量であることが分かる．

例題 3.6 ──────────────────── 勾配ベクトル（停留点）──

$f(x,y) = x^2 + x + y^2 + xy + 2y + 1$ の停留点を求めよ．

[ヒント] まず勾配ベクトルを求め，$f'(x,y) = (0,0)$ と置いた連立方程式を解く．

[解答] $f'(x,y) = (2x+1+y, 2y+x+2)$ なので，連立方程式 $2x+1+y = 0$，$2y+x+2 = 0$ を解けばよい．解の $(x,y) = (0,-1)$ が停留点（下図 (a)）．

問題

6.1 $f(x,y) = x^2 - y^2 + 3y + x + xy$ の停留点を求めよ（下図 (b)）．

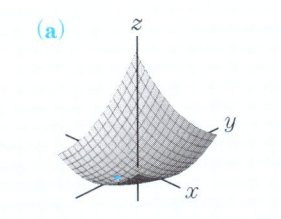

例題 $z = x^2 + x + y^2 + xy + 2y + 1$ 問題 $z = x^2 - y^2 + 3y + x + xy$

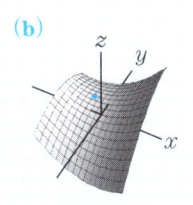

―― 例題 3.7 ――――――――――――――――――― 勾配ベクトル（方向微分）――

$f(x,y) = x^2 + xy + y^2$ について次のものを求めよ.
(1) $(1,2)$ における $(1/\sqrt{2}, -1/\sqrt{2})$ 方向の傾き.
(2) $(1,2)$ における最小傾斜とその方向.
(3) $(1,2)$ において傾きが 0 になる方向.

ヒント まず指定された点での勾配ベクトル $f'(a,b)$ を求める. l 方向の微分は $f'(a,b) \cdot l$ である. 最大傾斜は $|f'(a,b)|$, 最小傾斜は $-|f'(a,b)|$, 傾き 0（等高線）の方向は, $f'(a,b)$ と直交する方向である.

解答 $f'(x,y) = (2x+y, x+2y)$ であるから $f'(1,2) = (4,5)$ が勾配ベクトルである.

(1) $f'(1,2) \cdot \left(\dfrac{1}{\sqrt{2}}, -\dfrac{1}{\sqrt{2}} \right) = \dfrac{4-5}{\sqrt{2}} = -\dfrac{1}{\sqrt{2}}$

(2) 最小傾斜は $-|f'(1,2)| = -\sqrt{41}$. その方向は $-\dfrac{f'(1,2)}{|f'(1,2)|} = (-4,-5)/\sqrt{41}$.

(3) $f'(1,2) = (4,5)$ と直交する方向だから $\pm(5,-4)/\sqrt{41}$.

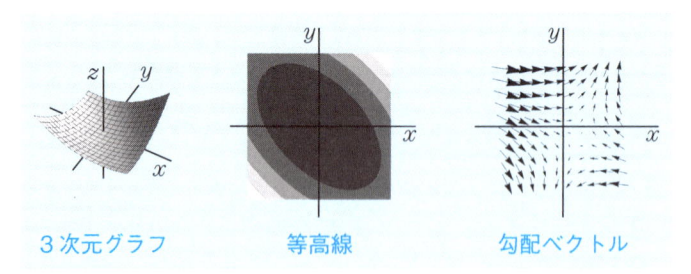

３次元グラフ　　　　等高線　　　　勾配ベクトル

問題

7.1 $f(x,y) = \exp(-x^2 - y^2)$ について次のものを求めよ. (1) $(1,-1)$ における $(\sqrt{3}/2, -1/2)$ 方向の傾き.

(2) $(1,-1)$ における最大傾斜とその方向.

(3) $(1,-1)$ において傾きが 0 になる方向.

(4) $(1,-1)$ 付近の勾配ベクトルの様子として, 下図の３つのうち相応しいものはどれか.

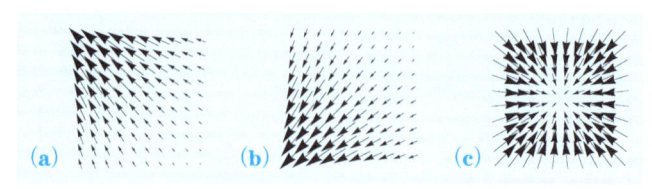

(a)　　　　(b)　　　　(c)

3.4 曲面の接平面と法線

全微分可能　$f(x,y)$ が定点 (a,b) において
$$\lim_{(x,y)\to(a,b)} \frac{f(x,y) - f(a,b) - p(x-a) - q(y-b)}{\sqrt{(x-a)^2 + (y-b)^2}} = 0$$
となるような定数 p, q が存在するとき，$f(x,y)$ は (a,b) において**全微分可能**という．

定理　(1) $f(x,y)$ が (a,b) において全微分可能ならば，(a,b) において偏微分可能である．そして，上の定義の p, q は $(p,q) = f'(a,b)$ となる．
(2) $f(x,y)$ が (a,b) で偏微分可能で f_x, f_y が連続ならば，(a,b) で全微分可能である．

全微分　関数 $f(x,y)$ が (a,b) において全微分可能なとき，$f(a,b)$ を起点として，x, y, f の微小増加量 dx, dy, df には $df = f_x(a,b)dx + f_y(a,b)dy$ という関係がある．これを**全微分**という．

曲面の接線，法線　関数 $f(x,y)$ は全微分可能とする．グラフ $z = f(x,y)$ の $(x,y) = (a,b)$ における点について
(1) 接ベクトル　　　$(1, 0, f_x(a,b)), (0, 1, f_y(a,b))$
(2) 法ベクトル　　　$(f_x(a,b), f_y(a,b), -1)$
(3) 接平面の方程式　$(x-a, y-b, z-f(a,b)) \cdot (f_x(a,b), f_y(a,b), -1) = 0$
(4) 法線の方程式　　$\dfrac{x-a}{f_x(a,b)} = \dfrac{y-b}{f_y(a,b)} = \dfrac{z-f(a,b)}{-1}$
　　　　　　　　　　（分母が 0 のときは分子も 0）

例題 3.8　　　　　　　　　　　　　　　　　　　　　　　　　　　　　　　全微分

$f(x,y) = x + y^2 + 2xy$ の $(1,1)$ を起点とした全微分を求めよ．

ヒント　全微分の公式 $df = f_x(a,b)dx + f_y(a,b)dy$ を使う．

解答　$f'(x,y) = (1+2y, 2y+2x)$ なので，f_x, f_y は連続となり，全微分可能である．$f'(1,1) = (3,4)$ なので，$df = 3dx + 4dy$ となる．

問題

8.1　$f(x,y) = \cos(xy)$ の $(\pi/2, 1)$ を起点とした全微分を求めよ．
　　ヒント　$df = f_x(a,b)dx + f_y(a,b)dy$

例題 3.9 ───────────────── 全微分可能性

次の関数の $(0,0)$ における全微分可能性を調べよ．
(1) $f(x,y) = |xy|$
(2) $f(x,y) = \begin{cases} \dfrac{|xy|}{\sqrt{x^2+y^2}} & ((x,y) \neq (0,0) \text{ のとき}) \\ 0 & ((x,y) = (0,0) \text{ のとき}) \end{cases}$

ヒント まず偏微分可能かどうか

$$f_x(0,0) = \lim_{h \to 0} \frac{f(h,0)-f(0,0)}{h}, \quad f_y(0,0) = \lim_{h \to 0} \frac{f(0,h)-f(0,0)}{h}$$

を調べる．偏微分可能なら，その偏微分係数を用いて次の極限が 0 になるか調べる．

$$\dagger = \lim_{(x,y) \to (0,0)} \frac{f(x,y)-f(0,0)-f_x(0,0)x-f_y(0,0)y}{\sqrt{x^2+y^2}}$$

解答 (1) 偏微分係数を求める．

$$f_x(0,0) = \lim_{h \to 0} \frac{0-0}{h} = 0, \quad f_y(0,0) = \lim_{h \to 0} \frac{0-0}{h} = 0$$

この値を使った $\dagger = \lim_{(x,y) \to (0,0)} \dfrac{|xy|}{\sqrt{x^2+y^2}}$ を調べる．$x = r\cos\theta, y = r\sin\theta$ とすると，$\left|\dfrac{|xy|}{\sqrt{x^2+y^2}}\right| = r|\cos\theta\sin\theta| \leq r \to 0 \ (r \to 0)$ だから $\dagger = 0$ となり全微分可能である．

(2) 偏微分係数を求める．

$$f_x(0,0) = \lim_{h \to 0} \frac{0-0}{h} = 0, \quad f_y(0,0) = \lim_{h \to 0} \frac{0-0}{h} = 0$$

この値を使った $\dagger = \lim_{(x,y) \to (0,0)} \dfrac{|xy|}{x^2+y^2}$ を調べる．$x = r\cos\theta, y = r\sin\theta$ とすると，$\left|\dfrac{|xy|}{\sqrt{x^2+y^2}}\right| = |\cos\theta\sin\theta|$ となり，近づき方 (θ) によって収束値が異なるので，$\dagger$ は収束しない．よって全微分不可能である．

問題

9.1 次の関数の $(0,0)$ における全微分可能性を調べよ．
(1) $f(x,y) = |x^2 y| + 2x$
(2) $f(x,y) = \begin{cases} \dfrac{|x^2 y|}{x^2+y^2} + 2x & ((x,y) \neq (0,0) \text{ のとき}) \\ 0 & ((x,y) = (0,0) \text{ のとき}) \end{cases}$

ヒント $\lim_{(x,y) \to (0,0)} \dfrac{f(x,y)-f(0,0)-f_x(0,0)x-f_y(0,0)y}{\sqrt{x^2+y^2}}$ を調べる．

3.4 曲面の接平面と法線

例題 3.10 ────────────────────────── 曲面の接線，法線 ─

次の曲面の (a,b) における接平面と法線の方程式を求めよ．
(1) $z = x^2 + y + 3xy + y^3 - 5$, $(a,b) = (1,1)$
(2) $z = x^3 + 3x^2y - 2xy^3 - 16$, $(a,b) = (2,1)$

ヒント まず勾配ベクトル $f'(a,b) = (p,q)$ を求める．接平面は $z = p(x-a) + q(y-b) + f(a,b)$．法線は $\frac{x-a}{p} = \frac{y-b}{q} = \frac{z-f(a,b)}{-1}$．

解答 (1) 接点は $(a,b,z(a,b)) = (1,1,1)$．勾配ベクトルは $z' = (2x+3y, 1+3x+3y^2)$ より $z'(1,1) = (5,7)$．偏導関数が連続なので，全微分可能である．よって接平面と法線は次のようになる．

$$\text{接平面} \quad 5(x-1) + 7(y-1) - (z-1) = 0$$

$$\text{法線} \quad \frac{x-1}{5} = \frac{y-1}{7} = \frac{z-1}{-1}$$

(2) 接点は $(a,b,z(a,b)) = (2,1,0)$．勾配ベクトルは $z' = (3x^2+6xy-2y^3, 3x^2-6xy^2)$ より $z'(2,1) = (22,0)$．偏導関数が連続なので，全微分可能である．よって接平面と法線は次のようになる．

$$\text{接平面} \quad z = 22(x-2)$$

$$\text{法線} \quad \frac{x-2}{22} = \frac{z}{-1} \quad \text{かつ} \quad y = 1$$

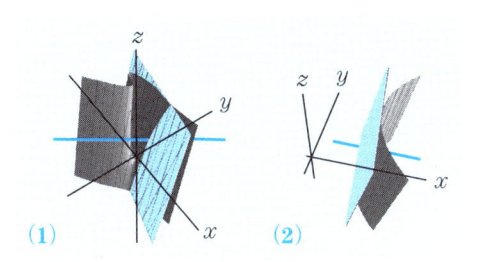

■ **問題** ■

10.1 次の曲面の (a,b) における接平面と法線の方程式を求めよ．
(1) $z = \sin(xy)$, $(a,b) = (\pi, 1)$ (2) $z = \sin(xy)$, $(a,b) = (\pi, 0)$
(3) $z = \sqrt{x^2+y^2}$, $(a,b) = (1,1)$ (4) $z = \sqrt{x^2+y^2}$, $(a,b) = (1,0)$

ヒント 偏導関数が連続なので，全微分可能である．ただし (3)(4) の原点は除く．

3.5 合成関数の偏微分

ヤコビ行列 2つの 2 変数関数 $f(x,y), g(x,y)$ が偏微分可能なとき

$$\frac{\partial(f,g)}{\partial(x,y)} := \begin{bmatrix} f_x & f_y \\ g_x & g_y \end{bmatrix}, \quad J := \det \frac{\partial(f,g)}{\partial(x,y)} = f_x g_y - f_y g_x$$

とする．それぞれ**ヤコビ行列**，**ヤコビアン**という．

合成関数の微分（2 変数関数） (1) 3 個の全微分可能な 2 変数関数 $f(x,y), g(x,y), h(f,g)$ に対し，$h(f(x,y), g(x,y))$ も全微分可能で，次の式が成り立つ．

$$\frac{\partial}{\partial x}\{h(f(x,y), g(x,y))\} = \frac{\partial h}{\partial f}\frac{\partial f}{\partial x} + \frac{\partial h}{\partial g}\frac{\partial g}{\partial x}$$

$$\frac{\partial}{\partial y}\{h(f(x,y), g(x,y))\} = \frac{\partial h}{\partial f}\frac{\partial f}{\partial y} + \frac{\partial h}{\partial g}\frac{\partial g}{\partial y}$$

(2) 4 個の全微分可能な 2 変数関数 $f(x,y), g(x,y), h(f,g), i(f,g)$ に対し，$h(f(x,y), g(x,y)), i(f(x,y), g(x,y))$ も全微分可能で，次の式が成り立つ．

$$\frac{\partial(h,i)}{\partial(x,y)} = \frac{\partial(h,i)}{\partial(f,g)} \frac{\partial(f,g)}{\partial(x,y)}$$

多変数関数の合成関数の微分の公式を**連鎖律**ともいう．

例題 3.11 ─────────────────── ヤコビ行列 ─

$f(x,y) = x+y, g(x,y) = xy$ について，ヤコビ行列 $\dfrac{\partial(f,g)}{\partial(x,y)}$ とヤコビアン J を求めよ．

ヒント ヤコビ行列は $\frac{\partial(f,g)}{\partial(x,y)} = \begin{bmatrix} f_x & f_y \\ g_x & g_y \end{bmatrix}$ のこと．ヤコビアンはその行列式のこと．

解答 $\dfrac{\partial(f,g)}{\partial(x,y)} = \begin{bmatrix} f_x & f_y \\ g_x & g_y \end{bmatrix} = \begin{bmatrix} 1 & 1 \\ y & x \end{bmatrix}, \quad J = 1 \cdot x - 1 \cdot y = x - y$

問 題

11.1 (1) $f(x,y) = x^2 + y^2, g(x,y) = x^2 - y^2$ について，$\frac{\partial(f,g)}{\partial(x,y)}$ とヤコビアンを求めよ． (2) $x(r,\theta) = r\cos\theta, y(r,\theta) = r\sin\theta$ について，$\frac{\partial(x,y)}{\partial(r,\theta)}$ とヤコビアンを求めよ．

ヒント ヤコビ行列の 1 行 2 列成分と，2 行 1 列成分を取り違えないように．

3.5 合成関数の偏微分

---**例題 3.12**------------------------------------**合成関数の偏微分**---
(1) $f(g(t))$ を t で微分せよ． (2) $f(x(t), y(t))$ を t で微分せよ．
(3) $f(g(x, y))$ を x と y で偏微分せよ．
ただし (1)-(3) の関数は全て微分可能あるいは全微分可能とする．

ヒント 公式を覚えて適用するようなものではない．微小変化量の推移を理解していけばよい．
(1) $dt \to dg \to df$ （これは 1 変数関数の合成微分） (2) $dt \to dx (= \partial x) \to \partial f, dt \to dy (= \partial y) \to \partial f$ (3) $dx (= \partial x) \to dg \to df, dy (= \partial y) \to dg \to df$. 同じ箇所に複数の変化量があるときは，$d$ ではなく ∂（パーシャル，部分的）の記号を使う．

解答 (1) t の微小変化 dt に応じて，g は $dg = \frac{dg}{dt} dt$ だけ変化し，さらにそれに応じて f は $df = \frac{df}{dg}(\frac{dg}{dt} dt)$ だけ変化する．つまり
$$\frac{df}{dt} = \frac{df}{dg}\frac{dg}{dt}$$

(2) t の微小変化 dt に応じて，x は $dx = \frac{dx}{dt} dt$, y は $dy = \frac{dy}{dt} dt$ だけ変化し，さらにそれらに応じて f は $df = \frac{\partial}{\partial x}(\frac{dx}{dt} dt) + \frac{\partial}{\partial y}(\frac{dy}{dt} dt)$ だけ変化する．つまり
$$\frac{df}{dt} = \frac{\partial f}{\partial x}\frac{dx}{dt} + \frac{\partial f}{\partial y}\frac{dy}{dt}$$

(3) x の微小変化 dx に応じて，g は $dg = \frac{\partial g}{\partial x} dx$ だけ変化し，さらにそれに応じて f は $df = \frac{df}{dg}\frac{\partial g}{\partial x} dx$ だけ変化する．つまり
$$\frac{\partial f}{\partial x} = \frac{df}{dg}\frac{\partial g}{\partial x}, \quad 同様にして \quad \frac{\partial f}{\partial y} = \frac{df}{dg}\frac{\partial g}{\partial y}$$

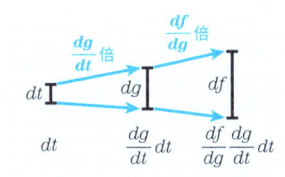

問題

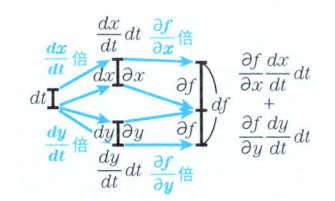

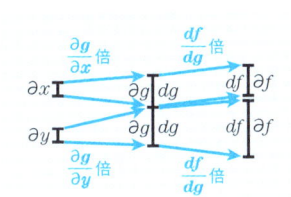

12.1 (1) $f(g(h(t)))$ を t で微分せよ． (2) $f(g(x, y), h(x, y))$ を x, y で偏微分せよ．
(3) $f(x(t), t)$ を t で微分せよ． (4) $\exp(x(t)^2 + y(t)^2 + z(t)^2)$ を t で微分せよ． (5) $\sqrt{f(x, y)^2 + g(x, y)^2}$ を x, y で偏微分せよ． **ヒント** 変数の推移を理解しよう．(1) $t \to h \to g \to f$, (2) $(x, y) \to (g, f) \to f$, (3) $t \to (x(t), t) \to f$, (4) $t \to (x, y, z) \to \exp(x^2 + y^2 + z^2)$, (5) $(x, y) \to (f, g) \to \sqrt{f^2 + g^2}$.

3.6 変数変換と偏微分

変数変換，逆変換 2つの偏微分可能な2変数関数 $f(x,y), g(x,y)$ に対し，$\det \frac{\partial(f,g)}{\partial(x,y)} \neq 0$ のとき，$(x,y) \mapsto (f,g)$ は**変数変換**であるという．この $(x,y) \mapsto (f,g)$ に対し
$$X(f(x,y), g(x,y)) = x, \quad Y(f(x,y), g(x,y)) = y$$
となる $(f,g) \mapsto (X,Y)$ を**逆変換**という．混乱がなければ X, Y のことを x, y と書く．

逆変換とヤコビ行列 変数変換 $(x,y) \mapsto (f,g)$ と逆変換 $(f,g) \mapsto (x,y)$ について．
$$\frac{\partial(x,y)}{\partial(f,g)} = \left(\frac{\partial(f,g)}{\partial(x,y)}\right)^{-1}$$

偏微分の変換則 変数変換 $(x,y) \mapsto (f,g)$ と逆変換 $(f,g) \mapsto (x,y)$ について．

(1) $\dfrac{\partial}{\partial x} = \dfrac{\partial t}{\partial x}\dfrac{\partial}{\partial t} + \dfrac{\partial s}{\partial x}\dfrac{\partial}{\partial s}, \ \dfrac{\partial}{\partial y} = \dfrac{\partial t}{\partial y}\dfrac{\partial}{\partial t} + \dfrac{\partial s}{\partial y}\dfrac{\partial}{\partial s}$

(2) $\dfrac{\partial}{\partial t} = \dfrac{\partial x}{\partial t}\dfrac{\partial}{\partial x} + \dfrac{\partial y}{\partial t}\dfrac{\partial}{\partial y}, \ \dfrac{\partial}{\partial s} = \dfrac{\partial x}{\partial s}\dfrac{\partial}{\partial x} + \dfrac{\partial y}{\partial s}\dfrac{\partial}{\partial y}$

例題 3.13 ─────────────────── 逆変換とヤコビ行列 ─

$f(x,y) = x+y, g(x,y) = xy$ とする．$(x,y) \mapsto (f,g)$ が変数変換になる条件を求めよ．またそのとき，逆変換 $(f,g) \mapsto (x,y)$ を偏微分せよ．

[ヒント] 条件は $\det \frac{\partial(f,g)}{\partial(x,y)} \neq 0$．$\frac{\partial(f,g)}{\partial(x,y)}$ の逆行列が $\frac{\partial(x,y)}{\partial(f,g)}$．

[解答] $\dfrac{\partial(f,g)}{\partial(x,y)} = \begin{bmatrix} f_x & f_y \\ g_x & g_y \end{bmatrix} = \begin{bmatrix} 1 & 1 \\ y & x \end{bmatrix}$ なので，条件は $J = f_x g_y - f_y g_x = x - y \neq 0$．
この逆行列より $\dfrac{\partial(x,y)}{\partial(f,g)} = \begin{bmatrix} \frac{x}{x-y} & \frac{-1}{x-y} \\ \frac{-y}{x-y} & \frac{1}{x-y} \end{bmatrix}$ なので，
$$x_f = \frac{x}{x-y}, \quad x_g = \frac{-1}{x-y}, \quad y_f = \frac{-y}{x-y}, \quad y_g = \frac{1}{x-y}.$$

問題

13.1 $x = r\cos\theta, y = r\sin\theta$ とする．$(r, \theta) \mapsto (x, y)$ は原点以外で変数変換であることを示し，逆変換 $(x,y) \mapsto (r,\theta)$ を偏微分せよ．

[ヒント] $\frac{\partial(x,y)}{\partial(r,\theta)}$ の逆行列が $\frac{\partial(r,\theta)}{\partial(x,y)}$ である．$r = \sqrt{x^2+y^2}, \tan\theta = \frac{y}{x}$ から直接 $\frac{\partial(r,\theta)}{\partial(x,y)}$ を計算することも可．

---例題 3.14--- 変数変換と偏微分---

$f(x,y)$ と極座標 (r,θ) について，次のことを示せ．
$$\frac{\partial f}{\partial r} = \cos\theta \frac{\partial f}{\partial x} + \sin\theta \frac{\partial f}{\partial y}, \quad \frac{\partial f}{\partial \theta} = -r\sin\theta \frac{\partial f}{\partial x} + r\cos\theta \frac{\partial f}{\partial y}$$

ヒント 偏微分の変換則を使う．

解答 変数変換 $(x,y) \mapsto (r,\theta)$ に対する偏微分の変換則
$$\frac{\partial}{\partial r} = \frac{\partial x}{\partial r}\frac{\partial}{\partial x} + \frac{\partial y}{\partial r}\frac{\partial}{\partial y}, \quad \frac{\partial}{\partial \theta} = \frac{\partial x}{\partial \theta}\frac{\partial}{\partial x} + \frac{\partial y}{\partial \theta}\frac{\partial}{\partial y}$$
を f に作用させると
$$\frac{\partial f}{\partial r} = \frac{\partial x}{\partial r}\frac{\partial f}{\partial x} + \frac{\partial y}{\partial r}\frac{\partial f}{\partial y}, \quad \frac{\partial f}{\partial \theta} = \frac{\partial x}{\partial \theta}\frac{\partial f}{\partial x} + \frac{\partial y}{\partial \theta}\frac{\partial f}{\partial y} \quad \cdots \text{①}$$
となる．ところで $x = r\cos\theta, y = r\sin\theta$ よりヤコビ行列は
$$\frac{\partial(x,y)}{\partial(r,\theta)} = \begin{bmatrix} \cos\theta & -r\sin\theta \\ \sin\theta & r\cos\theta \end{bmatrix}$$
となる．これを①に代入すると
$$\frac{\partial f}{\partial r} = \cos\theta \frac{\partial f}{\partial x} + \sin\theta \frac{\partial f}{\partial y}, \quad \frac{\partial f}{\partial \theta} = -r\sin\theta \frac{\partial f}{\partial x} + r\cos\theta \frac{\partial f}{\partial y}$$
となる．

問題

14.1 $f(x,y)$ と極座標 (r,θ) について，次のことを示せ．
$$\frac{\partial f}{\partial x} = \cos\theta \frac{\partial f}{\partial r} - \frac{\sin\theta}{r}\frac{\partial f}{\partial \theta}, \quad \frac{\partial f}{\partial y} = \sin\theta \frac{\partial f}{\partial r} + \frac{\cos\theta}{r}\frac{\partial f}{\partial \theta}$$

ヒント 偏微分の変換則を使う．$\frac{\partial(r,\theta)}{\partial(x,y)}$ は p.94 問題 13.1 で求めている．また上の例題 3.14 の結果を使って示すこともできる．

14.2 変数変換 $(x,y) \mapsto (t,s) = (2x+y, x-y)$ と $f(x,y)$ について．
(1) f_x, f_y を f_t, f_s で表せ． (2) f_t, f_s を f_x, f_y で表せ．
ヒント (1)(2) とも偏微分の変換則を使う．

3.7 高階偏導関数

高階偏微分　関数 $f(x,y)$ は偏微分可能とする．$f_x(x,y)$ が偏微分可能なとき

$$\frac{\partial^2 f}{\partial x^2} = \frac{\partial}{\partial x}(f_x(x,y)), \quad \frac{\partial^2 f}{\partial y \partial x} = \frac{\partial}{\partial y}(f_x(x,y))$$

とする．これらを f_{xx}, f_{xy} と書くこともある．同様に $f_y(x,y)$ が偏微分可能なとき

$$\frac{\partial^2 f}{\partial x \partial y} = \frac{\partial}{\partial x}(f_y(x,y)), \quad \frac{\partial^2 f}{\partial y^2} = \frac{\partial}{\partial y}(f_y(x,y))$$

とする．これらを f_{yx}, f_{yy} と書くこともある．$f_x(x,y), f_y(x,y)$ がともに偏微分可能なとき，$f(x,y)$ は **2 階偏微分可能**であるといい

$$f''(x,y) = \begin{bmatrix} f_{xx} & f_{xy} \\ f_{yx} & f_{yy} \end{bmatrix}$$

とする．この行列を**ヘッセ行列**という．さらに $f_{xx}, f_{xy}, f_{yx}, f_{yy}$ が偏微分可能なとき，$f(x,y)$ は **3 階偏微分可能**であるといい，それぞれの 2 種類の偏導関数を順に

$$f_{xxx}, \ f_{xxy}, \ f_{xyx}, \ f_{xyy}, \ f_{yxx}, \ f_{yxy}, \ f_{yyx}, \ f_{yyy}$$

とする．以下同様に 4 階偏微分，5 階偏微分，$\cdots$ を定義する．

ヤングの定理　$f(x,y)$ が 2 階偏微分可能であり，2 階偏導関数が全て連続であるとき

$$f_{xy} = f_{yx}$$

となる．

ラプラシアン　$f(x,y)$ は 2 階偏微分可能なとき

$$\Delta f(x,y) = f_{xx}(x,y) + f_{yy}(x,y)$$

と置く．これを f の**ラプラシアン**という．Δ の代わりに ∇^2 と書く本もある．恒等的に $\Delta f(x,y) = 0$ となる関数 $f(x,y)$ を**調和関数**という．

3.7 高階偏導関数

例題 3.15 ──────────────────── 高階偏導関数 ─

(1) $f(x,y) = \log(x^2+y^2)$ について,$f''(x,y)$ および $\Delta f(x,y)$ を求めよ.

(2) $f(x,y)$ は 2 階偏微分可能で,2 階偏微分は連続とする.また,$x(t), y(t)$ は 2 階微分可能とする.このとき次の式を示せ.
$$\frac{d^2}{dt^2}\{f(x(t),y(t))\} = f_{xx}\left(\frac{dx}{dt}\right)^2 + f_{yy}\left(\frac{dy}{dt}\right)^2 + 2f_{xy}\frac{dx}{dt}\frac{dy}{dt} + f_x\frac{d^2x}{dt^2} + f_y\frac{d^2y}{dt^2}$$

ヒント (1) x と y について対称式なので,例えば f_{xx} を計算したら,f_{yy} が容易に分かる.

(2) $\frac{df}{dt} = f_x\frac{dx}{dt} + f_y\frac{dy}{dt}$ をさらに t で微分する.

解答 (1) x で偏微分すると,$f_x = \frac{2x}{x^2+y^2}$.さらにこれを x, y で偏微分する

$$f_{xx} = \frac{2}{x^2+y^2} - \frac{2x(2x)}{(x^2+y^2)^2} = \frac{2y^2-2x^2}{(x^2+y^2)^2}, \quad f_{xy} = \frac{-4xy}{(x^2+y^2)^2}$$

f が x と y の対称式なので,上の計算において,x と y の役割を交換することで,$f_{yy} = \frac{2x^2-2y^2}{(x^2+y^2)^2}, f_{yx} = \frac{-4yx}{(x^2+y^2)^2}$ が得られる.よって

$$f''(x,y) = \frac{1}{(x^2+y^2)^2}\begin{bmatrix} 2y^2-2x^2 & -4xy \\ -4yx & 2x^2-2y^2 \end{bmatrix}, \quad \Delta f = f_{xx} + f_{yy} = 0$$

(2) 合成関数の微分より $\frac{df}{dt} = f_x\frac{dx}{dt} + f_y\frac{dy}{dt}$.これをさらに t で微分するが,$f_x, \frac{dx}{dt}, f_y, \frac{dy}{dt}$ の 4 つとも t の関数であることに注意する.

$$\frac{d^2f}{dt^2} = \frac{df_x}{dt}\frac{dx}{dt} + f_x\frac{d^2x}{dt^2} + \frac{df_y}{dt}\frac{dy}{dt} + f_y\frac{d^2y}{dt^2}$$
$$= \left(f_{xx}\frac{dx}{dt} + f_{xy}\frac{dy}{dt}\right)\frac{dx}{dt} + f_x\frac{d^2x}{dt^2} + \left(f_{yx}\frac{dx}{dt} + f_{yy}\frac{dy}{dt}\right)\frac{dy}{dt} + f_y\frac{d^2y}{dt^2}$$

これを整理し,$f_{xy} = f_{yx}$ とすると与式となる.

問題

15.1 次の関数 $f(x,y)$ について,$f''(x,y)$ および $\Delta f(x,y)$ を求めよ.
(1) $\exp(-x^2-y^2)$ (2) $\tan^{-1}(y/x)$ (3) $e^x\cos(y)$
(4) $\dfrac{x}{x^2+y^2}$ (5) $\dfrac{1}{\sqrt{x^2+y^2}}$

ヒント 地道に計算しよう.全て $f_{xy} = f_{yx}$ となっていることも分かる.

15.2 $f(x,y)$ は 2 階偏微分可能で,2 階偏微分は連続とする.$\frac{d}{dt}\{f(\cos t, \sin t)\}$,$\frac{d^2}{dt^2}\{f(\cos t, \sin t)\}$ を求めよ.

ヒント 合成関数の微分を使う.上の例題 (2) を使ってもよい.

3.8 2変数関数のテイラーの定理，テイラー展開

テイラーの定理（2変数関数） $f(x,y)$ が (a,b) 付近で，n 階偏微分可能なとき

$$f(a+h, b+i) = \sum_{k=0}^{n-1} \frac{1}{k!}\left(h\frac{\partial}{\partial x} + i\frac{\partial}{\partial y}\right)^k f(a,b) + \frac{1}{n!}\left(h\frac{\partial}{\partial x} + i\frac{\partial}{\partial y}\right)^n f(c,d)$$

となる c, d が，それぞれ a と $a+h$ の間，b と $b+i$ の間に存在する．右辺最終項を**剰余項（2変数関数）**という．特に $a=b=0$ のときは，この定理を**マクローリンの定理（2変数関数）**という．

テイラー展開（2変数関数） 上の剰余項を R_n とすると，$R_n \to 0 \ (n \to \infty)$ となるとき，$x = a+h, y = b+i$ と置くと

$$f(x,y) = \sum_{k=0}^{\infty} \frac{1}{k!}\left((x-a)\frac{\partial}{\partial x} + (y-b)\frac{\partial}{\partial y}\right)^k f(a,b)$$

となる．関数 $f(x,y)$ の (a,b) を中心にした**テイラー展開**という．特に $a=b=0$ のときは，**マクローリン展開（2変数関数）**という．

例題 3.16 ─────────────── 2変数関数のテイラー展開（多項式）─

$f(x,y) = x^2 - 2xy + y^2 + 3x + 4y$ を $(1,1)$ を中心にテイラー展開せよ．

ヒント $f(x,y) = \sum_{i=0}^{\infty} \sum_{j=0}^{\infty} \frac{1}{i!j!}\left\{\left(\frac{\partial}{\partial x}\right)^i \left(\frac{\partial}{\partial y}\right)^j f(a,b)\right\}(x-a)^i(y-b)^j$ とも書ける．

解答 $f_x = 2x - 2y + 3, f_{xx} = 2, f_{xy} = -2, f_y = -2x + 2y + 4, f_{yx} = -2, f_{yy} = 2$. 最高2次式なので，3階以上微分した項は0である．これらを使って

$$\begin{aligned} f(x,y) &= f(1,1) + f_x(1,1)(x-1) + f_y(1,1)(y-1) \\ &\quad + \frac{f_{xx}(1,1)}{2}(x-1)^2 + f_{xy}(1,1)(x-1)(y-1) + \frac{f_{yy}(1,1)}{2}(y-1)^2 \\ &= 7 + 3(x-1) + 4(y-1) + (x-1)^2 - 2(x-1)(y-1) + (y-1)^2 \end{aligned}$$

となる．

問題

16.1 $f(x,y) = x^2 + xy - y^2 - 5x + 3y - 2$ を $(-1, 2)$ を中心にテイラー展開せよ．

ヒント 上の例題のように計算することもできる．もともと多項式なので，テイラー展開の公式を使わなくても計算可能．

3.8 2変数関数のテイラーの定理，テイラー展開

---**例題 3.17**---------------**2変数関数のテイラー展開（1変数関数の展開を利用）**---

(1) $e^{2x}\cos(3y)$ をマクローリン展開したものを4次まで書け．またその x^6 の係数を求めよ． (2) $1/\sqrt{1+x^2+y^2}$ ($x^2+y^2 \leqq 1$) をマクローリン展開したものを4次まで書け．またその x^4y^4 の係数を求めよ．

ヒント もちろん，前ページの例題のように，定理に従って求めることもできるが，次のような方法も，計算が早い．(1) e^x と $\cos x$ のマクローリン展開を利用する．(2) $(1+x)^{-1/2}$ のマクローリン展開を利用する．n 次まで，というのは，x, y の次数を足して n 次まで，という意味である．

解答 (1) e^x のマクローリン展開 $e^x = 1 + x + \frac{1}{2!}x^2 + \frac{1}{3!}x^3 + \frac{1}{4!}x^4 + \cdots$ の x に $2x$ を代入して，$e^{2x} = 1 + 2x + 2x^2 + \frac{4}{3}x^3 + \frac{2}{3}x^4 + \cdots$ となる．$\cos x$ のマクローリン展開 $\cos x = 1 - \frac{x^2}{2!} + \frac{x^4}{4!} - \cdots$ の x に $3y$ を代入して，$\cos(3y) = 1 - \frac{9}{2}y^2 + \frac{27}{8}y^4 - \cdots$ となる．e^{2x} と $\cos(3y)$ をかけると

$$e^{2x}\cos(3y) = \left(1 + 2x + 2x^2 + \frac{4}{3}x^3 + \frac{2}{3}x^4 + \cdots\right)\left(1 - \frac{9}{2}y^2 + \frac{27}{8}y^4 - \cdots\right)$$
$$= 1 + 2x + 2x^2 - \frac{9}{2}y^2 + \frac{4}{3}x^3 - 9xy^2 + \frac{2}{3}x^4 - 9x^2y^2 + \frac{27}{8}y^4 + \cdots$$

x^6 は e^{2x} の6次の項 $\frac{1}{6!}(2x)^6 = \frac{4}{45}x^6$ と $\cos(3y)$ の0次の項1の積のみから出るので，係数は $\frac{4}{45}$．

(2) $(1+x)^a$ のマクローリン展開 $(1+x)^a = 1 + ax + \frac{a(a-1)}{2!}x^2 + \frac{a(a-1)(a-2)}{3!}x^3 + \cdots$ の a に $-1/2$，x に x^2+y^2 を代入する．

$$(1+x^2+y^2)^{-1/2} = 1 - \frac{1}{2}(x^2+y^2) + \frac{3}{8}(x^2+y^2)^2 + \cdots$$
$$= 1 - \frac{x^2}{2} - \frac{y^2}{2} + \frac{3}{8}x^2 + \frac{3}{8}y^2 + \frac{3}{4}x^2y^2 + \cdots$$

x^4y^4 の項は $(1+x)^a$ のマクローリン展開の4次の項 $\frac{a(a-1)(a-2)(a-3)(a-4)}{4!}x^4$ に $a = -1/2$，x に x^2+y^2 を代入したものからのみ出る．$a = -1/2$ のとき $\frac{a(a-1)(a-2)(a-3)(a-4)}{4!} = \frac{35}{128}$．$(x^2+y^2)^4$ の x^4y^4 の係数は ${}_4C_2 = 6$．よって求める係数は $\frac{35}{128} \cdot 6 = \frac{105}{64}$．

問 題

17.1 (1) $\log(1-2x)\sin(3y)$ ($|x| < \frac{1}{2}$) をマクローリン展開したものを4次まで書け．またそのときの x^3y^3 の係数を求めよ． (2) $f(x,y) = \exp(-x^2-y^2)$ をマクローリン展開したものを4次まで書け．またそのときの x^{10} と x^6y^6 の係数を求めよ． **ヒント** (1) $\log(1+x)$ と $\sin x$ のマクローリン展開を利用する．(2) e^x のマクローリン展開を利用する．

3.9 陰関数

陰関数定理 関数 $f(x,y)$ は偏微分可能で, f_x, f_y は連続とする. $f(a,b) = 0$ かつ $f_y(a,b) \neq 0$ ならば $x = a$ 付近で $f(x,y(x)) = 0, y(a) = b$ となるような関数 $y(x)$ (陰関数という) が存在する. その導関数は

$$y'(x) = -\frac{f_x}{f_y}$$

となる. xy 平面上の曲線 $f(x,y) = 0$ の (a,b) における接線は次のようになる.

$$y = -\frac{f_x(a,b)}{f_y(a,b)}(x-a) + b$$

例題 3.18 ──────────────────────────── 陰関数 ──

$f(x,y) = x^4 + y^4 - 2xy$ とする. $(1,1)$ 付近で, $f(x,y(x)) = 0$ かつ $y(1) = 1$ となるような関数 $y(x)$ が存在することを示し, その導関数を求めよ. また, 曲線 $f(x,y) = 0$ の $(1,1)$ における接線の方程式を求めよ.

ヒント 存在の証明は $f(1,1) = 0$ と $f_y(1,1) \neq 0$ を確かめればよい. 導関数は $y' = -f_x/f_y$. 接線は $y = -\{f_x(1,1)/f_y(1,1)\}(x-1) + 1$.

解答 $f(1,1) = 0$. $f_y = 4y^3 - 2x$ なので, $f_y(1,1) = 2 \neq 0$ となり, $(1,1)$ 付近で陰関数が存在する.

$$f_x = 4x^3 - 2y, \quad f_x(1,1) = 2$$

導関数は $\dfrac{dy}{dx} = -\dfrac{f_x}{f_y} = -\dfrac{4x^3 - 2y}{4y^3 - 2x} = -\dfrac{2x^3 - y}{2y^3 - x}$.

接線は $y = -\dfrac{f_x(1,1)}{f_y(1,1)}(x-1) + 1 = -\dfrac{2}{2}(x-1) + 1 = 2 - x$.

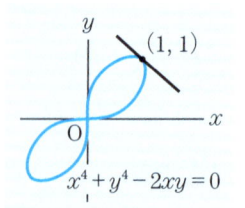

問題

18.1 次の $f(x,y)$ と (a,b) について, (a,b) 付近で, $f(x,y(x)) = 0$ かつ $y(a) = b$ となるような関数 $y(x)$ が存在することを示し, その導関数を求めよ. また, 曲線 $f(x,y) = 0$ の (a,b) における接線の方程式を求めよ.

(1) $f(x,y) = x^2 - y^2 - 1, (a,b) = (2, \sqrt{3})$
(2) $f(x,y) = x - \sin y, (a,b) = (0,0)$
(3) $f(x,y) = \sin(x+y) - xy, (a,b) = (\pi, 0)$

ヒント できれば曲線の概形を描いてみよう.

3.10 極 値

極値（2変数関数） 関数 $f(x,y)$ について，$(x,y)=(a,b)$ 付近で $f(a,b)$ が最大のとき，$f(a,b)$ は**極大値**（**2変数関数**）であるという．同様に $(x,y)=(a,b)$ 付近で $f(a,b)$ が最小のとき，$f(a,b)$ は**極小値**（**2変数関数**）であるという．$f(a,b)$ が極大値または極小値のときは，$f(a,b)$ は**極値**である，という．

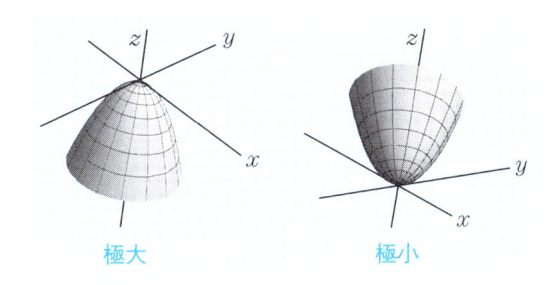

極大　　　　　極小

極値は停留点でとる 偏微分可能な関数 $f(x,y)$ について，$f(a,b)$ が極値ならば，$f'(a,b)=(0,0)$ となる．つまり "極値をとるのは停留点に限る" ということである．逆は成り立たない．つまり停留点であっても極値をとるとは限らない．こういう点を**峠点**（または**鞍点**）という．

極値の判定 関数 $f(x,y)$ は2階偏微分可能で2階偏導関数は全て連続とする．$f'(a,b)=(0,0)$ のときを考える．

$$f''(a,b)=\begin{bmatrix} f_{xx}(a,b) & f_{xy}(a,b) \\ f_{yx}(a,b) & f_{yy}(a,b) \end{bmatrix}=\begin{bmatrix} p & q \\ q & r \end{bmatrix}$$

と置く．このとき，次のことが成り立つ．
(i) 　$pr-q^2>0$ かつ $p>0$ ならば，$f(a,b)$ は極小値
(ii) 　$pr-q^2>0$ かつ $p<0$ ならば，$f(a,b)$ は極大値
(iii) 　$pr-q^2<0$ ならば，$f(a,b)$ は峠点

が成り立つ．$pr-q^2$ は行列式 $\det f''(a,b)$ のこと．

---例題 3.19--------------------------------2 変数関数の極値---

関数 $f(x,y) = x^3 + y^3 - 3xy$ の極値を調べよ．

ヒント まず $f'(x,y) = (0,0)$ を解いて停留点を求める．それらについて，$f''(x,y)$ を用いて，極大・極小・峠点の判定をする．

解答 $f'(x,y) = (3x^2 - 3y, 3y^2 - 3x) = (0,0)$ を解いて，$(x,y) = (0,0), (1,1)$ が停留点．

$$f''(x,y) = \begin{bmatrix} 6x & -3 \\ -3 & 6y \end{bmatrix},$$

$$D(x,y) = \det f''(x,y) = 36xy - 9$$

で極値の判定をする．$D(0,0) = -9 < 0$ なので $(0,0)$ は峠点．$D(1,1) = 25 > 0$, $f_{xx}(1,1) = 6 > 0$ なので $f(1,1) = -1$ は極小値．

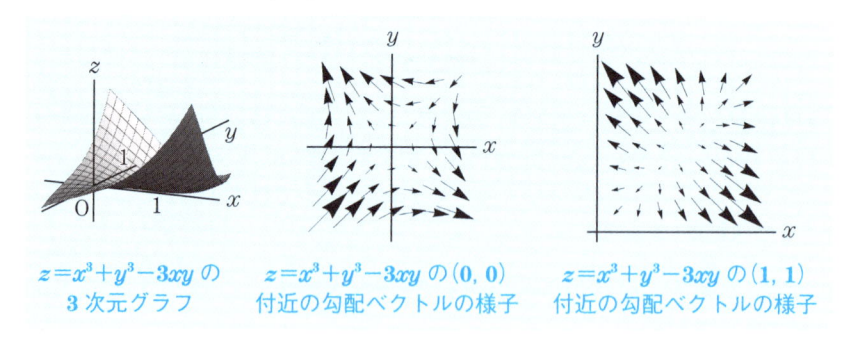

$z = x^3 + y^3 - 3xy$ の
3 次元グラフ

$z = x^3 + y^3 - 3xy$ の $(0,0)$
付近の勾配ベクトルの様子

$z = x^3 + y^3 - 3xy$ の $(1,1)$
付近の勾配ベクトルの様子

■ 問 題 ■

19.1 次の関数 $f(x,y)$ の極値を求めよ．

(1) $2xy - x^4 - y^4$ (2) $xy + \dfrac{1}{x} + \dfrac{1}{y}$

(3) $3x^4 - 4y^3 + 12xy$ (4) $3xy^2 - x^3 - 2y$

ヒント 全て $f''(a,b)$ で極値の判定が可能（一般には，$\det f''(a,b) = 0$ となってしまうと，さらに高階の偏導関数が必要になってくる）．

3.10 極値　103

---**例題 3.20**------------------------------**2 変数関数の最大値・最小値**---

次の関数 $f(x,y)$ の最大値・最小値を求めよ．
(1) $\sin x + \sin y - \sin(x+y)$　　(2) $(x+y)\exp(-x^2-y^2)$

ヒント ① $f'(x,y)=0$ を解いて，停留点（極値の候補）を求める．② 端（境界）の値を調べる．③ 停留点と端での f の値を比較して，最大値・最小値を求める．(1) $f(x+2\pi,y)=f(x,y+2\pi)=f(x,y)$ という周期関数なので，端は考えなくてよい．(2) 極座標で書き，$r\to\infty$ を考えたものが端（無限遠）である．

解答 (1) $0\leq x<2\pi, 0\leq y<2\pi$ の範囲で考えればよい．
① $f'(x,y)=(\cos x-\cos(x+y),\cos y-\cos(x+y))=(0,0)$ を解く．$\cos x=\cos y$ なので $y=x$ または $y=2\pi-x$.

- $y=x$ の場合．方程式は $\cos x=\cos(2x)=2\cos^2 x-1$ となるので，$\cos x=1,-1/2$ よって $x=0,\frac{2\pi}{3},\frac{4\pi}{3}$ となり，$(x,y)=(0,0),(\frac{2\pi}{3},\frac{2\pi}{3}),(\frac{4\pi}{3},\frac{4\pi}{3})$.
- $y=2\pi-x$ の場合．方程式は $\cos x=\cos y=1$ となるので，$(x,y)=(0,0)$ となり，$y\neq 2\pi-x$ なので解なし．

つまり $(0,0),(\frac{2\pi}{3},\frac{2\pi}{3}),(\frac{4\pi}{3},\frac{4\pi}{3})$ が停留点．② 周期関数なので，端は考えなくてよい．③ $f(0,0)=0, f(\frac{2\pi}{3},\frac{2\pi}{3})=\frac{3\sqrt{3}}{2}, f(\frac{4\pi}{3},\frac{4\pi}{3})=-\frac{3\sqrt{3}}{2}$ の3つを比較すればよい．m,n を整数として，$f(\frac{2\pi}{3}+2\pi n,\frac{2\pi}{3}+2\pi m)=\frac{3\sqrt{3}}{2}$ が最大値，$f(\frac{4\pi}{3}+2\pi n,\frac{4\pi}{3}+2\pi m)=-\frac{3\sqrt{3}}{2}$ が最小値．

(2) ① $f'(x,y)=((1-2x^2)\exp(-x^2-y^2),(1-2y^2)\exp(-x^2-y^2))=(0,0)$ を解いた，$(\pm\frac{1}{\sqrt{2}},\pm\frac{1}{\sqrt{2}})$（複号同順ではない．4点）が停留点．② $x=r\cos\theta, y=r\sin\theta$ と置くと，$f=(\cos\theta+\sin\theta)r\exp(-r^2)$ となる．$\lim_{r\to\infty}r\exp(-r^2)=\lim_{r\to\infty}\frac{r}{\exp(r^2)}=\dagger$ は ∞/∞ の不定形なのでロピタルの定理を使う．$\dagger=\lim_{r\to\infty}\frac{1}{2r\exp(r^2)}=0$ よって $r\to\infty$ で $f\to 0$ となる．③ これと4つの停留点 $f(\frac{1}{\sqrt{2}},\frac{1}{\sqrt{2}})=\sqrt{2}\exp(-2), f(-\frac{1}{\sqrt{2}},-\frac{1}{\sqrt{2}})=-\sqrt{2}\exp(-2), f(\frac{1}{\sqrt{2}},-\frac{1}{\sqrt{2}})=0, f(-\frac{1}{\sqrt{2}},\frac{1}{\sqrt{2}})=0$ を比較する．$f(\frac{1}{\sqrt{2}},\frac{1}{\sqrt{2}})=\sqrt{2}\exp(-2)$ が最大値．$f(-\frac{1}{\sqrt{2}},-\frac{1}{\sqrt{2}})=-\sqrt{2}\exp(-2)$ が最小値．

問題

20.1 次の関数 $f(x,y)$ の最大値・最小値を求めよ．

(1) $\cos x+\cos y-\cos(x+y)$　　(2) $\dfrac{x-y}{x^2+y^2+2}$

(3) $\exp(-x^2-y^2)$　　(4) $-x^2-6xy+y^3$

ヒント (1) 上の例題 (1) を参考に．(2) 上の例題 (2) を参考に．(3) 無限遠でとる値は，最大値・最小値とはいわない．(4) 無限遠での値は場合分けが必要．

3.11 条件付き極値問題

条件付き極値問題 2つの2変数関数 $c(x,y), f(x,y)$ に対して，$c(x,y)=0$ という条件のもと，$f(x,y)$ の極値を求めることを，条件付き極値問題という．

ラグランジュの未定係数法 2つの2変数関数 $c(x,y), f(x,y)$ は偏微分可能であるとする．条件 $c(x,y)=0$ のもとで，$f(x,y)$ が (a,b) で極値をとり，$c'(a,b) \neq (0,0)$ ならば，$f'(a,b) // c'(a,b)$（$f'(a,b)$ と $c'(a,b)$ は平行）となる．

例題 3.21 ─────────── 条件付き極値問題（条件が解けるとき）─

$c(x,y) = x^2+y^2-1 = 0$ を満たす条件のもと，$f(x,y) = xy$ の最大値・最小値を求めよ．

ヒント 条件 $c(x,y)=0$ を解いて，1つのパラメータで x,y を表すことができるときは，そのパラメータで $f(x,y)$ を書くことができ，1変数関数の最大値・最小値を求める計算になる．

解答 $x^2+y^2=1$ を解いて，$x=\cos t, y=\sin t$ $(0 \leq t < 2\pi)$ となる．そのとき $f = xy = \cos t \sin t = \frac{1}{2}\sin(2t)$ となる．これは $\theta = \frac{\pi}{4}, \frac{5\pi}{4}$ のとき，つまり $(x,y) = \pm\left(\frac{1}{\sqrt{2}}, \frac{1}{\sqrt{2}}\right)$ のとき，最大値 $\frac{1}{2}$ をとる．また，$\theta = \frac{3\pi}{4}, \frac{7\pi}{4}$ のとき，つまり $(x,y) = \pm\left(-\frac{1}{\sqrt{2}}, \frac{1}{\sqrt{2}}\right)$ のとき，最小値 $-\frac{1}{2}$ をとる．

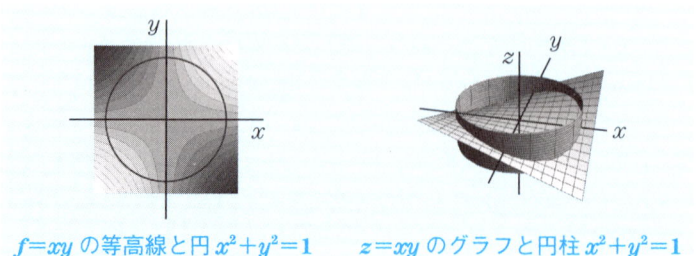

$f=xy$ の等高線と円 $x^2+y^2=1$　　　$z=xy$ のグラフと円柱 $x^2+y^2=1$

問題

21.1 次の $c(x,y), f(x,y)$ について，$c(x,y)=$ を満たす条件のもと，$f(x,y)$ の最大値・最小値を求めよ．　(1)　$c(x,y) = x-y+1 = 0, f(x,y) = x^2+y^2$
(2)　$c(x,y) = 2x^2+y^2-1 = 0, f(x,y) = xy$
(3)　$c(x,y) = x^2-y^2-1 = 0, f(x,y) = 2x+y$　$(x > 0)$
ヒント (3) 双曲線関数を使う．

3.11 条件付き極値問題

---**例題 3.22**---------------------------**ラグランジュの未定係数法**---

$c(x,y) = x^3 + y^3 + 2x + 2y - 6 = 0$ を満たす条件のもと，$f(x,y) = 2xy$ の最大値・最小値を求めよ．

ヒント ① $c'(x,y)$ と $f'(x,y)$ が平行であるという条件を解いて，1つのパラメータで x, y を表す．② $c(x,y) = 0$ をそのパラメータで書いて解けば，それが $f(x,y)$ が極値をとる点の候補である．③ 極値の候補と端点を調べれば，最大値・最小値が分かる．

解答 ① $c'(x,y) = (3x^2+2, 3y^2+2)$, $f'(x,y) = (2y, 2x)$ が平行とすると

$$0 = (3x^2+2)(2x) - (3y^2+2)(2y) = 2(3x^3 + 2x - 3y^3 - 2y)$$
$$= 2(x-y)(3x^2 + 3xy + 3y^2 + 2) = 2(x-y)\left\{3\left(x+\frac{y}{2}\right)^2 + \frac{9}{4}y^3 + 2\right\}$$

となるので，$x = y = t$ となる．② そのとき $c(x,y) = 0$ とすると

$$0 = 2t^3 + 4t - 6 = 2(t-1)(t^2+t+3) = 2(t-1)\left\{\left(t+\frac{1}{2}\right)^2 + \frac{11}{4}\right\}$$

となるので，$t = 1$ となる．よって $f(1,1) = 2$ が極値の候補．③ $x \to \pm\infty$ のときは，$y \to \mp\infty$（複号同順）となるので，端点では $f(\infty, -\infty) = -\infty$, $f(-\infty, \infty) = -\infty$ となる．よって最大値 $f(1,1) = 2$, 最小値なし．

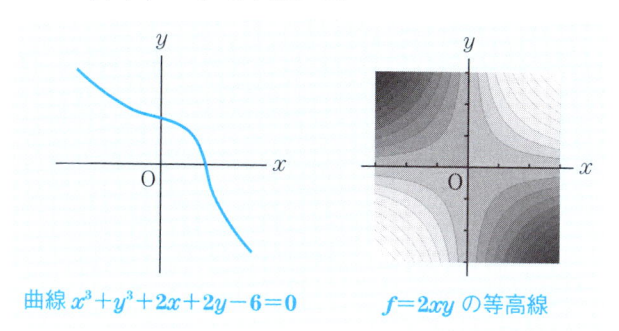

曲線 $x^3+y^3+2x+2y-6=0$

$f=2xy$ の等高線

問題

22.1 (1) $c(x,y) = x^3 + y^3 - 2xy = 0$, $x \geq 0$, $y \geq 0$ を満たす条件のもと，$f(x,y) = x^2 + y^2$ の最大値・最小値を求めよ．

(2) $c(x,y) = x^4 + y^2 - 2xy = 0$ を満たす条件のもと，$f(x,y) = x$ の最大値・最小値を求めよ．

ヒント ラグランジュの未定係数法を使う．極値の候補が分かれば，最大値・最小値の調査には十分である．

例題 3.23 ──── 条件付き極値問題の応用 ────

(1) 楕円 $x^2 + 2y^2 = 1$ と直線 $y = x + 3$ の距離を求めよ．
(2) $f(x, y) = x^2 + x + 2y^2$ $(x^2 + y^2 \leqq 1)$ の最大値・最小値を求めよ．

ヒント (1) 楕円上の点 (p, q) を考える．その点と直線 $x - y + 3 = 0$ の距離は $l = \frac{|p - q + 3|}{\sqrt{2}}$ であるから，「$p^2 + 2q^2 = 1$ の条件のもと，$l = \frac{|p - q + 3|}{\sqrt{2}}$ の最小値を求めよ」という問題になる．
(2) ① $f'(x, y) = (0, 0)$ を解き，指定領域内の停留点を全て挙げる．② 境界での最大値・最小値を求める．つまり「$x^2 + y^2 = 1$ の条件のもと，$f(x, y) = x^2 + x + 2y^2$ の最大値・最小値を求めよ．」という問題を解く．③ 停留点と，境界での最大値・最小値を比較して，領域での最大値・最小値を求める（極座標に変換し，$0 \leqq \theta < 2\pi$, $0 \leqq r \leqq 1$ の範囲で考えても解ける）．

解答 (1) $x^2 + 2y^2 = 1$ の条件のもと，$l = \frac{|x - y + 3|}{\sqrt{2}}$ の最小値を求める．$x^2 + 2y^2 = 1$ は $x = \cos t$, $y = \frac{1}{\sqrt{2}} \sin t$ $(0 \leqq t < 2\pi)$ と解ける．

$$l = \frac{1}{2} \left| \cos t - \frac{1}{\sqrt{2}} \sin t + 3 \right|$$

ここで三角関数の合成を使って，$\cos t - \frac{1}{\sqrt{2}} \sin t = \frac{\sqrt{5}}{2} \sin(t + \sin^{-1} \frac{\sqrt{10}}{5})$ なので l が最小になるのは $\sin(t + \sin^{-1} \frac{\sqrt{10}}{5}) = -1$ のときで，最小値は $l = \frac{1}{2}(3 - \frac{\sqrt{5}}{2})$．
(2) ① $f'(x, y) = (2x + 1, 4y) = (0, 0)$ を解いて，$(x, y) = (-\frac{1}{2}, 0)$．これは領域 $x^2 + y^2 \leqq 1$ 内の停留点である．
② $x^2 + y^2 = 1$ のもとで，$f(x, y) = x^2 + x + 2y^2$ の最大値・最小値を求める．$x^2 + y^2 = 1$ は $x = \cos t$, $y = \sin t$ $(0 \leqq t < 2\pi)$ と解ける．そのとき

$$f = x^2 + x + 2y^2 = \cos^2 t + \cos t + 2 \sin^2 t = -\left(\cos t - \frac{1}{2} \right)^2 + \frac{9}{4}$$

となるので，$\cos t = \frac{1}{2}$ のとき，最大値 $f = \frac{9}{4}$．$\cos t = -1$ のとき，最小値 $f = 0$．
③ 停留点の値 $f(-\frac{1}{2}, 0) = -\frac{1}{4}$ と，境界での最大値・最小値の 3 つを比較する．$f(\frac{1}{2}, \pm\frac{\sqrt{3}}{2}) = \frac{9}{4}$ が最大値．$f(-\frac{1}{2}, 0) = -\frac{1}{4}$ が最小値．

問 題

23.1 (1) 双曲線 $x^2 - 2y^2 = 1$ $(x > 0)$ と直線 $y = 2x + 3$ の距離を求めよ．
(2) 閉曲線 $y^4 - 2xy = 0$ と直線 $x + y + 4 = 0$ の距離を求めよ．
(3) $f(x, y) = x^2 + y^2 - 4y$ $(x^2 - y^2 \geqq 1)$ の最大値・最小値を求めよ．
(4) $f(x, y) = x^2 + y^2$ $(x^4 + y^4 - 2xy \leqq 0)$ の最大値・最小値を求めよ．
ヒント (1)(2) 上の例題 (1) のように，条件付き極値問題に直す．(3)(4) 上の例題 (2) のように，領域内の停留点と境界上の最大値・最小値を求める．

3.12 3変数関数の微分

グラフ 3個の変数 x, y, z で決まる関数 $f(x, y, z)$ を **3変数関数**という．$w = f(x, y, z)$ は4次元空間内の3次元面である．

極限 (1)（定義）点 (x, y, z) を定点 (a, b, c) 以外の値をとりながら限りなく (a, b, c) に近づけたときに，関数 $f(x, y, z)$ が定数 d に限りなく近づくとき，$\lim_{(x,y,z) \to (a,b,c)} f(x, y, z) = d$ と書く．

(2)（収束の判定）任意の θ, φ について
$$|f(a + r\sin\theta\cos\varphi, b + r\sin\theta\sin\varphi, \ c + r\cos\theta) - d| \leqq g(r), \quad \lim_{r \to 0+0} g(r) = 0$$
となる $g(r)$ が存在すれば
$$\lim_{(x,y,z) \to (a,b,c)} f(x, y, z) = d$$
となる．

(a, b, c) への近づき方によって収束値が異なるときは，$\lim_{(x,y,z) \to (a,b,c)} f(x, y, z)$ は存在しない．

連続性 $f(x, y, z)$ は (a, b, c) において連続 $\Leftrightarrow \lim_{(x,y,z) \to (a,b,c)} f(x, y, z) = f(a, b, c)$

偏微分，勾配ベクトル，全微分 $f'(x, y, z) = (f_x, f_y, f_z) = \left(\dfrac{\partial f}{\partial x}, \dfrac{\partial f}{\partial y}, \dfrac{\partial f}{\partial z} \right)$
$$df(x, y, z) = f_x dx + f_y dy + f_z dz$$

接平面，法線 $w = f(x, y, z)$ は4次元空間内の3次元面なので，接平面は3次元面，法線は1次元直線になる．n 次元空間においては $n - 1$ 次元集合を面，1次元集合を線と呼ぶことが多い．

$w = f(x, y, z)$ の (a, b, c) のおける接平面
$$w - f(a, b, c) = f_x(a, b, c)(x - a) + f_y(a, b, c)(y - b) + f_z(a, b, c)(z - c)$$
$w = f(x, y, z)$ の (a, b, c) のおける法線
$$\frac{x - a}{f_x(a, b, c)} = \frac{y - b}{f_y(a, b, c)} = \frac{z - c}{f_z(a, b, c)} = \frac{w - f(a, b, c)}{-1}$$
分母が0のときは分子も0．

陰関数 1 3変数関数 $f(x, y, z)$ について．a, b, c が $f(a, b, c) = 0$ かつ $f_z(a, b, c) \neq 0$ を満たすとき，$f(x, y, z(x, y)) = 0$，$z(a, b) = c$ となるような2変数関数 $z(x, y)$ が (a, b) 付近で存在し，$\dfrac{\partial z}{\partial x} = -\dfrac{f_x}{f_z}$，$\dfrac{\partial z}{\partial y} = -\dfrac{f_y}{f_z}$ となる．

陰関数 2 2つの 3 変数関数 $f(x,y,z), g(x,y,z)$ について. a,b,c が

$$f(a,b,c) = 0, \quad g(a,b,c) = 0, \quad f_y(a,b,c)g_z(a,b,c) - f_z(a,b,c)g_y(a,b,c) \neq 0$$

を満たすとき

$$f(x, y(x), z(x)) = 0, \quad g(x, y(x), z(x)) = 0, \quad y(a) = b, \quad z(a) = c$$

となるような関数 $y(x), z(x)$ が a 付近で存在し

$$\frac{dy}{dx} = \frac{g_x f_z - g_z f_x}{f_y g_z - f_z g_y}, \quad \frac{dz}{dx} = \frac{g_y f_x - g_x f_y}{f_y g_z - f_z g_y}$$

となる.

合成関数

(1) $\displaystyle \frac{d}{dt} f(x(t), y(t), z(t)) = \frac{\partial f}{\partial x}\frac{dx}{dt} + \frac{\partial f}{\partial y}\frac{dy}{dt} + \frac{\partial f}{\partial z}\frac{dz}{dt}$

(2) $\displaystyle \frac{\partial}{\partial s} f(x(s,t), y(s,t), z(s,t)) = \frac{\partial f}{\partial x}\frac{\partial x}{\partial s} + \frac{\partial f}{\partial y}\frac{\partial y}{\partial s} + \frac{\partial f}{\partial z}\frac{\partial z}{\partial s}$

$\displaystyle \frac{\partial}{\partial t} f(x(s,t), y(s,t), z(s,t)) = \frac{\partial f}{\partial x}\frac{\partial x}{\partial t} + \frac{\partial f}{\partial y}\frac{\partial y}{\partial t} + \frac{\partial f}{\partial z}\frac{\partial z}{\partial t}$

(3) $\displaystyle \frac{\partial}{\partial s} f(x(s,t,u), y(s,t,u), z(s,t,u)) = \frac{\partial f}{\partial x}\frac{\partial x}{\partial s} + \frac{\partial f}{\partial y}\frac{\partial y}{\partial s} + \frac{\partial f}{\partial z}\frac{\partial z}{\partial s}$

$\displaystyle \frac{\partial}{\partial t} f(x(s,t,u), y(s,t,u), z(s,t,u)) = \frac{\partial f}{\partial x}\frac{\partial x}{\partial t} + \frac{\partial f}{\partial y}\frac{\partial y}{\partial t} + \frac{\partial f}{\partial z}\frac{\partial z}{\partial t}$

$\displaystyle \frac{\partial}{\partial u} f(x(s,t,u), y(s,t,u), z(s,t,u)) = \frac{\partial f}{\partial x}\frac{\partial x}{\partial u} + \frac{\partial f}{\partial y}\frac{\partial y}{\partial u} + \frac{\partial f}{\partial z}\frac{\partial z}{\partial u}$

変数変換 ヤコビ行列（**3 次元**），ヤコビアン（**3 次元**）は次のようにする.

$$\frac{\partial(f,g,h)}{\partial(x,y,z)} = \begin{bmatrix} f_x & f_y & f_z \\ g_x & g_y & g_z \\ h_x & h_y & h_z \end{bmatrix}, \quad J = \det \frac{\partial(f,g,h)}{\partial(x,y,z)}$$

$J \neq 0$ のとき，$(x,y,z) \to (f,g,h)$ を**変数変換**という．逆変換 $(f,g,h) \to (x,y,z)$ が存在する．

$$\frac{\partial(f,g,h)}{\partial(x,y,z)} \frac{\partial(x,y,z)}{\partial(f,g,h)} = \begin{bmatrix} 1 & 0 & 0 \\ 0 & 1 & 0 \\ 0 & 0 & 1 \end{bmatrix}$$

極座標（3 次元）

- $(x,y,z) \mapsto (r,\theta,\varphi)$ の方法．$r = \sqrt{x^2+y^2+z^2}$,
  $\cos\theta = \dfrac{z}{\sqrt{x^2+y^2+z^2}}, \quad \sin\theta = \dfrac{\sqrt{x^2+y^2}}{\sqrt{x^2+y^2+z^2}},$
  $\cos\varphi = \dfrac{x}{\sqrt{x^2+y^2}}, \quad \sin\varphi = \dfrac{y}{\sqrt{x^2+y^2}}$

- $(r,\theta,\varphi) \mapsto (x,y,z)$ の方法．
$$x = r\sin\theta\cos\varphi,$$
$$y = r\sin\theta\sin\varphi,$$
$$z = r\cos\theta$$

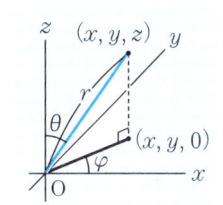

- 標準的な範囲：$-\infty < x < \infty,\ -\infty < y < \infty,\ -\infty < z < \infty$
  $\Leftrightarrow 0 \leq r < \infty,\ 0 \leq \theta \leq \pi,\ 0 \leq \varphi < 2\pi$

高階偏微分

$$f''(x,y,z) = \begin{bmatrix} f_{xx} & f_{xy} & f_{xz} \\ f_{yx} & f_{yy} & f_{yz} \\ f_{zx} & f_{zy} & f_{zz} \end{bmatrix} \quad \text{（3 次元のヘッセ行列）}$$

$$\Delta f(x,y,z) = f_{xx} + f_{yy} + f_{zz} \quad \text{（3 次元のラプラシアン）}$$

テイラー展開

$$f(x,y,z) = \sum_{k=0}^{\infty} \frac{1}{k!}\left((x-a)\frac{\partial}{\partial x} + (y-b)\frac{\partial}{\partial y} + (z-c)\frac{\partial}{\partial z}\right)^k f(a,b,c)$$

極値
（必要条件）$f(a,b,c)$ が極値をとるならば，$f'(a,b,c) = (0,0,0)$
（十分条件）$f'(a,b,c) = (0,0,0)$ かつ $f''(a,b,c)$ の固有値が全て正（負）ならば，$f(a,b,c)$ は極小（大）値．$f''(a,b,c)$ の固有値に正と負の両方があれば峠点．

未定係数法
(1) $c(x,y,z) = 0$ という条件のもとで，$f(a,b,c)$ が極値をとるならば，$f'(a,b,c) + \lambda c'(a,b,c) = 0$ となる $\lambda \in \mathbf{R}$ が存在する．
(2) $c(x,y,z) = 0$ かつ $d(x,y,z) = 0$ という条件のもとで，$f(a,b,c)$ が極値をとり，$c'(a,b,c) \not\parallel d'(a,b,c)$ のとき，$f'(a,b,c) + \lambda c'(a,b,c) + \mu d'(a,b,c) = 0$ となる $\lambda, \mu \in \mathbf{R}$ が存在する．

── 例題 3.24 ──────────────────── 3 変数関数の連続性 ──

次の関数の連続性を調べよ．

(1) $f(x,y,z) = \begin{cases} \dfrac{x+y+z}{\sqrt{x^2+y^2+z^2}} & ((x,y,z) \neq (0,0,0) \text{ のとき}) \\ 0 & ((x,y,z) = (0,0,0) \text{ のとき}) \end{cases}$

(2) $f(x,y,z) = \begin{cases} \dfrac{xy}{\sqrt{x^2+y^2+z^2}} & ((x,y,z) \neq (0,0,0) \text{ のとき}) \\ 0 & ((x,y,z) = (0,0,0) \text{ のとき}) \end{cases}$

ヒント 分母も分子も連続関数なので，分母が 0 にならない限り連続である．原点の連続性は，$x = r\sin\theta\cos\varphi,\ y = r\sin\theta\sin\varphi,\ z = r\cos\theta$ を代入し，$r \to 0$ の様子を調べる．収束・発散は，p.107 の極限 (2)（収束の判定）を使って示す．

解答 (1) 3 次元極座標を使う．

$$\frac{x+y+z}{\sqrt{x^2+y^2+z^2}} = \sin\theta(\cos\varphi + \sin\varphi) + \cos\theta$$

$r \to 0$ での収束値が近づき方（θ）によって異なるので，$\displaystyle\lim_{(x,y,z)\to(0,0,0)} \frac{x+y+z}{\sqrt{x^2+y^2+z^2}}$ は存在しない．よって原点で不連続，原点以外では連続，となる．

(2) 3 次元極座標を使う．$\dfrac{xy}{\sqrt{x^2+y^2+z^2}} = r\sin^2\theta\cos\varphi\sin\varphi$ なので

$$\left|\frac{xy}{\sqrt{x^2+y^2+z^2}}\right| \leq r \to 0 \quad (r \to 0)$$

となり，$\displaystyle\lim_{(x,y,z)\to(0,0,0)} \frac{xy}{\sqrt{x^2+y^2+z^2}} = 0 = f(0,0,0)$ となるので原点で連続である．よって，どこでも連続である．

問題

24.1 次の関数の連続性を調べよ．

(1) $f(x,y,z) = \begin{cases} \dfrac{xyz}{x^2+y^2+z^2} & ((x,y,z) \neq (0,0,0) \text{ のとき}) \\ 0 & ((x,y,z) = (0,0,0) \text{ のとき}) \end{cases}$

(2) $f(x,y,z) = \begin{cases} \dfrac{xy-z^4}{x^2+y^2+z^4} & ((x,y,z) \neq (0,0,0) \text{ のとき}) \\ 0 & ((x,y,z) = (0,0,0) \text{ のとき}) \end{cases}$

ヒント (1) 3 次元極座標．(2) $y = mx,\ z^2 = mx$ と置く．

3.12 3変数関数の微分

例題 3.25 ──────────────── 3変数関数の接平面・法線 ──

$f(x,y,z) = x^2 + xy + y^2 + xz^3$ とする．点 $(1,2,3)$ における全微分，$(1,1,1)/\sqrt{3}$ 方向の勾配を求めよ．また，点 $(1,2,3)$ における接平面，法線の方程式を求めよ．

ヒント まず $f'(x,y,z) = (f_x, f_y, f_z)$ を求める．f_x は x を変数，y, z を定数だと考えて微分する．f_y は y を変数，x, z を定数だと考えて微分する．f_z は z を変数，x, y を定数だと考えて微分する．これに $x=a, y=b, z=c$ を代入して，勾配ベクトル $f'(a,b,c) = (p,q,r)$ を求める．そのとき，全微分は $df = p\,dx + q\,dy + r\,dz$ となる．方向微分は $(p,q,r) \cdot$ 方向ベクトルとなる．接平面は $w = p(x-a) + q(y-b) + r(z-c) + f(a,b,c)$ となる．法線は $\frac{x-a}{p} = \frac{y-b}{q} = \frac{z-c}{r} = \frac{w-f(a,b,c)}{-1}$ となる．

解答 $f'(x,y,z) = (2x+y+z^3, x+2y, 3xz^2)$ なので，偏導関数は連続で，全微分可能である．$f'(1,2,3) = (31, 5, 27)$．

全微分　$df = 31dx + 5dy + 27dz$

方向微分　$\dfrac{f'(1,2,3) \cdot (1,1,1)}{\sqrt{3}} = \dfrac{31+5+27}{\sqrt{3}} = \dfrac{21}{\sqrt{3}}$

接平面　$w = 31(x-1) + 5(y-2) + 27(z-3) + f(1,2,3)$
$\qquad\qquad = 31x + 5y + 27z - 88$

法線　$\dfrac{x-1}{31} = \dfrac{y-2}{5} = \dfrac{z-3}{27} = \dfrac{w-34}{-1}$

問 題

25.1 $f(x,y,z) = x^3 + x^2y - yz + z^2$ とする．点 $(1,-1,1)$ における全微分，$(3/5, 4/5, 0)$ 方向の勾配を求めよ．また，点 $(1,-1,1)$ における接平面，法線の方程式を求めよ．

ヒント 偏導関数が連続なので，全微分可能である．

例題 3.26 ────────────────────────────── 3 変数の変数変換 ─

(1) 変数変換 $(x,y,z) \to (s,t,u)$ について，偏微分作用素 $\frac{\partial}{\partial x}, \frac{\partial}{\partial y}, \frac{\partial}{\partial z}$ を $\frac{\partial}{\partial s}, \frac{\partial}{\partial t}, \frac{\partial}{\partial u}$ を用いて表せ．

(2) 3 次元極座標を (r, θ, φ) として，ヤコビ行列 $\frac{\partial(x,y,z)}{\partial(r,\theta,\varphi)}$ とヤコビアン J を求めよ．

ヒント (1) $(s,t,u) \mapsto (x,y,z) \mapsto f$ を考える．s の微小増加は，x,y,z を 3 経路を経由して f を増加させる．(2) 3×3 行列なので計算が面倒であるが，地道にやろう．

解答 (1) 全微分可能な関数 $f(x,y,z)$ と，変数変換 $(s,t,u) \to (x,y,z)$ に対し，$\frac{\partial f}{\partial s}$ を考える．s の微小変化 ds の影響は，x,y,z の微小変化 dx, dy, dz を経由して，f に微小変化 df を及ぼす．x を経由する場合は $dx = \frac{\partial x}{\partial s} ds, df = \frac{\partial f}{\partial x} dx$ より，$df = \frac{\partial f}{\partial x} \frac{\partial x}{\partial s} ds$ となる．y 経由，z 経由も同様にして，$df = \frac{\partial f}{\partial y} \frac{\partial y}{\partial s} ds, df = \frac{\partial f}{\partial z} \frac{\partial z}{\partial s} ds$ となる．この 3 つを足して

$$df = \left(\frac{\partial f}{\partial x} \frac{\partial x}{\partial s} + \frac{\partial f}{\partial y} \frac{\partial y}{\partial s} + \frac{\partial f}{\partial z} \frac{\partial z}{\partial s} \right) ds$$

となり，右辺カッコ内が $\frac{\partial f}{\partial s}$ である．f の一般性から，ここから f を取り除き

$$\frac{\partial}{\partial s} = \frac{\partial x}{\partial s} \frac{\partial}{\partial x} + \frac{\partial y}{\partial s} \frac{\partial}{\partial y} + \frac{\partial z}{\partial s} \frac{\partial}{\partial z}$$

となる．t, u に関しても同様．

$$\frac{\partial}{\partial t} = \frac{\partial x}{\partial s} \frac{\partial}{\partial x} + \frac{\partial y}{\partial t} \frac{\partial}{\partial y} + \frac{\partial z}{\partial t} \frac{\partial}{\partial z}, \quad \frac{\partial}{\partial u} = \frac{\partial x}{\partial u} \frac{\partial}{\partial x} + \frac{\partial y}{\partial u} \frac{\partial}{\partial y} + \frac{\partial z}{\partial u} \frac{\partial}{\partial z}$$

(2) $x = r \sin\theta \cos\varphi$ だから $x_r = \sin\theta\cos\varphi, x_\theta = r\cos\theta\cos\varphi, x_\varphi = -r\sin\theta\sin\varphi$ となる．$y = r\sin\theta\sin\varphi, z = r\sin\theta\sin\varphi$ も同様に偏微分する．

$$\frac{\partial(x,y,z)}{\partial(r,\theta,\varphi)} = \begin{bmatrix} \sin\theta\cos\varphi & r\cos\theta\cos\varphi & -r\sin\theta\sin\varphi \\ \sin\theta\sin\varphi & r\cos\theta\sin\varphi & r\sin\theta\cos\varphi \\ \cos\theta & -r\sin\theta & 0 \end{bmatrix}, \ J = r^2 \sin\theta$$

問 題

26.1 3 次元極座標を (r, θ, φ) として，微分作用素 $\frac{\partial}{\partial r}, \frac{\partial}{\partial \theta}, \frac{\partial}{\partial \varphi}$ を $\frac{\partial}{\partial x}, \frac{\partial}{\partial y}, \frac{\partial}{\partial z}$ を用いて表せ．　**ヒント** 上の例題 (1), (2) を使う．

26.2 3 次元極座標を (r, θ, φ) として，ヤコビ行列 $\frac{\partial(r,\theta,\varphi)}{\partial(x,y,z)}$ とヤコビアン J を求めよ．　**ヒント** 上の例題 (2) の逆行列を求めてもよいし，$r = \sqrt{x^2+y^2+z^2}$, $\tan\theta = \frac{\sqrt{x^2+y^2}}{z}, \tan\varphi = \frac{y}{x}$ の両辺を偏微分してもよい．

26.3 3 次元極座標を (r, θ, φ) として，微分作用素 $\frac{\partial}{\partial x}, \frac{\partial}{\partial y}, \frac{\partial}{\partial z}$ を $\frac{\partial}{\partial r}, \frac{\partial}{\partial \theta}, \frac{\partial}{\partial \varphi}$ を用いて表せ．　**ヒント** 上の例題 (1) と上の問題 26.2 を使う．

3.12 3変数関数の微分

例題 3.27 ――――――――――――――――――――――― 3変数関数の極値
(1) $f(x,y,z) = -x^4 + xy - y^2 - z^4 + yz$ の極値を求めよ.
(2) $c(x,y,z) = x^2 + y^2 + z^2 - 1 = 0$ を満たす条件のもと, $f(x,y,z) = xyz$ の最大値・最小値を求めよ.

ヒント (1) ① 停留点を挙げる. ② f'' の固有値から極値の判定をする.
(2) ① c' と f' が平行であるという条件を解く. ② その条件のもとで $c = 0$ を解けば, それが極値の候補である. ③ 極値の候補と端点を調べれば, 最大値・最小値が分かる. $c = 0$ を $x = \sin\theta\cos\varphi$, $y = \sin\theta\sin\varphi$, $z = \cos\theta$ と解いて計算することも可能.

解答 (1) ① $f'(x,y,z) = (-4x^3 + y, x - 2y + z, y - 4z^3) = (0,0,0)$ を解いて, $(x,y) = (0,0,0)$, $\pm(\frac{1}{2}, \frac{1}{2}, \frac{1}{2})$ の 3 点が停留点.

② $$f''(x,y,z) = \begin{bmatrix} -12x^2 & 1 & 0 \\ 1 & -2 & 1 \\ 0 & 1 & -12x^2 \end{bmatrix}$$

$$f''(0,0,0) = \begin{bmatrix} 0 & 1 & 0 \\ 1 & -2 & 1 \\ 0 & 1 & 0 \end{bmatrix}, \quad f''\left(\pm\left(\frac{1}{2},\frac{1}{2},\frac{1}{2}\right)\right) = \begin{bmatrix} -3 & 1 & 0 \\ 1 & -2 & 1 \\ 0 & 1 & -3 \end{bmatrix}$$

$f''(0,0,0)$ の固有値は $-1 + \sqrt{3}, -1 - \sqrt{3}, 0$ で, $(0,0,0)$ は峠点.
$f''(\pm(\frac{1}{2},\frac{1}{2},\frac{1}{2}))$ の固有値は $-4, -3, -1$ で, $f(\pm(\frac{1}{2},\frac{1}{2},\frac{1}{2})) = \frac{1}{8}$ は極大点.

(2) ① $f'(x,y,z) = (yz, zx, xy)$ と $c'(x,y,z) = (2x, 2y, 2z)$ が平行になる条件は $x^2 = y^2 = z^2$ または (x, y, z のうち 2 つ以上が 0) となる. ② $x^2 = y^2 = z^2$ を $c = 0$ へ代入すると, $3x^2 = 1$ となり, $x = \pm\frac{1}{\sqrt{3}}$ となる. x, y, z のうち 2 つ以上が 0 の場合は $c = 0$ より残りの 1 つは ± 1 となる. 極値の候補は $f(\pm\frac{1}{\sqrt{3}}, \pm\frac{1}{\sqrt{3}}, \pm\frac{1}{\sqrt{3}}) = \pm\frac{\sqrt{3}}{9}$ と $f(\pm 1, 0, 0) = f(0, \pm 1, 0) = f(0, 0, \pm 1) = 0$ (複号同順ではない. 14 個の点.)
③ $c = 0$ は閉曲面なので, 端点はない. 極値の候補での値を比較する. 最大値は $\frac{\sqrt{3}}{9}$ で, そうなるのは $|x| = |y| = |z| = \frac{1}{\sqrt{3}}$ で, 負が 0 個または 2 つのとき. 最小値は $-\frac{\sqrt{3}}{9}$ で, そうなるのは $|x| = |y| = |z| = \frac{1}{\sqrt{3}}$ で, 負が 1 つまたは 3 つのとき.

問題

27.1 (1) $f(x,y,z) = x^3 + xy^2 - z^2y + 2z^2 - 3x$ の極値を求めよ.
(2) $c(x,y,z) = x^2 + y^2 + z^4 - 1 = 0$ を満たす条件のもと, $f(x,y,z) = xyz$ の最大値・最小値を求めよ.
(3) $c(x,y,z) = x^2 + y^2 + z^2 - 1 = 0$ かつ $d(x,y,z) = x + y + z - 1 = 0$ を満たす条件のもと, $f(x,y,z) = xyz$ の最大値・最小値を求めよ.

ヒント $f' + \lambda c' + \mu d' = 0$ と書ける条件は, f', c', d' を行ベクトルに並べた行列の行列式が 0.

章末問題

1 (1) 三角形について次の a が一定のとき，f の最大値・最小値を求めよ．
  (i) $a =$ 辺の和, $f =$ 面積, (ii) $a =$ 面積, $f =$ 辺の和
(2) 直方体について次の a が一定のとき，f の最大値・最小値を求めよ．
  (i) $a =$ 辺の和, $f =$ 体積　(ii) $a =$ 辺の和, $f =$ 表面積
  (iii) $a =$ 体積, $f =$ 辺の和　(iv) $a =$ 体積, $f =$ 表面積
  (v) $a =$ 表面積, $f =$ 体積　(vi) $a =$ 表面積, $f =$ 辺の和
ヒント 条件付き極値問題に言い換える．例えば三角形の辺の長さを x, y, z とする．

2 (1) 微分作用素 $\Delta = \frac{\partial^2}{\partial x^2} + \frac{\partial^2}{\partial y^2}$ を極座標 r, θ を用いて表せ．
(2) 微分作用素 $\Delta = \frac{\partial^2}{\partial x^2} + \frac{\partial^2}{\partial y^2} + \frac{\partial^2}{\partial z^2}$ を 3 次元極座標 r, θ, φ を用いて表せ．

3 $f(x, y, z)$ は全微分可能とする．$f(x, y, z) = 0$ で決まる，$\mathbf{R}^3$ 内の曲面について，$(x, y, z) = (a, b, c)$ における接平面と法線の方程式を求めよ．また，以下の $f(x, y, z)$ と (a, b, c) について，同様な接平面と法線を求めよ．
(1) $f(x, y, z) = x^2 + y^2 + z^2 - 1, (a, b, c) = (\sqrt{3}/2, 0, -1/2)$
(2) $f(x, y, z) = \sin(x + y + z) + x + y - 2z, (a, b, c) = (\pi/3, \pi/3, \pi/3)$

4 半径 $a > 0$ の円に内接する三角形について考える．
(1) 内角を α, β と置き，三角形の面積 S を α, β で表せ．また，その最大値を求めよ．
(2) 2 辺の長さを x, y と置き，三角形の面積 S を x, y で表せ．また，その最大値を求めよ．

5 (**最小 2 乗法**) 数列 (x_k, y_k) $(k = 1, 2, \cdots, n)$ が与えられているとする．実数 a, b に対し，$f(a, b) = \sum_{k=1}^{n} (ax_k + b - y_k)^2$ と定義する．$f(a, b)$ が最小となるような (a, b) の値を求めよ．

6 (陰関数の極値)
(1) $x^3 + y^3 - 2xy = 0$ $(0 < x < 1, x < y)$ で決まる陰関数 $y(x)$ の極値を求めよ．
(2) $x^4 + y^4 - 2xy = 0$ $(0 < x < 1, x < y)$ で決まる陰関数 $y(x)$ の極値を求めよ．

7 $f(x, y) = \begin{cases} \frac{xy(x^2-y^2)}{x^2+y^2} & ((x, y) \neq (0, 0) \text{ のとき}) \\ 0 & ((x, y) = (0, 0) \text{ のとき}) \end{cases}$
について，$f_{xy}(0, 0), f_{yx}(0, 0)$ を求めよ．
ヒント $f_{xy} \neq f_{yx}$ となる例である．

8 $f(x, y) = \exp(-x^2 - y^2)$ の傾斜の絶対値が最も大きい点を求めよ．

第4章

多変数関数の積分

4.1 2重積分の定義

2重積分 xy 平面内の領域 $D \subset \mathbf{R}^2$（domain）は有界で境界を含むとする．その D 上の連続関数 $f(x,y)$ に対し

$$\iint_D f(x,y)\,dxdy = \{D \text{ を底面とし，} f(x,y) \text{ を高さとする物体の体積}\}$$

とする．$f(x,y)$ の D 上の **2重積分**という．

区分求積法（2変数）

$$\iint_{a \leq x \leq b,\ c \leq y \leq d} f(x,y)\,dxdy = \lim_{n \to \infty} \sum_{k=1}^{n} \sum_{l=1}^{n} f(a+k\,dx, c+l\,dy)\,dx\,dy$$

ただし，$dx = (b-a)/n$, $dy = (d-c)/n$ とする．下の中央図 (b) の物体の体積を下の右図 (c) のように直方体の体積の和で近似しているのである．この方法で2重積分を求めることを**区分求積法（2変数）**という．

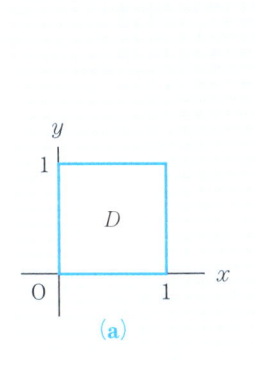

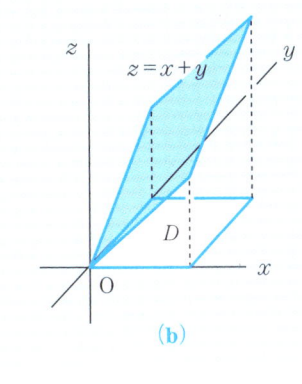

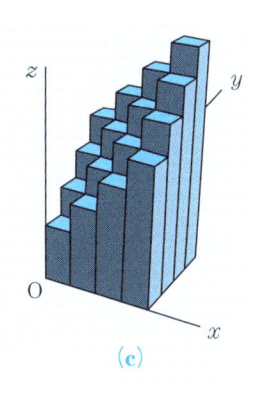

2 重積分の性質　(1)　境界を含む有界領域 $D \subset \mathbf{R}^2$ 上の連続関数 $f(x,y), g(x,y)$ と定数 a, b について，次の式が成り立つ．

$$\iint_D (a\,f(x,y) + b\,g(x,y))\,dxdy = a\iint_D f(x,y)\,dxdy + b\iint_D g(x,y)\,dxdy$$

(2)　境界を含む有界領域 $D \subset \mathbf{R}^2$ について，次のことが成り立つ．

$$\iint_D dxdy = D \text{ の面積}$$

(3)　境界を含む有界領域 $D_1, D_2 \subset \mathbf{R}^2$ 上の連続関数 $f(x,y)$ について，次のことが成り立つ．

$$\iint_{D_1} f(x,y)\,dxdy + \iint_{D_2} f(x,y)\,dxdy$$
$$= \iint_{D_1 \cup D_2} f(x,y)\,dxdy + \iint_{D_1 \cap D_2} f(x,y)\,dxdy$$

特に $D_1 \cap D_2$ が面積 0 のときは次のことが成り立つ．

$$\iint_{D_1} f(x,y)\,dxdy + \iint_{D_2} f(x,y)\,dxdy = \iint_{D_1 \cup D_2} f(x,y)\,dxdy$$

(4)　$0 \leqq f(x,y)$ のとき

$$0 \leqq \iint_D f(x,y)\,dxdy$$

(5)　$m \leqq f(x,y) \leqq M$ のとき

$$m(D \text{ の面積}) \leqq \iint_D f(x,y)\,dxdy \leqq M(D \text{ の面積})$$

(6)

$$\iint_D f(x,y)\,dxdy = f(a,b)(D \text{ の面積})$$

となる $(a,b) \in D$ が存在する．

(7)

$$\left|\iint_D f(x,y)\,dxdy\right| \leqq \iint_D |f(x,y)|\,dxdy$$

(8)　$|f(x,y)| \leqq M$ のとき

$$\iint_D |f(x,y)|\,dxdy \leqq M(D \text{ の面積})$$

例題 4.1 ─── 2重積分（区分求積法）

区分求積法で $\iint_{0\leq x\leq 1,\ 0\leq y\leq 1}(ax+by+c)\,dxdy$ の値を求めよ（a,b,c は定数）．

ヒント $\sum_{k=1}^{n}k=\dfrac{n(n+1)}{2}$ を使う．

解答 $dx=\dfrac{1}{n},\ dy=\dfrac{1}{n}$ とする．

$$
\begin{aligned}
与式 &= \lim_{n\to\infty}\sum_{k=1}^{n}\sum_{l=1}^{n}(ak\,dx+bl\,dy+c)\,dx\,dy \quad &&\left(\sum_{l=1}^{n}\text{を実行する}\right)\\
&= \lim_{n\to\infty}\frac{1}{n^2}\sum_{k=1}^{n}\left\{akn\frac{1}{n}+b\frac{n(n+1)}{2}\frac{1}{n}+cn\right\} \quad &&(\text{整理する})\\
&= \lim_{n\to\infty}\frac{1}{n^2}\sum_{k=1}^{n}\left\{ak+b\frac{n+1}{2}+cn\right\} \quad &&\left(\sum_{k=1}^{n}\text{を実行する}\right)\\
&= \lim_{n\to\infty}\frac{1}{n^2}\left\{a\frac{n(n+1)}{2}+b\frac{n+1}{2}n+cn^2\right\} \quad &&(\text{整理する})\\
&= a\left(\lim_{n\to\infty}\frac{n(n+1)}{2n^2}\right)+b\left(\lim_{n\to\infty}\frac{n+1}{2n}\right)+c\\
&= \frac{a}{2}+\frac{b}{2}+c
\end{aligned}
$$

問題

1.1 区分求積法を用いて，次のものを求めよ．

(1) $\iint_{0\leq x\leq 1,\ 0\leq y\leq 1}(2x-y)\,dxdy$

(2) $\iint_{0\leq x\leq 1,\ 0\leq y\leq 1}x^2\,dxdy$

(3) $\iint_{0\leq x\leq 1,\ 0\leq y\leq 1}(x+y)^2\,dxdy$

ヒント (2)(3) $\sum_{k=1}^{n}k^2=\dfrac{n(n+1)(2n+1)}{6}$ を使う．

4.2 累次積分

領域の表現 定数 a, b, 関数 $g(x), h(x)$ を用いて
$$D = \{a \leqq x \leqq b,\ g(x) \leqq y \leqq h(x)\}$$
と表されるか，定数 a, b, 関数 $g(y), h(y)$ を用いて
$$D = \{a \leqq y \leqq b,\ g(y) \leqq x \leqq h(y)\}$$
と表される領域 $D \subset \mathbf{R}^2$ を，**単純**という．前者の表現を $\boldsymbol{x}$ **優先の累次表現**，後者の表現を $\boldsymbol{y}$ **優先の累次表現**，という．また領域を，図形の構成パーツごとに連立不等式で表したものを**パーツ表現**という．

累次積分 単純な領域 $D \subset \mathbf{R}^2$ 上の $f(x, y)$ の 2 重積分は次のように計算ができる．
(1) $D = \{a \leqq x \leqq b,\ g(x) \leqq y \leqq h(x)\}$ と表されるとき，次のことが成り立つ．
$$\iint_D f(x, y)\, dxdy = \int_a^b \left\{ \int_{g(x)}^{h(x)} f(x, y)\, dy \right\} dx$$
$$= \int_a^b dx \int_{g(x)}^{h(x)} dy\, f(x, y)$$

第 2 項のことを第 3 項のように書くこともある．$\int_{g(x)}^{h(x)} f(x, y)\, dy$ を計算するときは x は定数だと考えて y で積分する．

(2) $D = \{a \leqq y \leqq b,\ g(y) \leqq x \leqq h(y)\}$ と表されるとき，次のことが成り立つ．
$$\iint_D f(x, y)\, dxdy = \int_a^b \left\{ \int_{g(y)}^{h(y)} f(x, y)\, dx \right\} dy$$
$$= \int_a^b dy \int_{g(y)}^{h(y)} dx\, f(x, y)$$

第 2 項のことを第 3 項のように書くこともある．$\int_{g(y)}^{h(y)} f(x, y)\, dx$ を計算するときは y は定数だと考えて x で積分する．

変数分離の重積分 連続関数 $f(x), g(y)$ について
$$\iint_{a \leqq x \leqq b,\ c \leqq y \leqq d} f(x) g(y)\, dxdy = \left(\int_a^b f(x)\, dx \right) \left(\int_c^d g(y)\, dy \right)$$

例題 4.2 ——————————— 累次積分（長方形領域）

次の 2 重積分の値を求めよ．
(1) $\iint_{0\leq x\leq 1,\ 2\leq y\leq 3}(2x+y)\,dxdy$ 　　(2) $\iint_{0\leq x\leq 1,\ 0\leq y\leq 1}\exp(x-y)\,dxdy$

ヒント (1) x で $[0,1]$ で積分した後，y で $[2,3]$ で積分する（順序は逆でも可）．
(2) $\iint_{a\leq x\leq b,\ c\leq y\leq d} f(x)g(y)\,dxdy = \left(\int_a^b f(x)\,dx\right)\left(\int_c^d g(y)\,dy\right)$ を使う．

解答 (1)
$$\text{与式} = \int_2^3\left\{\int_0^1(2x+y)\,dx\right\}dy = \dagger$$
まず x で積分する．x で偏微分すると $2x+y$ となるのは x^2+xy.
$$\dagger = \int_2^3\left[x^2+xy\right]_0^1 dy = \int_2^3(1+y)\,dy = \ddagger$$
x での積分が終わると，x の文字はなくなり，y だけの 1 変数関数の積分だけが残る．
$$\ddagger = \left[y+\frac{y^2}{2}\right]_2^3 = 3 + \frac{9}{2} - (2+2) = \frac{7}{2}$$

(2) 被積分関数の $\exp(x-y)$ は $\exp(x)\exp(-y)$ と変数分離できる．
$$\text{与式} = \left\{\int_0^1\exp x\,dx\right\}\left\{\int_0^1\exp(-y)\,dy\right\} = \dagger$$
1 変数関数の積分が 2 つかけ算してあるだけである．
$$\dagger = \left[\exp x\right]_0^1\left[-\exp(-y)\right]_0^1$$
$$= (e-1)(-e^{-1}+1) = e + e^{-1} - 2$$

問題

2.1 次の 2 重積分の値を求めよ．

(1) $\iint_{0\leq x\leq \pi/2,\ 0\leq y\leq \pi/2}\sin(x+y)\,dxdy$

(2) $\iint_{0\leq x\leq 1,\ 0\leq y\leq 2}\sqrt{2x+y}\,dxdy$

(3) $\iint_{1\leq x\leq 2,\ 0\leq y\leq 3}xy\,dxdy$

(4) $\iint_{0\leq x\leq \pi,\ 0\leq y\leq \pi}(\sin x)(\sin y)\,dxdy$

ヒント (3)(4) は積分の積で表せる．

例題 4.3 ― 単純領域の表現

図，パーツ表現，x 優先の累次表現，y 優先の累次表現のうち，1 種類の表現で与えられた領域を，他の 3 種類の方法で表せ．
(1) $D = \{0 \leqq x,\ 0 \leqq y,\ x^2 + y^2 \leqq a^2\}$ (a は正定数)
(2) $D = \{0 \leqq x \leqq 1,\ x \leqq y \leqq 1\}$

ヒント まず図を描き，そこから各種の表現に直すのが分かりやすい．

解答 (1) はパーツ表現で与えられている．2 直線 $x = 0, y = 0$ と円弧 $x^2 + y^2 = a^2$ に囲まれた扇形であるから，図 1 の青色部分になる．x 優先の累次表現を考える．x の範囲は $[0, a]$ である．ある x を固定したときの y の範囲は，図 2 の青線の下端は $y = 0$，上端は $y = \sqrt{a^2 - x^2}$ であるから，$y \in [0, \sqrt{a^2 - x^2}]$ である．
よって $D = \{0 \leqq x \leqq a,\ 0 \leqq y \leqq \sqrt{a^2 - x^2}\}$ となる．y 優先の累次表現を考える．同様にして，図 3 の青線の左端 $x = 0$，右端 $x = \sqrt{a^2 - x^2}$ より，
$D = \{0 \leqq y \leqq a,\ 0 \leqq x \leqq \sqrt{a^2 - y^2}\}$ となる．
(2) は x 優先の累次表現で与えられている．$x \in [0, 1]$ の範囲で，直線 $y = 0$ と直線 $y = x$ に挟まれた三角形の領域である．図 4 の青色部分になる．
y 優先の累次表現を考える．$y \in [0, 1]$ であり，図 5 の青線の左端 $x = 0$，右端 $x = y$ より，$D = \{0 \leqq y \leqq 1,\ 0 \leqq x \leqq y\}$ となる．パーツ表現を考える．上左図の三角形を構成している 3 辺 $x = 0, y = 1, y = x$ を領域がある側を考慮して不等式にすればよい．$D = \{0 \leqq x,\ y \leqq 1,\ x \leqq y\}$ となる．

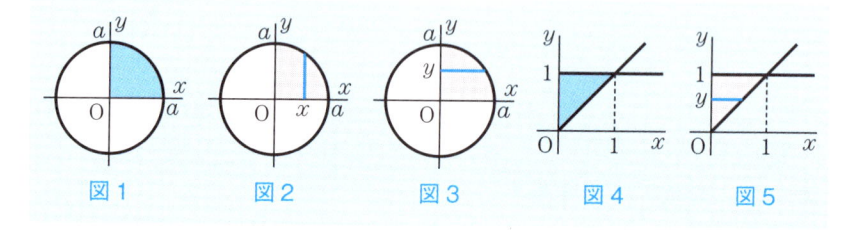

図 1　　図 2　　図 3　　図 4　　図 5

問題

3.1 次の領域を，図，パーツ表現，x 優先の累次表現，y 優先の累次表現で表現せよ．
(1) $D = \{|x| \leqq y \leqq 1\}$　　(2) $D = \{\sqrt{x} + \sqrt{y} \leqq 1\}$
(3) $D = \{0 \leqq y \leqq x \leqq 1\}$

ヒント (1) $y = 1$ と $y = |x|$ に挟まれた部分，(2) $0 \leqq x, y$，(3) $0 \leqq y, y \leqq x, x \leqq 1$.

例題 4.4 ──────────────── 累次積分（非長方形領域）

次の 2 重積分の値を求めよ．a は正定数とする．

(1) $\iint_{0\leq x,\ 0\leq y,\ x^2+y^2\leq a^2} x\,dxdy$ (2) $\int_0^1 \left\{\int_x^1 \cos\left(\frac{\pi y^2}{2}\right) dy\right\} dx$

ヒント (1) 積分の領域は前例題 (1) と同じものである．y 優先の累次表現を使って累次積分に直す．x 優先の累次表現を用いて計算も可能だが，計算が少し面倒になる．(2) 積分の領域は前例題 (2) と同じものである．いかにも y で先に積分するように書いてあるが，$\int \cos\left(\frac{\pi y^2}{2}\right) dy$ という不定積分が計算困難である．x で先に積分するように，つまり y 優先の累次表現を用いて積分を書き直す．

解答 (1) 積分領域は $\{0 \leq y \leq a,\ 0 \leq x \leq \sqrt{a^2-y^2}\}$ と書くことができる．これを使って与式を累次積分の形にする．

$$\text{与式} = \int_0^a \left\{\int_0^{\sqrt{a^2-y^2}} x\,dx\right\} dy = \int_0^a \left[\frac{x^2}{2}\right]_0^{\sqrt{a^2-y^2}} dy$$

$$= \int_0^a \frac{a^2-y^2}{2}\,dy = \left[\frac{a^2 x}{2} - \frac{y^3}{6}\right]_0^a = \frac{a^3}{3}$$

(2) 積分の領域は $D = \{0 \leq x,\ y \leq 1,\ x \leq y\}$ と書くこともでき，これはさらに $D = \{0 \leq y \leq 1,\ 0 \leq x \leq y\}$ と表現することもできる．これを使って，累次積分の順番を変える．

$$\text{与式} = \int_0^1 \left\{\int_0^y \cos\left(\frac{\pi y^2}{2}\right) dx\right\} dy = \int_0^1 \left[x\cos\left(\frac{\pi y^2}{2}\right)\right]_0^y dy$$

$$= \int_0^1 y\cos\left(\frac{\pi y^2}{2}\right) dy = \left[\frac{1}{\pi}\sin\left(\frac{\pi y^2}{2}\right)\right]_0^1 = \frac{1}{\pi}$$

問題

4.1 次の 2 重積分の値を求めよ．

(1) $\iint_{|x|\leq y\leq 1} ye^x\,dxdy$

(2) $\iint_{\sqrt{x}+\sqrt{y}\leq 1} y\,dxdy$

(3) $\iint_{x^2+y^2\leq a^2} \sqrt{a^2-x^2}\,dxdy$

(4) $\iint_{\sqrt{|x|}+\sqrt{|y|}\leq 1} \frac{dxdy}{(1-\sqrt{|x|})^2}$

(5) $\int_0^1 dy \int_y^1 dx\,\exp(-x^2)$

(6) $\iint_{0\leq y\leq x\leq 1} \frac{\sin(\pi x)}{x}\,dxdy$

ヒント 累次積分の順序は次のようにするのを推奨．(1)(2) は x を先に．(3)(4)(5)(6) は y を先に．積分領域については，p.120 問題 3.1 もヒントに．

4.3　2重積分の置換積分

2重積分の置換積分　$f(x,y)$ は有界領域 D 上の連続関数とする．
変数変換 $(x,y) \mapsto (t,s)$ に対し，次の式が成り立つ．

$$\iint_D f(x,y)\,dxdy = \iint_{D \text{ を } t,s \text{ で書いたもの}} f(x(t,s), y(t,s)) \underbrace{\left|\det \frac{\partial(x,y)}{\partial(t,s)}\right|}_{\text{ヤコビアン}} dtds$$

2重積分の極座標変換　D 上の連続関数 $f(x,y)$ と，変数変換 $x = r\cos\theta,\, y = r\sin\theta$ について次の式が成り立つ．

$$\iint_D f(x,y)\,dxdy = \iint_{D \text{ を } r,\theta \text{ で書いたもの}} f(x(r,\theta), y(r,\theta))\, r\, drd\theta$$

例題 4.5　　　　　　　　　　　　　　　　　　　　　　　**置換積分（極座標以外）**

次の2重積分の値を求めよ．$\displaystyle\iint_{\substack{0 \leq x+y \leq \pi/2 \\ 0 \leq x-y \leq \pi/2}} (x+y)^2 \cos^2(x-y)\,dxdy$

ヒント　$t = x+y$, $s = x-y$ と変数変換する．① ヤコビアン $J = \det \frac{\partial(x,y)}{\partial(t,s)}$ を求め，$dxdy = |J|dtds$ と変換．② 積分領域を t,s で表現．③ 被積分関数を t,s で表現．

解答　$t = x+y$, $s = x-y$ とする．① $\det \frac{\partial(t,s)}{\partial(x,y)} = t_x s_y - t_y s_x = 1 \cdot (-1) - 1 \cdot 1 = -2$ なので，$J = \det \frac{\partial(x,y)}{\partial(t,s)}$ はその逆行列の $J = -1/2$ で，$dxdy = \frac{1}{2}dtds$．② 積分領域は $0 \leq t \leq \pi/2$, $0 \leq s \leq \pi/2$．③ 被積分関数は $(x+y)^2 \cos^2(x-y) = t^2 \cos^2 s$．

$$\begin{aligned}
\text{与式} &= \iint_{0 \leq t \leq \pi/2,\, 0 \leq s \leq \pi/2} (t^2 \cos^2 s)\left(\frac{1}{2}dtds\right) \\
&= \frac{1}{2}\left(\int_0^{\pi/2} t^2\,dt\right)\left(\int_0^{\pi/2} \cos^2 s\,ds\right) \\
&= \frac{1}{2}\left[\frac{t^3}{3}\right]_0^{\pi/2}\left[\frac{s}{2} + \frac{\sin(2s)}{4}\right]_0^{\pi/2} = \frac{1}{2}\frac{\pi^3}{24}\frac{\pi}{4} = \frac{\pi^4}{192}
\end{aligned}$$

問　題

5.1 次の2重積分の値を求めよ．

(1) $\displaystyle\iint_{0 \leq x+y \leq 2x-y \leq 1} \exp((2x-y)^2)\,dxdy$

(2) $\displaystyle\iint_{1 \leq x+y \leq 2,\, |x-y| \leq \pi/2} \cos(x-y)\log(x+y)\,dxdy$

ヒント　(1) $t = x+y$, $s = 2x-y$，(2) $t = x-y$, $s = x+y$

例題 4.6 ──────極座標を使った領域の表現──

次の領域を極座標 r, θ を用いて表せ．ただし a は正定数とする．
(1) $D = \{x^2 + y^2 \leq a^2,\ 0 \leq y,\ 0 \leq x\}$ (2) $D = \{x^2 + y^2 \leq a^2\}$
(3) $D = \{0 \leq x\}$ (4) $D = \mathbf{R}^2$ (5) $D = \{x^2 + y^2 - y \leq 0\}$

ヒント $x = r\cos\theta,\ y = r\sin\theta$ ($0 \leq r, \theta$ には $+2\pi n$ ($n \in \mathbf{Z}$) の自由度あり) と置いて，D の条件を r, θ で書きかえればよい．$r = 0$ では θ は何でもよいとすると，θ の条件を調べるときは $0 < r$ と考えてよい．慣れてきたら，下の図を参考にして直接答えを出してしまおう．

解答 (1) $x^2 + y^2 \leq a^2 \Leftrightarrow r^2 \leq a^2 \Leftrightarrow r \leq a.$ $0 \leq y \Leftrightarrow 0 \leq r\sin\theta \Leftrightarrow 0 \leq \sin\theta \Leftrightarrow 0 \leq \theta \leq \pi.$ $0 \leq x \Leftrightarrow 0 \leq r\cos\theta \Leftrightarrow 0 \leq \cos\theta \Leftrightarrow -\pi/2 \leq \theta \leq \pi/2$
よって $D = \{0 \leq r \leq a, 0 \leq \theta \leq \pi/2\}.$
(2) $x^2 + y^2 \leq a^2 \Leftrightarrow r^2 \leq a^2 \Leftrightarrow r \leq a.$ よって $D = \{0 \leq r \leq a,\ 0 \leq \theta \leq 2\pi\}$
(3) $0 \leq x \Leftrightarrow 0 \leq r\cos\theta \Leftrightarrow 0 \leq \cos\theta \Leftrightarrow -\pi/2 \leq \theta \leq \pi/2$
よって $D = \{0 \leq r,\ -\pi/2 \leq \theta \leq \pi/2\}.$
(4) 何の規制もないので，$D = \{0 \leq r,\ 0 \leq \theta \leq 2\pi\}.$
(5) $x^2 + y^2 - y \leq 0 \Leftrightarrow r^2\cos^2\theta + r^2\sin^2\theta - r\sin\theta \leq 0 \Leftrightarrow r^2 - r\sin\theta \leq 0 \Leftrightarrow r - \sin\theta \leq 0 \Leftrightarrow r \leq \sin\theta.$ $0 \leq r$ より $0 \leq \sin\theta$ が必要なので，$0 \leq \theta \leq \pi$ よって，$D = \{0 \leq \theta \leq \pi,\ 0 \leq r \leq \sin\theta\}.$

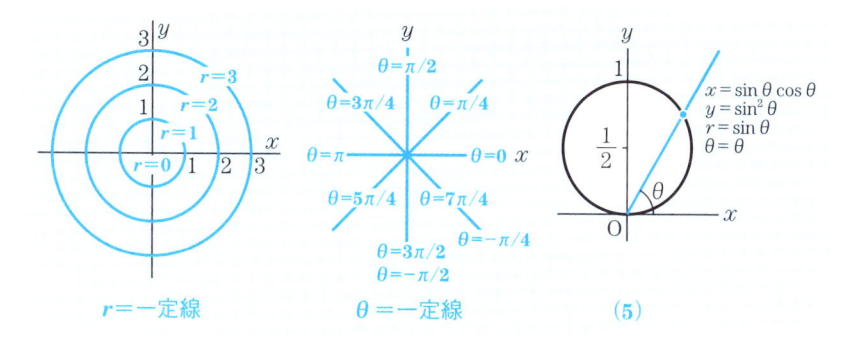

$r =$ 一定線 $\theta =$ 一定線   (5)

問題

6.1 次の領域を極座標 r, θ を用いて表せ．ただし a は正定数とする．
(1) $D = \{1 \leq x^2 + y^2 \leq 4,\ 0 \leq y\}$ (2) $D = \{0 \leq x\}$
(3) $D = \{x^2 + y^2 \leq 1,\ 0 \leq y \leq x\}$ (4) $D = \{x^2 + x + y^2 \leq 0\}$
ヒント 代数的かつ図で直観的に理解しよう．

―― 例題 4.7 ―――――――――――――――――――――― 置換積分（極座標）――

次の積分値を求めよ． (1) $\iint_{x^2+y^2\leq 1} \dfrac{dxdy}{\sqrt{4-x^2-y^2}}$ (2) $\iint_{x^2+y^2\leq y} y\,dxdy$

[ヒント] 極座標 $x=r\cos\theta,\ y=r\sin\theta$ に変換する．$dxdy=rdrd\theta$ はいちいち計算せずに覚えて使ってしまおう．(2) の積分領域は前例題 (5) と同じ．

[解答] (1) 極座標に置換積分する．$dxdy=r\,drd\theta$．
積分領域は $D=\{0\leq r\leq 1,\ 0\leq \theta\leq 2\pi\}$．被積分関数は $\dfrac{1}{\sqrt{4-r^2}}$．

$$与式=\iint_{0\leq r\leq 1,\ 0\leq\theta\leq 2\pi}\dfrac{r\,drd\theta}{\sqrt{4-r^2}}=\left(\int_0^{2\pi}d\theta\right)\left(\int_0^1\dfrac{r\,dr}{\sqrt{4-r^2}}\right)$$
$$=2\pi\left[-\sqrt{4-r^2}\right]_0^1=2\pi(2-\sqrt{3})$$

(2) 極座標に置換積分する．$dxdy=r\,drd\theta$ 積分領域は前例題 (5) と同じで，
$D=\{0\leq \theta\leq \pi,\ 0\leq r\leq \sin\theta\}$．被積分関数は $y=r\sin\theta$．

$$与式=\iint_{0\leq r\leq \sin\theta,\ 0\leq\theta\leq\pi}(r\sin\theta)(r\,drd\theta)$$
$$=\int_0^\pi\left(\int_0^{\sin\theta}r^2\sin\theta\,dr\right)d\theta=\int_0^\pi\sin\theta\left[\dfrac{r^3}{3}\right]_0^{\sin\theta}d\theta=\dfrac{1}{3}\int_0^\pi\sin^4\theta\,d\theta=\dagger$$

ここで p.54 例題 2.12(2) より $\int\sin^4\theta\,d\theta=-\dfrac{1}{4}\sin^3\theta\cos\theta-\dfrac{3}{8}\sin\theta\cos\theta+\dfrac{3}{8}\theta$．

$$\dagger=\dfrac{1}{3}\left[-\dfrac{1}{4}\sin^3\theta\cos\theta-\dfrac{3}{8}\sin\theta\cos\theta+\dfrac{3}{8}\theta\right]_0^\pi=\dfrac{\pi}{8}$$

[別解] $x^2+y^2\leq y \Leftrightarrow x^2+(y-\frac{1}{2})^2\leq \frac{1}{4}$ なので，$(0,\frac{1}{2})$ を中心にした，半径 $\frac{1}{2}$ の円内．そこで $x=r\cos\theta,\ y=\frac{1}{2}+r\sin\theta$ と置く．$dxdy=r\,drd\theta$．積分領域は $D=\{0\leq\theta\leq 2\pi,\ 0\leq r\leq \frac{1}{2}\}$．被積分関数は $y=\frac{1}{2}+r\sin\theta$．

$$与式=\iint_{0\leq r\leq\frac{1}{2},\ 0\leq\theta\leq 2\pi}\left(\dfrac{1}{2}+r\sin\theta\right)(r\,drd\theta)=\dfrac{\pi}{8}\quad（計算詳細省略）$$

―― 問　題 ―――――――――――――――――――――――――――――――――

7.1 次の 2 重積分の値を求めよ．a,b は正定数とする．

(1) $\iint_{x^2+y^2\leq 1}\sqrt{1-x^2-y^2}\,dxdy$ (2) $\iint_{x^2+y^2\leq\pi}\sin(x^2+y^2)\,dxdy$

(3) $\iint_{x^2+y^2\leq ax}x\,dxdy$ (4) $\iint_{\frac{x^2}{a^2}+\frac{y^2}{b^2}\leq 1}(x^2+y^2)\,dxdy$

[ヒント] (1)(2)(3) 極座標．(4) $x=ar\cos\theta,\ y=br\sin\theta$．

4.4 特異2重積分

特異2重積分　境界を含む有界領域 $D \subset \mathbf{R}^2$ の中の点 (x_0, y_0) で $f(x,y)$ が無定義とする．$D_1 \subset D_2 \subset \cdots \subset D_\infty = D$ という単調増大領域列 D_n で，次の2つを満たすものを**近似増加列**という．(1) 有限の n では $(x_0, y_0) \notin D_n$ となる．(2) (x_0, y_0) 以外の点からなる D の部分集合 K が境界を含み，無定義点を含んでいなければ，ある有限の n で $K \subset D_n$ となる．このような近似増加列 D_n について，$\lim_{n\to\infty} \iint_{D_n} f(x,y)\,dxdy$ が D_n の選び方によらずに収束すれば，その収束値を $\iint_D f(x,y)\,dxdy$ とする．

定符号関数の特異2重積分　$f(x,y)$ が定符号のとき（$f(x,y) \geqq 0$ または $f(x,y) \leqq 0$），領域 D に無定義点があっても，任期の2つの近似増加列 D_n, D_n' について
$$\lim_{n\to\infty} \iint_{D_n} f(x,y)\,dxdy = \lim_{n\to\infty} \iint_{D_n'} f(x,y)\,dxdy \quad \text{となる．}$$

例題 4.8　　　　　特異2重積分（xy 座標，簡単な近似増加列）

次の特異2重積分の値を求めよ．$\displaystyle\iint_{0 \leqq x \leqq y \leqq 1} \frac{dxdy}{\sqrt{y-x}}$

ヒント　$y = x$ が無定義点．定符号なので，1つの近似増加列を作ればよい．

解答　$D_n = \{0 \leqq x,\ x + \frac{1}{n} \leqq y \leqq 1\}$ とすると，近似増加列になる．

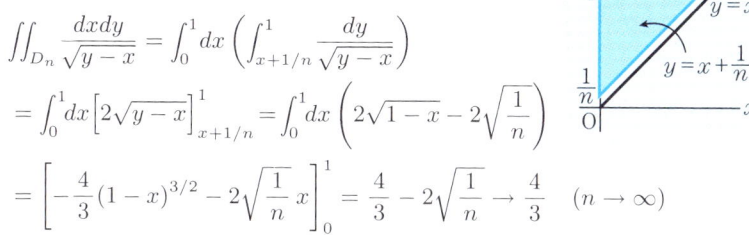

$$\iint_{D_n} \frac{dxdy}{\sqrt{y-x}} = \int_0^1 dx \left(\int_{x+1/n}^1 \frac{dy}{\sqrt{y-x}} \right)$$
$$= \int_0^1 dx \left[2\sqrt{y-x} \right]_{x+1/n}^1 = \int_0^1 dx \left(2\sqrt{1-x} - 2\sqrt{\frac{1}{n}} \right)$$
$$= \left[-\frac{4}{3}(1-x)^{3/2} - 2\sqrt{\frac{1}{n}}\,x \right]_0^1 = \frac{4}{3} - 2\sqrt{\frac{1}{n}} \to \frac{4}{3} \quad (n \to \infty)$$

問題

8.1 次の特異2重積分の値を求めよ．a は正定数とする．

(1) $\displaystyle\iint_{0 \leqq x \leqq y \leqq 1} \frac{dxdy}{(y-x)^a}$　　(2) $\displaystyle\iint_{0 \leqq x,\ 0 \leqq y,\ x+y \leqq 1} \frac{dxdy}{\sqrt{1-x-y}}$

(3) $\displaystyle\iint_{0 \leqq x+y,\ x \leqq 1,\ y \leqq 1} \frac{dxdy}{(x+y)^a}$　　(4) $\displaystyle\iint_{0 \leqq x \leqq \pi,\ 0 \leqq y \leqq x^2} \sin\frac{y}{x}\,dxdy$

ヒント　無定義点は次の通り．(1) $y = x$, (2) $x + y = 1$, (3) $x + y = 0$, (4) $x = 0$

例題 4.9 — 特異 2 重積分（xy 座標，簡単でない近似増加列，極座標）

次の特異 2 重積分の値を求めよ．

(1) $\displaystyle\iint_{0\leq x\leq 1,\ 0\leq y\leq 1} \frac{dxdy}{\sqrt{x+y}}$
(2) $\displaystyle\iint_{x^2+y^2\leq 1} \frac{dxdy}{\sqrt{x^2+y^2}}$

ヒント (1)(2)とも $(0,0)$ が無定義点．定符号なので，1つの近似増加列を作ればよい．(2)は極座標を使う．$r=0$ が無定義点．

解答 (1) 無定義点の $(0,0)$ のみ避けるような，下図の近似増加列 D_n を考える．

$\displaystyle\iint_{D_n}\frac{dxdy}{\sqrt{x+y}}\quad \left(\varepsilon=\frac{1}{n}\text{と置く}\right)$

$=\displaystyle\int_0^\varepsilon dx\int_\varepsilon^1 \frac{dy}{\sqrt{x+y}}+\int_\varepsilon^1 dx\int_0^1 \frac{dy}{\sqrt{x+y}}$

$=\displaystyle\int_0^\varepsilon dx\left[2\sqrt{x+y}\right]_\varepsilon^1+\int_\varepsilon^1 dx\left[2\sqrt{x+y}\right]_0^1$

$=\displaystyle\int_0^\varepsilon dx\left(2\sqrt{x+1}-2\sqrt{x+\varepsilon}\right)+\int_\varepsilon^1 dx\left(2\sqrt{x+1}-2\sqrt{x}\right)$

$=\displaystyle\frac{4}{3}\left[(x+1)^{3/2}-(x+\varepsilon)^{3/2}\right]_0^\varepsilon+\frac{4}{3}\left[(x+1)^{3/2}-x^{3/2}\right]_\varepsilon^1$

$=\displaystyle\frac{4}{3}\left\{(\varepsilon+1)^{3/2}-(\varepsilon+\varepsilon)^{3/2}-1+\varepsilon^{3/2}-1+2^{3/2}-(\varepsilon+1)^{3/2}+\varepsilon^{3/2}\right\}$

$\to\displaystyle\frac{4}{3}\left\{1-1-1+2\sqrt{2}-1\right\}=\frac{8(\sqrt{2}-1)}{3}\quad (\varepsilon\to 0+0)$

(2) 極座標でいうと $r=0$ が無定義点なので，これのみを避けるような近似増加列 $D_n=\{1/n\leq r\leq 1,\ 0\leq\theta\leq 2\pi\}$ を考える．

$\displaystyle\iint_{D_n}\frac{dxdy}{\sqrt{x^2+y^2}}=\iint_{D_n}\frac{rdrd\theta}{r}=\int_0^{2\pi}d\theta\int_{1/n}^1 dr$

$=\displaystyle 2\pi\left(1-\frac{1}{n}\right)\to 2\pi\quad (n\to\infty)$

問 題

9.1 次の特異 2 重積分の値を求めよ．a は正定数とする．

(1) $\displaystyle\iint_{0\leq x\leq 1,\ 0\leq y\leq 1}\log(x+y)\,dxdy$
(2) $\displaystyle\iint_{0\leq x\leq 1,\ 0\leq y\leq 1}\frac{dxdy}{(x+y)^a}$

(3) $\displaystyle\iint_{x^2+y^2\leq a^2}\frac{dxdy}{\sqrt{a^2-x^2-y^2}}$
(4) $\displaystyle\iint_{0\leq x,\ 0\leq y,\ x^2+y^2\leq 1}\tan^{-1}\left(\frac{y}{x}\right)dxdy$

(5) $\displaystyle\iint_{0\leq y\leq x\leq 1}\frac{dxdy}{\sqrt{x^2+y^2}}$
(6) $\displaystyle\iint_{x^2+y^2\leq 1}\log(x^2+y^2)\,dxdy$

ヒント (1)(2) 原点が無定義点．例えば，上の例題 (1) の D_n を使う．
(3)(4)(5)(6) は極座標を使う．

4.5 無限2重積分

2重積分の積分領域が有界でない場合，つまり無限遠点を含んでいる場合は，前節の無定義点のところを無限遠点と読み替えるだけである．これを**無限2重積分**という．つまり，無限遠点を取り除くような近似増加列を考えて，その上で積分を求める．p.125 の「定符号関数の特異2重積分」は，無限2重積分に関しても成り立つ．

例題 4.10 ─────────────── 無限2重積分（xy 座標）─

次の無限2重積分の値を求めよ． $\iint_{1\leq x,\ 1\leq y} \dfrac{dxdy}{(x+y)^3}$

ヒント $1\leq x,\ 1\leq y$ にある無限遠点，つまり $x=\infty$ または $y=\infty$ が取り除くべき点である．

解答 正のみをとるので，1つの近似増加列を考えればよい．
近似増加列 $D_n = \{1\leq x\leq n,\ 1\leq y\leq n\}$ を考える．

$$\iint_{D_n} \frac{dxdy}{(x+y)^3} = \int_1^n dx \int_1^n dy\, (x+y)^{-3}$$
$$= \int_1^n dx \left[-\frac{1}{2}(x+y)^{-2}\right]_1^n$$
$$= \int_1^n dx \left\{-\frac{1}{2}(x+n)^{-2} + \frac{1}{2}(x+1)^{-2}\right\}$$
$$= \left[\frac{1}{2}(x+n)^{-1} - \frac{1}{2}(x+1)^{-1}\right]_1^n$$
$$= \frac{1}{2}(n+n)^{-1} - \frac{1}{2}(n+1)^{-1} - \frac{1}{2}(1+n)^{-1} + \frac{1}{2}(1+1)^{-1}$$
$$\to \frac{1}{2} \quad (n\to\infty)$$

問題

10.1 次の無限2重積分の値を求めよ．a は正定数とする．

(1) $\iint_{1\leq x,\ 1\leq y} \dfrac{dxdy}{(x+y)^a}$
(2) $\iint_{0\leq x,\ 0\leq y} \dfrac{dxdy}{(x+y+1)^a}$ （定数 $a>2$）
(3) $\iint_{0\leq x\leq y} \exp(-y^2)\,dxdy$
(4) $\iint_{0\leq x\leq y} \exp(-x-y)\,dxdy$

ヒント 例えば近似増加列は次のようにとる．(1) $\{1\leq x\leq n,\ 1\leq y\leq n\}$，(2) $\{0\leq x\leq n,\ 0\leq y\leq n\}$，(3)(4) $\{0\leq x\leq y\leq n\}$

---例題 4.11---――――――――――――――――――無限 2 重積分（極座標）---

(1) 次の無限 2 重積分の値を求めよ．$\iint_{\mathbf{R}^2} \exp(-x^2 - y^2)\,dxdy$
(2) 次の無限積分の値を求めよ．$\int_0^\infty \exp(-x^2)\,dx$

ヒント (1) 極座標に変換する．無限遠点は $r = \infty$．置換積分するときは，$dxdy = rdrd\theta$ のヤコビアン r を忘れずに．(2) は (1) を使う．

解答 (1) 正のみをとるので，1 つの近似増加列を考えればよい．極座標に変換する．無限遠のみ避ける近似増加列 $D_n = \{0 \leq r \leq n,\ 0 \leq \theta \leq 2\pi\}$ を考える．

$$\iint_{D_n} \exp(-x^2 - y^2)\,dxdy = \int_0^{2\pi} d\theta \int_0^n dr \exp(-r^2)\, r \quad \text{(最後の } r \text{ はヤコビアン)}$$

$$= 2\pi \left[-\frac{1}{2}\exp(-r^2)\right]_0^n = 2\pi\left\{-\frac{1}{2}\exp(-n^2) + \frac{1}{2}\right\} \to \pi \quad (n \to \infty)$$

(2) (1) の結果を使う．

$$\pi = \iint_{\mathbf{R}^2} \exp(-x^2 - y^2)\,dxdy = \iint_{\mathbf{R}^2} \exp(-x^2)\exp(-y^2)\,dxdy$$

$$= \left(\int_{-\infty}^\infty \exp(-x^2)\,dx\right)\left(\int_{-\infty}^\infty \exp(-y^2)\,dy\right) = \dagger$$

この第 1 項と第 2 項は，積分するときの変数が異なるが，値としては同じものである．

$$\dagger = \left(\int_{-\infty}^\infty \exp(-x^2)\,dx\right)^2 = \left(2\int_0^\infty \exp(-x^2)\,dx\right)^2 = 4(\text{与式})^2$$

与式 > 0 なので，与式 $= \frac{\sqrt{\pi}}{2}$．

問題

11.1 次の無限 2 重積分の値を求めよ．a は正定数とする．

(1) $\iint_{1 \leq x^2 + y^2} \dfrac{dxdy}{(x^2 + y^2)^a}$ (2) $\iint_{\mathbf{R}^2} x^2 \exp(-x^2 - y^2)\,dxdy$

(3) $\iint_{0 \leq x, 0 \leq y} x \exp(-x^2 - y^2)\,dxdy$ (4) $\iint_{\mathbf{R}^2} \dfrac{dxdy}{(1 + x^2 + y^2)^a}$

(5) $\iint_{\mathbf{R}^2} \dfrac{dxdy}{(x^2 + y^2 + \sqrt{x^2 + y^2})^{3/2}}$

(6) $\int_{-\infty}^\infty \dfrac{1}{\sqrt{2\pi}\sigma} \exp\left(-\dfrac{(x-\mu)^2}{2\sigma^2}\right) dx$ (σ は正定数，μ は定数)

ヒント 全て極座標を使う．(5) は原点が無定義点．(6) は上の例題 (2) を使う．被積分関数は正規分布関数という．

4.6 2重積分で体積を求める

体積と2重積分 3次元物体 $D_3 \subset \mathbf{R}^3$ が $D_3 = \{(x,y,z) \in \mathbf{R}^3 : (x,y) \in D_2 \subset \mathbf{R}^2, z_1(x,y) \leqq z \leqq z_2(x,y)\}$ と表されるとき，その体積 V は次のようになる．
$$V = \iint_{D_2} \{z_1(x,y) - z_2(x,y)\} dxdy$$

例題 4.12 ──────────────── 2重積分で体積を求める（xy 座標）

$f(x,y) = \sin(x+y)\sin(x-y)$ $(0 \leqq x \leqq \pi, -\pi/2 \leqq y \leqq \pi/2)$ とする．曲面 $z = f(x,y)$ と xy 平面で囲まれた部分の体積 V を求めよ．

ヒント $0 \leqq x \leqq \pi, -\pi/2 \leqq y \leqq \pi/2$ の範囲で $\sin(x+y)\sin(x-y) \geqq 0$ となるのは，
$$0 \leqq x+y \leqq \pi, \ 0 \leqq x-y \leqq \pi$$
のときである．右の図は曲面 $z = \sin(x+y)\sin(x-y)$ の $z \geqq 0$ の部分．

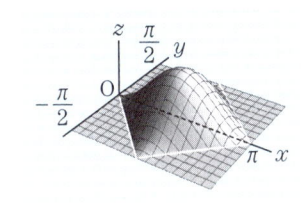

解答 $f(x,y) \geqq 0$ となるのは，(x,y) が
$$D = \{0 \leqq x+y \leqq \pi, \ 0 \leqq x-y \leqq \pi\}$$
内にあるときである．$f(x,y)$ を D 上で積分したものが V である．
$$V = \iint_{0 \leqq x+y \leqq \pi, \ 0 \leqq x-y \leqq \pi} \sin(x+y)\sin(x-y)\, dxdy$$

$t = x+y, s = x-y$ と置換積分する．$\det \frac{\partial(t,s)}{\partial(x,y)} = t_x s_y - t_y s_x = -2$ なので，ヤコビアン $J = \det \frac{\partial(x,y)}{\partial(t,s)} = -\frac{1}{2}$ となり，$dxdy = \frac{1}{2}dtds$．

$$V = \iint_{0 \leqq t \leqq \pi, \ 0 \leqq s \leqq \pi} \sin(t)\sin(s)\left(\frac{1}{2}dtds\right) = \frac{1}{2}\left(\int_0^\pi \sin t\, dt\right)^2$$
$$= \frac{1}{2}\left(\Big[-\cos t\Big]_0^\pi\right)^2 = \frac{1}{2}2^2 = 2$$

問題

12.1 次の $f(x,y)$ について，曲面 $z = f(x,y)$ と xy 平面で囲まれた部分の体積 V を求めよ．　(1) $\cos(x+y)\cos(x-y)$ $\left(-\frac{\pi}{2} \leqq x \leqq \frac{\pi}{2}, -\frac{\pi}{2} \leqq y \leqq \frac{\pi}{2}\right)$
(2) $2 - \exp(|x|+|y|)$　(3) $x^4 - 2x^2 + 1 - y^2$ $(-1 \leqq x \leqq 1, -1 \leqq y \leqq 1)$
ヒント $f(x,y) \geqq 0$ となる x,y の領域を調べよ．

例題 4.13 ―― 2重積分で体積を求める（極座標）

次の立体の体積 V を求めよ．a は正定数とする．
(1) $x^2+y^2 \leq a^2$, $-a \leq z \leq x$ (2) $x^2+y^2 \leq z \leq a^2$

ヒント (1) $D_2 = \{x^2+y^2 \leq a^2\}$ 上で，上面 $z_1 = x$, 下面 $z_2 = -a$ で囲まれた部分である．(2) $D^2 = \{x^2+y^2 \leq a^2\}$ 上で，上面 $z_1 = a^2$, 下面 $z_2 = x^2+y^2$ で囲まれた部分である．(1)(2) とも積分計算には，極座標に変換するとよい．

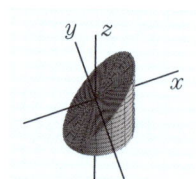

解答 (1) $V = \iint_{x^2+y^2 \leq a^2} \{x-(-a)\}\, dxdy$　（極座標に変換する）

$$= \int_0^a dr \int_0^{2\pi} d\theta\, (r\cos\theta + a)\, r$$
$$= \int_0^a r^2\, dr \int_0^{2\pi} \cos\theta\, d\theta + a \int_0^{2\pi} d\theta \int_0^a r\, dr$$
$$= \pi a^2$$

(2) $V = \iint_{x^2+y^2 \leq a^2} (a^2 - x^2 - y^2)\, dxdy$　（極座標に変換する）

$$= \int_x^a dr \int_0^{2\pi} d\theta (a^2 - r^2) r = 2\pi a^2 \int_0^a r\, dr - 2\pi \int_0^a r^3\, dr$$
$$= \frac{1}{2}\pi a^4$$

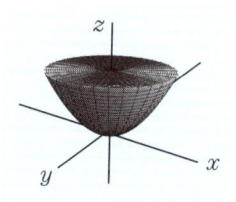

問題

13.1 a, b, c を正定数とする．次の立体の体積 V を求めよ．
(1) $x^2+y^2+z^2 \leq 2$, $x^2+y^2 \leq z$
(2) 2平面 $z=|x+y|$, $z=0$ と円柱 $x^2+y^2=1$ に囲まれた部分
(3) $x^2+y^2+z^2 \leq 1$, $x^2+y^2 \leq 3z^2$, $0 \leq x$, $0 \leq y$, $0 \leq z$
(4) 楕円体 $\dfrac{x^2}{a^2} + \dfrac{y^2}{b^2} + \dfrac{z^2}{c^2} \leq 1$

ヒント (1) $D_2 = \{r=1\}$．(2) 同じものが2つあるので，1つの体積を求めて2倍．(3) $D_2 = \{r=\sqrt{3}/2, 0 \leq \theta \leq \pi/2\}$．(4) $x = ar\cos\theta, y = br\sin\theta$ と変換．

(1)　(2)　(3)　(4)

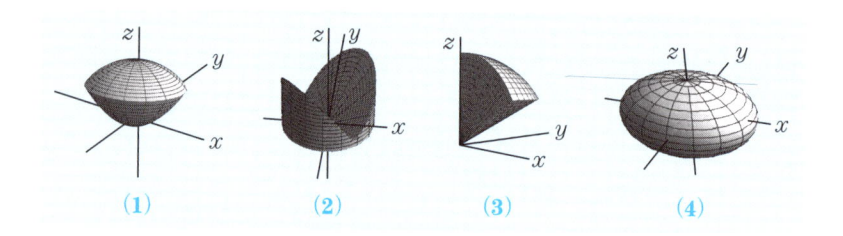

4.7 2重積分で曲面積を求める

曲面積 $z = z(x, y)$ $((x, y) \in D)$ と表される曲面の面積 S は次のようになる.

$$S = \iint_D \sqrt{1 + \left(\frac{\partial z}{\partial x}\right)^2 + \left(\frac{\partial z}{\partial y}\right)^2} \, dxdy$$

曲面積（円柱座標） $x = r\cos\theta, y = r\sin\theta, z = z$ という円柱座標を使って, $z = z(r, \theta)$ $((r, \theta) \in D)$ と表される曲面の面積 S は次のようになる.

$$S = \iint_D \sqrt{r^2 + r^2\left(\frac{\partial z}{\partial r}\right)^2 + \left(\frac{\partial z}{\partial \theta}\right)^2} \, drd\theta$$

--- 例題 4.14 ---------- 2重積分で曲面積を求める（xy 座標）

$y^2 + z^2 = 1, x^2 + y^2 \leq 1$ と表される曲面の面積 S を求めよ.

ヒント p.71 例題 2.26 の円柱相貫体で, 片方の円柱 ($y^2 + z^2 = 1$) 上にあり, もう片方の円柱内 ($x^2 + y^2 \leq 1$) にある部分. その 4 分の 1 ($y \leq 0$, $0 \leq z$) が右図. $S = \iint_D \sqrt{1 + (z_x)^2 + (z_y)^2} \, dxdy$.

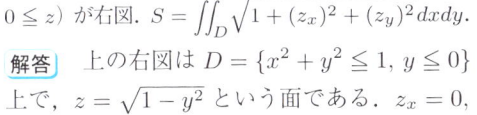

解答 上の右図は $D = \{x^2 + y^2 \leq 1, y \leq 0\}$ 上で, $z = \sqrt{1 - y^2}$ という面である. $z_x = 0$, $z_y = \frac{-y}{\sqrt{1-y^2}}$ となるので, $1 + (z_x)^2 + (z_y)^2 = \frac{1}{1-y^2}$.

$$S = 4\iint_{x^2+y^2 \leq 1, \ y \leq 0} \frac{dxdy}{\sqrt{1-y^2}}$$

これは $y = -1$ で無定義の特異積分である. 積分領域を

$$\{-1 + 1/n \leq y \leq 0, -\sqrt{1-y^2} \leq x \leq \sqrt{1-y^2}\}$$

と表現して, 累次積分し $n \to \infty$ をとる.

$$4\int_{-1+1/n}^{0} dy \int_{-\sqrt{1-y^2}}^{\sqrt{1-y^2}} dx \frac{1}{\sqrt{1-y^2}} = 8\int_{-1+1/n}^{0} dy = 8\left(1 - \frac{1}{n}\right)$$

$$\to 8 = S \quad (n \to \infty)$$

問題

14.1 次の式で表される曲面の面積 S を求めよ. (1) $z = y - x^2$, $0 \leq x \leq 1$, $0 \leq y \leq 1$ (2) $x^2 + y^2 - y = 0$, $x^2 + y^2 + z^2 \leq 1$ (3) $z = xy$, $x^2 + y^2 \leq 1$ (4) $z = \sqrt{x^2 + y^2}$ ($z \leq \frac{1}{2}x + 1$)　不定積分のヒント (2) p.56 問題 13.1(5)

例題 4.15 ──────────────── 2 重積分で曲面積を求める（円柱座標）

$x^2+y^2-y \leq 0$, $x^2+y^2+z^2=1$ と表される曲面の面積 S を求めよ．

ヒント 左図のように球と円柱が，中心を少しずらして交わっている．球上にあり，円柱内にある部分が，問題の曲面である．同じものが z の正側と負側にあり，正側にあるものが右図である．$S = \iint_D \sqrt{r^2 + r^2(z_r)^2 + (z_\theta)^2}\, drd\theta$ を使う．

解答 上の右図の半分は，$D = \{x^2+y^2-y \leq 0, 0 \leq x\}$ の上で，
$z = \sqrt{1-x^2-y^2}$ と表される曲面である．極座標を使うと p.123 例題 4.6(5) より，$D = \{0 \leq \theta \leq \pi/2, 0 \leq r \leq \sin\theta\}$ と表せ，さらに $D = \{0 \leq r \leq 1, \sin^{-1} r \leq \theta \leq \pi/2\}$ とも表せる．$z = \sqrt{1-r^2}$ なので，$z_r = -\frac{r}{\sqrt{1-r^2}}$, $z_\theta = 0$ となり，$r^2 + r^2(z_r)^2 + (z_\theta)^2 = r^2 + \frac{r^4}{1-r^2} + 0 = \frac{r^2}{1-r^2}$.

$$S = 4\iint_{0 \leq r \leq 1,\ \sin^{-1} r \leq \theta \leq \pi/2} \frac{r}{\sqrt{1-r^2}}\, drd\theta$$

これは $r=1$ で無定義の広義積分である．$r=1$ のみを取り除く，近似増加列 $D_n = \{0 \leq r \leq 1-1/n, \sin^{-1} r \leq \theta \leq \pi/2\}$ を考える．

$$4\iint_{D_n} \frac{r}{\sqrt{1-r^2}}\, drd\theta = 4\int_0^{1-1/n} dr \int_{\sin^{-1} r}^{\pi/2} d\theta \frac{r}{\sqrt{1-r^2}}$$
$$= 4\int_0^{1-1/n} dr \frac{r}{\sqrt{1-r^2}} \left(\frac{\pi}{2} - \sin^{-1} r\right) = \dagger$$

ここで $\int \frac{r \sin^{-1} r\, dr}{\sqrt{1-r^2}} = \int (-\sqrt{1-r^2})' \sin^{-1} r\, dr = -\sqrt{1-r^2}\sin^{-1} r + r$ を使う．

$\dagger = 2\pi\left[-\sqrt{1-r^2}\right]_0^{1-1/n} - 4\left[r - \sqrt{1-r^2}\sin^{-1} r\right]_0^{1-1/n}$　　($s = 1 - \frac{1}{n}$ とする)
$= 2\pi(1-\sqrt{1-s^2}) - 4(s - \sqrt{1-s^2}\sin^{-1} s)$
$\to 2\pi - 4 \quad (s \to 1-0)$

問題

15.1 次のように表される曲面の面積 S を求めよ．

(1) $x^2+y^2+z^2=1, a \leq z \quad (|a| < 1)$

(2) $z = x^2+y^2 \leq a^2$ (a は正定数)

(3) $z = \sqrt{x^2+y^2} \leq a$ (a は正定数)　　(4) $z = \tan^{-1}\dfrac{y}{x}, x^2+y^2 \leq 1$

ヒント 全て円柱座標を使う．

4.8 3 重 積 分

3重積分　連続な 3 変数関数 $f(x,y,z)$ に対し，次のように定義する．

$$\iiint_{a\leq x\leq b,\ c\leq y\leq d,\ e\leq z\leq f} f(x,y,z)\,dxdydz$$
$$= \lim_{n\to\infty} \sum_{k=1}^{n}\sum_{l=1}^{n}\sum_{m=1}^{n} f(a+k\,dx, c+l\,dy, e+m\,dz)dx\,dy\,dz$$
$$\left(dx = \frac{b-a}{n},\ dy = \frac{d-c}{n},\ dz = \frac{f-e}{n}\right)$$

直方体ではない領域 $D \subset \mathbf{R}^3$ については，D を含む直方体 K を考え，D 内では f と等しく，D 外では 0 になる関数を K 上で積分したものを，D 上での f の積分とする．

累次積分　$D = \{a \leq x \leq b,\ g(x) \leq y \leq h(x),\ i(x,y) \leq z \leq j(x,y)\}$ について．

$$\iiint_D f(x,y,z)\,dxdydz = \int_a^b \left\{\int_{g(x)}^{h(x)} \left(\int_{i(x,y)}^{j(x,y)} f(x,y,z)dz\right) dy\right\} dx$$

置換積分　変数変換 $(x,y,z) \mapsto (t,s,u)$ について．

$$\iiint_D f(x,y,z)\,dxdydz$$
$$= \iiint_{D\ を\ s,t,u\ で書いたもの} f(x(s,t,u), y(s,t,u), z(s,t,u))\,|J|\,dtdsdu$$

ただしヤコビアン $J = \det \frac{\partial(x,y,z)}{\partial(s,t,u)}$ とする．特に 3 次元極座標（3.12 節（p.109）を参照）

$$x = r\sin\theta\cos\varphi,\quad y = r\sin\theta\sin\varphi,\quad z = r\cos\theta$$

に対し，

$$dxdydz = r^2 \sin\theta\,drd\theta d\varphi$$

広義 3 重積分　特異 3 重積分，無限 3 重積分も特異 2 重積分，無限 2 重積分と同様に，近似増加列を考えればよい．「定符号関数の特異 2 重積分」（p.125）もそのまま，3 次元で成り立つ．

体積（3 重積分）　3 次元物体 $D_3 \subset \mathbf{R}^3$ の体積 V は次のようになる．

$$V = \iiint_{D_3} dxdydz$$

---例題 4.16--------------------------------3重積分（累次積分）---

次の3重積分の値を求めよ．

(1) $\iiint_{a\leq x\leq b,\ c\leq y\leq d,\ e\leq z\leq f} g\,dxdydz$ （a,b,c,d,e,f,g は定数）

(2) $\iiint_{x^2+y^2\leq z\leq 1,\ 0\leq x} xz\,dxdydz$

ヒント 累次積分に直す．(2) $\{0\leq z\leq 1,\ -\sqrt{z}\leq y\leq \sqrt{z},\ 0\leq x\leq \sqrt{z-y^2}\}$

解答 (1) 与式 $=\int_a^b dx\int_c^d dy\int_e^f dz\,g = \int_a^b dx\int_c^d dy\,g(f-e)$

$= \int_a^b dx\,g(f-e)(d-c)$

$= g(f-e)(d-c)(b-a)$

(2) 与式 $=\int_0^1 dz\int_{-\sqrt{z}}^{\sqrt{z}} dy\int_{-\sqrt{z-y^2}}^{\sqrt{z-y^2}} dx\,xz$

$=\int_0^1 dz\int_{-\sqrt{z}}^{\sqrt{z}} dy\,z\left[\frac{x^2}{2}\right]_{-\sqrt{z-y^2}}^{\sqrt{z-y^2}}$

$=\int_0^1 dz\int_{-\sqrt{z}}^{\sqrt{z}} dy\,z(z-y^2) = \int_0^1 dz\left[z^2 y - z\frac{y^3}{3}\right]_{-\sqrt{z}}^{\sqrt{z}}$

$=\int_0^1 dz\left(2z^2\sqrt{z} - z\frac{2z\sqrt{z}}{3}\right) = \int_0^1 dz\left(\frac{4}{3}z^{5/2}\right)$

$=\left[\frac{4}{3}\frac{2}{7}z^{7/2}\right]_0^1 = \frac{8}{21}$

問題

16.1 次の3重積分の値を求めよ．

(1) $D = \{0\leq x\leq 1,\ 0\leq y\leq 1,\ 0\leq z\leq 1\}$, $\iiint_D xyz\,dxdydz$

(2) $D = \{0\leq x,\ 0\leq y,\ 0\leq z,\ x+y+z\leq 1\}$, $\iiint_D (x+y+z)\,dxdydz$

(3) $D = \{0\leq z\leq \sqrt{x^2+y^2}\leq 1\}$, $\iiint_D z\,dxdydz$

ヒント 全て累次積分で計算する．D を累次表現に変える必要がある．

―― 例題 4.17 ――――――――――――――――――――――― 3重積分（置換積分）――

次の3重積分の値を求めよ．a は正定数とする．

(1) $\iiint_{x^2+y^2+z^2 \leq a^2} \sqrt{x^2+y^2+z^2}\, dxdydz$

(2) $\iiint_{\mathbf{R}^3} \exp(-(x^2+y^2+z^2)^{3/2})\, dxdydz$

ヒント 置換積分で3次元極座標に直す．$x = r\sin\theta\cos\varphi,\ y = r\sin\theta\sin\varphi,\ z = r\cos\theta$．① 積分領域を r, θ, φ で表現．② 被積分関数を r, θ, φ で表現．③ $dxdydz = r^2\sin\theta\, drd\theta d\varphi$．

解答 全て3次元極座標に置換積分する．

(1) ① 積分領域は $\{x^2+y^2+z^2 \leq a^2\} = \{0 \leq r \leq a,\ 0 \leq \theta \leq \pi,\ 0 \leq \varphi \leq 2\pi\}$．
② 被積分関数は $\sqrt{x^2+y^2+z^2} = r$．③ $dxdydz = r^2\sin\theta\, drd\theta d\varphi$．

$$\text{与式} = \int_0^{2\pi} d\varphi \int_0^\pi d\theta \int_0^a dr\, r\, (r^2\sin\theta) = \int_0^{2\pi} d\varphi \int_0^\pi \sin\theta\, d\theta \int_0^a r^3\, dr$$

$$= 2\pi \bigl[-\cos\theta\bigr]_0^\pi \left[\frac{r^4}{4}\right]_0^a = 2\pi \cdot 2 \cdot \frac{1}{4} = \pi$$

(2) ① 定符号の無限積分であるから，無限遠を取り除く近似増加列

$$D_n = \{0 \leq r < n,\ 0 \leq \theta \leq \pi,\ 0 \leq \varphi \leq 2\pi\}$$

を考える．
② 被積分関数は $\exp(-(x^2+y^2+z^2)^{3/2}) = \exp(-r^3)$．③ $dxdydz = r^2\sin\theta\, drd\theta d\varphi$．

$$\text{与式} = \int_0^{2\pi} d\varphi \int_0^\pi d\theta \int_0^n dr\, \exp(-r^3)(r^2\sin\theta)$$

$$= \int_0^{2\pi} d\varphi \int_0^\pi \sin\theta\, d\theta \int_0^n r^2 \exp(-r^3)\, dr$$

$$= 2\pi \bigl[-\cos\theta\bigr]_0^\pi \left[-\frac{1}{3}\exp(-r^3)\right]_0^n$$

$$= 2\pi \cdot 2 \cdot \frac{1-\exp(-n^3)}{3} \to \frac{4\pi}{3} \quad (n \to \infty)$$

問　題

17.1 次の3重積分の値を求めよ．a は正定数とする．

(1) $D = \{x^2+y^2+z^2 \leq 1,\ 0 \leq x,\ 0 \leq y,\ 0 \leq z\},\ \iiint_D z^2\, dxdydz$

(2) $D = \{x^2+y^2 \leq 1\},\ \iiint_D \sqrt{x^2+y^2} \exp(-z^2)\, dxdydz$

(3) $D = \{x^2+y^2+z^2 \leq 1\},\ \iiint_D \dfrac{dxdydz}{x^2+y^2+z^2}$

ヒント 3次元極座標を使う．(2) 無限積分．(3) 広義積分．

章末問題

1 3次元極座標 (r,θ,φ) を用いて $r = r(\theta,\varphi)$ $((\theta,\varphi) \in D)$ と表される曲面の面積 S は次のようになることを示せ.
$$S = \iint_D r\sqrt{r^2\sin^2\theta + (r_\theta)^2\sin^2\theta + (r_\varphi)^2}\,d\theta d\varphi$$
また，これを使って次の曲面の面積 S を求めよ．a は正定数とする．

(1) $r = a$

(2) $r = a(1 + \cos\theta)$

(3) $r^2 = a^2\sin^2\theta\cos(2\varphi)$ （図はページ下に）

2 前問の (1)-(3) の曲面について，面積あたりの質量が一様な薄い曲面を考える．全体の質量は m とし，回転軸は z 軸としたときの，慣性モーメント I を求めよ．
ヒント 前問の被積分関数に，面積あたりの質量と z 軸からの距離の 2 乗をかけ，積分する．

3 区分求積法を用いて次の値を求めよ．

(1) $\displaystyle\lim_{n\to\infty}\sum_{k=1}^{n^2}\frac{1}{n\exp((k/n)^2)}$ 　　(2) $\displaystyle\lim_{n\to\infty}\sum_{k=1}^{n}\sum_{l=1}^{n}\frac{1}{n\sqrt{n(k+l)}}$

(3) $\displaystyle\lim_{n\to\infty}\sum_{k=1}^{n}\sum_{l=1}^{n}\sum_{m=1}^{n}\frac{klm}{n^6}$

ヒント (1) $[0,n]$ を n^2 個に均等分割する．

4 次の広義積分の値を求めよ．

(1) $\displaystyle\iint_{x^2+y^2\leq 1}\tan^{-1}\left(\frac{y}{x}\right)dxdy$ 　　(2) $\displaystyle\iint_{\mathbf{R}^2}(x^2-y)\exp(-x^2-y^2)\,dxdy$

5 3次元物体 $D \subset \mathbf{R}^3$ の体積は $\iiint_D dxdydz$ と等しい．これを用いて次の物体の体積を求めよ．

(1) $x^2 + y^2 + z^2 \leq a^2$ 　　(2) $(x^2+y^2+z^2)^2 \leq z$

(3) $(x^2+y^2+z^2)^{3/2} \leq z^2$

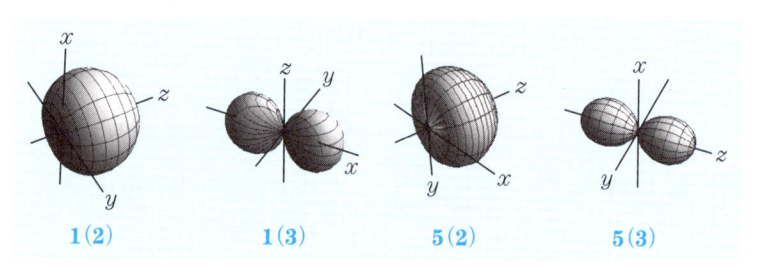

1(2) 　　1(3) 　　5(2) 　　5(3)

第5章

微分方程式

微分方程式 変数 x,関数 $y(x)$,およびその微分の間の関係式
$$f(x, y, y', y'', \cdots) = 0$$
を微分方程式という.これを満たす $y(x)$ を微分方程式の解といい,解を求めることを"微分方程式を解く"という.微分方程式に登場する y の導関数の階数のうち,最大のものが n 階であるとき,n 階の微分方程式という.その中で
$$y^{(n)} = f(x, y, y', y'', \cdots, y^{(n-1)})$$
という形のものを,正規形の微分方程式という.この章では,正規形の微分方程式について扱う.n 階の微分方程式の解は n 個の任意定数を含む.これを**一般解**という.上の微分方程式に加えて,定数 $a, b_0, b_1, b_2, \cdots, b_{n-1}$ を用いて
$$y(a) = b_0, \, y'(a) = b_1, \, y''(a) = b_2, \cdots, y^{(n-1)}(a) = b_{n-1}$$
という形の条件を付加すれば,解を得ることができる.この条件を**初期条件**といい,初期条件付きの微分方程式を解くことを**初期値問題を解く**という.

正規形微分方程式の解の存在 n は自然数とする.$n + 1$ 変数関数 f が,定点 $(a, b_0, b_1, b_2, \cdots, b_{n-1})$ の近くで,偏微分可能で偏導関数が連続であるとき,初期条件 $y(a) = b_0, \, y'(a) = b_1, \, y''(a) = b_2, \cdots, y^{(n-1)}(a) = b_{n-1}$ を満たす微分方程式 $y^{(n)} = f(x, y, y', y'', \cdots, y^{(n-1)})$ の解が $(a, b_0, b_1, b_2, \cdots, b_{n-1})$ の近くで存在する.

5.1 1階微分方程式の解法

ここでは 1 階の正規形微分方程式について扱う.つまり $y' = f(x, y)$ という形の微分方程式を解くことを考える.その中でも次の 3 つのタイプについて扱う.

$$\text{変数分離形} \quad y' = g(x)h(y)$$
$$\text{同次形} \quad y' = g\left(\frac{y}{x}\right)$$
$$1 \text{ 階線形} \quad y' = g(x)y + h(x)$$

例題 5.1 ━━━━━━━━━━━━━━━━━ 変数分離形 ━━

次の微分方程式を解け． (1) $y' = ay$ (2) $y' = \exp(x+y), y(0) = 0$

ヒント $y' = g(x)h(y)$ という形の変数分離形である． $\frac{dy}{h(y)} = g(x)\,dx$, $\int \frac{dy}{h(y)} = \int g(x)\,dx$ 両辺の不定積分を完成し，それを y について解けば解を得る．

解答 (1) $\frac{dy}{dx} = ay$ を変数分離すると $\frac{dy}{y} = a\,dx$．この両辺を積分すると $\int \frac{dy}{y} = a\int dx$ （左辺は y で微分すると e^{-y} になるもの，右辺は x で微分すると e^x になるもの，という意味）．不定積分を求めると，左辺 $= \log|y| + c_1$, 右辺 $= ax + c_2$ （c_1, c_2 は積分定数）となる．この2つが等しいのであるが，$c_2 - c_1$ を改めて定数 c とおけば，形の上では積分定数は1つでよかったことになる．$\log|y| = ax + c$ となり，この両辺の exp をとる．$\pm\exp(c)$ を改めて c と置くと，$y = c\exp(ax)$．

(2) $y' = \frac{dy}{dx}$, $\exp(x+y) = e^x e^y$ と変形すれば，x だけで決まるものと，y で決まるものとに分離することができる．

$$\frac{dy}{dx} = e^x e^y, \quad \frac{dy}{e^y} = e^x\,dx$$

ここで両辺を不定積分する．

$$\int \frac{dy}{e^y} = \int e^x\,dx, \quad -e^{-y} = e^x + c, \quad e^{-y} = -e^x - c$$

ここで両辺の log をとる．左辺が明らかだが，右辺については $-e^x - c > 0$ という条件つきである．$-y = \log(-e^x - c)$, $y = -\log(-e^x - c)$. これが微分方程式 $y' = \exp(x+y)$ の 一般解 である．ここに $y(0) = 0$ を代入する．$0 = -\log(-1-c)$, $1 = -1-c$, $c = -2$.
よって（初期値問題の）解は $y = -\log(2 - e^x)$. 先ほど述べた $-e^x - c > 0$ という真数条件は，$2 - e^x > 0$ となり，$x < \log 2$ となる．

問題

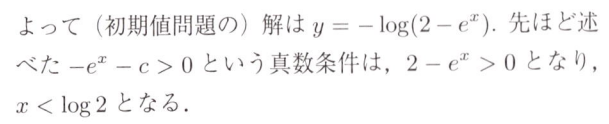

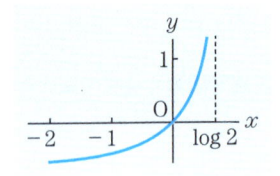

1.1 次の微分方程式を解け． (1) $y' = y, y(0) = 1$
(2) $x + yy' = 0, y(1) = 1$ (3) $xy' - y = 0, y(1) = 1$
(4) $(x^2 + x)y' + y = 0, y(1) = 2$ (5) $x\sqrt{1-y^2} + y' = 0, y(0) = 0$

ヒント 全て変数分離形である．上の例題の解答のように，一般解を求めた後に初期条件を考えてもよいが，積分定数 c が登場した直後に初期条件を代入してもよい．

例題 5.2 — 同次形

微分方程式 $y' = \dfrac{y+x}{y-x}$, $y(0) = 1$ を解け．

ヒント $y' = g\left(\dfrac{y}{x}\right)$ という形の同次形である．$z = y/x$ と置き，y を消去すると，$z(x)$ に関する変数分離形になる．

解答 右辺の分母・分子を x で割って，$\dfrac{y+x}{y-x} = \dfrac{\frac{y}{x}+1}{\frac{y}{x}-1}$ とすると，$\dfrac{y}{x}$ だけで書けることが分かる．$z = \dfrac{y}{x}$ と置く．右辺は $\dfrac{z+1}{z-1}$ となり，左辺は $y' = (xz(x))' = z(x) + xz'(x)$ となる．よって

$$z + xz' = \frac{z+1}{z-2},$$

$$x\frac{dz}{dx} = \frac{z+1}{z-1} - z = \frac{-z^2+2z+1}{z-1},$$

$$\frac{z-1}{-z^2+2z+1}dz = \frac{dx}{x}$$

両辺を不定積分して

$$\int \frac{z-1}{-z^2+2z+1}dz = \int \frac{dx}{x}, \quad -\frac{1}{2}\log|-z^2+2z+1| = \log|x| + c$$

（c は積分定数）両辺に exp をかけると

$$|-z^2+2z+1| = \frac{c^2}{x^2}$$

ただし $\exp(-c^2)$ を改めて c^2 と置いた．$z^2 - 2z - 1 + \dfrac{1}{x^2} = 0$ のときは $z = 1 \pm \sqrt{2 - \dfrac{c^2}{x^2}}$．$z^2 - 2z - 1 - \dfrac{1}{x^2} = 0$ のときは $z = 1 \pm \sqrt{2 + \dfrac{c^2}{x^2}}$．
この 4 つの z に x をかけたものが y で

$$y = x \pm \sqrt{2x^2 - c^2}, \quad y = x \pm \sqrt{2x^2 + c^2}$$

これが一般解．$y(0) = 1$ を可能にするのは，$y = x + \sqrt{2x^2 + c^2}$ のみで，$c^2 = 1$ となり，$y = x + \sqrt{2x^2 + 1}$．

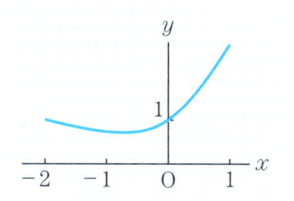

問題

2.1 次の微分方程式を解け．

(1) $(x^2 + y^2)y' = 2xy$, $y(0) = 1$

(2) $xy' = 2x - y$, $y(1) = 2$

(3) $yy' = x$, $y(0) = 2$

(4) $xyy' = x^2 + y^2$, $y(1) = 1$

(5) $(x + 2y)y' = 2x - y$, $y(0) = 1$

ヒント 全て同次形である．積分定数を途中で変えたときは，符号に注意．

例題 5.3 ——1 階線形——

微分方程式 $y' + e^x y + e^x = 0$, $y(0) = 0$ を解け.

ヒント $y' = g(x)y + h(x)$ という形の 1 階線形である. $y' - g(x)y = h(x)$ と変形した左辺は, $g(x)$ の原始関数 $G(x)$ を使って,

$$\text{左辺} = y' - gy = (\exp(-G)y)' / \exp(-G)$$

となる. よって $y' - g(x)y = h(x)$ は $(\exp(-G)y)' = h\exp(-G)$ となり, 両辺を積分すればよい.

解答 y の係数 e^x の原始関数は e^x である. 与式の両辺に $\exp(e^x)$ をかける.

$$\exp(e^x)y' + \exp(e^x)e^x y + e^x \exp(e^x) = 0,$$
$$(\exp(e^x)y)' = -e^x \exp(e^x)$$

よって両辺を積分すればよいが, 右辺の積分は

$$\int (-e^x)\exp(e^x)\,dx = -\exp(e^x) + c \quad (c \text{ は積分定数})$$

なので

$$\exp(e^x)y = -\exp(e^x) + c,$$
$$y = -1 + c\exp(-e^x)$$

となる. これが 一般解 である. これに $y(0) = 0$ を代入すると, $0 = -1 + c\exp(-1)$ となり, $c = e$ となる. よって

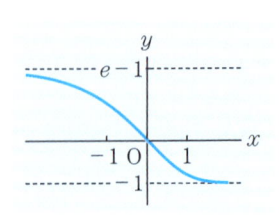

$$y = -1 + e\exp(-e^x) = \exp(1 - e^x) - 1.$$

問題

3.1 次の微分方程式を解け.
(1) $y' + y = x$, $y(0) = 0$
(2) $y' + xy = x$, $y(0) = 0$
(3) $y' + (\tan x)y + \cos x = 0$, $y(0) = 1$
(4) $xy' - y = \sqrt{1-x^2}$, $y(1) = 1$
(5) $\sqrt{x^2+1}\,y' + y = x\sqrt{x^2+1}$, $y(0) = 0$

ヒント 全て 1 階線形である.

5.2 2階微分方程式の解法

定数係数の斉次2階線形微分方程式 変数 x, 関数 $y(x)$ に関する微分方程式が，2つの定数 a, b を用いて，$y'' = ay' + by$ という形になるとき**定数係数の斉次2階線形微分方程式**という．特性方程式 $y^2 = ay + b$ の解を α, β とすると，上の微分方程式の解は次のようになる．

α, β が異なる実数のとき	$y = c_1 e^{\alpha x} + c_2 e^{\beta x}$
$\alpha = \beta$ のとき	$y = c_1 x e^{\alpha x} + c_2 e^{\alpha x}$
$\alpha = p + qi$, $\beta = p - qi$ $(p, q \in \mathbf{R})$ のとき	$y = c_1 e^{px} \cos qx + c_2 e^{px} \sin qx$

例題 5.4 定数係数の斉次2階線形微分方程式（特性方程式が2実数解）

微分方程式 $y'' = 2y$, $y(0) = 2$, $y'(0) = 0$ を解け．

ヒント $y'' = ay' + by$ という形の2階線形である．① 特性方程式 $y^2 = ay + b$ の解 α, β を求める．これを使うと $(y' - \alpha y)' = \beta(y' - \alpha y)$ と書き直せる．② ここで $z = y' - \alpha y$ と置くと，微分方程式は $z' = \beta z$ となり，p.138 例題 5.1(1) より $z = c \exp(\beta x)$ となる．③ z が求まれば，それを使って y を求め，一般解を得る．④ 最後に初期条件にあうように，積分定数を決定する．

解答 ① 特性方程式 $y^2 = 2$ の解は $\pm\sqrt{2}$ である．これを使って $(y' + \sqrt{2}y)' = \sqrt{2}(y' + \sqrt{2})$ と書き直せる．② $z = y' + \sqrt{2}y$ と置くと，$\frac{dz}{dx} = \sqrt{2}z$ となり，$z = c \exp(\sqrt{2}x)$ となる．③ $y' + \sqrt{2}y = c \exp(\sqrt{2}x)$ (1階線形) を解く．両辺に $\exp(\sqrt{2}x)$ をかけて $\left(\exp(\sqrt{2}x)y\right)' = c \exp(2\sqrt{2}x)$ となる．両辺を積分して，$\exp(\sqrt{2}x)y = c \exp(2\sqrt{2}x) + d$ となる（$\frac{c}{2\sqrt{2}}$ を改めて c と置いた．d は積分定数）．よって $y = c \exp(\sqrt{2}x) + d \exp(-\sqrt{2}x)$ となる．これが一般解．
④ $y(0) = 2$ を代入すると $c + d = 2$, $y' = \sqrt{2}c \exp(\sqrt{2}x) - \sqrt{2}d \exp(-\sqrt{2}x)$ に，$y'(0) = 0$ を代入すると $c - d = 0$ となり，両者を連立させて解くと，$c = d = 1$ となる．よって解は $y = \exp(\sqrt{2}x) + \exp(-\sqrt{2}x)$ となる．

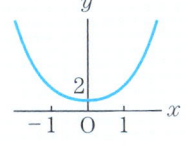

問題

4.1 次の微分方程式を解け． (1) $y'' = y$, $y(0) = 0$, $y'(0) = -1$
(2) $y'' + 3y' + 2y = 0$, $y(0) = 2$, $y'(0) = 0$
(3) $y'' + y' - 6y$, $y(1) = 0$, $y'(1) = 5$
ヒント 公式を使っていきなり $y = c_1 e^{\alpha x} + c_2 e^{\beta x}$ としてもよい．

―― 例題 5.5 ―――――― 定数係数の斉次 2 階線形微分方程式（特性方程式が重解）――

微分方程式 $y'' = 2y' - y$, $y(0) = 1$, $y'(0) = 2$ を解け.

ヒント これも $y'' = ay' + by$ という形の 2 階線形微分方程式であるが，特性方程式が重根を持つ．前例題と同様に，①-④の手順で進めていく．手順は同じだが，③の解の形が前例題と異なるものになる．

解答 ① 特性方程式 $y'' = 2y - 1$ は重解 1 を持つ．これを使って $(y' - y)' = (y' - y)$ と書き直せる．

② $z = y' - y$ と置くと，$\frac{dz}{dx} = z$ となり，

$$\frac{dz}{z} = dx, \quad \int \frac{dz}{z} = \int dx, \quad \log|z| = x + c, \quad |z| = \exp(x + c), \quad z = ce^x$$

（$\pm e^c$ を改めて c と置いた）となる．

③ y についての 1 階線形微分方程式 $y' - y = ce^x$ を解く．両辺に e^{-x} をかけて $(e^{-x}y)' = c$ となる．両辺を積分して，$e^{-x}y = cx + d$ となる．よって $y = cxe^x + de^x$ となる．これが 一般解．

④ $y(0) = 1$ を代入すると $d = 1$, $y' = ce^x + cxe^x + de^x$ に，$y'(0) = 2$ を代入すると $c + d = 2$ となり，両者を連立させて解くと，$c = d = 1$ となる．よって解は $y = xe^x + e^x$ となる．

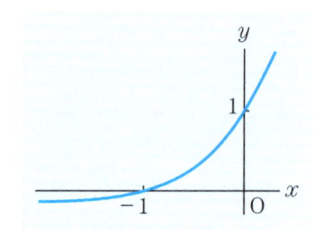

問 題

5.1 次の微分方程式を解け.

(1) $y'' + 2y' + y = 0$, $y(0) = 2$, $y'(0) = -1$

(2) $y'' = 2ay' - a^2 y$, $y(0) = a$, $y'(0) = 0$ （a は 0 でない定数）

ヒント 特性方程式が重根 α を持つ．公式を使って，いきなり $y = c_1 xe^{\alpha x} + c_2 e^{\alpha x}$ としてもよい．

5.2 2階微分方程式の解法

─── **例題 5.6** ─── 定数係数の斉次2階線形微分方程式（特性方程式が虚数解）───

微分方程式 $y'' = -2y' - 2y$, $y(0) = 0$, $y'(0) = 1$ を解け.

ヒント 特性方程式の解が異なる共役複素数のときでも，前例題 (1) と同じ手順で解いていけばよい．ただし $e^{ix} = \cos x + i \sin x$ (i は虚数単位, オイラーの公式) を使う必要があり，ここでは証明なしに，それを使うことにする．

解答 ① 特性方程式 $y^2 = -2y - 2$ の解は $-1 \pm i$ である．これを使って
$(y' + (1+i)y)' = (-1+i)(y' + (1+i)y)$ と書き直せる.
② $z = y' + (1+i)y$ と置くと, $\frac{dz}{dx} = (-1+i)z$ となり, $\frac{dz}{z} = (-1+i)dx$,
$\int \frac{dz}{z} = (-1+i) \int dx$, $\log|z| = (-1+i)x + c$, $|z| = \exp((-1+i)x + c)$,
$\quad z = c\exp((-1+i)x)$ ($\pm \exp c$ を改めて c と置いた)
となる．
③ y についての1階線形微分方程式 $y' + (1+i)y = c\exp((-1+i)x)$ を解く．両辺に $\exp((1+i)x)$ をかけて $(\exp((1+i)x)y)' = c\exp(2ix)$ となる．両辺を積分して, $\exp((1+i)x)y = c\exp(2ix) + d$ となる．($\frac{c}{2i}$ を改めて c と置いた. d は積分定数) よって $y = c\exp((-1+i)x) + d\exp((-1-i)x)$ となる．これが <u>一般解</u>.
④ $y(0) = 0$ を代入すると $c + d = 0$,
$$y' = (-1+i)c\exp((-1+i)x) + (-1-i)d\exp((-1-i)x)$$
に, $y'(0) = 1$ を代入すると $(-1+i)c + (-1-i)d = 1$ となり, 両者を連立させて解くと, $c = -\frac{i}{2}$, $d = \frac{i}{2}$ となる．よって解は
$$y = -\frac{i}{2}\exp((-1+i)x) + \frac{i}{2}\exp((-1-i)x)$$
となる．これを $e^{ix} = \cos x + i\sin x$ を使って整理すると
$$y = -\frac{i}{2}e^{-x}(\cos x + i\sin x) + \frac{i}{2}e^{-x}(\cos x - i\sin x)$$
$$= \frac{i}{2}e^{-x}(-2i\sin x) = e^{-x}\sin x \quad \text{となる．}$$

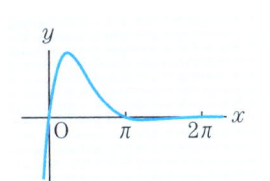

問　題

6.1 次の微分方程式を解け．(1) $y'' + y = 0$, $y(0) = 0$, $y'(0) = 1$
(2) $y'' - 2y' + 2y = 0$, $y(0) = 1$, $y'(0) = 0$
(3) $y'' + y' + y = 0$, $y(0) = 0$, $y'(0) = 2$
ヒント 特性方程式が虚数根 $p + qi$, $p - qi$ ($p, q \in \mathbf{R}$) を持つ．公式を使って，いきなり $y = c_1 e^{px}\cos qx + c_2 e^{px}\sin qx$ としてもよい．

第5章 微分方程式

章末問題

1（**ベルヌーイ型**）$y' = g(x)y + h(x)y^n$（n は 2 以上の自然数）という形の微分方程式をベルヌーイ型という．$z = y^{1-n}$ と置くことで，1 階線形型になる．次の微分方程式を解け．
(1) $xy' + y = y^2$, $y(1) = 2$
(2) $y' + y = xy^3$, $y(0) = 1$
(3) $y' + y = e^x y^2$, $y(0) = 1$

2（**クレロー型**）$y = xy' + f(y')$ という形の微分方程式をクレロー型という．両辺を微分すると，$y' = y' + xy'' + f'(y')y''$, $0 = (x + f'(y'))y''$ となる．よって $y'' = 0$ または $x + f'(y') = 0$ となる．前者は $y = cx + d$ となり，再びもとの微分方程式に代入すると，$y = cx + f(c)$ という一般解を得る．後者は便宜上 $y' = t$ と置くと，$x + f'(y') = 0$ より $x = -f'(t)$．また，これと，もとの微分方程式より $y = -f'(t)t + f(t)$ となり，$(x, y) = (-f'(t), -f'(t)t + f(t))$ というパラメータ t による曲線（特異解）となる．
(1) $y = cx + f(c)$ も，$(x, y) = (-f'(t), -f'(t)t + f(t))$ も，もとの微分方程式を満たすことを確かめよ．
(2) $y = xy' + (y')^2$ を解け． (3) $y = xy' + \sqrt{y'}$ を解け．

3（**定数係数の非斉次 2 階線形微分方程式**）変数 x, 関数 $y(x)$ に関する微分方程式が，2 つの定数 a, b と 1 つの関数 $c(x) \not\equiv 0$ を用いて
$$y'' = ay' + by + c(x)$$
という形になるとき定数係数の非斉次 2 階線形微分方程式という．
(1) 特性方程式 $y^2 = ay + b$ の解を α, β としたとき，次の $y(x)$ は上の微分方程式を満たすことを示せ．
$$y = \frac{1}{\alpha - \beta}\left(e^{\alpha x}\int e^{-\alpha x}c(x)dx - e^{\beta x}\int e^{-\beta x}c(x)dx\right)$$
(2) 上の解で $\alpha \to \beta$ の極限をとったものを求め，それが $\alpha = \beta$ のときの微分方程式の解になっていることを示せ．
(3) $y'' - 3y' + 2y = x$, $y(0) = 1$, $y'(0) = 0$ を解け．
(4) $y'' + 2y' + y = e^x$, $y(0) = 1$, $y'(0) = 0$ を解け．
(5) $y'' + y = x^2$, $y(0) = 0$, $y'(0) = 0$ を解け．

4（**抵抗つき振動**）微分方程式 $y'' + 2\gamma y' + \omega^2 y = 0$, $y(0) = 1$, $y'(0) = 0$ を解け．

第6章

無限級数の収束

6.1 無限級数の収束判定

数列 a_n に対し，**無限級数**が収束するか否かを判定する．
$$\sum_{n=1}^{\infty} a_n = \lim_{N \to \infty} \sum_{n=1}^{N} a_n = \Sigma a_n \text{と略記する．}$$

(1) （線形性）　p, q を定数とし，$\Sigma a_n, \Sigma b_n$ が収束するとき $\Sigma(p\,a_n + q\,b_n)$ も収束．
(2) （ゼロ収束が必要）　Σa_n が収束すれば，$\lim_{n \to \infty} a_n = 0$ となる．
(3) （有界単調なら収束）　$0 \leqq a_n, \Sigma a_n \leqq M$ ならば Σa_n は収束．
(4) （優級数）　$0 \leqq a_n \leqq b_n$ とする．Σb_n が収束すれば，Σa_n も収束する．
(5) （有限入れ替え）　a_n の有限個を入れかえても，Σa_n の収束性には影響しない．
(6) （絶対収束なら十分）　$\Sigma |a_n|$ が収束すれば，Σa_n も収束する．
(7) （等比級数）　Σr^n が収束する条件は $|r| < 1$ である．
(8) （コーシーの判定法）　$\lim_{n \to \infty} |a_n|^{1/n} = A$ が存在するとき，
　　$A < 1$ ならば Σa_n は収束，$A > 1$ ならば Σa_n は発散する．
(9) （ダランベールの判定法）　$a_n \neq 0$ で，$\lim_{n \to \infty} \left| \dfrac{a_{n+1}}{a_n} \right| = B$ が存在するとき，
　　$B < 1$ ならば Σa_n は収束，$B > 1$ ならば Σa_n は発散する．
(10) （ゼータ級数）　$\Sigma \dfrac{1}{n^a}$ が収束する条件は $a > 1$ である．
(11) （比較級数）　$0 \leqq a_n, b_n$ とする．$\lim_{n \to \infty} \left| \dfrac{b_n}{a_n} \right| = C$ が存在するとき，
　　$0 < C < \infty$ のとき　Σa_n が収束 $\Leftrightarrow \Sigma b_n$ が収束，
　　$C = 0$ のとき　　　　Σa_n が収束 $\Rightarrow \Sigma b_n$ が収束，
　　$C = \infty$ のとき　　　Σa_n が収束 $\Leftarrow \Sigma b_n$ が収束．
(12) （交代級数）　a_n は正と負が交互に現れるとする．$|a_n| > |a_{n+1}|$ かつ
　　$\lim_{n \to \infty} a_n = 0$ であるとき，Σa_n は収束する．

例題 6.1 — 無限級数（等比級数，コーシー判定法，ダランベール判定法）

次の a_n について，Σa_n は収束するか．

(1) $2^n + \left(-\dfrac{1}{2}\right)^n$ (2) $(\sin n)\left(\dfrac{1}{2}\right)^n$ (3) $\left(\dfrac{2n-1}{3n+4}\right)^n$

(4) $\left(1+\dfrac{1}{n}\right)^{n^2}$ (5) $\dfrac{5n}{3^n}$ (6) $\dfrac{n!}{n^2}$

ヒント (1) ゼロ収束が必要．(2) 優級数，絶対収束．(3)(4) コーシーの判定法．(5)(6) ダランベールの判定法．

解答 (1) $a_\infty = 0$ ではないので発散．

(2) $0 \leq |a_n| \leq \left(\dfrac{1}{2}\right)^n$ であり，$\Sigma \left(\dfrac{1}{2}\right)^n$ は収束するので，$\Sigma |a_n|$ は収束する．よって Σa_n も収束する．

(3) コーシーの判定法を使う．$(a_n)^{1/n} = \dfrac{2n-1}{3n+4} \to \dfrac{2}{3} < 1$．よって収束する．

(4) コーシーの判定法を使う．$|a_n|^{1/n} = \left(1+\dfrac{1}{n}\right)^n \to e > 1$ よって発散する．

(5) ダランベールの判定法を使う．$\left|\dfrac{a_{n+1}}{a_n}\right| = \dfrac{5(n+1)}{3^{n+1}} \dfrac{3^n}{5n} = \dfrac{n+1}{3n} \to \dfrac{1}{3} < 1$．よって収束する．

(6) ダランベールの判定法を使う．$\left|\dfrac{a_{n+1}}{a_n}\right| = \dfrac{(n+1)!}{(n+1)^2} \dfrac{n^2}{n!} = \dfrac{n^2}{n+1} \to \infty > 0$．よって発散する．

問題

1.1 次の a_n について，Σa_n は収束するか．

(1) $a_n = 1$ (2) $a_n = (-1)^n$ (3) $a_n = \left(\dfrac{1}{2}\right)^n - \left(-\dfrac{2}{3}\right)^n$

(4) $a_n = (\sin^2 n)\left(\dfrac{1}{2}\right)^n$ (5) $\dfrac{\cos n}{2^n}$ (6) $\left(\dfrac{3n+5}{2n+1}\right)^n$ (7) $\left(1+\dfrac{1}{2n}\right)^{(n^2)}$

(8) $\left(1-\dfrac{1}{n}\right)^{(n^2)}$ (9) $\dfrac{2^n}{n!}$ (10) $\dfrac{3n}{n!}$ (11) $\dfrac{1\cdot 3 \cdots 5 \cdots (2n-1)}{n!}$

ヒント (1)(2) ゼロ収束が必要．(3) 線形性．(4)(5) 優級数，絶対収束．(6)(7)(8) コーシーの判定法．(9)(10)(11) ダランベールの判定法．

6.1 無限級数の収束判定

例題 6.2 ────── 無限級数（ゼータ級数，比較級数，交代級数）

次の a_n について，Σa_n は収束するか． (1) $\dfrac{1}{\sqrt{n}}$ (2) $\dfrac{1}{2n^2-1}$ (3) $\sin\dfrac{1}{n}$ (4) $\dfrac{(n+1)^{3/2}-n^{3/2}}{n}$ (5) $\dfrac{\log n}{n^2}$ (6) $\dfrac{(-1)^n n}{n^2+1}$

ヒント (1) ゼータ級数 $\Sigma 1/n^a$ は $a>1$ で収束する．(2) $1/n^2$ と比較する．(3) $1/n$ と比較する．(4) マクローリン展開 $(1+x)^{3/2}=1+(3/2)x+(3/8)x^2+\cdots$ を使って，a_n/n^a が正の値に収束するような a を求める．(5) 収束することを示すには，$a_n/n^a \to 0$ かつ $1<a$ となる a を探す．(6) 交代級数．

解答 (1) $\Sigma \dfrac{1}{n^{1/2}}$ となり，$a=\dfrac{1}{2}$ のゼータ級数なので発散する．(2) $a_n \Big/ \dfrac{1}{n^2} = \dfrac{n^2}{2n^2-1} \to \dfrac{1}{2}$ である．$\Sigma \dfrac{1}{n^2}$ は $a=2$ のゼータ級数で収束するので，Σa_n も収束する．(3) $\lim_{x\to\infty}\dfrac{\sin x}{x}=1$ より，$a_n\Big/\dfrac{1}{n}\to 1$．$\Sigma\dfrac{1}{n}$ は $a=1$ のゼータ級数であるから発散する．よって Σa_n も発散する．(4) $a_n = \dfrac{n^{3/2}}{n}\left((1+\dfrac{1}{n})^{3/2}-1\right) = n^{1/2}\left(\dfrac{3}{2n}+\dfrac{3}{8n^2}+\cdots\right) = \dfrac{3}{2n^{3/2}}+\dfrac{3}{8n^{5/2}}+\cdots$ となるので，a_n と $\dfrac{1}{n^{3/2}}$ を比較する．$a_n\Big/\dfrac{1}{n^{3/2}}=\dfrac{3}{2}+\dfrac{3}{8n}+\cdots \to \dfrac{3}{2}$．$\Sigma\dfrac{1}{n^{3/2}}$ は $a=\dfrac{3}{2}$ のゼータ級数であるから収束する．よって Σa_n も収束する．(5) $\dfrac{1}{n^a}$ と比較するため，$S=a_n\Big/\dfrac{1}{n^a}=\dfrac{\log n}{n^{2-a}}$ と置く．$2-a>0$ ならば $S\to 0$，$2-a\leq 0$ ならば $S\to\infty$ 収束すると予想できるので，$S\to 0$ となるために，$2-a>0$ かつゼータ級数の収束より $1<a$，となるような a を選べばよい．例えば $a=\dfrac{3}{2}$ として，$a_n\Big/\dfrac{1}{n^{3/2}}=\dfrac{\log n}{n^{1/2}}\to 0$ となる．$\Sigma\dfrac{1}{n^{3/2}}$ は $a=\dfrac{3}{2}$ のゼータ級数であるので収束する．よって Σa_n も収束する．(6) 交代級数である．$f(x)=\dfrac{x}{x^2+1}$ と置くと $f'(x)=\dfrac{-x^2+1}{(x^2+1)^2}$ となるので，$x>1$ で減少する．よって $|a_n|=f(n)>f(n+1)=|a_{n+1}|$．さらに $|a_n|=\dfrac{n}{n^2+1}\to 0$ となるので，Σa_n は収束する．

問題

2.1 次の a_n について，Σa_n は収束するか． (1) $\dfrac{1}{n}$ (2) $\dfrac{1}{n\sqrt{n}}$ (3) $\dfrac{2n+5}{3n^2-2}$ (4) $\sin^2\dfrac{1}{n}$ (5) $\dfrac{1}{n!}$ (6) $\dfrac{n^2+1}{e^n}$ (7) $\dfrac{1}{\log(n+1)}$ (8) $\dfrac{\log n}{n}$ (9) $\dfrac{\sqrt{n+1}-\sqrt{n}}{n}$ (10) $\dfrac{(n+1)^{5/2}-n^{5/2}}{n^2}$ (11) $(-1)^n\sin\dfrac{1}{n}$

ヒント (1)(2) ゼータ級数．(3) $1/n$ と比較，(4)(5)(6) $1/n^2$ と比較，(7)(8) $1/n$ と比較，(9) $1/n^{3/2}$ と比較，(10) $1/n^{1/2}$ と比較，(11) 交代級数．

6.2 無限積分・特異積分の収束

ここでは無限積分は $\int_1^\infty f(x)\,dx$,特異積分は $\int_0^1 f(x)\,dx$ という形で表現する.特異積分における無定義点は $x=0$ に限定する.無限積分の積分区間下限と特異積分の積分区間上限を 1 としたのは,0 と ∞ の間という意味だけである.前節 p.145 で扱った無限級数の性質 (1)-(12) と番号を合わせて記述していく.

無限積分の収束

(1) (線形性) p,q を定数とし,$\int_1^\infty f(x)\,dx$, $\int_1^\infty g(x)\,dx$ が収束するとき,
$\int_1^\infty (p\,f(x) + q\,g(x))\,dx$ も収束.

(2) (ゼロ収束が必要) $\int_1^\infty f(x)\,dx$ が収束すれば,$\lim_{x\to\infty} f(x) = 0$ となる.

(3) (有界単調なら収束) $0 \leq f(x)$, $\int_1^\infty f(x)\,dx < M$ ならば,$\int_1^\infty f(x)\,dx$ は収束.

(4) (優積分) $0 \leq f(x) \leq g(x)$, $\int_1^\infty g(x)\,dx$ が収束ならば,$\int_1^\infty f(x)\,dx$ も収束.

(6) (絶対収束なら十分) $\int_1^\infty |f(x)|\,dx$ が収束すれば,$\int_1^\infty f(x)\,dx$ も収束.

(7) (等比級数) $\int_1^\infty r^x\,dx$ が収束する条件は $|r|<1$ である.

(10) (ゼータ級数) $\int_1^\infty \dfrac{dx}{x^a}$ が収束する条件は $a>1$ である.

(11) (比較級数) $0 \leq f(x), g(x)$ とする.$\lim_{x\to\infty} \left|\dfrac{g(x)}{f(x)}\right| = C$ が存在するとき,

$0 < C < \infty$ のとき $\quad \int_1^\infty f(x)\,dx$ が収束 $\Leftrightarrow \int_1^\infty g(x)\,dx$ が収束,

$C = 0$ のとき $\quad \int_1^\infty f(x)\,dx$ が収束 $\Rightarrow \int_1^\infty g(x)\,dx$ が収束,

$C = \infty$ のとき $\quad \int_1^\infty f(x)\,dx$ が収束 $\Leftarrow \int_1^\infty g(x)\,dx$ が収束.

(5) 有限入れ替え不問,(8) コーシーの判定法,(9) ダランベールの判定法,(12) 交代級数,はここでは相当するものがない.

2.9 章の復習であるが,次のようになる.

$\int_1^\infty \dfrac{dx}{\sqrt{x}}$ は発散

$\int_1^\infty \dfrac{dx}{x}$ は発散

$\int_1^\infty \dfrac{dx}{x^2}$ は収束

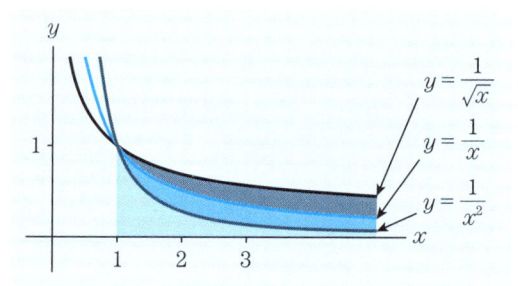

6.2 無限積分・特異積分の収束

特異積分の収束 $f(x), g(x)$ は $x=0$ で無定義とする.

(1) (**線形性**) p,q を定数とし,$\int_0^1 f(x)\,dx, \int_0^1 g(x)\,dx$ が収束するとき,
$\int_0^1 (p\,f(x)+q\,g(x))\,dx$ も収束.

(3) (**有界単調なら収束**) $0 \leqq f(x), \int_0^1 f(x)\,dx < M$ ならば $\int_0^1 f(x)\,dx$ は収束.

(4) (**優積分**) $0 \leqq f(x) \leqq g(x), \int_0^1 g(x)\,dx$ が収束ならば,$\int_0^1 f(x)\,dx$ も収束.

(6) (**絶対収束なら十分**) $\int_0^1 |f(x)|\,dx$ が収束すれば,$\int_0^1 f(x)\,dx$ も収束.

(10) (**ゼータ級数**) $\int_0^1 \dfrac{dx}{x^a}$ が収束する条件は,$1 > a$ である.

(11) (**比較級数**) $0 \leqq f(x), g(x)$ とする.$\lim\limits_{x \to 0+0} \left|\dfrac{g(x)}{f(x)}\right| = C$ が存在するとき,

$0 < C < \infty$ のとき　$\int_0^1 f(x)\,dx$ が収束 $\Leftrightarrow \int_0^1 g(x)\,dx$ が収束,

$C = 0$ のとき　　　$\int_0^1 f(x)\,dx$ が収束 $\Rightarrow \int_0^1 g(x)\,dx$ が収束,

$C = \infty$ のとき　　$\int_0^1 f(x)\,dx$ が収束 $\Leftarrow \int_0^1 g(x)\,dx$ が収束.

(2) ゼロ収束が必要, (5) 有限入れ替え不問, (7) 等比級数, (8) コーシーの判定法, (9) ダランベールの判定法, (12) 交代級数, はここでは拡張できない.

2.8 章の復習であるが,次のようになる.

$\int_0^1 \dfrac{dx}{x^2}$ は発散

$\int_0^1 \dfrac{dx}{x}$ は発散

$\int_0^1 \dfrac{dx}{\sqrt{x}}$ は収束

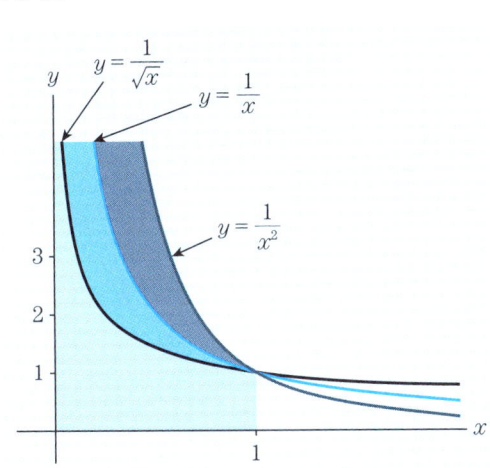

例題 6.3 — 無限積分の収束

次の無限積分は収束するか．

(1) $\displaystyle\int_1^\infty \sin(x^2)\,dx$ (2) $\displaystyle\int_1^\infty \frac{\cos x}{x^2}\,dx$ (3) $\displaystyle\int_1^\infty \frac{3+x}{2^x}\,dx$

ヒント (1) ゼロ収束が必要．(2) $\frac{1}{x^2}$ で抑える．(3) $(2/3)^x$ と比較．

解答 (1) $\displaystyle\lim_{x\to\infty}\sin(x^2)$ が存在しないので，与式は発散する．

(2) $|\cos x|\leq 1$ より

$$0\leq \left|\frac{\cos x}{x^2}\right|\leq \frac{1}{x^2}$$

が成り立ち，$\int_1^\infty \frac{dx}{x^2}$ は収束するので，$\int_1^\infty \left|\frac{\cos x}{x^2}\right|dx$ も収束する．よって与式も収束する．

(3) r^x と比較するため

$$S = \frac{3+x}{2^x}\Big/ r^x$$

と置く．$S = \frac{3+x}{(2r)^x}$ なので，$|2r|>1$ ならば $\displaystyle\lim_{x\to\infty}S=0$，$|2r|\leq 1$ ならば $\displaystyle\lim_{x\to\infty}S=\infty$ である．また $\int_1^\infty r^x\,dx$ が収束する条件は $|r|<1$ である．よって与式が収束することを示すには，$|2r|>1$ かつ $|r|<1$ となる r を考えればよい．例えば $r=\frac{2}{3}$ とする．

$$\frac{3+x}{2^x}\Big/\left(\frac{2}{3}\right)^x = (3+x)\left(\frac{3}{4}\right)^x \to 0\quad (x\to\infty)$$

となる．$\int_1^\infty \left(\frac{2}{3}\right)^x dx$ は収束するので，与式も収束

問題

3.1 次の無限積分は収束するか．

(1) $\displaystyle\int_1^\infty x\,dx$ (2) $\displaystyle\int_1^\infty \sin x\,dx$ (3) $\displaystyle\int_1^\infty \frac{2^x\,dx}{3^x}$

(4) $\displaystyle\int_1^\infty \frac{dx}{\sqrt{x}}$ (5) $\displaystyle\int_1^\infty \frac{dx}{x}$ (6) $\displaystyle\int_1^\infty \frac{dx}{x^2}$

(7) $\displaystyle\int_1^\infty \frac{\cos x}{2^x}\,dx$ (8) $\displaystyle\int_1^\infty \frac{x^2+1}{2^x}\,dx$ (9) $\displaystyle\int_1^\infty \frac{\sin x}{e^x}\,dx$

(10) $\displaystyle\int_1^\infty \frac{x^a}{e^x}\,dx$ (a は定数)

ヒント (1)(2) ゼロ収束が必要．
(3) $\int_1^\infty r^x\,dx$ が収束する条件は $|r|<1$．(4)(5)(6) $\int_1^\infty \frac{dx}{x^a}$ が収束する条件は $a>1$．
(7) $\left|\frac{\cos x}{2^x}\right|\leq \frac{1}{2^x}$．(8) $\left(\frac{2}{3}\right)^x$ と比較，(9)(10) $\left(\frac{1}{2}\right)^x$ と比較．

例題 6.4 ―――――――――――――――― 特異積分の収束 ―

次の特異積分は収束するか.

(1) $\int_0^1 \dfrac{dx}{\sqrt{x}}$ (2) $\int_0^{\pi/2} \dfrac{\sqrt{x}\,dx}{\sin x}$

(3) $\int_0^1 \dfrac{dx}{1-\cos x}$ (4) $\int_0^1 \dfrac{dx}{\log(1+x)-x}$

ヒント (1) $\int_0^1 \dfrac{dx}{x^a}$ が収束する条件は $a<1$. (2) $x^{-1/2}$ と比較, (3)(4) x^{-2} と比較.

解答 (1) 与式 $=\int_0^1 \dfrac{dx}{x^{1/2}}$ となるので,収束する.

(2) $\dfrac{1}{\sqrt{x}}$ と比較する.

$$\dfrac{\sqrt{x}}{\sin x} \Big/ \dfrac{1}{\sqrt{x}} = \dfrac{x}{\sin x} \to 1 \quad (x \to 0+0)$$

となる.(1) を使うと $\int_0^{\pi/2} \dfrac{dx}{x^{1/2}}$ も収束することが分かる.よって与式は収束する.

(3) $\dfrac{1}{x^2}$ と比較する.

$$\dfrac{1}{1-\cos x} \Big/ \dfrac{1}{x^2} = \dfrac{x^2}{1-\cos x} \to 2 \quad (x \to 0+0)$$

(極限は p.10 例題 1.5(2)) となる.$\int_0^1 \dfrac{dx}{x^2}$ は発散するので,与式も発散する.

(4) $\log(1+x)$ のマクローリン展開を使うと,$\log(1+x)-x = -\dfrac{x^2}{2} + \dfrac{x^3}{3} - \cdots$ となるので,$\dfrac{1}{x^2}$ と比較するとよいことが分かる.

$$\dfrac{1}{\log(1+x)-x} \Big/ \dfrac{1}{x^2} = \dfrac{x^2}{-\dfrac{x^2}{2}+\dfrac{x^3}{3}-\cdots} \to -2 \quad (x \to 0+0)$$

となる.$\int_0^1 \dfrac{dx}{x^2}$ は発散するので,与式も発散する.

問題

4.1 次の特異積分は収束するか.

(1) $\int_0^1 \dfrac{dx}{x}$ (2) $\int_0^1 \dfrac{dx}{\sqrt[3]{x}}$

(3) $\int_0^{\pi/2} \dfrac{dx}{\sin x}$ (4) $\int_0^1 \dfrac{\sqrt{x}}{e^x-1}dx$ (5) $\int_0^1 \dfrac{\sqrt{1+x}-1}{\sqrt{x}\sin x}dx$

ヒント (1)(2) $\int_0^1 \dfrac{dx}{x^a}$ が収束する条件は $a<1$. (3) x^{-1} と比較,(4)(5) $x^{-1/2}$ と比較.

章末問題

1（ベータ関数） p,q は正定数とする．以下のものは収束することを示せ．
$$B(p,q) = \int_0^1 x^{p-1}(1-x)^{q-1}\, dx$$
ヒント 次の4つに場合分けする．(1) $0<p<1, 0<q<1$, (2) $1 \leqq p, 0<q<1$, (3) $0<p<1, 1\leqq q$, (4) $1\leqq p, 1\leqq q$.

2（ガンマ関数） p は正定数とする．以下のものは収束することを示せ．
$$\Gamma(p) = \int_0^\infty e^{-x} x^{p-1}\, dx$$
ヒント 積分区間を $[0,1]$ と $[1,\infty]$ に分ける．

3（ベータ関数とガンマ関数の性質） p,q は正定数とする．前々問のベータ関数 $B(p,q)$ と前問のガンマ関数 $\Gamma(p)$ について，次のことを示せ．

(1) $B(p,q) = B(q,p)$

(2) $pB(p,q+1) = qB(p+1,q)$

(3) $B(p,q) = 2\int_0^{\pi/2} \sin^{2p-1} t \cos^{2q-1} t\, dt$

(4) $\Gamma(p+1) = p\Gamma(p)$

(5) $\Gamma(n) = (n-1)!$ （n は自然数）

(6) $\Gamma(1/2) = \sqrt{\pi}$

(7) $B(p,q) = \dfrac{\Gamma(p)\,\Gamma(q)}{\Gamma(p+q)}$

4（マクローリン展開の収束） 次の無限級数が収束するための x の条件を求めよ．

(1) $1 + x + \dfrac{1}{2!}x^2 + \dfrac{1}{3!}x^3 + \dfrac{1}{4!}x^4 + \cdots$

(2) $x - \dfrac{x^2}{2} + \dfrac{x^3}{3} - \dfrac{x^4}{4} + \cdots$

(3) $1 + ax + \dfrac{a(a-1)}{2!}x^2 + \dfrac{a(a-1)(a-2)}{3!}x^3 + \cdots$ （a は定数）

ヒント 順に $e^x, \log(1+x), (1+x)^a$ のマクローリン展開である．

(3) $\left|\dfrac{a(a-1)(a-2)\cdots(a-n+1)}{n!}\right| n^{1+a}$ は $n\to\infty$ で収束する．① a が 0 以上の整数のとき，② $0<a, a\notin \mathbf{N}$，③ $-1<a<0$，④ $a\leqq -1$ に場合分けする．

問題解答

第1章

1.1 与式 $= \sum_{k=0}^{12} {}_{12}\mathrm{C}_k (x^2)^k \left(-\frac{1}{2x}\right)^{12-k} = \sum_{k=0}^{12} {}_{12}\mathrm{C}_k x^{3k-12} \left(-\frac{1}{2}\right)^{12-k}$ だから，x^3 の係数が出てくるのは，$3k-12 = 3$ のとき，つまり $k=5$ のとき．そのときの係数は
$${}_{12}\mathrm{C}_5 \left(-\frac{1}{2}\right)^{12-5} = 729 \left(-\frac{1}{128}\right) = -\frac{99}{16}$$

1.2 $y = -(x - \frac{3}{2})^2 + \frac{1}{4}$ なので，$x = \frac{3}{2}$ のとき最大値 $y = \frac{1}{4}$ をとる．

1.3 負のべき乗なので，定義域は $-x^2 + 4x - 3 > 0$，つまり $(1,3)$．このとき，$-x^2 + 4x - 3 = -(x-2)^2 + 1$ は $(0,1]$ を動くので，その $-3/2$ 乗である y は値域 $[1, \infty)$ を動く．

1.4 $ax + by + cz + d = 0 \Leftrightarrow (a,b,c) \cdot (x,y,z) + d = 0$ なので，法線ベクトルは (a,b,c)．

2.1 整理すると $y = (\sqrt{3})^x$ となる．

2.2 **(1)** $0 < a$ のとき $x = \log a$．$a \leq 0$ のとき解なし．
(2) $x = \exp a$

2.3 **(1)** $\exp(\log(a^b) - b \log a) = a^b (a)^{-b} = 1$.
(2) $\log_c a \log_a b - \log_c b = 0$ を示す．$c = e^{\log c}$ なので $e = c^{1/\log c}$ となり，$\exp(\log_c a) = a^{1/\log c}$ である．
$$\exp(\log_c a \log_a b - \log_c b) = a^{\log_a b / \log c} b^{-1/\log c} = b^{1/\log c} b^{-1/\log c} = 1$$
(3) $\exp(\log_a b - \log_a c \log_c b) = b^{1/\log a} c^{-\log_c b / \log a} = b^{1/\log a} b^{-/\log a} = 1$

3.1 $\tan(2x) = \frac{\sin(2x)}{\cos(2x)} = \frac{2 \sin x \cos x}{\cos^2 x - \sin^2 x}$ （分母・分子を $\cos^2 x$ で割る）
$= \frac{2 \tan x}{1 - \tan^2 x}$

3.2 $-1 \leq x \leq 1$ なので，$\cos \varphi = x$, $0 \leq \varphi \leq \pi$ となる φ が存在する．$y \geq 0$ のときは，$\theta = \varphi$ とすれば $x = \cos \theta$, $y = \sqrt{1-x^2} = \sqrt{1-\cos^2\theta} = \sin \theta$ となる．$y < 0$ のときは，$\theta = -\varphi$ とすれば $x = \cos(-\theta) = \cos \theta$, $y = -\sqrt{1-x^2} = -\sqrt{1-\cos^2 \varphi} = -\sin \varphi = \sin \theta$ となる．

3.3 与式 $= -(-\sin\theta)(-\cos\theta)(-\tan\theta) + (-\cos\theta)(-\cos\theta) = \sin^2 \theta + \cos^2 \theta = 1$

3.4 $f(x) = \frac{1}{4 \sin x - 3 \cos x + 6}$, $\frac{1}{f(x)} = 5 \sin(x+\alpha) + 6$ と書けるので，$1 \leq \frac{1}{f(x)} \leq 11$ の範囲を動き，$f(x)$ の最大値 1, 最小値 $1/11$ となる．

4.1 **(1)** 振動するからなし．**(2)** 振動するからなし．**(3)** $\left|\frac{(-1)^n}{n}\right| \leq \frac{1}{n} \to 0$ となるので，$\frac{(-1)^n}{n} \to 0$．**(4)** $\frac{n+1}{n^2+1} = \frac{1+\frac{1}{n}}{n+\frac{1}{n}} \to 0$．**(5)** $0 \leq \frac{2^n}{n!} = \frac{2}{1} \cdot \frac{2}{2} \cdot \frac{2}{3} \cdots \frac{2}{n} \leq 2 (\frac{2}{3})^{n-2} \to 0$ なので，$\frac{2^n}{n!} \to 0$．**(6)** $0 \leq \left|\frac{(-2)^n}{n!}\right| \leq \frac{2^n}{n!} \to 0$（前問より）なので $\frac{(-2)^n}{n!} \to 0$．**(7)** 前問より $\frac{(-2)^n}{n!} \to 0$ であるが，符号は正と負を交互にとる．よってその逆数 $\frac{n!}{(-2)^n}$ は振動する．**(8)** $a > 0$ のとき，$\frac{n}{a} = m$ と置くと $m \to \infty$. $a_n = \left(1 + \frac{1}{m}\right)^{abm} \to e^{ab}$. $a > 0$ のとき，$-\frac{n}{a} = m$ と置くと $m \to \infty$. $a_n = \left(1 - \frac{1}{m}\right)^{-abm} \to (e^{-1})^{-ab} = e^{ab}$. $a = 0$ のときは，

$a_n = 1$. まとめると答は e^{ab}. **(9)** 等比級数の公式より $a_n = \frac{\frac{1}{2}(1-\frac{1}{2^n})}{1-\frac{1}{2}} = 1 - \frac{1}{2^n}$. よって $a_n \to 1$. **(10)** $a_n = \frac{1}{n}\sum_{k=1}^{n}(\frac{1}{k} - \frac{1}{k+1}) = \frac{1}{n}(\frac{1}{1} - \frac{1}{n+1}) = \frac{1}{n+1} \to 0$. **(11)** $\frac{1}{2}a_n = \sum_{k=1}^{n}\frac{k}{2^{k+1}} = \sum_{k=2}^{n+1}\frac{k-1}{2^k}$ となり, $a_n - \frac{1}{2}a_n = -\frac{n}{2^{n+1}} + \sum_{k=1}^{n}\frac{1}{2^k} = -\frac{n}{2^{n+1}} + \frac{\frac{1}{2}(1-(\frac{1}{2})^n)}{1-\frac{1}{2}} = -\frac{n}{2^{n+1}} + 1 - (\frac{1}{2})^n$. よって $a_n = -\frac{n}{2^n} + 2 - (\frac{1}{2})^{n-1} \to 2$.

5.1 (1) $a > 0$ のとき, $\frac{x}{a} = t$ と置くと $t \to \infty$. このとき, $(1 + \frac{a}{x})^{bx} = (1 + \frac{1}{t})^{abt} \to e^{ab}$. $a > 0$ のとき, $-\frac{x}{a} = t$ と置くと $t \to \infty$. このとき, $(1 + \frac{a}{x})^{bx} = (1 - \frac{1}{t})^{-abm} \to (e^{-1})^{-ab} = e^{ab}$. $a = 0$ のときは, $(1 + \frac{a}{x})^{bx} = 1$. まとめると答は e^{ab}. **(2)** $x \to 0 + 0$ を考える. $x = \frac{1}{t}$ と置くと $t \to \infty$ となり $(1+ax)^{1/bx} = (1 + \frac{a}{t})^{t/b} \to e^{a/b}$. $x \to 0 - 0$ を考える. $x = -\frac{1}{t}$ と置くと $t \to \infty$ となり, $(1+ax)^{1/bx} = (1 - \frac{a}{t})^{-t/b} = (\frac{t}{t-a})^{t/b} = (1 + \frac{a}{t-a})^{t/b} \to e^{a/b}$. まとめると答は $e^{a/b}$. **(3)** $e^x - 1 = t$ と置くと $x \to 0$ のとき, $t \to 0$. このとき $\frac{e^x-1}{x} = \frac{t}{\log(1+t)} = \frac{1}{\log(1+t)^{1/t}} \to \dagger$. (2) より $(1+t)^{1/t} \to e$ なので, $\log(1+t)^t \to 1$ となり $\dagger \to 1$. **(4)** $(\log a)x = t$ と置くと $x \to 0$ のとき, $t \to 0$. このとき $\frac{a^x-1}{x} = \frac{e^t-1}{t/\log a} = (\log a)\frac{e^t-1}{t} \to \log a$. (3) を使った. **(5)** $a \ne 0$ のとき, $x \to 0$ のとき, $ax \to 0$, $bx \to 0$ となる. このとき $\frac{\sin(ax)}{\sin(bx)} = \frac{a}{b}\frac{\sin(ax)}{ax}\frac{bx}{\sin(bx)} \to \frac{a}{b}$. $a = 0$ のときは $\frac{\sin(ax)}{\sin(bx)} = 0$. まとめると答は $\frac{a}{b}$. **(6)** $\frac{\tan x}{x} = \cos x \frac{\sin x}{x} = \dagger$. $x \to 0$ のとき $\cos x \to 1$, $\frac{\sin x}{x} \to 1$ なので $\dagger \to 1$. **(7)** $x - \frac{\pi}{2} = t$ と置くと $t \to 0$ となり, そのとき $\frac{\cos x}{x-\pi/2} = \frac{\cos(t+\pi/2)}{t} = \frac{-\sin t}{t} \to -1$. **(8)** $\frac{\tan(a+x)-\tan a}{x} = \frac{1}{x}(\frac{\tan a + \tan x}{1-\tan a \tan x} - \tan a) = \frac{\tan x}{x}\frac{1-\tan^2 a}{1-\tan a \tan x} \to 1 - \tan^2 a = \frac{1}{\cos^2 a}$. **(9)** $x = \frac{\pi}{2} + t$ と置くと $t \to 0$ となり, そのとき $\frac{1}{\tan x} - \frac{1}{\sin x} = \frac{1}{\tan(\pi/2+t)} - \frac{1}{\sin(\pi/2+t)} = \tan t - \frac{1}{\cos t} \to -1$. **(10)** 分母・分子に $\sqrt{a+x} + \sqrt{a}$ をかけると, $\frac{\sqrt{a+x}-\sqrt{a}}{x} = \frac{x}{x(\sqrt{a+x}+\sqrt{a})} = \frac{1}{\sqrt{a+x}+\sqrt{a}} \to \frac{1}{2\sqrt{a}}$. **(11)** $\sqrt{x^2+1} + x = \frac{1}{\sqrt{x^2+1}-x} \to 0$

6.1 (1) $-\frac{\pi}{2} \le x < \frac{\pi}{2}$ の範囲で $\sin x$ は単調に増加する. よって最小値は $\sin(-\frac{\pi}{2}) = -1$. $\frac{\pi}{2}$ は範囲に含まれないので最大値なし. **(2)** $0 \le x < \frac{\pi}{2}$ の範囲で $\cos x$ は単調に減少するので, $\frac{1}{\cos x}$ は単調に増加する. よって最小値は $\frac{1}{\cos 0} = 1$. $\frac{\pi}{2}$ は範囲に含まれないので最大値なし. **(3)** $x^2 = X$ とすると, $0 \le X \le 1$ であり, $x^2(1-x^2) = X(1-X) = -(X-\frac{1}{2})^2 + \frac{1}{4}$. $X = \frac{1}{2}$ のとき, つまり $x = \frac{1}{\sqrt{2}}$ のとき最大値 $\frac{1}{4}$. $X = 0,1$ のとき, つまり $x = 0,1$ のとき, 最小値 0.

6.2 分母が 0 にならない $x \ne 0$ では連続. $\lim_{x\to 0}f(x) = \lim_{x\to 0}\sin\frac{1}{x}$ は振動するので, $x = 0$ では不連続. $g(x) = f(x) - 3 + (\frac{15}{2})\pi|x|$ と置く. $g(\frac{2}{5\pi}) = 1 > 0$, $g(\frac{2}{7\pi}) = -\frac{13}{7} < 0$ なので, 区間 $(\frac{2}{7\pi}, \frac{2}{5\pi})$ に解が存在する. $g(-\frac{2}{5\pi}) = -1 < 0$, $g(-\frac{2}{7\pi}) = \frac{1}{7} > 0$ なので, 区間 $(-\frac{2}{5\pi}, -\frac{2}{7\pi})$ に解が存在する. さらに $g(-\frac{2}{9\pi}) = -\frac{7}{3} < 0$ なので, 区間 $(-\frac{2}{7\pi}, -\frac{2}{9\pi})$ に解が存在する.

7.1 (1) $\lim_{h\to 0}\frac{1}{h}\{\sin(x+h) - \sin x\}$ を求める. $\frac{1}{h}\{\sin(x+h) - \sin x\} = \frac{1}{h}\{\sin x \cos h + \cos x \sin h - \sin x\} = \sin x \frac{\cosh -1}{h} + \cos x \frac{\sinh h}{h} = \dagger$. p.10 例題 1.5(2) の $\lim_{h\to 0}\frac{1-\cos h}{h^2} =$

第 1 章 の 解 答

$\frac{1}{2}$ を使うと, $\frac{\cos h - 1}{h} = -h\frac{1-\cos h}{h^2} \to 0$. また, $\frac{\sin h}{h} \to 1$. よって † $\to \cos x$. **(2)** 問題 5.1(8) より $\lim_{h \to 0} \frac{1}{h}\{\tan(x+h) - \tan x\} = \frac{1}{\cos^2 x}$. **(3)** $\lim_{h \to 0} \frac{1}{h}\{\exp(x+h) - \exp x\} = \lim_{h \to 0} \exp x \frac{1}{h}\{\exp(h) - 1\} = \exp x$ (問題 5.1(3) より). **(4)** $\lim_{h \to 0} \frac{1}{h}\{\log(x+h) - \log x\}$ を求める. $\frac{1}{h}\{\log(x+h) - \log x\} = \frac{1}{h}\log(1 + \frac{h}{x}) = \log(1 + \frac{h}{x})^{1/h} = $ †. 問題 5.1(2) より $(1 + \frac{h}{x})^{1/h} \to e^{1/x}$. よって † $\to \log e^{1/x} = \frac{1}{x}$.
(5) $\lim_{h \to 0} \frac{1}{h}\{\log_a(x+h) - \log_a x\} = \lim_{h \to 0} \frac{1}{h} \frac{\log(x+h) - \log x}{\log a} = $ †. (4) より $\lim_{h \to 0} \frac{\log(x+h) - \log x}{h} = \frac{1}{x}$ だから, † $= \frac{1}{x \log a}$.
(6) $x > 0$ の場合は, (5) で $(\log_a x)' = \frac{1}{x \log a}$ と求めている. $x < 0$ の場合, $(\log_a(-x))' = \lim_{h \to 0} \frac{1}{h}\{\log_a(-(x+h)) - \log_a(-x)\}$ を求める.

$\frac{1}{h}\{\log_a(-x-h) - \log_a(-x)\} = \frac{1}{h} \frac{\log(-x-h) - \log(-x)}{\log a} = \frac{\log(1 + \frac{h}{x})^{1/h}}{\log a} \to \frac{1}{x \log a}$

7.2 $f(x) = \exp x$, $g(x) = a\log x$ と置く. $x^a = f(g(x))$ であるから, 合成関数の微分を使って $(x^a)' = f'(g(x))g'(x)$ である. 前問より $f'(x) = \exp x$, $g'(x) = \frac{a}{x}$ なので, $(x^a)' = \exp(a\log x) \frac{a}{x} = x^a \frac{a}{x} = ax^{a-1}$ である.

8.1 (1) $\lim_{x \to 0} |x| = 0 = |0|$ なので連続. $\lim_{x \to 0} \frac{|h|-|0|}{h} = \lim_{x \to 0} \frac{|h|}{h}$ は $x \to 0+0$ のとき 1, $x \to 0-0$ のとき -1 なので存在しない. よって微分不可能. **(2)** $\lim_{x \to 0} x^2|x| = 0 = 0^2|0|$ なので連続. $\lim_{x \to 0} \frac{h^2|h|-|0|}{h} = \lim_{x \to 0} h|h| = 0$ と収束するので微分可能. **(3)** $\lim_{x \to 0} \sin|x| - x = 0 = $ $\sin|0| - 0$ なので連続. $\lim_{x \to 0} \frac{\sin|h|-h}{h} = $ †. 左右の極限を別々に調べる. $\lim_{x \to 0+0} \frac{\sin|h|-h}{h} = \lim_{x \to 0+0} \frac{\sin h-h}{h} = 0$ であるが, $\lim_{x \to 0-0} \frac{\sin|h|-h}{h} = \lim_{x \to 0-0} \frac{\sin(-h)-h}{h} = -2$ となるので, † は存在しない, よって微分不可能.

8.2 (1) $((x^2+1)^7)' = 7(x^2+1)(x^2+1)' = 14x(x^2+1)$
(2) $(\cos(x^2+1))' = -\sin(x^2+1)(x^2+1)' = -2x\sin(x^2+1)$
(3) $(\log(x + \sqrt{x^2+1}))' = \frac{(x+\sqrt{x^2+1})'}{x+\sqrt{x^2+1}} = \frac{1+\frac{x}{\sqrt{x^2+1}}}{x+\sqrt{x^2+1}} = $ †. 分母・分子に $\sqrt{x^2+1} - x$ をかける.
† $= (1 + \frac{x}{\sqrt{x^2+1}})(\sqrt{x^2+1} - x) = \sqrt{x^2+1} - x + x - x\frac{x}{\sqrt{x^2+1}} = \frac{x^2+1-x^2}{\sqrt{x^2+1}} = \frac{1}{\sqrt{x^2+1}}$
(4) $(\log(x+\sqrt{x^2-1}))' = \frac{(x+\sqrt{x^2-1})'}{x+\sqrt{x^2-1}} = \frac{1+\frac{x}{\sqrt{x^2-1}}}{x+\sqrt{x^2-1}} = $ †. 分母・分子に $\sqrt{x^2-1} - x$ をかける. † $= -(1 + \frac{x}{\sqrt{x^2-1}})(\sqrt{x^2-1} - x) = -\sqrt{x^2-1} + x - x + x\frac{x}{\sqrt{x^2-1}} = \frac{-x^2+1+x^2}{\sqrt{x^2+1}} = \frac{1}{\sqrt{x^2-1}}$ **(5)** $(\log\frac{1+x}{1-x})' = \frac{1-x}{1+x}(\frac{1+x}{1-x})' = \frac{1-x}{1+x}(\frac{1(1-x)-(1+x)(-1)}{(1-x)^2}) = \frac{2}{1-x^2}$
(6) $(\sqrt{1-\sqrt{x}})' = \frac{(1-\sqrt{x})'}{2\sqrt{1-\sqrt{x}}} = \frac{-\frac{1}{2\sqrt{x}}}{2\sqrt{1-\sqrt{x}}} = -\frac{1}{4\sqrt{x-\sqrt{x}\sqrt{x}}}$ **(7)** $(\log f(x))' = \frac{f'(x)}{f(x)}$
(8) $(f(x^2-1))' = f'(x^2-1)(x^2-1)' = 2x f'(x^2-1)$
(9) $(f(g(h(x))))' = f'(g(h(x)))(g(h(x)))' = f'(g(h(x)))g'(h(x))h'(x)$
8.3 (1) $y(1) = 1$. $y' = \frac{1}{2\sqrt{x}}$, $y'(1) = \frac{1}{2}$. $y - y(1) = y'(1)(x-1)$, $y - 1 = \frac{1}{2}(x-1)$, $y = \frac{1}{2}x + \frac{1}{2}$ **(2)** $y(-1) = e^2$, $y' = 2x\exp(x^2+1)$, $y'(-1) = -2e^2$

$y - y(-1) = y'(-1)(x-1)$, $y - e^2 = -2e^2(x-1)$, $y = -2e^2 x + 3e^2$.

9.1 **(1)** $\cos^{-1}(\frac{1}{2}) = \theta$ とすると，$\cos\theta = \frac{1}{2}$, $0 \leq \theta \leq \pi$. よって $\theta = \frac{\pi}{3}$.
(2) $\cos^{-1}(0) = \theta$ とすると，$\cos\theta = 0$, $0 \leq \theta \leq \pi$. よって $\theta = \frac{\pi}{2}$.
(3) $\cos^{-1}(-\frac{\sqrt{3}}{2}) = \theta$ とすると，$\cos\theta = -\frac{\sqrt{3}}{2}$, $0 \leq \theta \leq \pi$. よって $\theta = \frac{5\pi}{6}$.
(4) $f(x) = \cos x$, $0 \leq x \leq \pi$ (定義域 $[0,\pi]$, 値域 $[-1,1]$) の逆関数だから，$\cos^{-1} x$ の定義域は $[-1,1]$, 値域は $[0,\pi]$. **(5)** $y = \cos x$, $0 \leq x \leq \pi$ のグラフを，$y = x$ に対し対称移動したものである． **(6)** $\tan^{-1}(\sqrt{3}) = \theta$ とすると，$\tan\theta = \sqrt{3}$, $-\frac{\pi}{2} < \theta < \frac{\pi}{2}$. よって $\theta = \frac{\pi}{3}$.
(7) $\tan^{-1}(-1) = \theta$ とすると，$\tan\theta = -1$, $-\frac{\pi}{2} < \theta < \frac{\pi}{2}$. よって $\theta = -\frac{\pi}{4}$. **(8)** $\lim_{x \to -\pi/2+0} \tan x = -\infty$ であることを考えると，$\lim_{x \to -\infty} \tan^{-1} x = -\frac{\pi}{2}$. **(9)** $f(x) = \tan x$, $-\frac{\pi}{2} < x < \frac{\pi}{2}$ (定義域 $(-\frac{\pi}{2}, \frac{\pi}{2})$, 値域 $(-\infty,\infty)$) の逆関数だから，$\tan^{-1} x$ の定義域は $(-\infty,\infty)$, 値域は $(-\frac{\pi}{2}, \frac{\pi}{2})$. **(10)** $y = \tan x$, $-\frac{\pi}{2} < x < \frac{\pi}{2}$ のグラフを，$y = x$ に対し対称移動したものである．

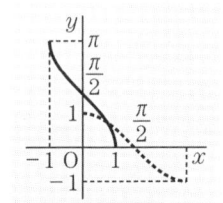

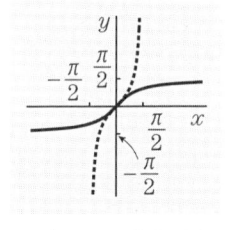

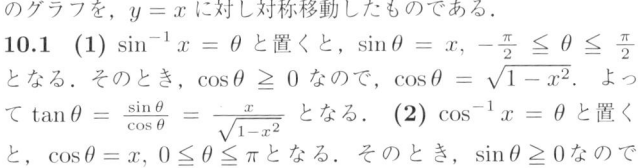

10.1 **(1)** $\sin^{-1} x = \theta$ と置くと，$\sin\theta = x$, $-\frac{\pi}{2} \leq \theta \leq \frac{\pi}{2}$ となる．そのとき，$\cos\theta \geq 0$ なので，$\cos\theta = \sqrt{1-x^2}$. よって $\tan\theta = \frac{\sin\theta}{\cos\theta} = \frac{x}{\sqrt{1-x^2}}$ となる． **(2)** $\cos^{-1} x = \theta$ と置くと，$\cos\theta = x$, $0 \leq \theta \leq \pi$ となる．そのとき，$\sin\theta \geq 0$ なので $\sin\theta = \sqrt{1-x^2}$. よって $\tan\theta = \frac{\sin\theta}{\cos\theta} = \frac{\sqrt{1-x^2}}{x}$ となる． **(3)** $\tan^{-1} x = \theta$ と置くと，$\tan\theta = x$, $-\frac{\pi}{2} < \theta < \frac{\pi}{2}$ となる．そのとき，$\cos\theta > 0$ なので $\cos\theta = \frac{1}{\sqrt{1+\tan^2\theta}} = \frac{1}{\sqrt{1+x^2}}$ となる． **(4)** $\tan^{-1} x = \theta$ と置くと，$\tan\theta = x$, $-\frac{\pi}{2} < \theta < \frac{\pi}{2}$ となる．前問より，$\cos\theta = \frac{1}{\sqrt{1+x^2}}$ なので $\sin\theta = \cos\theta\tan\theta = \frac{x}{\sqrt{1+x^2}}$ となる． **(5)** 前問の結論 $\sin(\tan^{-1} x) = \frac{x}{\sqrt{1+x^2}}$ の x に $\frac{x}{\sqrt{1-x^2}}$ を代入すると，$\sin(\tan^{-1}\frac{x}{\sqrt{1-x^2}}) = \frac{x}{\sqrt{1-x^2}}\Big/\sqrt{1+(\frac{x}{\sqrt{1-x^2}})^2} = \frac{x}{\sqrt{1-x^2}}\Big/\sqrt{1+\frac{x^2}{1-x^2}} = \frac{x}{\sqrt{1-x^2}}\Big/\sqrt{\frac{1}{1-x^2}} = x$.
(6) $\sin(与式) = \sin(\sin^{-1} x)\cos(\cos^{-1} x) - \cos(\sin^{-1} x)\sin(\cos^{-1} x) = xx - \sqrt{1-x^2}\sqrt{1-x^2} = 1$ となるが，$-\frac{\pi}{2} \leq \sin^{-1} x \leq \frac{\pi}{2}$, $0 \leq \cos^{-1} x \leq \pi$ より，$-\frac{\pi}{2} \leq 与式 \leq \frac{3\pi}{2}$ なので，与式 $= \frac{\pi}{2}$ となる．

10.2 **(1)** 答を θ と置くと，$\sin\theta = \sin(0.7\pi)$, $-\frac{\pi}{2} \leq \theta \leq \frac{\pi}{2}$. よって $\theta = \pi - 0.7\pi = 0.3\pi$. **(2)** 答を θ と置くと，$\sin\theta = \sin(-0.8\pi)$, $-\frac{\pi}{2} \leq \theta \leq \frac{\pi}{2}$. よって $\theta = -\pi - (-0.8\pi) = -0.2\pi$. **(3)** $\sin y = \sin x$, $-\frac{\pi}{2} \leq y \leq \frac{\pi}{2}$ となる y を求める．n を整数として，$-\frac{\pi}{2} + 2n\pi \leq x \leq \frac{\pi}{2} + 2n\pi$ のときは $y = x - 2n\pi$ となり，$\frac{\pi}{2} + 2n\pi \leq x \leq \frac{3\pi}{2} + 2n\pi$ のときは $y = 2\pi - x + 2n\pi$ となる．よってグラフは図のようになる． 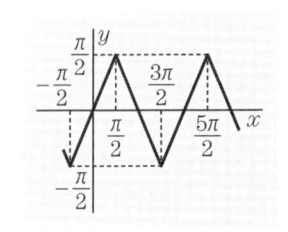
(4) 答を θ と置くと，$\tan\theta = \tan(0.4\pi)$, $-\frac{\pi}{2} < \theta < \frac{\pi}{2}$. よって $\theta = 0.4\pi$.

第 1 章 の 解 答

(5) 答を θ と置くと, $\tan\theta = \tan(0.7\pi)$, $-\frac{\pi}{2} < \theta < \frac{\pi}{2}$. よって $\theta = 0.7\pi - \pi = -0.3\pi$.
(6) $\tan y = \tan x$, $-\frac{\pi}{2} < y < \frac{\pi}{2}$ となる y を求める. n を整数として, $-\frac{\pi}{2} + n\pi < x < \frac{\pi}{2} + n\pi$ のときは $y = x - n\pi$ となる. よってグラフは右図のようになる.

10.3 $\alpha = \sin^{-1}\frac{3}{5}$, $\beta = \cos^{-1}\frac{3\sqrt{3}-4}{10}$ と置くと, $\sin\alpha = \frac{3}{5}$, $\cos\beta = \frac{3\sqrt{3}-4}{10}$, $\alpha,\beta \in (0,\pi/2)$ となる. そのとき, $\cos\alpha = \sqrt{1-(\frac{3}{5})^2} = \frac{4}{5}$, $\sin\beta = \sqrt{1-(\frac{3\sqrt{3}-4}{10})^2} = \frac{\sqrt{57+24\sqrt{3}}}{10} = \frac{3+4\sqrt{3}}{10}$ となる. よって $\cos(\alpha+\beta) = \cos\alpha\cos\beta - \sin\alpha\sin\beta = \frac{4}{5}\frac{3\sqrt{3}-4}{10} - \frac{3}{5}\frac{3+4\sqrt{3}}{10} = -\frac{1}{2}$ となるが, $\alpha+\beta \in (0,\pi)$ なので, $\alpha+\beta = \frac{2\pi}{3}$ となる.

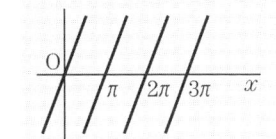

11.1 (1) 両辺の $\cos$ をとる. $x = \cos(\sin^{-1}\frac{3}{4}) = \sqrt{1-(\frac{3}{4})-2} = \sqrt{\frac{7}{16}} = \frac{\sqrt{7}}{4}$.
(2) 両辺の $\tan$ をとる. $x = \tan(2\tan^{-1}\frac{1}{3}) = \frac{2\tan(\tan^{-1}\frac{1}{3})}{1-\tan^2(\tan^{-1}\frac{1}{3})} = \frac{\frac{2}{3}}{1-(\frac{1}{3})^2} = \frac{3}{4}$.
(3) 両辺の $\cos$ をとる. $x = \cos(\tan^{-1} 2)$. 問題 10.1(3) より $\cos(\tan^{-1} x) = \frac{1}{\sqrt{1+x^2}}$ なので, $x = \cos(\tan^{-1} 2) = \frac{1}{\sqrt{5}}$. **(4)** 与式を $\tan^{-1} x = 2\tan^{-1}\frac{1}{2} - \frac{\pi}{4}$ と変形し, この両辺の $\tan$ をとる. $x = \tan(2\tan^{-1}\frac{1}{2} - \frac{\pi}{4}) = \frac{\tan(2\tan^{-1}\frac{1}{2})-\tan\frac{\pi}{4}}{1+\tan(2\tan^{-1}\frac{1}{2})\tan\frac{\pi}{4}} = \dagger$. ここで $\tan(2\tan^{-1}\frac{1}{2}) = \frac{2\tan\tan^{-1}\frac{1}{2}}{1-\tan^2\tan^{-1}\frac{1}{2}} = \frac{1}{1-\frac{1}{4}} = \frac{4}{3}$ となる. $\dagger = \frac{\frac{4}{3}-1}{1+\frac{4}{3}} = \frac{1}{7}$.
(5) 与式を $\sin^{-1} x = \frac{\pi}{4} - \frac{1}{2}\cos^{-1}\frac{4\sqrt{2}}{9}$ と変形し, この両辺の $\sin$ をとる. $x = \sin(\frac{\pi}{4} - \frac{1}{2}\cos^{-1}\frac{4\sqrt{2}}{9}) = \sin\frac{\pi}{4}\cos(\frac{1}{2}\cos^{-1}\frac{4\sqrt{2}}{9}) - \cos\frac{\pi}{4}\sin(\frac{1}{2}\cos^{-1}\frac{4\sqrt{2}}{9}) = \frac{1}{\sqrt{2}}\cos(\frac{1}{2}\cos^{-1}\frac{4\sqrt{2}}{9}) - \frac{1}{\sqrt{2}}\sin(\frac{1}{2}\cos^{-1}\frac{4\sqrt{2}}{9}) = \dagger$. ここで $0 < \cos^{-1}\frac{4\sqrt{2}}{9} < \frac{\pi}{2}$ なので, $0 < \frac{1}{2}\cos(\cos^{-1}\frac{4\sqrt{2}}{9}) < \frac{\pi}{4}$ であり, $\cos(\frac{1}{2}\cos^{-1}\frac{4\sqrt{2}}{9}) = \sqrt{\frac{1+\cos(\cos^{-1}\frac{4\sqrt{2}}{9})}{2}} = \sqrt{\frac{1+\frac{4\sqrt{2}}{9}}{2}} = \sqrt{\frac{9+4\sqrt{2}}{18}} = \frac{1+2\sqrt{2}}{3\sqrt{2}} = \frac{4+\sqrt{2}}{6}$
同様に $\sin(\frac{1}{2}\cos^{-1}\frac{4\sqrt{2}}{9}) = \sqrt{\frac{1-\cos(\cos^{-1}\frac{4\sqrt{2}}{9})}{2}} = \sqrt{\frac{1-\frac{4\sqrt{2}}{9}}{2}} = \sqrt{\frac{9-4\sqrt{2}}{18}} = \frac{2\sqrt{2}-1}{3\sqrt{2}} = \frac{4-\sqrt{2}}{6}$. よって $\dagger = \frac{1}{\sqrt{2}}\frac{4+\sqrt{2}}{6} - \frac{1}{\sqrt{2}}\frac{4-\sqrt{2}}{6} = \frac{1}{3}$.

12.1 (1) $y = \sin^{-1} x$ を $\sin y = x$ と直して, 両辺を微分する. $y'\cos y = 1$, $y' = \frac{1}{\cos y} = \frac{1}{\sqrt{1-\sin^2 y}} = \frac{1}{\sqrt{1-x^2}}$. **(2)** $(\sin^{-1} x)' = \frac{1}{\sqrt{1-x^2}}$ を利用する. $(\sin^{-1}\frac{x}{a})' = \frac{1}{\sqrt{1-(x/a)^2}}(\frac{x}{a})' = \frac{1}{a\sqrt{1-x^2/a^2}}$. ちなみに $a > 0$ のときは $y' = \frac{1}{\sqrt{a^2-x^2}}$, $a < 0$ のときは $y' = -\frac{1}{\sqrt{a^2-x^2}}$. **(3)** $y = \tan^{-1} x$ を $\tan y = x$ と直して, 両辺を微分する. $\frac{y'}{\cos^2 y} = 1$, $y' = \cos^2 y = \frac{1}{1+\tan^2 y} = \frac{1}{1+x^2}$.
(4) $(\tan^{-1} x)' = \frac{1}{1+x^2}$ を利用する. $(\tan^{-1}\frac{x}{a})' = \frac{1}{1+(x/a)^2}\frac{1}{a} = \frac{a}{a^2+x^2}$.
(5) $(\sin^{-1} x)' = \frac{1}{\sqrt{1-x^2}}$ を利用する. $(\sin^{-1} f(x))' = \frac{f'(x)}{\sqrt{1-f(x)^2}}$.
(6) $(\cos^{-1} x)' = -\frac{1}{\sqrt{1-x^2}}$ を利用する. $(\cos^{-1} f(x))' = -\frac{f'(x)}{\sqrt{1-f(x)^2}}$.
(7) $(\tan^{-1} x)' = \frac{1}{1+x^2}$ を利用する. $(\tan^{-1} f(x))' = -\frac{f'(x)}{1+f(x)^2}$.

(8) $(\sin^{-1} x)' = \frac{1}{\sqrt{1-x^2}}$ を利用する. $(f(\sin^{-1} x))' = f'(\sin^{-1} x) (\sin^{-1} x)' = \frac{f(\sin^{-1} x)}{\sqrt{1-x^2}}$.

(9) $(\cos^{-1} x)' = -\frac{1}{\sqrt{1-x^2}}$ を利用する.
$$(f(\cos^{-1} x))' = f'(\cos^{-1} x) (\cos^{-1} x)' = -\frac{f(\cos^{-1} x)}{\sqrt{1-x^2}}$$

(10) $(\tan^{-1} x)' = \frac{1}{1+x^2}$ を利用する.
$$(f(\tan^{-1} x))' = f'(\tan^{-1} x) (\tan^{-1} x)' = \frac{f(\tan^{-1} x)}{1+x^2}$$

13.1 **(1)** $\cosh^2 x - \sinh^2 x = 1$ と $\cosh x > 1$ より, $\cosh x = \sqrt{1 + \sinh^2 x} = \sqrt{1 + a^2}$ となる. $\tanh x = \frac{\sinh x}{\cosh x} = \frac{a}{\sqrt{1+a^2}}$.

(2) $\cosh^2 x - \sinh^2 x = 1$ より $\sinh x = \pm\sqrt{\cos^2 x - 1} = \pm\sqrt{a^2 - 1}$ となる. $\tanh x = \frac{\sinh x}{\cosh x} = \frac{\pm\sqrt{a^2-1}}{a}$ となる. 符号は確定しないが, $\sinh x$ と $\tanh x$ は同符号.

13.2 **(1)** $\cosh$ の加法定理 $\cosh(x+y) = \cosh x \cosh y + \sinh x \sinh y$ において $y = x$ とすると, $\cosh(2x) = \cosh^2 x + \sinh^2 x = \cosh^2 x + (\cosh^2 x - 1) = 2\cosh^2 x - 1$.

(2) (1) を使う. $\cosh(2x) = 2\cosh^2 x - 1$, $\cosh(2x) + 1 = 2\cosh^2 x$, $\frac{\cosh(2x)+1}{2} = \cosh^2 x$.

(3) (2) を使う. $\sinh^2 x = \cosh^2 x - 1 = \frac{\cosh(2x)+1}{2} - 1 = \frac{\cosh(2x)-1}{2}$.

13.3 $x = -\cosh t, y = \sinh t$ と置くと, $x^2 - y^2 = 1$ なので双曲線上にあるが, $x = -\cosh t \leq -1$, y の値域は $(-\infty, \infty)$ なので, y 軸左側にある双曲線となる (右図の実線).

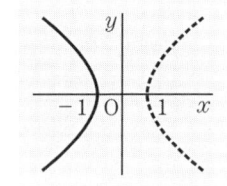

14.1 **(1)** $y = \frac{e^x - e^{-x}}{2}$ の x, y を入れ替えた $x = \frac{e^y - e^{-y}}{2}$ を y について解く. $Y = e^y > 0$ とすると, $2x = Y - \frac{1}{Y}$ となり, $Y^2 - 2xY - 1 = 0$ となるので, $Y = x \pm \sqrt{x^2 + 1}$. $Y > 0$ だから, $Y = x + \sqrt{x^2 + 1}$. よって $y = \log Y = \log(x + \sqrt{x^2 + 1})$.

(2) $y = \sinh^{-1} x$ を $\sinh y = x$ と変形し, 両辺を微分する. $(\cosh y)y' = 1, y' = \frac{1}{\cosh y} = \frac{1}{\sqrt{1+\sinh^2 y}} = \frac{1}{\sqrt{1+x^2}}$. **(3)** $y = \frac{e^x + e^{-x}}{2}$ の x, y を入れ替えた $x = \frac{e^y + e^{-y}}{2}$ を y について解く. $Y = e^y > 0$ とすると, $2x = Y + \frac{1}{Y}$ となり, $Y^2 - 2xY + 1 = 0$ となるので, $Y = x \pm \sqrt{x^2 - 1}$. $x \geq 1$ のとき, $x - \sqrt{x^2-1} \leq 1$ となるので, $y \geq 0, Y \geq 1$ を考えると, $Y = x + \sqrt{x^2 - 1}$. よって $y = \log Y = \log(x + \sqrt{x^2 - 1})$.

(4) $y = \cosh^{-1} x$ $(x \geq 1, y \geq 0)$ を $\cosh y = x$ と変形し, 両辺を微分する.
$$(\sinh y)y' = 1, y' = \frac{1}{\sinh y} = \frac{1}{\sqrt{\cosh^2 y - 1}} = \frac{1}{\sqrt{x^2 - 1}}$$

14.2 **(1)** $\sinh^{-1} x = a$ と置くと, $\sinh a = x$. 問題 13.1(1) より $\tanh a = \frac{x}{\sqrt{1+x^2}}$ となる.
(2) $\cosh^{-1} x = a$ と置くと, $\cosh a = x$, $a \geq 0$. 問題 13.1(2) と $a > 0$ より $\tanh a = \frac{\sqrt{x^2-1}}{x}$ となる. **(3)** $\tanh^{-1} x = a$ と置くと, $\tanh a = x$. 例題 1.13(1) より $\sinh a = \frac{x}{\sqrt{1-x^2}}$ となる. **(4)** $\tanh^{-1} x = a$ と置くと, $\tanh a = x$. 例題 1.13(1) より $\cosh a = \frac{1}{\sqrt{1-x^2}}$ となる. **(5)** $\sinh^{-1}$ の値域は $(-\infty, \infty)$ であることに注意すると, $\sinh^{-1}(\sinh x) = x$.
(6) $\tanh^{-1}$ の値域は $(-\infty, \infty)$ であることに注意すると, $\tanh^{-1}(\tanh x) = x$.

14.3 $x^2 - y^2 = 1$ より $x \geq 1$ または, $x \leq -1$ となる. $x \geq 1$ のとき $t = \sinh^{-1} y$

第 1 章 の 解 答

とすれば, $\sinh t = y$, $\cosh t = \sqrt{1+\sinh^2 t} = \sqrt{1+y^2} = x$ となる. $x \leq -1$ のとき $t = \sinh^{-1} y$ とすれば, $\sinh t = y$, $-\cosh t = -\sqrt{1+\sinh^2 t} = -\sqrt{1+y^2} = x$ となる.

15.1 **(1)** $\log y = \frac{1}{x}\log x$ の両辺を微分. $\frac{y'}{y} = -\frac{1}{x^2}\log x + \frac{1}{x}\frac{1}{x}$.
$y' = x^{1/x}\left(-\frac{1}{x^2}\log x + \frac{1}{x^2}\right)$. **(2)** $\log y = x\log(1+\frac{1}{x})$ の両辺を微分. $\frac{y'}{y} = \log(1+\frac{1}{x}) + x\frac{(1+\frac{1}{x})'}{1+\frac{1}{x}} = \log(1+\frac{1}{x}) - \frac{1}{x+1}$. $y' = \left(1+\frac{1}{x}\right)^x\left\{\log(1+\frac{1}{x}) - \frac{1}{x+1}\right\}$.
(3) $\log y = \frac{1}{x}\log(1+x)$ の両辺を微分. $\frac{y'}{y} = -\frac{1}{x^2}\log(1+x) + \frac{1}{x}\frac{1}{1+x}$.
$y' = (1+x)^{1/x}\left\{-\frac{1}{x^2}\log(1+x) + \frac{1}{x^2+x}\right\}$. **(4)** $\log y = x^2 \log x$ の両辺を微分.
$\frac{y'}{y} = 2x\log x + x^2\frac{1}{x} = 2x\log x + x$. $y' = x^{(x^2)}(2x\log x + x)$. **(5)** $y = x^{2x}$. $\log y = 2x\log x$ の両辺を微分. $\frac{y'}{y} = 2\log x + 2x\frac{1}{x} = 2\log x + 2$. $y' = x^{2x}(2\log x + 2)$.
(6) $\log y = x\log(1+x)$ の両辺を微分. $\frac{y'}{y} = \log(1+x) + x\frac{1}{1+x}$.
$y' = (1+x)^x\left\{\log(1+x) + \frac{x}{1+x}\right\}$. **(7)** $\log y = \log x \log x = (\log x)^2$ の両辺を微分.
$\frac{y'}{y} = 2\log x\frac{1}{x}$. $y' = x^{\log x}\log x\frac{2}{x} = 2x^{\log x - 1}\log x$.
(8) $\log y = x\log\log x$ の両辺を微分. $\frac{y'}{y} = \log\log x + x\frac{(\log x)'}{\log x} = \log\log x + \frac{1}{\log x}$.
$y' = (\log x)^x\left(\log\log x + \frac{1}{\log x}\right)$. **(9)** $\log y = \sin x\log x$ の両辺を微分.
$\frac{y'}{y} = \cos x\log x + \sin x\frac{1}{x}$. $y' = x^{\sin x}\left(\cos x\log x + \frac{\sin x}{x}\right)$. **(10)** $\log y = x\log\sin x$ の両辺を微分. $\frac{y'}{y} = \log\sin x + x\frac{(\sin x)'}{\sin x} = \log\sin x + \frac{x\cos x}{\sin x}$.
$y' = (\sin x)^x\left(\log\sin x + \frac{x\cos x}{\sin x}\right)$. **(11)** 例題 1.15(2) より $(x^x)' = x^x(1+\log x)$ となるのを使う. $(\sin(x^x))' = \cos(x^x)(x^x)' = \cos(x^x)\,x^x(1+\log x)$.
(12) 例題 1.15(2) より $(x^x)' = x^x(1+\log x)$ となるのを使う. $y = (x^x)\log x$ の両辺を微分. $\frac{y'}{y} = x^x(1+\log x)\log x + x^x\frac{1}{x} = x^x\{\log x + (\log x)^2 + \frac{1}{x}\}$.
$y' = x^{(x^x)}x^x\{\log x + (\log x)^2 + \frac{1}{x}\}$. **(13)** $y = x\log(x^x) = x^2\log x$ の両辺を微分.
$\frac{y'}{y} = 2x\log x + x^2\frac{1}{x} = 2x\log x + x$. $y' = (x^x)^x(2x\log x + x)$.

16.1 **(1)** 例題 1.16(1) より $(x^k)^{(n)} = k(k-1)(k-2)\cdots(k-n+1)x^{k-n}$ である.
$n \leq k$ のとき, $k(k-1)(k-2)\cdots(k-n+1) = \frac{k!}{(k-n)!}$,
$n > k$ のとき, $k(k-1)(k-2)\cdots(k-n+1) = 0$ となり証明終わり.
(2) 例題 1.16(1) より $(x^{-k})^{(n)} = (-k)(-k-1)(-k-2)\cdots(-k-n+1)x^{-k-n} = (-1)^n k(k+1)(k+2)\cdots(k+n-1)x^{-k-n} = (-1)^n\frac{(k+n-1)!}{(k-1)!}x^{-k-n}$.
(3) 帰納法で示す. $n=0$ のとき $(a^x)^{(0)} = a^x = (\log a)^0 a^x$ となり, 成立する. ある n で $(a^x)^{(n)} = (\log a)^n a^x$ となると仮定する. この両辺を微分する.
$(a^x)^{(n+1)} = (\log a)^n(a^x)' = (\log a)^n(\log a\,a^x) = (\log a)^{n+1}(a^x)$ となるので, $n+1$ でも与式は成立する. よって示された.

16.2 **(1)** 問題 16.1(1) で $k=3$ とすると, $n \leq 3$ のとき, $(x^3)^{(n)} = \frac{6}{(3-n)!}x^{3-n}$. $n > 3$ のとき, $(x^3)^{(n)} = 0$. **(2)** 問題 16.1(2) で $k=1$ とすると, $(x^{-1})^{(n)} = (-1)^n(n)!\,x^{-1-n}$.
(3) $(e^x)' = e^x$ だから何階微分しても e^x. よって $(e^x)^{(n)} = e^x$. **(4)** $\exp(2x) = (e^x)^2$ なので, 問題 16.1(3) で $a=e^2$ とすると, $(\exp(2x))^{(n)} = ((e^2)^x)^{(n)} = (\log e^2)^n(e^2)^x = $

$2^n \exp(2x)$. **(5)** 問題 16.1(3) で $a = 2$ とすると, $(2^x)^{(n)} = (\log 2)^n 2^x$. **(6)** $\frac{1}{2^x} = (\frac{1}{2})^x$ なので, 問題 16.1(3) で $a = \frac{1}{2}$ とすると, $(\frac{1}{2^x})^{(n)} = ((\frac{1}{2})^x)^{(n)} = (\log(\frac{1}{2}))^n (\frac{1}{2})^x = \frac{(-\log 2)^n}{2^x}$. **(7)** $n = 0$ では $(\log x)^{(0)} = \log x$. $n \geqq 1$ では, (2) を使って, $(\log x)^{(n)} = (x^{-1})^{(n-1)} = (-1)^{n-1}(n-1)! \, x^{-n}$.

17.1 (1) $n \geqq 1$ のとき $(\cos x)^{(n)} = (-\sin x)^{(n-1)} = \dagger$. 例題 1.17(1) を使う. $\dagger = -\sin(x + \frac{\pi}{2}(n-1)) = \cos(x + \frac{\pi}{2}n)$. $(\cos x)^{(n)} = \cos(x + \frac{\pi}{2}n)$ (これは $n = 0$ でも成立). **(2)** 例題 1.17(2) で $f(x) = \log x$ とする. 問題 16.2(7) より $f^{(n)}(x) = (-1)^{n-1}(n-1)! \, x^{-n}$ $(n \geqq 1)$ となることを使う. $(\log(ax+b))^{(n)} = (f(ax+b))^{(n)} = a^n f^{(n)}(ax+b) = a^n (-1)^{n-1}(n-1)!(ax+b)^{-n}$ $(n \geqq 1)$. $n = 0$ のときは $(\log(ax+b))^{(0)} = \log(ax+b)$. **(3)** 例題 1.17(2) で $f(x) = x^a$ とする. 問題 1.16(1) より $f^{(n)}(x) = a(a-1)(a-2)\cdots(a-n+1)x^{a-n}$ となることを使う. $((1+x)^a)^{(n)} = (f(1+x))^{(n)} = f^{(n)}(1+x) = a(a-1)(a-2)\cdots(a-n+1)(1+x)^{a-n}$. **(4)** 例題 1.17(2) で $f(x) = \frac{1}{x}$ とする. 問題 16.2(2) より $f^{(n)}(x) = (-1)^n (n)! \, x^{-1-n}$ となることを使う. $(\frac{1}{ax+b})^{(n)} = (f(ax+b))^{(n)} = a^n f^{(n)}(ax+b) = a^n (-1)^n (n)!(ax+b)^{-1-n}$. **(5)** 例題 1.17(2) で $f(x) = \cos x$ とする. (1) より $f^{(n)}(x) = \cos(x + \frac{\pi}{2}n)$ となることを使う. $(\cos(2x))^{(n)} = (f(2x))^{(n)} = 2^n f^{(n)}(2x) = 2^n \cos(2x + \frac{\pi}{2}n)$. **(6)** $n \geqq 1$ のとき, $(\cos^2 x)^{(n)} = (\frac{1}{2} + \frac{1}{2}\cos(2x))^{(n)} = \frac{1}{2}(\cos(2x))^{(n)} = \dagger$. ここで, (5) の結果を代入すると, $\dagger = \frac{1}{2} 2^n \cos(2x + \frac{\pi}{2}n) = 2^{n-1}\cos(2x + \frac{\pi}{2}n)$. $n = 0$ のときは $(\cos^2 x)^{(0)} = \cos^2 x$. **(7)** $\frac{x}{x^2-1} = \frac{1}{2}\left(\frac{1}{x+1} + \frac{1}{x-1}\right)$ となるので, $(\frac{x}{x^2-1})^{(n)} = \frac{1}{2}(\frac{1}{x+1})^{(n)} + \frac{1}{2}(\frac{1}{x-1})^{(n)} = \dagger$. ここで, (4) より $(\frac{1}{x+1})^{(n)} = (-1)^n (n)!(x+1)^{-1-n}$, $(\frac{1}{x-1})^{(n)} = (-1)^n (n)!(x-1)^{-1-n}$ となることを使う. $\dagger = \frac{1}{2}(-1)^n (n)!(x+1)^{-1-n} + \frac{1}{2}(-1)^n (n)!(x-1)^{-1-n}$. **(8)** $a \neq b$ のとき. $\frac{1}{(x+a)(x+b)} = \frac{1}{b-a}\left(\frac{1}{x+a} - \frac{1}{x+b}\right)$ なので $(\frac{1}{(x+a)(x+b)})^{(n)} = \frac{1}{b-a}(\frac{1}{x+a})^{(n)} - \frac{1}{b-a}(\frac{1}{x+b})^{(n)}$. ここで, (4) より $(\frac{1}{x+a})^{(n)} = (-1)^n (n)!(x+a)^{-1-n}$, $(\frac{1}{x+b})^{(n)} = (-1)^n (n)!(x+b)^{-1-n}$ となることを使う. $\dagger = \frac{1}{b-a}(-1)^n (n)!(x+a)^{-1-n} - \frac{1}{b-a}(-1)^n (n)!(x+b)^{-1-n}$. $a = b$ のときは例題 1.17(2) で $f(x) = \frac{1}{x^2}$ とする. 問題 16.1(2) で $k = 2$ とすると, $f^{(n)} = (x^{-2})^{(n)} = (-1)^n \frac{(2+n-1)!}{(2-1)!} x^{-2-n} = (-1)^n (n+1)! \, x^{-2-n}$ となる. これを使って $((x+a)^{-2})^{(n)} = (f(x+a))^{(n)} = f^{(n)}(x+a) = (-1)^n (n+1)!(x+a)^{-2-n}$.

(9) $((x^3 + x^2)e^x)^{(n)} = \sum_{k=0}^{n} {}_n C_k (x^3 + x^2)^{(k)} (e^x)^{(n-k)}$

$= {}_n C_0 (x^3 + x^2)^{(0)} (e^x)^{(n)} + {}_n C_1 (x^3 + x^2)^{(1)} (e^x)^{(n-1)} + {}_n C_2 (x^3 + x^2)^{(2)} (e^x)^{(n-2)}$
$\quad + {}_n C_3 (x^3 + x^2)^{(3)} (e^x)^{(n-3)}$

$= (x^3 + x^2)e^x + n(3x^2 + 2x)e^x + \frac{n(n-1)}{2}(6x+2)e^x + \frac{n(n-1)(n-2)}{6} 6 e^x$

$= \{x^3 + x^2 + 3nx^2 + 2nx + n(n-1)(3x+1) + n(n-1)(n-2)\} e^x$

$= \{x^3 + (3n+1)x^2 + (3n^2 - n)x + n(n-1)^2\} e^x$

(10) $(x^3 \log x)^{(1)} = 3x^2 \log x + x^3 x^{-1} = 3x^2 \log x + x^2$

$(x^3 \log x)^{(2)} = 6x \log x + 3x^2 x^{-1} + 2x = 6x \log x + 5x$
$(x^3 \log x)^{(3)} = 6 \log x + 6xx^{-1} + 5 = 6 \log x + 11.\ (x^3 \log x)^{(4)} = 6x^{-1}$
問題 16.2(2) より $(x^{-1})^{(n)} = (-1)^n (n)! \, x^{-1-n}$ であることを使う. $n \geqq 5$ のとき,
$(x^3 \log x)^{(n)} = 6(x^{-1})^{n-4} = 6(-1)^{n-4}(n-4)!\, x^{-1-(n-4)} = 6(-1)^n (n-4)!\, x^{3-n}$

(11) $(x^2 \sin x)^{(n)} = \sum_{k=0}^{n} {}_nC_k (x^2)^{(k)} (\sin x)^{(n-k)}$
$= {}_nC_0 (x^2)^{(0)} (\sin x)^{(n)} + {}_nC_1 (x^2)^{(1)} (\sin x)^{(n-1)} + {}_nC_2 (x^2)^{(2)} (\sin x)^{(n-2)}$
$= x^2 \sin\left(x + \frac{\pi}{2}n\right) + 2nx \sin\left(x + \frac{\pi}{2}(n-1)\right) + \frac{n(n-1)}{2} 2 \sin\left(x + \frac{\pi}{2}(n-2)\right)$
$= x^2 \sin\left(x + \frac{\pi}{2}n\right) + 2nx \sin\left(x + \frac{\pi}{2}(n-1)\right) + n(n-1) \sin\left(x + \frac{\pi}{2}(n-2)\right)$

18.1 (1) 問題 17.1(1) より $f^{(k)}(x) = \cos\left(x + \frac{\pi}{2}k\right)$ なので, $x = 0$ を代入して $f^{(k)}(0) = \cos\left(\frac{\pi}{2}k\right)$ となる. よって $\{f^{(k)}(0)\}_{k=0,1,2,3,\cdots} = \{1, 0, -1, 0, 1, 0, -1, 0, \cdots\}$ となり, $f^{(2k+1)}(0) = 0,\ f^{(2k)}(0) = (-1)^k$ となる. よって
$$\cos x = \sum_{k=0}^{\infty} \frac{(-1)^k}{(2k)!} x^{2k} = 1 - \frac{x^2}{2!} + \frac{x^4}{4!} - \frac{x^6}{6!} + \frac{x^8}{8!} - \cdots$$
となる.

(2) $f^{(k)}(x) = e^x$ なので, $x = 0$ を代入して $f^{(k)}(0) = 1$ となる. よって
$$\exp x = \sum_{k=0}^{\infty} \frac{1}{k!} x^k = 1 + x + \frac{1}{2!} x^2 + \frac{1}{3!} x^3 + \frac{1}{4!} x^4 + \cdots$$
となる.

(3) 問題 17.1(2) より $n \geqq 1$ のとき, $f^{(k)}(x) = (-1)^{k-1}(k-1)!\,(x+1)^{-k}$. $x = 0$ を代入して $f^{(k)}(0) = (-1)^{k-1}(k-1)!$ となる. $f^{(0)}(x) = \log(1+x)$ より $f^{(0)}(0) = 0$. よって
$$\log(1+x) = \sum_{k=1}^{\infty} \frac{(-1)^{k-1}(k-1)!}{k!} x^k = \sum_{k=1}^{\infty} \frac{(-1)^{k-1}}{k} x^k = x - \frac{x^2}{2} + \frac{x^3}{3} - \frac{x^4}{4} + \cdots$$

19.1 (1) $(1+x)^a$ のマクローリン展開の $a = 1/2$ を代入すると
$$(1+x)^{1/2} = 1 + \frac{1}{2}x - \frac{1}{8}x^2 + \frac{1}{16}x^3 - \frac{5}{128}x^4 + \cdots$$
となる. この x に $-x$ を代入して
$$(1-x)^{1/2} = 1 - \frac{1}{2}x - \frac{1}{8}x^2 - \frac{1}{16}x^3 - \frac{5}{128}x^4 - \cdots$$
となる.

(2) $\exp x$ のマクローリン展開の x に $-x$ を代入して
$$\exp(-x) = 1 - x + \frac{1}{2!}x^2 - \frac{1}{3!}x^3 + \frac{1}{4!}x^4 - \cdots$$
となる. $\cosh x = \frac{1}{2}\{\exp x + \exp(-x)\}$ であるから
$$\cosh x = \frac{1}{2}\left\{\left(1 + x + \frac{1}{2!}x^2 + \frac{1}{3!}x^3 + \frac{1}{4!}x^4 + \cdots\right)\right.$$
$$\left. + \left(1 - x + \frac{1}{2!}x^2 - \frac{1}{3!}x^3 + \frac{1}{4!}x^4 - \cdots\right)\right\}$$
$$= 1 + \frac{x^2}{2!} + \frac{x^4}{4!} + \cdots$$

となる．

(3) $\log(1+x)$ と $\cos x$ のマクローリン展開を利用する．

$$\log(1+x)(\cos x) = \left(x - \frac{x^2}{2} + \frac{x^3}{3} - \frac{x^4}{4} + \cdots\right)\left(1 - \frac{x^2}{2!} + \frac{x^4}{4!} - \cdots\right)$$

$$= x - \frac{x^3}{2!} - \frac{x^2}{2} + \frac{x^2}{2}\frac{x^2}{2!} + \frac{x^3}{3} - \frac{x^4}{4} + \cdots$$

$$= x - \frac{x^2}{2} - \frac{x^3}{6} + \cdots \text{ (4 次の項は 0)}$$

20.1 **(1)** $\displaystyle\lim_{x\to 0} \frac{e^x - 1 - x - \frac{x^2}{2}}{x^3}$ e^x のマクローリン展開を使う．

$$\frac{e^x - 1 - x - \frac{x^2}{2}}{x^2} = \frac{1}{x^2}\left\{-1 - x - \frac{x^2}{2} + \left(1 + x + \frac{x^2}{2!} + \frac{x^3}{3!} + \frac{x^4}{4!} + \cdots\right)\right\}$$

$$= \frac{1}{3!} + \frac{x}{4!} + \cdots \to \frac{1}{6} \quad (x \to 0)$$

(2) 問題 19.1(3) より $(\cos x)\log(1+x) = x - \frac{x^2}{2} - \frac{x^3}{6} + \cdots$ (4 次の項は 0)．よって

$$\frac{(\cos x)\log(1+x) - x}{x^2} = \frac{-x + (x - \frac{x^2}{2} - \frac{x^3}{6} - \cdots)}{x^2} = \frac{-\frac{x^2}{2} - \frac{x^3}{6} - \cdots}{x^2}$$

$$= -\frac{1}{2} - \frac{x}{6} - \cdots \to -\frac{1}{2}$$

(3) $\sin x$ のマクローリン展開を使う．

$$\frac{1}{x^2}\left(1 - \frac{\sin x}{x}\right) = \frac{1}{x^2}\frac{x - \sin x}{x} = \frac{x - (x - \frac{x^3}{3!} + \frac{x^5}{5!} - \cdots)}{x^3}$$

$$= \frac{\frac{x^3}{3!} - \frac{x^5}{5!} + \cdots}{x^3} = \frac{1}{3!} - \frac{x^2}{5!} + \cdots \to \frac{1}{6}$$

20.2 **(1)** $\sin x$ のマクローリン展開を使う．

$$\frac{\sin x}{x^a} = \frac{1}{x^a}\left(x - \frac{x^3}{3!} + \frac{x^5}{5!} - \cdots\right) = \left(1 - \frac{x^2}{3!} + \frac{x^3}{5!} - \cdots\right)x^{1-a}$$

カッコの中は 1 に収束するので x^{1-a} の収束性を調べればよい．$1-a=0$ のとき 1 に収束，$1-a>0$ のとき 0 に収束，$1-a<0$ のとき発散する．つまり収束の条件は $1 \leqq a$ である．

(2) $(1+x)^a$ のマクローリン展開に $a=1/2$ を代入したものを使う．

$$\frac{-1+\sqrt{1+x}}{x^a} = \frac{-1+1+\frac{1}{2}x - \frac{1}{8}x^2 + \frac{1}{16}x^3 - \cdots}{x^a} = \left(\frac{1}{2} - \frac{1}{8}x + \frac{1}{16}x^2 - \cdots\right)x^{1-a}$$

カッコの中は $\frac{1}{2}$ に収束するので x^{1-a} の収束性を調べればよい．$1-a=0$ のとき $1/2$ に収束，$1-a>0$ のとき 0 に収束，$1-a<0$ のとき発散する．つまり収束の条件は $1 \leqq a$ である．

(3) $\log(1+x)$ のマクローリン展開を利用する．

$$\frac{-x+\log(1+x)}{x^a} = \frac{-x + x - \frac{x^2}{2} + \frac{x^3}{3} - \frac{x^4}{4} + \cdots}{x^a} = \left(-\frac{1}{2} + \frac{x}{3} - \frac{x^2}{4} + \cdots\right)x^{2-a}$$

第 1 章 の 解 答

カッコの中は $-\frac{1}{2}$ に収束するので x^{2-a} の収束性を調べればよい．$2-a=0$ のとき $-\frac{1}{2}$ に収束，$2-a>0$ のとき 0 に収束，$2-a<0$ のとき発散する．つまり収束の条件は $2 \leqq a$ である．

20.3 $\cos x$ のマクローリン展開を利用する．

$$\frac{1+ax^2-\cos x}{x^4} = \frac{1+ax^2-(1-\frac{x^2}{2!}+\frac{x^4}{4!}-\frac{x^6}{6!}+\cdots)}{x^4}$$
$$= \frac{a+\frac{1}{2}}{x^2} - \frac{1}{4!} + -\frac{x^2}{6!} + \cdots = \dagger$$

x の負のべき乗があると発散するので，$a=-\frac{1}{2}$．そのとき，$\dagger \to -\frac{1}{24}$ $(x \to 0)$ となるので $b=-\frac{1}{24}$．

21.1 (1) 例題 1.17(1) より $(\sin x)^{(k)} = \sin(x+\frac{\pi}{2}k)$ なので，テイラーの定理の $n=5$ より $\sin x = x - \frac{x^3}{6} + \frac{\sin(\theta x)}{5!}x^5$ となる $0 \leqq \theta \leqq 1$ が存在する．これに $x=0.01$ を代入して

$$\sin(0.1) = \underbrace{0.1 - \frac{(0.1)^3}{6}}_{a} + \underbrace{\frac{\sin(0.1\theta)}{5!}0.1^5}_{R}$$

となるが

$$0.0998333 \leqq a \leqq 0.0998334, \quad 0 \leqq R \leqq \frac{1}{5!}\cdot 0.1^5 \leqq 0.000000084$$

なので，$0.0998333 \leqq \sin(0.1) \leqq 0.0998334$ となり，$\sin(0.1) \approx 0.09983$ となる．

(2) $f(x) = (1+x)^{10}$ として，テイラーの定理の $n=5$ より

$$(1+x)^{10} = 1+10x+45x^2+\frac{720}{3!}(1+\theta x)^3 x^3$$

これに $x=0.01$ を代入する．

$$(1.01)^{10} = \underbrace{1+10\cdot 0.01 x + 45(0.01)^2}_{a} + \underbrace{120(1+\theta x)^3 x^3}_{R}$$

となる $\theta \in [0,1]$ が存在する．$a = 1.1045$，$0 \leqq R \leqq 120\,(0.01)^3 = 0.00012$．よって $1.1045 \leqq (1.01)^{10} \leqq 1.1045+0.00012 = 1.10462$ となり，$(1.01)^{10} \approx 1.105$．

(3) $\sin(46°) = \sin\left(\frac{46\pi}{180}\right) = \sin\left(\frac{\pi}{4}+\frac{\pi}{180}\right)$．$f(x) = \sin(\frac{\pi}{4}+x)$ と置く．$f(0) = 1/\sqrt{2}$

$f'(x) = \cos\left(\frac{\pi}{4}+x\right), \quad f'(0) = 1/\sqrt{2}$

$f''(x) = -\sin\left(\frac{\pi}{4}+x\right), \quad f''(0) = -1/\sqrt{2}$

$f'''(x) = -\cos\left(\frac{\pi}{4}+x\right), \quad f(x) = \frac{1}{\sqrt{2}} + \frac{x}{\sqrt{2}} - \frac{x^2}{2\sqrt{2}} - \frac{\cos(\frac{\pi}{4}+\theta x)}{3!}x^3$

となる $\theta \in [0,1]$ が存在する．これに $x = \frac{\pi}{180}$ を代入する．

$$\sin(46°) = \underbrace{\frac{1}{\sqrt{2}} + \frac{\pi}{180}\frac{1}{\sqrt{2}} - \frac{\pi^2}{180^2}\frac{1}{2\sqrt{2}}}_{a} - \underbrace{\frac{\cos(\frac{\pi}{4}+\theta x)}{3!}\frac{\pi^3}{180^3}}_{R}$$

$0.7193404 \leqq a \leqq 0.7193405, \quad 0 \geqq R \geqq -\frac{1}{3!}\frac{\pi^3}{180^3} \geqq -0.0000009$

$0.7193395 \leqq \sin(46°) \leqq 0.7193405$

よって $\sin(46°) \approx 0.7193$

(4) $\sqrt{101} = 10\sqrt{1.01}$

$f(x) = 10(1+x)^{1/2}$ と置く $\quad f(0) = 10, \quad f(0.01) = \sqrt{101}$

$f'(x) = 5(1+x)^{-1/2}, \quad f'(0) = 5, \quad f''(x) = -\frac{5}{2}(1+x)^{-3/2}$

$f(x) = 10 + 5x - \frac{5}{2}(1+\theta x)^{-3/2}x^2$

$f(0.01) = \underbrace{10 + 5*0.01}_{a} \underbrace{-\frac{5}{2}(1+\theta 0.01)^{-3/2}(0.01)^2}_{R}$

$a = 10.05, \quad -0.00025 = -\frac{5}{2}(0.01)^2 \leqq R \leqq 0$

$10.04975 \leqq \sqrt{101} \leqq 10.05,$

よって $\sqrt{101} \approx 10.05$

22.1 (1) $\lim\limits_{x\to\infty} \frac{\log(1+e^x)}{x} \left(=\frac{\infty}{\infty}\right) = \lim\limits_{x\to\infty} \frac{\frac{e^x}{1+e^x}}{1} = \lim\limits_{x\to\infty} \frac{1}{e^{-x}+1} = 1$

(2) $\lim\limits_{x\to 0} \frac{x-\sin x}{x^3+x^4} \left(=\frac{0}{0}\right) = \lim\limits_{x\to 0} \frac{1-\cos x}{3x^2+4x^3} \left(=\frac{0}{0}\right) = \lim\limits_{x\to 0} \frac{\sin x}{6x+12x^2} \left(=\frac{0}{0}\right) = \lim\limits_{x\to 0} \frac{\cos x}{6+24x} = \frac{1}{6}$

(3) $\lim\limits_{x\to\infty} \frac{\log(1+x^2)}{2x+1} \left(=\frac{\infty}{\infty}\right) = \lim\limits_{x\to\infty} \frac{2x/(1+x^2)}{2} = \lim\limits_{x\to\infty} \frac{x}{1+x^2} = \lim\limits_{x\to\infty} \frac{x^{-1}}{1+x^{-2}} = 0$

(4) $\lim\limits_{x\to 0} \frac{\sin^{-1} x}{x} \left(=\frac{0}{0}\right) = \lim\limits_{x\to 0} \frac{1/\sqrt{1-x^2}}{1} = 1$

(5) $\lim\limits_{x\to\infty} \frac{x\log x}{x^x} \left(=\frac{\infty}{\infty}\right) = \lim\limits_{x\to\infty} \frac{\log x + 1}{x^x(\log x + 1)} = \lim\limits_{x\to\infty} \frac{1}{x^x} = 0$

(6) $\lim\limits_{x\to 1} \frac{\log x}{x^2-1} \left(=\frac{0}{0}\right) = \lim\limits_{x\to 1} \frac{x^{-1}}{2x} = \lim\limits_{x\to 1} \frac{1}{2x^2} = \frac{1}{2}$

(7) $\lim\limits_{x\to 0} \frac{3^x-2^x}{x} \left(=\frac{0}{0}\right) = \lim\limits_{x\to 0} \{(\log 3)3^x - (\log 2)2^x\} = \log 3 - \log 2 = \log \frac{3}{2}$

(8) $\lim\limits_{x\to\infty} \frac{\log x}{x} \left(=\frac{\infty}{\infty}\right) = \lim\limits_{x\to\infty} x^{-1} = 0$

23.1 (1) $\lim\limits_{x\to 0+0} \left(\frac{1}{x^2} - \frac{1}{\log(x+1)}\right) = \lim\limits_{x\to 0+0} \frac{\log(x+1)-x^2}{x^2\log(x+1)} \left(=\frac{0}{0}\right)$

$= \lim\limits_{x\to 0+0} \frac{\frac{1}{1+x}-2x}{2x\log(x+1)+\frac{x^2}{x+1}}.$ 分子 $\to 1$, 分母 $\to 0+0$ になるので, 与式 $= \infty$.

(2) $\lim\limits_{x\to 0} \left(\frac{1}{x} - \frac{1}{\cos x - 1}\right) = \lim\limits_{x\to 0} \frac{\cos x - 1 - x}{x(\cos x - 1)} \left(=\frac{0}{0}\right) = \lim\limits_{x\to 0} \frac{-\sin x - 1}{\cos x - 1 - x\sin x}.$

分子 $\to -1$, 分母 $\to 0-0$ なので, 与式 $= \infty$.

(3) $\lim\limits_{x\to\infty} (x - \log x) = \lim\limits_{x\to\infty} x\left(1 - \frac{\log x}{x}\right).$ $\lim\limits_{x\to\infty} \frac{\log x}{x} = 0$ なので, 与式 $= \infty$.

(4) $\lim\limits_{x\to 0+0} \log x \sin^{-1} x = \lim\limits_{x\to 0+0} \frac{\log x}{(\sin^{-1} x)^{-1}} \left(=\frac{\infty}{\infty}\right) = \lim\limits_{x\to 0+0} \frac{x^{-1}}{-(\sin^{-1} x)^{-2}\frac{1}{\sqrt{1-x^2}}}$

$= \lim\limits_{x\to 0+0} \frac{-(\sin^{-1} x)^2\sqrt{1-x^2}}{x} = \lim\limits_{x\to 0+0} -(\sin^{-1} x)\frac{\sin^{-1} x}{x}\sqrt{1-x^2} = 0$ (問 22.1(4))

(5) $\lim\limits_{x\to -\infty} xe^x = \lim\limits_{x\to -\infty} \frac{x}{e^{-x}} \left(=\frac{\infty}{\infty}\right) = \lim\limits_{x\to -\infty} \frac{1}{-e^{-x}} = \lim\limits_{x\to -\infty} -e^x = 0$

第1章の解答

24.1 (1) $\lim_{x\to 0+0}(\sin x)^x \ (=0^0)$
$$k=\lim_{x\to 0+0}x\log(\sin x)=\lim_{x\to 0+0}\frac{\log(\sin x)}{x^{-1}}\ \left(=\frac{\infty}{\infty}\right)=\lim_{x\to 0+0}\frac{\frac{\cos x}{\sin x}}{-x^{-2}}$$
$$=\lim_{x\to 0+0}(-x)\cos x\frac{x}{\sin x}=0.\ \text{よって与式}=e^0=1.$$

(2) $\lim_{x\to\infty}\left(\frac{2}{\pi}\tan^{-1}x\right)^x\ (=1^\infty)$
$$k=\lim_{x\to\infty}x\log\left(\frac{2}{\pi}\tan^{-1}x\right)=\lim_{x\to\infty}\frac{\log\left(\frac{2}{\pi}\tan^{-1}x\right)}{x^{-1}}\ \left(=\frac{0}{0}\right)$$
$$=\lim_{x\to\infty}\frac{\left(\frac{2}{\pi}\tan^{-1}x\right)'}{\frac{2}{\pi}\tan^{-1}x}\frac{1}{-x^{-2}}=\lim_{x\to\infty}\frac{(1+x^2)^{-1}}{\tan^{-1}x}\frac{1}{-x^{-2}}$$
$$=\lim_{x\to\infty}\frac{-1}{\tan^{-1}x}\frac{x^2}{1+x^2}=-\frac{2}{\pi}.\ \text{よって与式}=\exp\left(-\frac{2}{\pi}\right)$$

(3) $\lim_{x\to 1}x^{1/(1-x)}(=1^\infty)$
$$k=\lim_{x\to 1}\frac{\log x}{1-x}\ \left(=\frac{\infty}{\infty}\right)=\lim_{x\to 1}\frac{x^{-1}}{-1}=-1.\ \text{よって与式}=\frac{1}{e}.$$

(4) $\lim_{x\to\infty}(\log x)^{1/x}\ (=\infty^0)$
$$k=\lim_{x\to\infty}x^{-1}\log x(=0\cdot\infty)=\lim_{x\to\infty}\frac{\log x}{x}\ \left(=\frac{\infty}{\infty}\right)$$
$$=\lim_{x\to\infty}x^{-1}=0.\ \text{よって与式}=e^0=1.$$

(5) $\lim_{x\to 0}(1-\cos x)^{\sin x}\ (=0^0)$
$$k=\lim_{x\to 0}\sin x\log(1-\cos x)(=0\cdot\infty)=\lim_{x\to 0}\frac{\log(1-\cos x)}{(\sin x)^{-1}}\ \left(=\frac{\infty}{\infty}\right)$$
$$=\lim_{x\to 0}\frac{\frac{\sin x}{1-\cos x}}{-(\sin x)^{-2}\cos x}=\lim_{x\to 0}\frac{\sin^3 x}{(1-\cos x)\cos x}$$
$$=\lim_{x\to 0}\frac{\sin^3 x}{x^3}\frac{x^2}{1-\cos x}x\frac{1}{\cos x}=0.\ \text{よって与式}=e^0=1.$$

(6) $\lim_{x\to 0}\left(\frac{a^x+b^x}{2}\right)^{1/x}\ (=1^0)$
$$k=\lim_{x\to 0}\frac{1}{x}\log\left(\frac{a^x+b^x}{2}\right)(=\infty\cdot 0=\frac{0}{0})$$
$$=\lim_{x\to 0}\left(\frac{a^x+b^x}{2}\right)^{-1}\left(\frac{a^x+b^x}{2}\right)'$$
$$=\lim_{x\to 0}\left(\frac{a^x+b^x}{2}\right)^{-1}\left(\frac{(\log a)a^x+(\log b)b^x}{2}\right)$$
$$=\frac{\log a+\log b}{2}.\ \text{よって与式}=\exp\frac{\log a+\log b}{2}=\sqrt{ab}.$$

(7) $\lim_{x\to\infty}\left(1+\frac{a}{x}\right)^{bx}\ (=1^\infty)$
$$k=\lim_{x\to\infty}bx\log\left(1+\frac{a}{x}\right)=\lim_{x\to\infty}\frac{b\log\left(1+\frac{a}{x}\right)}{x^{-1}}\ \left(=\frac{0}{0}\right)$$
$$=\lim_{x\to\infty}\frac{b\left(1+\frac{a}{x}\right)^{-1}(-ax^{-2})}{-x^{-2}}=\lim_{x\to\infty}ab\left(1+\frac{a}{x}\right)^{-1}=ab$$
よって与式 $=e^k=e^{ab}.$

(8) $\lim_{x\to 0}(\cos x)^{\log x}(=1^\infty)$

$k = \lim_{x\to 0+0}(\log x)\log(\cos x)(=\infty\cdot 0) = \lim_{x\to 0+0}\dfrac{\log(\cos x)}{(\log x)^{-1}}\left(=\dfrac{0}{0}\right)$
$= \lim_{x\to 0+0}\dfrac{\frac{-\sin x}{\cos x}}{-(\log x)^{-2}x^{-1}} = \lim_{x\to 0+0}\dfrac{x(\sin x)(\log x)^2}{\cos x}$
$= \lim_{x\to 0+0}(x\log x)^2 \dfrac{\sin x}{x}(\cos x) = 0$ (例題 1.23(3)). よって与式 $= e^k = e^0 = 1$.

25.1 **(1)** $f'(x) = -2x\exp(-x^2)$. これが 0 になるのは $x = 0$ のとき. $f''(x) = -2\exp(-x^2) + (-2x)^2\exp(-x^2) = (-2+4x^2)\exp(-x^2)$. $f''(0) = -2 < 0$ なので, $f(0) = 0$ は極大値. 端点は $f(-1) = e^{-1}$, $f(2) = e^{-4}$. よって $f(0) = 1$ が最大値. $f(2) = e^{-4}$ が最小値. **(2)** $f'(x) = \dfrac{2x}{x^2+1}$. これが 0 になるのは $x = 0$ のとき. $f''(x) = \dfrac{2(x^2+1)-2x(2x)}{(x^2+1)^2}$. $f''(0) = 2 > 0$ なので, $f(0) = 0$ は極小値. 端点は $f(-1) = f(1) = \log 2$. $f(-1) = f(1) = \log 2$ が最大値. $f(0) = 0$ が最小値.
(3) $f'(x) = \dfrac{3x^2(x^2-2)-x^3(2x)}{(x^2-2)^2} = \dfrac{x^4-6x^2}{(x^2-2)^2} = \dfrac{x^2(x^2-6)}{(x^2-2)^2}$. これが 0 になるのは $x = 0, \pm\sqrt{6}$ のとき. $f''(x) = \dfrac{4x(x^2+6)}{(x^2-2)^3}$ なので $f''(0) = 0$, $f''(\sqrt{6}) > 0$, $f''(-\sqrt{6}) < 0$ となり, $f(\sqrt{6}) = \dfrac{3\sqrt{6}}{2}$ は極小値, $f(-\sqrt{6}) = -\dfrac{3\sqrt{6}}{2}$ は極大値. $f'''(x) = -\dfrac{12(x^4+12x^2+4)}{(x^2-2)^4}$ なので $f'''(0) < 0$. よって $f(0)$ は極値ではない. $\lim_{x\to 2+0}\dfrac{x^3}{x^2-2} = \infty$, $\lim_{x\to 2-0}\dfrac{x^3}{x^2-2} = -\infty$ なので, 最大値・最小値なし. **(4)** $f'(x) = \cos x(1+\cos x) + \sin x(-\sin x) = 2\cos^2 x + \cos x - 1 = (2\cos x - 1)(\cos x + 1)$ これが 0 になるのは, $\cos x = \dfrac{1}{2}$ のときの $x = \dfrac{\pi}{3}, \dfrac{5\pi}{3}$, $\cos x = 1$ のときの $x = \pi$. $f''(x) = -4\cos x\sin x - \sin x = -\sin x(4\cos x + 1)$ なので, $f''(\pi) = 0$, $f''\left(\dfrac{\pi}{3}\right) < 0$, $f''\left(\dfrac{5\pi}{3}\right) > 0$ となり, $f\left(\dfrac{\pi}{3}\right) = \dfrac{3\sqrt{3}}{4}$ は極大値, $f\left(\dfrac{5\pi}{3}\right) = -\dfrac{3\sqrt{3}}{4}$ は極小値. $f'''(x) = 4\sin^2 x - 4\cos^2 x - \cos x$ なので, $f'''(\pi) < 0$ となり, $f(\pi)$ は極値ではない. 周期 2π の周期関数なので端点なし. $f\left(\dfrac{\pi}{3}\right) = \dfrac{3\sqrt{3}}{4}$ は最大値, $f\left(\dfrac{5\pi}{3}\right) = -\dfrac{3\sqrt{3}}{4}$ は最小値.

26.1 **(1)** $f(x) = 右辺 - 左辺 = x^4 + \dfrac{4}{3}x^3 - 12x^2 + 63$ と置いて, $f(x)$ の最小値を調べる. $f'(x) = 4x^3 + 4x^2 - 24x = 4x(x^2+x-6) = 4x(x+3)(x-2)$ が 0 になるのは $x = -3, 0, 2$ のとき. 端点と極値の候補：$\lim_{x\to -\infty}f(x) = \infty$, $f(-3) = 0$, $f(0) = 63$, $f(2) = \dfrac{125}{3}$, $\lim_{x\to\infty}f(x) = \infty$ の中で最も小さいのは $f(-3) = 0$ なので, $f(x)$ の最小値は 0. よって $f(x) \geqq 0$ であることが示せた. **(2)** $f(x) = 右辺 - 左辺 = x - 1 - \log x$ と置いて, $f(x)$ の最小値を調べる. $f'(x) = 1 - \dfrac{1}{x}$ が 0 になるのは, $x = 1$ のとき. 定義域は $(0, \infty)$ と判断できる. 端点と極値の候補：$\lim_{x\to 0+0}f(x) = \infty$, $f(1) = 0$, $\lim_{x\to\infty}f(x) = \lim_{x\to\infty}x\left(1-\dfrac{\log x}{x}\right) - 1 = \infty$. (問題 22.1(8) より $\lim_{x\to\infty}\dfrac{\log x}{x} = 0$ を使った) この中で最も小さいのは $f(1) = 0$ なので, $f(x)$ の最小値は 0. よって $f(x) \geqq 0$ であることが示せた. **(3)** ①$1 + x < e^x$ を示す. $f(x) = e^x - x - 1$ と置いて, $f(x)$ の最小値を調べる. $f'(x) = e^x - 1$ が 0 になるのは, $x = 0$ のとき. 端点と極値の候補：$f(0) = 0$, $\lim_{x\to -\infty}f(x) = \infty$. この中で最も小さいのは $f(0) = 0$ なので, $f(x)$ の最小値は 0. よって $f(x) \geqq 0$ であることが示せた.

②$e^x < 1 + x + \frac{x^2}{2}$ を示す. $g(x) = 1 + x + \frac{x^2}{2} - e^x$ と置いて, $g(x)$ の最小値を調べる. $g'(x) = 1 + x - e^x = -f(x) \leqq 0$ となり減少する. よって右端の $g(0) = 0$ が最小値. $g(x) \geqq 0$ であることが示せた. **(4)** ①$1 - \frac{x^2}{2} < \cos x$ を示す. $f(x) = \cos x + \frac{x^2}{2} - 1$ と置いて, $f(x)$ の最小値を調べる. $f'(x) = -\sin x + x$. 例題1.26(2) より $0 \leqq x$ では $\sin x \leqq x$ となり $f'(x) \geqq 0$. また $f'(x)$ は奇関数なので, $0 \geqq x$ では $f'(x) \leqq 0$. よって $f(0) = 0$ が最小値である. よって $f(x) \geqq 0$ であることが示せた. ②$\cos x < 1 - \frac{x^2}{2} + \frac{x^4}{24}$ を示す. $g(x) = 1 - \frac{x^2}{2} + \frac{x^4}{24} - \cos x$ と置いて, $g(x)$ の最小値を調べる. $g'(x) = -x + \frac{x^3}{6} + \sin x$. 例題1.26(2) より $0 \leqq x$ では $x - \frac{x^3}{6} \leqq \sin x$ となり $g'(x) \geqq 0$. また $g'(x)$ は奇関数なので, $0 \geqq x$ では $g'(x) \leqq 0$. よって $g(0) = 0$ が最小値である. よって $g(x) \geqq 0$ であることが示せた. **(5)** $f(x) = (1+x)e^{-x}$ $(-1 \leqq x \leqq 0)$ と置いて, $f(x)$ の最小値を調べる. $f'(x) = e^{-x} + (1+x)(-e^{-x}) = -xe^{-x}$ が 0 になるのは $x = 0$ のとき. 端点と極値の候補: $f(-1) = 0, f(1) = 2e^{-1}, \lim_{x \to \infty} f(x) = \lim_{x \to \infty} \frac{1+x}{e^x} \left(= \frac{\infty}{\infty}\right) = \lim_{x \to \infty} \frac{1}{e^x} = 0$. この中で最も小さいのは $f(-1) = 0$ なので, $f(x)$ の最小値は 0. よって $f(x) \geqq 0$ であることが示せた.

27.1 **(1)** $f(x) = \log(x^2 + 1)$. $f'(x) = \frac{2x}{x^2+1}$ より $x = 0$ が極値の候補. $f''(x) = \frac{2(x^2+1) - 2x(2x)}{(x^2+1)^2} = \frac{2(1-x^2)}{(x^2+1)^2}$. $f''(0) > 0$ なので, $f(0) = 0$ は極小値. $f''(x) = 0$ となるのは, $x = \pm 1$ のとき. これが変曲の候補. $f'''(x) = \frac{4x(x^2-3)}{(x^2+1)^3}$ より $f'''(\pm 1) \neq 0$ なので, $f(\pm 1) = \log 2$ は変曲点.

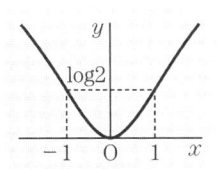

x	$-\infty$	$\cdots$	-1	$\cdots$	0	$\cdots$	1	$\cdots$	∞
$f'(x)$	$-$	$-$	$-$	$-$	0	$+$	$+$	$+$	0
$f''(x)$	$-$	$-$	0	$+$	$+$	$+$	0	$-$	$-$
$f(x)$	∞	↘	$\log 2$ 変曲点	↘	0 極小	↗	$\log 2$ 変曲点	↗	∞

(2) $f(x) = \frac{x+1}{x^2+1}$ と置く. $f'(x) = \frac{(x^2+1) - (x+1)(2x)}{(x^2+1)^2} = \frac{-x^2-2x+1}{(x^2+1)^2}$ より $x^2 - 2x - 1 = 0$ のとき, つまり $x = -1 \pm \sqrt{2}$ のときに $f'(x) = 0$.

$$f''(x) = \frac{(-2x-2)(x^2+1)^2 - (-x^2-2x+1)2(x^2+1)(2x)}{(x^2+1)^4}$$
$$= \frac{-2(x+1)(x^2+1) - (-x^2-2x+1)(4x)}{(x^2+1)^3}$$

$f''(-1 \pm \sqrt{2})$ の符号は $-(x+1)$ と一致して, $f''(-1+\sqrt{2}) < 0, f''(-1-\sqrt{2}) > 0$. よって $f(-1+\sqrt{2}) = \frac{1+\sqrt{2}}{2}$ は極大, $f(-1-\sqrt{2}) = \frac{1-\sqrt{2}}{2}$ 極小. $f''(x) = \frac{2(x^3+3x^2-3x-1)}{(x^2+1)^3} = \frac{2(x-1)(x^2+4x+1)}{(x^2+1)^3}$ より $x = 1, -2 \pm \sqrt{3}$ のとき $f'' = 0$.

$f'''(x) = 2(3x^2+6x-3)(x^2+1)^{-3} + 2(x^3+3x^2-3x-1)(-3)(x^2+1)^{-4}(2x)$ より, $x = 1, -2 \pm \sqrt{3}$ のとき $f''' \neq 0$. よって $f(1) = 1, f(-2 \pm \sqrt{3}) = \frac{1 \pm \sqrt{3}}{4}$ はいずれも変曲点.

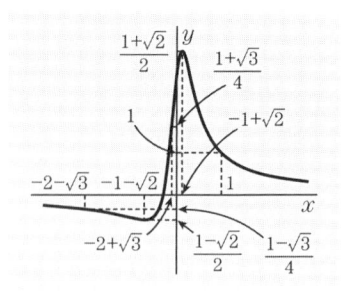

x	$-\infty$	$\cdots$	$-2-\sqrt{3}$	$\cdots$	$-1-\sqrt{2}$	$\cdots$
$f'(x)$	$-$	$-$	$-$	$-$	0	$+$
$f''(x)$	$-$	$-$	0	$+$	$+$	$+$
$f(x)$	0	↘	$\frac{1-\sqrt{3}}{4}$ 変曲点	↘	$\frac{1-\sqrt{2}}{2}$ 極小	↗

x	$-2+\sqrt{3}$	$\cdots$	$-1+\sqrt{2}$	$\cdots$	1	$\cdots$	∞
$f'(x)$	$+$	$+$	0	$-$	$-$	$-$	
$f''(x)$	0	$-$	$-$	$-$	0	$+$	$+$
$f(x)$	$\frac{1+\sqrt{3}}{4}$ 変曲点	↗	$\frac{1+\sqrt{2}}{2}$ 極大	↘	1 変曲点	↘	0

第 1 章の章末問題

1 (1) 2 項定理を使う．
$$a_{n+1} - a_n = \left(1 + \frac{1}{n+1}\right)^{n+1} - \left(1 + \frac{1}{n}\right)^n$$
$$= \sum_{k=0}^{n+1} {}_{n+1}\mathrm{C}_k \left(\frac{1}{n+1}\right)^k - \sum_{k=0}^{n} {}_{n}\mathrm{C}_k \left(\frac{1}{n}\right)^k$$
$$= \sum_{k=0}^{n} \left(\frac{{}_{n+1}\mathrm{C}_k}{(n+1)^k} - \frac{{}_{n}\mathrm{C}_k}{n^k}\right) + \frac{1}{(n+1)^{n+1}} = \dagger$$

この第 2 項は正．第 1 項も正であることを示す．1 から n までの数字の書かれたカードが袋にあり，ここから 1 枚引いて戻す．これを k 回行ったとき，全てが異なるカードである確率は $\frac{{}_{n}\mathrm{C}_k k!}{n^k}$ である．これは，同じ k なら n が大きいほど確率は上がるので，$\frac{{}_{n}\mathrm{C}_k k!}{n^k} \leq \frac{{}_{n+1}\mathrm{C}_k k!}{(n+1)^k}$ となる．よって $\frac{{}_{n}\mathrm{C}_k}{n^k} \leq \frac{{}_{n+1}\mathrm{C}_k}{(n+1)^k}$ であり，$\dagger$ の第 1 項は正である．よって $\dagger$ は正，つまり $a_{n+1} > a_n$ であることが証明できた．

(2) $\left(1 + \frac{1}{n}\right)^n = \sum_{k=0}^{n} {}_{n}\mathrm{C}_k \left(\frac{1}{n}\right)^k = \sum_{k=0}^{n} \frac{n!}{k!(n-k)! \, n^k}$
$$= \sum_{k=0}^{n} \frac{1}{k!} \left(\frac{n}{n} \frac{n-1}{n} \cdots \frac{n+1-k}{n}\right) < \sum_{k=0}^{n} \frac{1}{k!}$$
$$= 1 + 1 + \frac{1}{2!} + \frac{1}{6} + \cdots + \frac{1}{n!}$$
$$< 1 + 1 + \frac{1}{2} + \frac{1}{2^2} + \cdots + \frac{1}{2^n} = 1 + \frac{1 - (\frac{1}{2})^{n+1}}{1 - \frac{1}{2}} < 1 + \frac{1}{1 - \frac{1}{2}} = 3$$

2 x を超えない最大の自然数を $[x]$ と書くことにする．$f(x) = 1 + \frac{1}{x}$ は $f'(x) = -x^{-2} < 0$ なので減少関数である．$x < [x] + 1$ なので $f(x) > f([x]+1)$, つまり $\left(1 + \frac{1}{[x]+1}\right) \leq \left(1 + \frac{1}{x}\right)$ となる．これは両方 1 より大きいので，$[x]$ 乗しても，大小は変わらず $\left(1 + \frac{1}{[x]+1}\right)^{[x]} \leq \left(1 + \frac{1}{x}\right)^{[x]}$ となる．さらに $1 \leq \left(1 + \frac{1}{x}\right)$ と $[x] \leq x$ より $\left(1 + \frac{1}{x}\right)^{[x]} \leq \left(1 + \frac{1}{x}\right)^{x}$ となる．つまり

$$\left(1 + \frac{1}{[x]+1}\right)^{[x]} \leq \left(1 + \frac{1}{x}\right)^{x}$$

が成り立つ．次に $[x] \leq x$ なので $f(x) < f([x])$, つまり $\left(1 + \frac{1}{x}\right) \leq \left(1 + \frac{1}{[x]}\right)$ となる．こ

れは両方 1 より大きいので，x 乗しても，大小は変わらず $\left(1+\frac{1}{x}\right)^x \leqq \left(1+\frac{1}{[x]}\right)^x$ となる．さらに $1 \leqq \left(1+\frac{1}{[x]}\right)$ と $x < [x]+1$ より $\left(1+\frac{1}{[x]}\right)^x \leqq \left(1+\frac{1}{[x]}\right)^{[x]+1}$ となる．つまり

$$\left(1+\frac{1}{x}\right)^x \leqq \left(1+\frac{1}{[x]}\right)^{[x]+1}$$

が成り立つ．まとめると

$$\left(1+\frac{1}{[x]+1}\right)^{[x]} \leqq \left(1+\frac{1}{x}\right)^x \leqq \left(1+\frac{1}{[x]}\right)^{[x]+1}$$

となる．ここで $x \to \infty$ を考える．n は自然数とする．

$$\lim_{x \to \infty} \left(1+\frac{1}{[x]+1}\right)^{[x]} = \lim_{x \to \infty} \left(1+\frac{1}{[x]+1}\right)^{[x]+1} \left(1+\frac{1}{[x]+1}\right)^{-1}$$
$$= \lim_{n \to \infty} \left(1+\frac{1}{n+1}\right)^{n+1} = e$$

$$\lim_{x \to \infty} \left(1+\frac{1}{[x]}\right)^{[x]+1} = \lim_{x \to \infty} \left(1+\frac{1}{[x]}\right)^{[x]} \left(1+\frac{1}{[x]}\right) = \lim_{n \to \infty} \left(1+\frac{1}{n}\right)^n = e$$

となる．よって $\lim_{x \to \infty} \left(1+\frac{1}{x}\right)^x = e$ となる．

3 ・$f(x) = \csc x$ と置く．$f'(x) = \left(\frac{1}{\sin x}\right)' = \frac{-\cos x}{\sin^2 x}$.

$$(\csc^{-1} x)' = \frac{1}{f'(\csc^{-1} x)} = -\frac{\sin^2(\csc^{-1} x)}{\cos(\csc^{-1} x)} = \dagger$$

$\csc^{-1} x = \theta$ と置くと，$\frac{1}{\sin \theta} = x$, $-\frac{\pi}{2} \leqq \theta \leqq \frac{\pi}{2}$, $\theta \neq 0$ となる．そのとき $\sin \theta = \frac{1}{x}$, $\cos \theta = \sqrt{1-\sin^2 \theta} = \sqrt{1-\frac{1}{x^2}}$ となる．よって $\dagger = -\frac{x^{-2}}{\sqrt{1-\frac{1}{x^2}}} = -\frac{1}{\sqrt{x^4-x^2}}$.

・$f(x) = \sec x$ と置く．$f'(x) = \left(\frac{1}{\cos x}\right)' = \frac{\sin x}{\cos^2 x}$

$$(\sec^{-1} x)' = \frac{1}{f'(\sec^{-1} x)} = \frac{\cos^2(\sec^{-1} x)}{\sin(\sec^{-1} x)} = \dagger$$

$\sec^{-1} x = \theta$ と置くと，$\frac{1}{\cos \theta} = x$, $0 \leqq \theta \leqq \pi$, $\theta \neq \frac{\pi}{2}$ となる．そのとき $\cos \theta = \frac{1}{x}$, $\sin \theta = \sqrt{1-\cos^2 \theta} = \sqrt{1-\frac{1}{x^2}}$ となる．よって $\dagger = \frac{x^{-2}}{\sqrt{1-\frac{1}{x^2}}} = \frac{1}{\sqrt{x^4-x^2}}$.

・$f(x) = \cot x$ と置く．$f'(x) = \left(\frac{1}{\tan x}\right)' = -\frac{1}{\tan^2 x \cos^2 x} = -\frac{1}{\sin^2 x}$

$$(\cot^{-1} x)' = \frac{1}{f'(\cot^{-1} x)} = \sin^2(\cot^{-1} x) = \dagger$$

$\cot^{-1} x = \theta$ と置くと，$\frac{1}{\tan \theta} = x$, $0 < \theta < \pi$ となる．そのとき $\sin \theta = \frac{\tan \theta}{\sqrt{1+\tan^2 \theta}} = \frac{x^{-1}}{\sqrt{1+x^{-2}}} = \frac{1}{x\sqrt{1+x^{-2}}}$ となる．よって $\dagger = -\frac{1}{(x\sqrt{1+x^{-2}})^2} = -\frac{1}{x^2(1+x^{-2})} = -\frac{1}{x^2+1}$

4 方程式は $\frac{\log|x|}{x} = a$ と直せるので，$f(x) = (\log|x|)/x$ と置いて，$y = f(x)$ のグラフを描く．$f'(x) = \frac{1}{x}(x^{-1}) + (\log|x|)(-x^{-2}) = x^{-2}(1-\log|x|)$ なので，これが 0 になるのは $x = \pm e$ のとき．また，$x = 0$ は無定義点である．

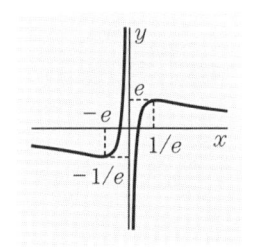

$a < -\frac{1}{e}$ のとき 1 個, $a = -\frac{1}{e}$ のとき 2 個, $-\frac{1}{e} < a < 0$ のとき 3 個, $a = 0$ のとき 2 個, $0 < a < \frac{1}{e}$ のとき 3 個, $a = \frac{1}{e}$ のとき 2 個, $\frac{1}{e} < a$ のとき 1 個.

5 $f(a+h) = f(a) + f'(a)h + \frac{h^2}{2}f''(a+\theta_1 h)$
$f(a-h) = f(a) - f'(a)h + \frac{h^2}{2}f''(a+\theta_2 h)$
となる $\theta_1, \theta_2 \in [0,1]$ が存在する.
$f(a+h) + f(a-h) - 2f(a) = \frac{h^2}{2}f''(a+\theta_1 h) + \frac{h^2}{2}f''(a+\theta_2 h) > 0$
$f(a+h) - f(a) > f(a) - f(a-h)$
よって $\frac{f(a+h)-f(a)}{h} > \frac{f(a)-f(a-h)}{h}$.

6 $\frac{f(h)-f(0)}{h} = \frac{h^2 \sin(1/h)}{h} = h\sin\frac{1}{h} = \dagger$
これは $0 \leq |h\sin(1/h)| \leq h \to 0$ $(h \to 0)$ となるので, $\dagger \to 0$ となる. つまり $f'(0) = 0$ となり, $x = 0$ で微分可能. $x \neq 0$ では
$$f'(x) = 2x\sin\frac{1}{x} + x^2 \cos\frac{1}{x}(-x^{-2}) = 2x\sin\frac{1}{x} - \cos\frac{1}{x}$$
と微分可能であるが
$$\lim_{x\to 0} f'(x) = \lim_{x\to 0}\left\{2x\sin\left(\frac{1}{x}\right) - \cos\left(\frac{1}{x}\right)\right\}$$
は $\cos\frac{1}{x}$ が振動するので, 存在しない. よって $f'(x)$ は $x = 0$ で不連続である. $x \neq 0$ では $f'(x)$ は連続である.

第 2 章

1.1 (1) $((x^2+1)^6)' = 6(x^2+1)^5 \cdot 2x = 12x(x^2+1)^5$ なので, $(\frac{1}{12}(x^2+1)^6)' = x(x^2+1)^5$. よって $\int x(x^2+1)^5 dx = \frac{1}{12}(x^2+1)^6$. (2) $(\exp(x^2+1))' = 2x\exp(x^2+1)$ なので, $(\frac{1}{2}\exp(x^2+1))' = x\exp(x^2+1)$. よって $\int x\exp(x^2+1) dx = \frac{1}{2}\exp(x^2+1)$. (3) $((x^2+1)^{3/2})' = \frac{3}{2}(x^2+1)^{1/2} \cdot 2x = 3x(x^2+1)^{1/2}$ なので, $(\frac{1}{3}(x^2+1)^{3/2})' = x(x^2+1)^{1/2}$. よって $\int x\sqrt{x^2+1}\, dx = \frac{1}{3}(x^2+1)^{3/2}$. (4) $(\log(x^2+1))' = \frac{2x}{x^2+1}$ なので $(\frac{1}{2}\log(x^2+1))' = \frac{x}{x^2+1}$. よって $\int \frac{x}{x^2+1} dx = \frac{1}{2}\log(x^2+1)$.

2.1 (1) $\int_0^1 x^3 dx = [\frac{x^4}{4}]_0^1 = \frac{1}{4}$ (2) $\int_0^1 e^x dx = [e^x]_0^1 = e-1$ (3) $\int_{-2}^{-1} \frac{dx}{x} = [\log|x|]_{-2}^{-1} = -\log 2$ (4) $\int_0^{\pi/2} \cos x\, dx = [\sin x]_0^{\pi/2} = 1$ (5) $\int_0^{\pi/4} \frac{dx}{\cos^2 x} =$

第 2 章の解答

$[\tan x]_0^{\pi/4} = 1$ **(6)** $\int_0^1 \frac{dx}{1+x^2} = [\tan^{-1} x]_0^1 = \frac{\pi}{4}$ **(7)** $\int_0^{\log 2} \cosh x \, dx = [\sinh x]_0^{\log 2} = \frac{1}{2}\left(e^{\log 2} - e^{-\log 2}\right) = \frac{1}{2}\left(2 - \frac{1}{2}\right) = \frac{3}{4}$ **(8)** $\int_0^{\log 2} \frac{dx}{\cosh^2 x} = [\tanh x]_0^{\log 2} = \frac{e^{\log 2} - e^{-\log 2}}{e^{\log 2} + e^{-\log 2}} = \frac{2 - \frac{1}{2}}{2 + \frac{1}{2}} = \frac{3}{5}$ **(9)** $\int_0^1 \frac{dx}{\sqrt{x^2+1}} = [\sinh^{-1} x]_0^1 = [\log(x + \sqrt{x^2+1})]_0^1 = \log(1+\sqrt{2})$ **(10)** $\int_0^{1/2} \frac{dx}{1-x^2} = [\tanh^{-1} x]_0^{1/2} = \left[\frac{1}{2}\log\frac{1+x}{1-x}\right]_0^{1/2} = \frac{1}{2}\log 3$

(11) $\int_2^3 \frac{dx}{\sqrt{x^2-1}} = [\cosh^{-1} x]_2^3 = [\log(x + \sqrt{x^2-1})]_2^3 = \log(3 + \sqrt{8}) - \log(2 + \sqrt{3})$
$= \log \frac{3+2\sqrt{2}}{2+\sqrt{3}} = \log(3 + 2\sqrt{2})(2 - \sqrt{3})$

(12) $\int_0^1 x \exp(x^2 + 1) \, dx = \left[\frac{1}{2}\exp(x^2+1)\right]_0^1 = \frac{1}{2}(e^2 - e)$ **(13)** $\int_0^1 \frac{x}{x^2+1} \, dx = \left[\frac{1}{2}\log(x^2+1)\right]_0^1 = \frac{1}{2}\log 2$ **(14)** $\int_0^2 |x+1| \, dx = \int_0^2 (x+1) \, dx = \left[\frac{x^2}{2} + x\right]_0^2 = 4$

(15) $\int_0^2 |x(1-x)| \, dx = \int_0^1 (x - x^2) \, dx + \int_1^2 (x^2 - x) \, dx = \left[\frac{x^2}{2} - \frac{x^3}{3}\right]_0^1 + \left[\frac{x^3}{3} - \frac{x^2}{2}\right]_1^2$
$= \frac{1}{6} - 0 + \frac{2}{3} - \left(-\frac{1}{6}\right) = 1$

3.1 **(1)** $\int_0^1 x^2 \, dx = \lim_{n \to \infty} \sum_{k=1}^n (k \, dx)^2 \, dx \quad (dx = \frac{1}{n})$
$= \lim_{n \to \infty} \frac{1}{n^3} \sum_{k=1}^n k^2 = \lim_{n \to \infty} \frac{1}{n^3}\left(\frac{n(n+1)(2n+1)}{6}\right) = \frac{1}{3}$

(2) $\int_0^1 e^x \, dx = \lim_{n \to \infty} \sum_{k=1}^n \exp\left(\frac{k}{n}\right) \frac{1}{n} = \lim_{n \to \infty} \frac{1}{n} \sum_{k=1}^n (e^{1/n})^k$ （等比級数）
$= \lim_{n \to \infty} \frac{1}{n} \frac{e^{1/n}((e^{1/n})^n - 1)}{e^{1/n} - 1} = (e-1) \lim_{n \to \infty} \frac{1}{n} \frac{e^{1/n}}{e^{1/n} - 1} = \dagger$

ここで $1/n = x$ と置くと, $n \to \infty$ のとき, $x \to 0 + 0$ となるので
$$\dagger = (e-1) \lim_{x \to 0+0} \frac{xe^x}{e^x - 1} = (e-1) \lim_{x \to 0+0} e^x \frac{x}{e^x - 1} = \ddagger$$
$e^x \to 1$, $\frac{x}{e^x - 1} \to 1$ なので, $\ddagger = e - 1$.

(3) $\lim_{n \to \infty} \frac{1}{n^{a+1}} \sum_{k=1}^n k^a = \lim_{n \to \infty} \frac{1}{n} \sum_{k=1}^n \left(\frac{k}{n}\right)^a = \int_0^1 x^a \, dx = \left[\frac{x^{a+1}}{a+1}\right]_0^1 = \frac{1}{a+1}$

(4) $\lim_{n \to \infty} \sum_{k=1}^n \frac{1}{n+k} = \lim_{n \to \infty} \frac{1}{n} \sum_{k=1}^n \frac{1}{1 + \frac{k}{n}} = \int_0^1 \frac{dx}{1+x} = [\log(1+x)]_0^1 = \log 2$

(5) $\lim_{n \to \infty} \sum_{k=1}^n \frac{n}{n^2 + k^2} = \lim_{n \to \infty} \frac{1}{n} \sum_{k=1}^n \frac{1}{1+\left(\frac{k}{n}\right)^2} = \int_0^1 \frac{dx}{1+x^2} = [\tan^{-1} x]_0^1 = \frac{\pi}{4}$

(6) $\lim_{n \to \infty} \sum_{k=1}^n \frac{k}{n^2 + k^2} = \lim_{n \to \infty} \frac{1}{n} \sum_{k=1}^n \frac{k/n}{1+\left(\frac{k}{n}\right)^2} = \int_0^1 \frac{x \, dx}{1+x^2}$
$= \left[\frac{1}{2}\log(x^2+1)\right]_0^1 = \frac{\log 2}{2}$

(7) $\lim_{n \to \infty} \sum_{k=1}^n \frac{2n}{4n^2 - k^2} = \lim_{n \to \infty} \frac{1}{n} \sum_{k=1}^n \frac{2}{4 - \left(\frac{k}{n}\right)^2} = \lim_{n \to \infty} \frac{1}{2n} \sum_{k=1}^n \frac{1}{1 - \left(\frac{k}{2n}\right)^2}$
$= \int_0^{1/2} \frac{dx}{1-x^2} = [\tanh^{-1} x]_0^{1/2} = \left[\frac{1}{2}\log\frac{1+x}{1-x}\right]_0^{1/2} = \frac{1}{2}\log\frac{1+1/2}{1-1/2} = \frac{\log 3}{2}$

(8) $\lim_{n\to\infty}\sum_{k=1}^{n}\frac{1}{\sqrt{k^2+4kn+3n^2}} = \lim_{n\to\infty}\frac{1}{n}\sum_{k=1}^{n}\frac{1}{\sqrt{\left(\frac{k}{n}\right)^2+\frac{4k}{n}+3}}$
$= \lim_{n\to\infty}\frac{1}{n}\sum_{k=1}^{n}\frac{1}{\sqrt{\left(\frac{k}{n+2}\right)^2-1}} = \int_2^3 \frac{dx}{\sqrt{x^2-1}} = [\cosh^{-1}x]_2^3$
$= \left[\log(x+\sqrt{x^2-1})\right]_2^3 = \log\{(3+2\sqrt{2})(2-\sqrt{3})\}$

(9) $\lim_{n\to\infty}\frac{\pi}{n}\sum_{k=1}^{n}\sin\frac{k\pi}{n} = \int_0^\pi \sin x\,dx = [-\cos x]_0^\pi = 2$

4.1 **(1)** $2x+1=t$ と置く．$2dx=dt$．$x:0\to 1$ より $t:1\to 3$．
$\int_0^1 \exp(2x+1)\,dx = \int_1^3 \exp t\,\frac{dt}{2} = \frac{1}{2}[\exp t]_1^3 = \frac{e^3-e}{2}$ **(2)** $\int\frac{dx}{\sqrt{x^2-a^2}} =$
$\int\frac{d\left(\frac{x}{a}\right)}{\sqrt{\left(\frac{x}{a}\right)^2-1}} = \cosh^{-1}\left(\frac{x}{a}\right)$ **(3)** $\int\frac{dx}{\sqrt{a^2-x^2}} = \int\frac{d\left(\frac{x}{a}\right)}{\sqrt{1-\left(\frac{x}{a}\right)^2}} = \sin^{-1}\left(\frac{x}{a}\right)$
(4) $\int\frac{dx}{a^2-x^2} = \frac{1}{a}\int\frac{d\left(\frac{x}{a}\right)}{1-\left(\frac{x}{a}\right)^2} = \frac{1}{a}\tanh^{-1}\left(\frac{x}{a}\right)$ **(5)** $\int\frac{dx}{a^2+x^2} = \frac{1}{a}\int\frac{d\left(\frac{x}{a}\right)}{1+\left(\frac{x}{a}\right)^2}$
$= \frac{1}{a}\tan^{-1}\left(\frac{x}{a}\right)$ **(6)** 与式 $= \int\frac{dx}{\sqrt{(x+1)^2+4}} = \int\frac{d\left(\frac{x+1}{2}\right)}{\sqrt{\left(\frac{x+1}{2}\right)^2+1}} = \sinh^{-1}\left(\frac{x+1}{2}\right)$
(7) $\int\frac{dx}{\sqrt{x^2-2x}} = \int\frac{d(x-1)}{\sqrt{(x-1)^2-1}} = \cosh^{-1}(x-1)$

5.1 **(1)** $x=\sin t$ と置く．$dx=\cos t\,dt$．$x:0\to 1/\sqrt{2}$ より $t:0\to \frac{\pi}{4}$．
$$\int_0^{1/\sqrt{2}}\frac{dx}{\sqrt{1-x^2}} = \int_0^{\pi/4}\frac{\cos t\,dt}{\cos t} = \frac{\pi}{4}$$
(2) $x=\tanh t$ と置く．$dx=\frac{1}{\cosh^2 t}dt$．$x:0\to\frac{1}{3}$ より $t:0\to\tanh^{-1}\left(\frac{1}{3}\right)$．
$$\int_0^{1/3}\frac{dx}{1-x^2} = \int_0^{\tanh^{-1}(1/3)}\frac{1}{1-\tanh^2 t}\frac{dt}{\cosh^2 t} = \tanh^{-1}\left(\frac{1}{3}\right) = \frac{\log 2}{2}$$
(3) $x=\sin t$ と置く．$dx=\cos t\,dt$．$x:0\to 1$ より $t:0\to\pi/2$．
$$\int_0^1 x^2\sqrt{1-x^2}\,dx = \int_0^{\pi/2}\sin^2 t\cos^2 t\,dt = \frac{1}{4}\int_0^{\pi/2}\sin^2(2t)\,dt$$
$$= \frac{1}{4}\int_0^{\pi/2}\frac{1-\cos(2t)}{2}dt = \frac{1}{4}\left[\frac{t}{2}-\frac{\sin(2t)}{4}\right]_0^{\pi/2} = \frac{\pi}{16}$$
(4) $x=\sinh t$ と置く．$dx=\cosh t\,dt$．$x:0\to 1$ より $t:0\to\sinh^{-1}1$．
$$\int_0^1\frac{x^2}{\sqrt{1+x^2}}dx = \int_0^{\sinh^{-1}1}\frac{\sinh^2 t}{\sqrt{1+\sinh^2 t}}(\cosh t\,dt) = \int_0^{\sinh^{-1}1}\sinh^2 t\,dt$$
$$= \int_0^{\sinh^{-1}1}\frac{-1+\cosh(2t)}{2}dt = \left[-\frac{t}{2}+\frac{1}{4}\sinh(2t)\right]_0^{\sinh^{-1}1}$$
$$= -\frac{1}{2}\sinh^{-1}1 + \frac{1}{2}[\sinh t\cosh t]_0^{\sinh^{-1}1} = -\frac{1}{2}\log(1+\sqrt{2})+\frac{1}{2}\sqrt{2}$$
(5) $\log x=t$ と置く．$x^{-1}dx=dt$．$x:1\to 2$ より $t:0\to\log 2$．
$$\int_1^2\frac{\log x}{x}dx = \int_0^{\log 2}\frac{t}{x}(x\,dt) = \int_0^{\log 2}t\,dt = \left[\frac{t^2}{2}\right]_0^{\log 2} = \frac{(\log 2)^2}{2}$$
(6) $e^x=t$ と置く．$e^x\,dx=dt$．$x:0\to 1$ より $t:1\to e$．
$$\int_0^1\frac{e^x}{1+e^x}dx = \int_1^e\frac{t}{1+t}\frac{dt}{t} = \int_1^e\frac{dt}{1+t}$$
$$= [\log(1+t)]_1^e = \log(1+e)-\log 2 = \log\frac{1+e}{2}$$
(7) $\sin x=t$ と置く．$\cos x\,dx=dt$．$x:0\to\frac{\pi}{2}$ より $t:0\to 1$．
$$\int_0^{\pi/2}\sin^2 x\cos x\,dx = \int_0^1 t^2\,dt = \left[\frac{t^3}{3}\right]_0^1 = \frac{1}{3}$$

第 2 章 の 解 答

6.1 (1) $\int x^2 \sin x\, dx = \int x^2(-\cos x)'\, dx = x^2(-\cos x) + \int (2x)\cos x\, dx = †.$ 例題 2.6(1) より $\int x \cos x\, dx = x \sin x + \cos x.$ $† = -x^2 \cos x + 2(x \sin x + \cos x).$

(2) $\int x e^x\, dx = \int x(e^x)'\, dx = x e^x - \int (x)' e^x\, dx = x e^x - \int e^x\, dx = x e^x - e^x$

(3) $\int e^x (\cos x)\, dx = \int e^x (\sin x)'\, dx = e^x \sin x - \int e^x \sin x\, dx = e^x \sin x - \int e^x(-\cos x)'\, dx = e^x \sin x + e^x \cos x - \int e^x \cos x\, dx$ (与式). 与式 $= \frac{e^x}{2}(\sin x + \cos x)$

(4) $\int e^x \sin x\, dx = \int e^x(-\cos x)'\, dx = -e^x \cos x + \int e^x \cos x\, dx = -e^x \cos x + \int e^x (\sin x)'\, dx = -e^x \cos x + e^x \sin x - \int e^x \sin x\, dx$ (与式). 与式 $= \frac{e^x}{2}(-\cos x + \sin x)$

(5) $\int x \log x\, dx = \int (\frac{x^2}{2})' \log x\, dx = \frac{x^2}{2} \log x - \int \frac{x^2}{2} x^{-1}\, dx = \frac{x^2}{2} \log x - \frac{x^2}{4}$

(6) $\int \frac{\tanh x}{\cosh^2 x}\, dx = \int \tanh x (\tanh x)'\, dx = \frac{1}{2} \tanh^2 x$

(7) $\int \sin x \cos x\, dx = \int \sin x (\sin x)'\, dx = \frac{1}{2} \sin^2 x$

(8) $\int \frac{\sin^{-1} x}{\sqrt{1-x^2}}\, dx = \int \sin^{-1} x (\sin^{-1} x)'\, dx = \frac{1}{2}(\sin^{-1} x)^2$

7.1 (1) $\int \log x\, dx = \int (x)' \log x\, dx = x \log x - \int x x^{-1}\, dx = x \log x - x.$

(2) $\int (\log x)^3\, dx = \int (x)' (\log x)^3\, dx = x(\log x)^3 - \int x \cdot 3(\log x)^2 x^{-1}\, dx = x(\log x)^3 - 3\int (\log x)^2\, dx = x(\log x)^3 - 3\int (x)' (\log x)^2\, dx = x(\log x)^3 - 3x(\log x)^2 + 3\int x (2 \log x) x^{-1}\, dx = x(\log x)^3 - 3x(\log x)^2 + 6\int \log x\, dx = x(\log x)^3 - 3x(\log x)^2 + 6x \log x - 6x$ ((1) を使った) **(3)** $\int \sin^{-1} x\, dx = \int (x)' \sin^{-1} x\, dx = x \sin^{-1} x - \int x \frac{1}{\sqrt{1-x^2}}\, dx = x \sin^{-1} x + \sqrt{1-x^2}$ **(4)** $\int \tan^{-1} x\, dx = \int (x)' \tan^{-1} x\, dx = x \tan^{-1} x - \int x \frac{1}{1+x^2}\, dx = x \tan^{-1} x - \frac{1}{2} \log(x^2+1)$ **(5)** $\int \sqrt{1+x^2}\, dx = \int (x)' \sqrt{1+x^2}\, dx = x\sqrt{1+x^2} - \int x \frac{x}{\sqrt{1+x^2}}\, dx = x\sqrt{1+x^2} - \int \frac{-1+1+x^2}{\sqrt{1+x^2}}\, dx = x\sqrt{1+x^2} + \int \frac{dx}{\sqrt{1+x^2}}\, dx - \int \sqrt{1+x^2}\, dx = x\sqrt{1+x^2} + \sinh^{-1} x - $ 与式 与式 $= \frac{1}{2} x \sqrt{1+x^2} + \frac{1}{2} \sinh^{-1} x.$

8.1 (1) $\{(3-2x)^{-1}\}' = 2(3-2x)^{-2}$ なので, $\frac{1}{2}\{(3-2x)^{-1}\}' = (3-2x)^{-2}$ となり, $\int \frac{dx}{(3-2x)^2} = \frac{1}{2}(3-2x)^{-1}.$ **(2)** $\int \frac{dx}{x^2-2x-3} = \int \frac{dx}{(x-1)^2-4} = -\frac{1}{2} \int \frac{d(\frac{x-1}{2})}{1-(\frac{x-1}{2})^2} = -\frac{1}{2} \tanh^{-1}(\frac{x-1}{2}).$

9.1 (1) $(x^2-x+1)' = 2x-1$ なので, 被積分関数を $\frac{x}{x^2-x+1} = \frac{1}{2} \frac{2x-1}{x^2-x+1} + \frac{1}{2} \frac{1}{x^2-x+1}$ と分割する. $\frac{1}{2} \int \frac{2x-1}{x^2-x+1}\, dx = \frac{1}{2} \log(x^2-x+1).$ $\frac{1}{2} \int \frac{dx}{x^2-x+1} = \frac{1}{2} \int \frac{dx}{(x-\frac{1}{2})^2 + \frac{3}{4}} = \frac{1}{2} \frac{2}{\sqrt{3}} \int \frac{d(\frac{2x-1}{\sqrt{3}})}{(\frac{2x-1}{\sqrt{3}})^2 + 1} = \frac{1}{\sqrt{3}} \tan^{-1}(\frac{2x-1}{\sqrt{3}}).$ よって $\int \frac{x}{x^2-x+1}\, dx = \frac{1}{2} \log(x^2-x+1) + \frac{1}{\sqrt{3}} \tan^{-1}(\frac{2x-1}{\sqrt{3}}).$ **(2)** x^4 を x^3-1 で割ると, 商は x で余りも x なので, $\frac{x^4}{x^3-1} = x + \frac{x}{x^3-1}.$ さらに分母は $x^3 = -1 = (x-1)(x^2+x+1)$ と因数分解できるので, 部分分数分解をすると, $\frac{x^4}{x^3-1} = x + \frac{1}{3} \frac{1}{x-1} + \frac{1}{3} \frac{1-x}{x^2+x+1}.$ 第 3 項の分母の微

分は $2x+1$ なので，分子を $1-x = -\frac{1}{2}(2x+1) + \frac{3}{2}$ と分割し，全体としては
$\frac{x^4}{x^3-1} = x + \frac{1}{3}\frac{1}{x-1} - \frac{1}{6}\frac{2x+1}{x^2+x+1} + \frac{1}{2}\frac{1}{x^2+x+1}$ と分割する．それぞれの不定積分を求める．
$\int x\,dx = \frac{x^2}{2}$. $\int \frac{1}{3}\frac{1}{x-1}\,dx = \frac{1}{3}\log|x-1|$. $-\int \frac{1}{6}\frac{2x+1}{x^2+x+1}\,dx = -\frac{1}{6}\log(x^2+x+1)$.
$\int \frac{1}{2}\frac{dx}{x^2+x+1} = \frac{1}{2}\int \frac{dx}{(x+\frac{1}{2})^2+\frac{3}{4}} = \frac{1}{2}\frac{2}{\sqrt{3}}\int \frac{d(\frac{2x+1}{\sqrt{3}})}{(\frac{2x+1}{\sqrt{3}})^2+1} = \frac{1}{\sqrt{3}}\tan^{-1}(\frac{2x+1}{\sqrt{3}})$. よって
$\int \frac{x^4}{x^3-1}\,dx = \frac{x^2}{2} + \frac{1}{3}\log|x-1| - \frac{1}{6}\log(x^2+x+1) + \frac{1}{\sqrt{3}}\tan^{-1}(\frac{2x+1}{\sqrt{3}})$.

10.1 **(1)** $(x^2-4x+5)' = 2x-4$ なので，x^2-4x+5 を $x(2x-4)$, $2x-4$, 1 の定数倍の和で書くと，$x^2-4x+5 = \frac{1}{2}x(2x-4) - (2x-4) + 1$ となる．この右辺第 1, 2 項を左辺に移項し，$(x^2-4x+5)^2$ で割ると
$$\frac{1}{(x^2-4x+5)^2} = \frac{x^2-4x+5}{(x^2-4x+5)^2} - \frac{1}{2}\frac{x(2x-4)}{(x^2-4x+5)^2} + \frac{2x-4}{(x^2-4x+5)^2}$$
となる．この第 1 項の不定積分は $I = \int \frac{dx}{x^2-4x+5} = \int \frac{d(x-2)}{(x-2)^2+1} = \tan^{-1}(x-2)$. 第 3 項の不定積分は $-\frac{1}{x^2-4x+5}$. 第 2 項の不定積分は次のように部分積分を使う．
$$-\frac{1}{2}\int \frac{x(2x-4)}{(x^2-4x+5)^2}\,dx = -\frac{1}{2}\int x\left(\frac{-1}{x^2-4x+5}\right)'\,dx$$
$$= \frac{1}{2}x\left(\frac{1}{x^2-4x+5}\right) - \frac{1}{2}\int \left(\frac{1}{x^2-4x+5}\right)\,dx = \frac{1}{2}\frac{x}{x^2-4x+5} - \frac{1}{2}I$$
$$= \frac{1}{2}\frac{x}{x^2-4x+5} - \frac{1}{2}\tan^{-1}(x-2)$$
よって，与式 $= \frac{1}{2}\tan^{-1}(x-2) + \frac{1}{2}\frac{x}{x^2-4x+5} - \frac{1}{x^2-4x+5}$

(2) 割り算を実行すると $\frac{x^6-4x^4-3x^3-19}{x^5+3x^4+4x^3-4x-4} = x - 3 + \frac{x^4+9x^3+4x^2-8x-31}{x^5+3x^4+4x^3-4x-4}$ となる．分母を因数分解すると $x^5+3x^4+4x^3-4x-4 = (x-1)(x^2+2x+2)^2$ となる．部分分数分解するために，$\frac{x^4+9x^3+4x^2-8x-31}{(x^2+2x+2)^2(x-1)} = \frac{a}{x-1} + \frac{bx+c}{x^2+2x+2} + \frac{dx+e}{(x^2+2x+2)^2}$ と置いて，a, b, c, d, e を求める．その結果
$$\text{被積分関数} = x - 3 - \frac{1}{x-1} + \frac{2x+11}{x^2+2x+2} + \frac{x+5}{(x^2+2x+2)^2}$$
となる．第 1, 2, 3 項の不定積分は $\frac{x^2}{3} - 3x - \log|x-1|$. 第 4 項は例題 2.9(1) と同様に，第 5 項は例題 2.10(1) と同様にして
$$\int \frac{2x+11}{x^2+2x+2}\,dx = \int \frac{2x+2}{x^2+2x+2}\,dx + \int \frac{9}{(x+1)^2+1}\,dx$$
$$= \log(x^2+2x+2) + 9\tan^{-1}(x+1)$$
$$\int \frac{x+5}{(x^2+2x+2)^2}\,dx = \frac{1}{2}\int \frac{2x+2}{(x^2+2x+2)^2}\,dx + \int \frac{4}{(x^2+2x+2)^2}\,dx$$
$$= -\frac{1}{2}\frac{1}{x^2+2x+2} + 2\frac{x+1}{x^2+2x+2} + 2\tan^{-1}(x+1) = \frac{2x+\frac{3}{2}}{x^2+2x+2} + 2\tan^{-1}(x+1)$$
よって与式 $= \frac{x^2}{3} - 3x - \log|x-1| + \log(x^2+2x+2) + 11\tan^{-1}(x+1) + \frac{2x+\frac{3}{2}}{x^2+2x+2}$

11.1 **(1)** $\int \sin^2(ax)\,dx = \int \frac{1-\cos(ax)}{2}\,dx = \frac{x}{2} - \frac{\sin(2ax)}{4a}$
(2) $\int \frac{dx}{\cos^2(ax)} = \frac{1}{a}\tan(ax)$.
(3) $\int \sin(3x)\sin(2x)\,dx = \int \frac{-\cos(3x+2x)+\cos(3x-2x)}{2}\,dx = \int \frac{-\cos(5x)+\cos x}{2}\,dx$
$= -\frac{\sin(5x)}{10} + \frac{\sin x}{2}$

(4) $\int \cos(3x)\cos(2x)\,dx = \int \frac{\cos(3x+2x)+\cos(3x-2x)}{2}\,dx = \int \frac{\cos(5x)+\cos(x)}{2}\,dx$
$= \frac{\sin(5x)}{10} + \frac{\sin x}{2}$ (5) $\cos x = t$ と置くと，$-\sin x\,dx = dt$．$\int \cos^2 x \sin x\,dx =$
$-\int t^2\,dt = -\frac{t^3}{3} = -\frac{\cos^3 x}{3}$．(6) $\tan \frac{x}{2} = t$ と置く．$dx = \frac{2}{1+t^2}dt$．
$\sin x = \frac{2t}{1+t^2}$．$\int \frac{dx}{\sin x} = \int \frac{1+t^2}{2t}\frac{2}{1+t^2}dt = \int \frac{dt}{t} = \log|t| = \log|\tan \frac{x}{2}|$．
(7) $\tan x = t$ と置く．$dx = \frac{1}{1+t^2}dt$．$\sin^2 x = \frac{t^2}{1+t^2}$, $\sin x \cos x = \frac{t}{1+t^2}$．
$\int \frac{dx}{\sin^3 x \cos x} = \int \frac{1+t^2}{t^2}\frac{1+t^2}{t}\frac{1}{1+t^2}dt = \int \left(\frac{1}{t^3} + \frac{1}{t}\right)dt = -\frac{1}{2}\frac{1}{t^2} + \log|t| =$
$-\frac{1}{2}\frac{1}{\tan^2 x} + \log|\tan x|$ (8) $\tan \frac{x}{2} = t$ と置く．$dx = \frac{2}{1+t^2}dt$．$\cos x = \frac{1-t^2}{1+t^2}$．
$\int \frac{dx}{1+\cos x} = \int \frac{1}{1+\frac{1-t^2}{1+t^2}}\frac{2}{1+t^2}dt = \int dt = t = \tan \frac{x}{2}$．(9) $\tan \frac{x}{2} = t$ と置く．
$dx = \frac{2}{1+t^2}dt$．$\sin x = \frac{2t}{1+t^2}$．$\int \frac{dx}{1+\sin x} = \int \frac{1}{1+\frac{2t}{1+t^2}}\frac{2}{1+t^2}dt = \int \frac{2}{(1+t)^2}dt = -\frac{2}{1+t} =$
$-\frac{2}{1+\tan \frac{x}{2}}$．

12.1 ここでは $\sin x, \cos x, \tan x$ のことをそれぞれ s, c, t と略記する．
(1) $\int c^n\,dx = \int (c)^{n-1}(s)'\,dx = c^{n-1}s + \int (c^{n-1})'s\,dx$
$= c^{n-1}s + \int ((n-1)c^{n-2}(-s))s\,dx = c^{n-1}s - (n-1)\int c^{n-2}(1-c^2)\,dx$
$= c^{n-1}s + (n-1)\int c^{n-2}\,dx - (n-1)\int c^n\,dx$
最終項を最左辺に移動し，n で割ると $\int c^n\,dx = \frac{1}{n}c^{n-1}s + \frac{n-1}{n}\int c^{n-2}\,dx$
(2) (1) を使って $\int c^5\,dx = \frac{1}{5}c^4 s + \frac{4}{5}\int c^3\,dx = \frac{1}{5}c^4 s + \frac{4}{5}\left(\frac{1}{3}c^2 s + \frac{2}{3}\int c\,dx\right)$
$= \frac{1}{5}c^4 s + \frac{4}{15}c^2 s + \frac{8}{15}s$
(3) (1) より $\int_0^{\pi/2} c^n\,dx = \frac{1}{n}[c^{n-1}s]_0^{\pi/2} + \frac{n-1}{n}\int_0^{\pi/2} c^{n-2}\,dx = \frac{n-1}{n}\int_0^{\pi/2} c^{n-2}\,dx$
よって $\int_0^{\pi/2} \cos^6 x\,dx = \frac{5}{6}\int_0^{\pi/2} \cos^4 x\,dx = \frac{5}{6}\cdot\frac{3}{4}\int_0^{\pi/2} \cos^2 x\,dx$
$= \frac{5}{6}\cdot\frac{3}{4}\cdot\frac{1}{2}\int_0^{\pi/2} dx = \frac{5}{6}\cdot\frac{3}{4}\cdot\frac{1}{2}\cdot\frac{\pi}{2} = \frac{5\pi}{32}$．
(4) $\int t^n\,dx = \int t^{n-2}\left(\frac{1}{c^2} - 1\right)dx = \int t^{n-2}(t' - 1)\,dx$
$= t^{n-2}t - \int t(t^{n-2})'\,dx - \int t^{n-2}\,dx = t^{n-1} - (n-2)\int t(t^{n-3})\frac{1}{c^2}\,dx - \int t^{n-2}\,dx$
$= t^{n-1} - (n-2)\int t^{n-2}(1+t^2)\,dx - \int t^{n-2}\,dx$
$= t^{n-1} - (n-1)\int t^{n-2}\,dx - (n-2)\int t^n\,dx$
最終項を最左辺に移項し，$(n-1)$ で割ると $\int t^n\,dx = \frac{1}{n-1}t^{n-1} - \int t^{n-2}\,dx$．
(5) (4) を使う．$\int t^4\,dx = \frac{1}{3}t^3 - \int t^2\,dx = \frac{1}{3}t^3 - \left(t - \int dx\right) = \frac{1}{3}t^3 - t + x$．
(6) (4) を使う．$\int_0^{\pi/4} t^n\,dx = \frac{1}{n-1}[t^{n-1}]_0^{\pi/4} - \int_0^{\pi/4} t^{n-2}\,dx = \frac{1}{n-1} - \int_0^{\pi/4} t^{n-2}\,dx$．
$\int_0^{\pi/4} t^5\,dx = \frac{1}{4} - \int_0^{\pi/4} t^3\,dx = \frac{1}{4} - \left(\frac{1}{2} - \int_0^{\pi/4} t\,dx\right)$
$= -\frac{1}{4} + \int_0^{\pi/4} \frac{-c'}{c}\,dx = -\frac{1}{4} - [\log|c|]_0^{\pi/4} = -\frac{1}{4} - \log \frac{1}{\sqrt{2}} = -\frac{1}{4} + \frac{\log 2}{2}$
(7) $x = \pi - t$ と置く．$dx = -dt$．$x : \frac{\pi}{2} \to \pi$ より $t : \frac{\pi}{2} \to 0$．

$\int_{\pi/2}^{\pi}\sin^8 x\,dx = \int_{\pi/2}^{0}\sin^8(\pi-t)\,(-dt) = \int_0^{\pi/2}\sin^8 t\,dt = \frac{35\pi}{256}$　（例題 2.12(3) より）

(8) $\int_0^{\pi/2} f(\sin x)\,dx$ において，$x = \frac{\pi}{2} - t$ と置く．$dx = -dt$．$x: 0 \to \frac{\pi}{2}$ より $t: \frac{\pi}{2} \to 0$．
$\int_0^{\pi/2} f(\sin x)\,dx = \int_{\pi/2}^{0} f\left\{\sin\left(\frac{\pi}{2}-t\right)\right\}(-dt) = \int_0^{\pi/2} f(\cos t)\,dt$．

13.1 (1) $1-x^2 = t$ と置く．$-2x\,dx = dt$．$\int x\sqrt{1-x^2}\,dx = \int x\sqrt{t}\,\frac{dt}{-2x} = -\frac{1}{2}\int \sqrt{t}\,dt = -\frac{1}{2}\frac{2}{3}t^{3/2} = -\frac{1}{3}(1-x^2)^{3/2}$．**(2)** $x^2+1 = t$ と置く．$2x\,dx = dt$．$\int \frac{x\,dx}{\sqrt{x^2+1}} = \int \frac{x}{\sqrt{t}}\,\frac{dt}{2x} = \frac{1}{2}\int \frac{dt}{\sqrt{t}} = \frac{1}{2}2\sqrt{t} = \sqrt{x^2+1}$．**(3)** $\cosh x = t$ と置く．$\sinh x\,dx = dt$．$\int \frac{\sinh x\,dx}{\sqrt{\cosh x}} = \int \frac{\sinh x}{\sqrt{t}}\,\frac{dt}{\sinh x} = \int \frac{dt}{\sqrt{t}} = 2\sqrt{t} = 2\sqrt{\cosh x}$．

(4) $\sqrt{x+1} = t$ と置く．$\frac{dx}{2\sqrt{x+1}} = dt$．$\int \log(1+\sqrt{x+1})\,dx$
$= \int \log(1+t)\,(2\sqrt{x+1}\,dt) = 2\int t\log(1+t)\,dt = 2\int \left(\frac{t^2}{2}\right)' \log(1+t)\,dt = t^2 \log(1+t) - \int t^2 \frac{1}{1+t}\,dt = t^2\log(1+t) - \int \left(t-1+\frac{1}{1+t}\right)dt = t^2\log(1+t) - \frac{t^2}{2} + t + \log|1+t| = (x+1)\log(1+\sqrt{x+1}) - \frac{x+1}{2} + \sqrt{x+1} - \log(1+\sqrt{x+1}) = x\log(1+\sqrt{x+1}) - \frac{x+1}{2} + \sqrt{x+1}$．**(5)** $t = \sqrt{1+\frac{1}{x}}$ と置く．$t^2 = 1 + \frac{1}{x}$, $t^2-1 = \frac{1}{x}$, $\frac{1}{t^2-1} = x$．
$-\frac{2t}{(t^2-1)^2}\,dt = dx$．$\int \sqrt{1+\frac{1}{x}}\,dx = -\int t\,\frac{2t}{(t^2-1)^2}\,dt = \dagger$．被積分関数を部分分数分解する．
$\dagger = -\int \frac{1}{2}\left(-\frac{1}{t+1} + \frac{1}{(t+1)^2} + \frac{1}{t-1} + \frac{1}{(t-1)^2}\right)dt$
$= -\frac{1}{2}\left\{-\log|t+1| - (t+1)^{-1} + \log|t-1| - (t-1)^{-1}\right\}$
$= \frac{1}{2}\log\left|\frac{t+1}{t-1}\right| - \frac{t}{1-t^2} = \frac{1}{2}\log\left|\frac{\sqrt{1+\frac{1}{x}}+1}{\sqrt{1+\frac{1}{x}}-1}\right| - \frac{\sqrt{1+\frac{1}{x}}}{1-(1+\frac{1}{x})}$
$= \log\left\{\sqrt{|x|}\left(\sqrt{1+\frac{1}{x}}+1\right)\right\} + x\sqrt{1+\frac{1}{x}} = \log(\sqrt{|x+1|} + \sqrt{|x|}) + x\sqrt{1+\frac{1}{x}}$．

(6) $x = \sin t\ \left(-\frac{\pi}{2} \leq x \leq \frac{\pi}{2}\right)$ と置く．$dx = \cos t\,dt$．$\int \sqrt{1-x^2}\,dx$
$= \int \sqrt{1-\sin^2 t}\,(\cos t\,dt) = \int \cos^2 t\,dt = \int \frac{1+\cos(2t)}{2}\,dt = \frac{t}{2} + \frac{\sin(2t)}{4} = \frac{t}{2} + \frac{\sin t \cos t}{2}$
$= \frac{\sin^{-1} x}{2} + \frac{x\sqrt{1-x^2}}{2}$

(7) $x = \sin t\ \left(-\frac{\pi}{2} \leq x \leq \frac{\pi}{2}\right)$ と置く．$dx = \cos t\,dt$．
$$\int x^3\sqrt{1-x^2}\,dx = \int \sin^3 t \cos t\,(\cos t\,dt) = \int \sin^3 t(1-\sin^2 t)\,dt = \dagger$$

例題 2.21(1) の $\int \sin^n x\,dx = -\frac{1}{n}\sin^{n-1} x \cos x + \frac{n-1}{n}\int \sin^{n-2} x\,dx$ を使う．

$$\int \sin^3 x\,dx = -\frac{1}{3}\sin^2 x \cos x + \frac{2}{3}\int \sin x\,dx = -\frac{1}{3}\sin^2 x \cos x - \frac{2}{3}\cos x$$

$$\int \sin^5 x\,dx = -\frac{1}{5}\sin^4 x \cos x + \frac{4}{5}\int \sin^3 x\,dx$$
$$= -\frac{1}{5}\sin^4 x \cos x + \frac{4}{5}\left(-\frac{1}{3}\sin^2 x \cos x - \frac{2}{3}\cos x\right)$$
$$= -\frac{1}{5}\sin^4 x \cos x - \frac{4}{15}\sin^2 x \cos x - \frac{8}{15}\cos x$$

よって

$$\dagger = -\tfrac{1}{3}\sin^2 t\cos t - \tfrac{2}{3}\cos t - \left(-\tfrac{1}{5}\sin^4 t\cos t - \tfrac{4}{15}\sin^2 t\cos t - \tfrac{8}{15}\cos t\right)$$
$$= -\tfrac{1}{15}\sin^2 t\cos t - \tfrac{2}{15}\cos t + \tfrac{1}{5}\sin^4 t\cos t$$
$$= -\tfrac{1}{15}x^2\sqrt{1-x^2} - \tfrac{2}{15}\sqrt{1-x^2} + \tfrac{1}{5}x^4\sqrt{1-x^2}$$

(8) $x = \cosh t$ $(t \geqq 0)$ と置く. $dx = \sinh t\,dt$. $\int \sqrt{x^2-1}\,dx = \int \sqrt{\cosh^2 t - 1}\sinh t\,dt = \int \sinh^2 t\,dt = \int \frac{-1+\cosh(2t)}{2}\,dt = -\frac{t}{2} + \frac{\sinh(2t)}{4} = -\frac{t}{2} + \frac{\sinh t\cosh t}{2} = -\frac{\cosh^{-1}x}{2} + \frac{x\sqrt{x^2-1}}{2} = -\frac{1}{2}\log(x+\sqrt{x^2-1}) + \frac{x\sqrt{x^2-1}}{2}$.

(9) $x = -\cosh t$ $(t \geqq 0)$ と置く. $dx = -\sinh t\,dt$. $\int \frac{dx}{\sqrt{x^2-1}} = \int \frac{-\sinh t}{\sqrt{\cosh^2 t - 1}}\,dt = \int \frac{-\sinh t}{\sinh t}\,dt = -\int dt = -t = -\cosh^{-1}(-x) = -\log(-x+\sqrt{x^2-1})$.

(10) $x = \sinh t$ と置く. $dx = \cosh t\,dt$. $\int \frac{dx}{\sqrt{x^2+1}} = \int \frac{\cosh t\,dt}{\sqrt{\sinh^2 t + 1}} = \int dt = t = \sinh^{-1} x = \log(x+\sqrt{x^2+1})$. **(11)** $x = \sinh t$ と置く. $dx = \cosh t\,dt$.

$$\int x^2\sqrt{x^2+1}\,dx = \int \sinh^2 t\sqrt{\sinh^2 t + 1}\,(\cosh t\,dt) = \int \sinh^2 t\cosh 2t\,dt$$
$$= \tfrac{1}{4}\int \sinh^2(2t)\,dt = \tfrac{1}{8}\int(-1+\cosh(4t))\,dt$$
$$= -\tfrac{t}{8} + \tfrac{1}{32}\sinh(4t) = -\tfrac{t}{8} + \tfrac{1}{16}\sinh(2t)\cosh(2t)$$
$$= -\tfrac{t}{8} + \tfrac{1}{16}\sinh(2t)\cosh(2t) = -\tfrac{t}{8} + \tfrac{1}{8}(\sinh t\cosh t)(2\cosh^2 t - 1)$$
$$= -\tfrac{\sinh^{-1}x}{8} + \tfrac{1}{8}(x\sqrt{x^2+1})\{2(x^2+1) - 1\}$$
$$= -\tfrac{1}{8}\log(x+\sqrt{x^2+1}) + \tfrac{2x^3+x}{8}(\sqrt{x^2+1})$$

14.1 **(1)** $\int \sqrt{x^2-2x+2}\,dx = \int \sqrt{(x-1)^2+1}\,d(x-1)$
$$= \tfrac{1}{2}\sinh^{-1}(x-1) + \tfrac{1}{2}(x-1)\sqrt{1+(x-1)^2}$$
$$= \tfrac{1}{2}\log(x-1+\sqrt{x^2-2x+2}) + \tfrac{1}{2}(x-1)\sqrt{x^2-2x+2}$$

(2) $\int (x-3)\sqrt{x^2+1}\,dx = \int x\sqrt{x^2+1}\,dx - 3\int \sqrt{x^2+1}\,dx$
$$= \tfrac{1}{3}(x^2+1)^{3/2} - \tfrac{3}{2}\sinh^{-1}x - \tfrac{3}{2}x\sqrt{x^2+1}$$

(3) ルートの中の導関数は $(x^2+2x+3)' = 2x+2$. $x = \tfrac{1}{2}(2x+2) - 1$ なので
$\int x\sqrt{x^2+2x+3}\,dx = \tfrac{1}{2}\int(2x+2)\sqrt{x^2+2x+3}\,dx - \int \sqrt{x^2+2x+3}\,dx = \dagger$

$\dagger$ 第 1 項 $= \tfrac{1}{2}\cdot\tfrac{2}{3}(x^2+2x+3)^{3/2} = \tfrac{x^2+2x+3}{3}\sqrt{x^2+2x+3}$

$\dagger$ 第 2 項 $= -\int \sqrt{(x+1)^2+2}\,dx = -2\int \sqrt{\left(\tfrac{x+1}{\sqrt{2}}\right)^2+1}\,d\left(\tfrac{x+1}{\sqrt{2}}\right)$
$$= -\sinh^{-1}\left(\tfrac{x+1}{\sqrt{2}}\right) - \left(\tfrac{x+1}{\sqrt{2}}\right)\sqrt{1+\left(\tfrac{x+1}{\sqrt{2}}\right)^2}$$
$$= -\sinh^{-1}\left(\tfrac{x+1}{\sqrt{2}}\right) - \left(\tfrac{x+1}{2}\right)\sqrt{x^2+2x+3}$$

$\dagger = \tfrac{x^2+2x+3}{3}\sqrt{x^2+2x+3} - \sinh^{-1}\left(\tfrac{x+1}{\sqrt{2}}\right) - \left(\tfrac{x+1}{2}\right)\sqrt{x^2+2x+3}$
$= \tfrac{2x^2+x+3}{6}\sqrt{x^2+2x+3} - \sinh^{-1}\left(\tfrac{x+1}{\sqrt{2}}\right)$

15.1 **(1)** $x = 1/t$ $(1 \leqq t)$ と置く. $dx = -t^{-2}dt$.

$$\int \frac{dx}{x\sqrt{1-x^2}} = \int \frac{1}{t^{-1}\sqrt{1-t^{-2}}}(-t^{-2}dt) = -\int \frac{1}{t\sqrt{1-t^{-2}}}\,dt$$
$$= -\int \frac{1}{\sqrt{t^2-1}}\,dt = -\cosh^{-1}t = -\cosh^{-1}\frac{1}{x}$$

(2) ルートの中が $x^2 - 3x + 2 = (x-2)(x-1)$ と因数分解できるので,$t = \sqrt{\frac{x-2}{x-1}}$ と置く.$t^2 = \frac{x-2}{x-1}$. $(x-1)t^2 = x-2$, $x(t^2-1) = -2+t^2$, $x = \frac{t^2-2}{t^2-1}$.

$$dt = \frac{\left(\frac{x-2}{x-1}\right)'}{2\sqrt{\frac{x-2}{x-1}}}\,dx = \frac{\frac{x-1-(x-2)}{(x-1)^2}}{2\sqrt{\frac{x-2}{x-1}}}\,dx = \frac{\sqrt{x-1}}{2(x-1)^2\sqrt{x-2}}\,dx$$

$$\int \frac{\sqrt{x^2-3x+2}}{x-2}\,dx = \int \frac{\sqrt{(x-2)(x-1)}}{x-2}\cdot \frac{2(x-1)^2\sqrt{x-2}}{\sqrt{x-1}}\,dt = \int 2(x-1)^2\,dt$$
$$= \int 2\left(\frac{t^2-2}{t^2-1}-1\right)^2 dt = \int 2\left(\frac{-1}{t^2-1}\right)^2 dt \quad \text{(部分分数分解する)}$$
$$= \int \frac{1}{2}\left(\frac{1}{t+1} + \frac{1}{(t+1)^2} - \frac{1}{t-1} + \frac{1}{(t-1)^2}\right) dt$$
$$= \frac{1}{2}\left(\log|t+1| - \frac{1}{t+1} - \log|t-1| - \frac{1}{t-1}\right) = \frac{1}{2}\log\left|\frac{t+1}{t-1}\right| + \frac{t}{1-t^2}$$
$$= \frac{1}{2}\log\left|\frac{\sqrt{\frac{x-2}{x-1}}+1}{\sqrt{\frac{x-2}{x-1}}-1}\right| + \frac{\sqrt{\frac{x-2}{x-1}}}{1-\frac{x-2}{x-1}} = \log(\sqrt{x-2}+\sqrt{x-1}) + \sqrt{x^2-3x+2}$$

(3) $t = \sqrt{x^2-1} + x$ と置く.$dt = \left(\frac{x}{\sqrt{x^2-1}}+1\right)dx = \frac{x+\sqrt{x^2-1}}{\sqrt{x^2-1}}\,dx = \frac{t}{\sqrt{x^2-1}}\,dx$
$t - x = \sqrt{x^2-1}$, $t^2 + x^2 - 2tx = x^2-1$, $t^2 - 2tx + 1 = 0$, $x = \frac{t^2+1}{2t}$.

$$\int \frac{dx}{(2x-3)\sqrt{x^2-1}} = \int \frac{1}{(2x-3)\sqrt{x^2-1}}\left(\frac{\sqrt{x^2-1}}{t}\,dt\right) = \int \frac{dt}{t\left(2\frac{t^2+1}{2t}-3\right)}$$
$$= \int \frac{dt}{t^2-3t+1} = \int \frac{dt}{\left(t-\frac{3}{2}\right)^2 - \frac{5}{4}} = -\frac{2}{\sqrt{5}}\int \frac{d\left(\frac{2t-3}{\sqrt{5}}\right)}{1-\left(\frac{2t-3}{\sqrt{5}}\right)^2}$$
$$= -\frac{2}{\sqrt{5}}\tanh^{-1}\left(\frac{2t-3}{\sqrt{5}}\right) = -\frac{2}{\sqrt{5}}\tanh^{-1}\left(\frac{2\sqrt{x^2-1}+2x-3}{\sqrt{5}}\right)$$

16.1 **(1)** $x = 0$ が無定義点.
$$\int_0^1 \frac{dx}{\sqrt[3]{x}} = \lim_{n\to\infty}\int_{1/n}^1 \frac{dx}{\sqrt[3]{x}} = \lim_{n\to\infty} \frac{3}{2}[x^{2/3}]_{1/n}^1 = \lim_{n\to\infty}\frac{3}{2}(1-n^{-2/3}) = \frac{3}{2}$$

(2) $x = 0$ が無定義点.
$$\int_0^1 \frac{dx}{x} = \lim_{n\to\infty}\int_{1/n}^1 \frac{dx}{x} = \lim_{n\to\infty}[\log x]_{1/n}^1 = \lim_{n\to\infty}\log n = \infty. \text{ 収束しない.}$$

(3) $\int_0^1 \frac{dx}{x^{1.1}} = \lim_{n\to\infty}\int_{1/n}^1 \frac{dx}{x^{1.1}} = \lim_{n\to\infty}\frac{-1}{10}[x^{-0.1}]_{1/n}^1 = \lim_{n\to\infty}\frac{-1}{10}(1-n^{0.1}) = \infty.$
収束しない.

(4) $x = 1$ が無定義点.
$\int_0^1 \frac{dx}{1-x^2} = \lim_{n\to\infty}\int_0^{1-1/n}\frac{dx}{1-x^2} = \lim_{n\to\infty}[\tanh^{-1}x]_0^{1-1/n} = \lim_{n\to\infty}\tanh^{-1}\left(1-\frac{1}{n}\right) = \infty.$
収束しない.

(5) $x = 1$ が無定義点.
$$\int_1^2 \frac{dx}{\sqrt{x^2-1}} = \lim_{n\to\infty}\int_{1+1/n}^2 \frac{dx}{\sqrt{x^2-1}} = \lim_{n\to\infty}[\cosh^{-1}x]_{1+1/n}^2$$
$$= \lim_{n\to\infty}\{\cosh^{-1}2 - \cosh^{-1}(1+1/n)\} = \cosh^{-1}2 = \log(2+\sqrt{2^2-1})$$
$$= \log(2+\sqrt{3})$$

17.1 **(1)** $x = 0$ が無定義点. 問題 7.1(1) より $\int \log x \, dx = x \log x - x$.

$$\int_0^1 \log x \, dx = \lim_{n \to \infty} \int_{1/n}^1 \log x \, dx = \lim_{n \to \infty} [x \log x - x]_{1/n}^1$$
$$= \lim_{n \to \infty} \left(-1 - \tfrac{1}{n} \log \tfrac{1}{n} + \tfrac{1}{n}\right) = \dagger$$

$\tfrac{1}{n} = s$ と置くと, $n \to \infty$ のとき $s \to 0 + 0$. $\lim_{n \to \infty} \tfrac{1}{n} \log \tfrac{1}{n} = \lim_{s \to 0+0} s \log s = 0$ (例題 1.23(1) より). よって $\dagger = -1$.

(2) $x = 0$ が無定義点. 問題 6.1(5) より $\int x \log x \, dx = \tfrac{x^2}{2} \log x - \tfrac{x^4}{4}$.

$$\int_0^1 x \log x \, dx = \lim_{n \to \infty} \int_{1/n}^1 x \log x \, dx = \lim_{n \to \infty} \left[\tfrac{x^2}{2} \log x - \tfrac{x^4}{4}\right]_{1/n}^1$$
$$= \lim_{n \to \infty} \left(-\tfrac{1}{4} - \tfrac{1}{2n^2} \log \tfrac{1}{n} - \tfrac{1}{4n^4}\right) = \dagger$$

$\tfrac{1}{n} = s$ と置くと, $n \to \infty$ のとき $s \to 0+0$. $\lim_{n \to \infty} \tfrac{1}{n^2} \log \tfrac{1}{n} = \lim_{s \to 0+0} s^2 \log s = 0$ (例題 1.23(1) より). よって $\dagger = -\tfrac{1}{4}$.

(3) $x = \tfrac{\pi}{2}$ が無定義点. 例題 2.11(4) より $\int \tfrac{dx}{\cos x} = 2 \tanh^{-1}\left(\tan \tfrac{x}{2}\right)$.

$$\int_0^{\pi/2} \tfrac{dx}{\cos x} = \lim_{n \to \infty} \int_0^{\pi/2 - 1/n} \tfrac{dx}{\cos x} = \lim_{n \to \infty} \left[2 \tanh^{-1}\left(\tan \tfrac{x}{2}\right)\right]_0^{\pi/2 - 1/n}$$
$$= \lim_{n \to \infty} 2 \tanh^{-1}\left(\tan \tfrac{\pi/2 - 1/n}{2}\right) - 2 \tanh^{-1}\left(\tan \tfrac{0}{2}\right)$$
$$= \lim_{x \to 1-0} 2 \tanh^{-1}(x) - 2 \tanh^{-1}(0) = \infty. \text{ 収束しない.}$$

(4) $x = 0$ が無定義点.

$$\int \tfrac{\log x}{\sqrt{x}} \, dx = \int (2\sqrt{x})' \log x \, dx = 2\sqrt{x} \log x - \int 2\sqrt{x} \, x^{-1} \, dx$$
$$= 2\sqrt{x} \log x - 2 \int \tfrac{dx}{\sqrt{x}} = 2\sqrt{x} \log x - 4\sqrt{x}$$
$$\int_0^1 \tfrac{\log x}{\sqrt{x}} \, dx = \lim_{n \to \infty} \int_{1/n}^1 \tfrac{\log x}{\sqrt{x}} \, dx = \lim_{n \to \infty} \left[2\sqrt{x} \log x - 4\sqrt{x}\right]_{1/n}^1$$
$$= \lim_{n \to \infty} \left(-4 - 2\sqrt{\tfrac{1}{n}} \log \tfrac{1}{n} + 4\sqrt{\tfrac{1}{n}}\right) = \dagger$$

$\tfrac{1}{n} = s$ と置くと, $n \to \infty$ のとき $s \to 0+0$. $\lim_{n \to \infty} \sqrt{\tfrac{1}{n}} \log \tfrac{1}{n} = \lim_{s \to 0+0} s^{1/2} \log s = 0$ (例題 1.23(1) より). よって $\dagger = -4$.

(5) $x = a$ と $x = b$ が無定義点.

$$\int \tfrac{dx}{\sqrt{(x-a)(b-x)}} = \int \tfrac{dx}{\sqrt{-x^2 + (a+b)x - ab}}$$
$$= \int \tfrac{dx}{\sqrt{-\left(x - \tfrac{a+b}{2}\right)^2 + \tfrac{(a+b)^2}{4} - ab}} = \int \tfrac{dx}{\sqrt{-\left(x - \tfrac{a+b}{2}\right)^2 + \tfrac{(b-a)^2}{4}}}$$
$$= \int \tfrac{\tfrac{b-a}{2} d\left(\tfrac{2}{b-a}\left(x - \tfrac{a+b}{2}\right)\right)}{\tfrac{b-a}{2}\sqrt{-\left\{\tfrac{2}{b-a}\left(x - \tfrac{a+b}{2}\right)\right\}^2 + 1}} = \sin^{-1}\left\{\tfrac{2}{b-a}\left(x - \tfrac{a+b}{2}\right)\right\}$$
$$\int_a^b \tfrac{dx}{\sqrt{(x-a)(b-x)}} = \int_a^{(a+b)/2} \tfrac{dx}{\sqrt{(x-a)(b-x)}} + \int_{(a+b)/2}^b \tfrac{dx}{\sqrt{(x-a)(b-x)}}$$

$\cdot \int_a^{(a+b)/2} \tfrac{dx}{\sqrt{(x-a)(b-x)}} = \lim_{n \to \infty} \int_{a+1/n}^{(a+b)/2} \tfrac{dx}{\sqrt{(x-a)(b-x)}}$

$$= \lim_{n\to\infty} \left[\sin^{-1}\left\{\tfrac{2}{b-a}\left(x - \tfrac{a+b}{2}\right)\right\}\right]_{a+1/n}^{(a+b)/2}$$
$$= -\lim_{n\to\infty} \sin^{-1}\left\{\tfrac{2}{b-a}\left(a + \tfrac{1}{n} - \tfrac{a+b}{2}\right)\right\} = -\lim_{n\to\infty} \sin^{-1}\left\{-1 + \tfrac{2}{n(b-a)}\right\}$$
$$= -\sin^{-1}(-1) = \tfrac{\pi}{2}$$
$$\cdot \int_{(a+b)/2}^{b} \tfrac{dx}{\sqrt{(x-a)(b-x)}} = \lim_{n\to\infty} \int_{(a+b)/2}^{b-1/n} \tfrac{dx}{\sqrt{(x-a)(b-x)}}$$
$$= \lim_{n\to\infty} \left[\sin^{-1}\left\{\tfrac{2}{b-a}\left(x - \tfrac{a+b}{2}\right)\right\}\right]_{(a+b)/2}^{b-1/n} = \lim_{n\to\infty} \sin^{-1}\left\{1 - \tfrac{2}{n(b-a)}\right\} = \tfrac{\pi}{2}$$

よって $\int_a^b \tfrac{dx}{\sqrt{(x-a)(b-x)}} = \tfrac{\pi}{2} + \tfrac{\pi}{2} = \pi$

(6) $x = \tfrac{\pi}{2}$ が無定義点.
$$\int_0^\pi \tan x\, dx = \int_0^{\pi/2} \tan x\, dx + \int_{\pi/2}^\pi \tan x\, dx$$
$$\int \tan x\, dx = \int \tfrac{\sin x}{\cos x}\, dx = \int \tfrac{-(\cos x)'}{\cos x}\, dx = -\log|\cos x|$$
$$\int_0^{\pi/2} \tan x\, dx = \lim_{n\to\infty} \int_0^{\pi/2 - 1/n} \tan x\, dx = \lim_{n\to\infty} \left[-\log|\cos x|\right]_0^{\pi/2 - 1/n}$$
$$= \lim_{n\to\infty} \left\{-\log \cos\left(\tfrac{\pi}{2} - \tfrac{1}{n}\right)\right\} = \infty$$

よって $\int_0^{\pi/2} \tan x\, dx$ は収束しない. これより $\int_0^\pi \tan x\, dx$ も収束しない.

18.1 **(1)** $\int \tfrac{dx}{a^2+x^2} = \int \tfrac{d\left(\tfrac{x}{a}\right)}{1+\left(\tfrac{x}{a}\right)^2} = \tfrac{1}{a}\int \tfrac{d\left(\tfrac{x}{a}\right)}{1+\left(\tfrac{x}{a}\right)^2} = \tfrac{1}{a}\tan^{-1}\left(\tfrac{x}{a}\right)$
$\int_0^\infty \tfrac{dx}{a^2+x^2} = \lim_{n\to\infty}\left[\tfrac{1}{a}\tan^{-1}\left(\tfrac{x}{a}\right)\right]_0^n = \tfrac{1}{a}\lim_{n\to\infty}\tan^{-1}\left(\tfrac{n}{a}\right) - \tfrac{1}{a}\tan^{-1}0 = \tfrac{\pi}{2a}$

(2) $\int_0^\infty x\exp(-x^2)\, dx = \lim_{n\to\infty} \int_0^n x\exp(-x^2)\, dx$
$$= \lim_{n\to\infty}\left[-\tfrac{1}{2}e^{-x^2}\right]_0^n = \lim_{n\to\infty}\left[\tfrac{1}{2} - \tfrac{1}{2}e^{-n^2}\right] = \tfrac{1}{2}.$$

(3) $\int x^2 \exp(-x)\, dx = -\int x^2(\exp(-x))'\, dx = -x^2\exp(-x) + \int (2x)\exp(-x)\, dx$
$$= -x^2\exp(-x) - \int (2x)(\exp(-x))'\, dx$$
$$= -x^2\exp(-x) - 2x\exp(-x) + \int 2\exp(-x)\, dx$$
$$= (-x^2 - 2x - 2)\exp(-x)$$
$\int_0^\infty x^2\exp(-x)\, dx = \lim_{n\to\infty} \int_0^n x^2\exp(-x)\, dx$
$$= \lim_{n\to\infty}\left[(-x^2 - 2x - 2)\exp(-x)\right]_0^n$$
$$= \lim_{n\to\infty}(-n^2 - 2n - 2)\exp(-n) + 2 = \dagger$$
$\lim_{x\to\infty}\tfrac{x^2}{e^x}\left(=\tfrac{\infty}{\infty}\right) = \lim_{x\to\infty}\tfrac{2x}{e^x}\left(=\tfrac{\infty}{\infty}\right) = \lim_{x\to\infty}\tfrac{2}{e^x} = 0$, $\lim_{x\to\infty}\tfrac{x}{e^x} = 0$. よって $\dagger = 2$.

(4) $\int_2^\infty \tfrac{dx}{\sqrt{x^2-1}} = \lim_{n\to\infty}\int_2^n \tfrac{dx}{\sqrt{x^2-1}} = \lim_{n\to\infty}\left[\log(x + \sqrt{x^2-1})\right]_2^n$
$$= \lim_{n\to\infty}\{\log(n + \sqrt{n^2-1}) - \log(2 + \sqrt{3})\} = \infty$$

よって無限積分は収束しない.

(5) $\int \tfrac{dx}{x(1+2x)} = \int \tfrac{dx}{2(x+\tfrac{1}{4})^2 - \tfrac{1}{8}} = -2\int \tfrac{d(4x+1)}{1-(4x+1)^2} = -2\cdot\tfrac{1}{2}\log\left|\tfrac{1+(4x+1)}{1-(4x+1)}\right| = -\log\tfrac{4x+2}{4x}$
$= \log\tfrac{2x}{2x+1}$. $\int_1^\infty \tfrac{dx}{x(1+2x)} = \lim_{n\to\infty}\int_1^n \tfrac{dx}{x(1+2x)} = \lim_{n\to\infty}\left[\log\tfrac{2x}{2x+1}\right]_1^n$

$= \lim_{n\to\infty} \{\log \frac{2n}{2n+1} - \log \frac{2}{3}\} = -\log \frac{2}{3} = \log \frac{3}{2}$

(6) 問題 6.1(4) より $\int \sin x\, e^x\, dx = \frac{1}{2} e^x (\sin x - \cos x)$. $\int_{-\infty}^{0} \sin x\, e^x\, dx =$
$\lim_{n\to\infty} \int_{-n}^{0} \sin x\, e^x\, dx = \lim_{n\to\infty} \left[\frac{1}{2} e^x (\sin x - \cos x)\right]_{-n}^{0}$
$= \lim_{n\to\infty} \{-\frac{1}{2} - \frac{1}{2} e^{-n}(\sin(-n) - \cos(-n))\} = \dagger$. $\left|\frac{\sin(-n)}{e^n}\right| \leq \frac{1}{e^n} \to 0$ なので,
$\lim_{n\to\infty} e^{-n} \sin(-n) = 0$. 同様に $\lim_{n\to\infty} e^{-n} \cos(-n) = 0$. よって $\dagger = -\frac{1}{2}$.

19.1 (1) $\int_{-\infty}^{\infty} \frac{dx}{x^2+1} = 2\int_{0}^{\infty} \frac{dx}{x^2+1} = 2\lim_{n\to\infty} \int_{0}^{n} \frac{dx}{x^2+1}$
$= 2\lim_{n\to\infty} [\tan^{-1} x]_{0}^{n} = 2\lim_{n\to\infty} \tan^{-1} n = 2\frac{\pi}{2} = \pi$

(2) $\int \frac{dx}{x^2-x+1} = \int \frac{dx}{(x-\frac{1}{2})^2 + \frac{3}{4}} = \frac{2}{\sqrt{3}} \int \frac{d\left(\frac{2x-1}{\sqrt{3}}\right)}{\left(\frac{2x-1}{\sqrt{3}}\right)^2+1} = \frac{2}{\sqrt{3}} \tan^{-1}\left(\frac{2x-1}{\sqrt{3}}\right)$
$\int_{-\infty}^{\infty} \frac{dx}{x^2-x+1} = 2\int_{1/2}^{\infty} \frac{dx}{x^2-x+1} = 2\lim_{n\to\infty} \int_{1/2}^{n} \frac{dx}{x^2-x+1}$
$= 2\lim_{n\to\infty} \left[\frac{2}{\sqrt{3}} \tan^{-1}\left(\frac{2x-1}{\sqrt{3}}\right)\right]_{1/2}^{n} = \frac{4}{\sqrt{3}} \lim_{n\to\infty} \tan^{-1}\left(\frac{2n-1}{\sqrt{3}}\right) = \frac{4}{\sqrt{3}} \frac{\pi}{2} = \frac{2\pi}{\sqrt{3}}$

(3) $\int_{-\infty}^{\infty} \frac{dx}{\sqrt{x^2+1}} = 2\int_{0}^{\infty} \frac{dx}{\sqrt{x^2+1}} = 2\lim_{n\to\infty} \int_{0}^{n} \frac{dx}{\sqrt{x^2+1}}$
$= 2\lim_{n\to\infty} [\sinh^{-1} x]_{0}^{n} = 2\lim_{n\to\infty} \sinh^{-1} n = \infty$. よって無限積分は収束しない.

(4) $\sqrt{x} = t$ と置く. $x = t^2, dx = 2t dt$.
$$\int \frac{\sqrt{x}}{x^2+x}\, dx = \int \frac{t}{t^4+t^2}(2t dt) = 2\int \frac{dt}{t^2+1} = 2\tan^{-1} t = 2\tan^{-1}\sqrt{x}$$
下端 $x=0$ は無定義点である. $\int_{0}^{\infty} \frac{\sqrt{x}}{x^2+x}\, dx = \int_{0}^{1} \frac{\sqrt{x}}{x^2+x}\, dx + \int_{1}^{\infty} \frac{\sqrt{x}}{x^2+x}\, dx$
・$\int_{0}^{1} \frac{\sqrt{x}}{x^2+x}\, dx = \lim_{n\to\infty} \int_{1/n}^{1} \frac{\sqrt{x}}{x^2+x}\, dx = \lim_{n\to\infty} [2\tan^{-1}\sqrt{x}]_{1/n}^{1}$
$= \lim_{n\to\infty} \{2\tan^{-1} 1 - 2\tan^{-1}\left(\frac{1}{\sqrt{n}}\right)\} = \frac{\pi}{2}$
・$\int_{1}^{\infty} \frac{\sqrt{x}}{x^2+x}\, dx = \lim_{n\to\infty} \int_{1}^{n} \frac{\sqrt{x}}{x^2+x}\, dx = \lim_{n\to\infty} [2\tan^{-1}\sqrt{x}]_{1}^{n}$
$= \lim_{n\to\infty} \{2\tan^{-1}\sqrt{n} - 2\tan^{-1} 1\} = 2\frac{\pi}{2} - 2\frac{\pi}{4} = \frac{\pi}{2}$
よって $\int_{0}^{\infty} \frac{\sqrt{x}}{x^2+x}\, dx = \frac{\pi}{2} + \frac{\pi}{2} = \pi$.

(5) 問題 7.1(1) より $\int \log x\, dx = x\log x - x$
下端 $x=0$ は無定義点である. $\int_{0}^{\infty} \log x\, dx = \int_{0}^{1} \log x\, dx + \int_{1}^{\infty} \log x\, dx$.
・問題 17.1(1) より $\int_{0}^{1} \log x\, dx = -1$
・$\int_{1}^{\infty} \log x\, dx = \lim_{n\to\infty} \int_{1}^{n} \log x\, dx = \lim_{n\to\infty} [x\log x - x]_{1}^{n} = \lim_{n\to\infty} (n\log n - n + 1) = \dagger$
$\lim_{x\to\infty} (x\log x - x) = \lim_{x\to\infty} x(\log x - 1) = \infty$ ($x\to\infty, \log x - 1 \to \infty$ なので)
よって $\dagger = \infty$ となり, 無限積分は収束しない.

(6) 下端 $x=0$ は無定義点である. $\int_{0}^{\infty} \frac{dx}{x^a} = \int_{0}^{1} \frac{dx}{x^a} + \int_{1}^{\infty} \frac{dx}{x^a}$.
・$0 < a < 1$ のとき. 無限積分 $\int_{1}^{\infty} \frac{dx}{x^a}$ が収束しないので, 与式も収束しない.
・$a = 1$ のとき. 特異積分 $\int_{0}^{1} \frac{dx}{x^a}$ も無限積分 $\int_{1}^{\infty} \frac{dx}{x^a}$ も収束しないので, 与式も収束しない.

・$1 < a$ のとき，特異積分 $\int_0^1 \frac{dx}{x^a}$ が収束しないので，与式も収束しない．

(7) 下端 $x = 0$ は無定義点である．
$\int_0^\infty x^{-x}(1 + \log x)\,dx = \int_0^1 x^{-x}(1 + \log x)\,dx + \int_1^\infty x^{-x}(1 + \log x)\,dx$
例題 1.15(2) より $(x^{-x})' = -x^{-x}(\log x + 1)$ なので，$\int x^{-x}(1 + \log x)\,dx = -x^{-x}$．

・$\int_0^1 x^{-x}(1 + \log x)\,dx = \lim_{n \to \infty} \int_{1/n}^1 x^{-x}(1 + \log x)\,dx = \lim_{n \to \infty} [-x^{-x}]_{1/n}^1$
$= \lim_{n \to \infty} \{-1 + (1/n)^{-1/n}\} = \dagger$

例題 1.24(2) より $\lim_{x \to 0} x^{-x} = 1$ なので，$\dagger = 0$

・$\int_1^\infty x^{-x}(1 + \log x)\,dx = \lim_{n \to \infty} \int_1^n x^{-x}(1 + \log x)\,dx = \lim_{n \to \infty} [-x^{-x}]_1^n$
$= \lim_{n \to \infty} \{-n^{-n} + 1\} = 1$

よって $\int_0^\infty x^{-x}(1 + \log x)\,dx = 0 + 1 = 1$

20.1 **(1)** $l = \int_0^1 \sqrt{1 + (x^2)'}\,dx = \int_0^1 \sqrt{1 + (2x)^2}\,dx = \dagger$．$2x = t$ と置く．$2dx = dt$．$x : 0 \to 1$ より $t : 0 \to 2$．$\dagger = \int_0^2 \sqrt{1 + t^2}\,\frac{dt}{2}$（例題 2.5(2) を使う）$= \frac{1}{2}\left[\frac{1}{2}\sinh^{-1} t + \frac{1}{2}t\sqrt{t^2 + 1}\right]_0^2 = \frac{1}{4}(\sinh^{-1} 2 + 2\sqrt{5}) = \frac{1}{4}\{\log(2 + \sqrt{5}) + 2\sqrt{5}\}$．

(2) $1 + (y')^2 = 1 + \left\{\left(\sqrt{1 - x^2}\right)'\right\}^2 = 1 + \left(\frac{-x}{\sqrt{1 - x^2}}\right)^2 = 1 + \frac{x^2}{1 - x^2} = \frac{1}{1 - x^2}$．
$l = \int_0^1 \sqrt{1 + (y')^2}\,dx = \int_0^1 \frac{1}{\sqrt{1 - x^2}}\,dx = [\sin^{-1} x]_0^1 = \frac{\pi}{2}$．**(3)** $1 + (y')^2 = 1 + \{(\cosh x)'\}^2 = 1 + (\sinh x)^2 = \cosh^2 x$．$l = \int_0^1 \sqrt{1 + (y')^2}\,dx = \int_0^1 \cosh x\,dx = [\sinh x]_0^1 = \sinh 1 = \frac{e - e^{-1}}{2}$．

21.1 **(1)** $(x')^2 + (y')^2 = \{-2\sin t - 2\sin(2t)\}^2 + \{2\cos t - 2\cos(2t)\}^2$
$= 8 - 8\sin t \sin(2t) - 8\cos t \cos(2t) = 8 - 8\cos(2t - t) = 8 - 8\cos t = 16\sin^2 \frac{t}{2}$．
$l = \int_0^{2\pi} \sqrt{(x')^2 + (y')^2}\,dt = \int_0^{2\pi} 4\left|\sin \frac{t}{2}\right|\,dt = 4\left[-2\cos \frac{t}{2}\right]_0^{2\pi} = 16$．
(2) $(x')^2 + (y')^2 = (-\sin t + \sin t + t\cos t)^2 + (\cos t - \cos t + t\sin t)^2 = t^2$．
$l = \int_0^{10} \sqrt{(x')^2 + (y')^2}\,dt = \int_0^{10} |t|\,dt = \left[\frac{t^2}{2}\right]_0^{10} = 50$．
(3) $(x')^2 + (y')^2 = (-3\cos^2 t \sin t)^2 + (3\sin^2 t \cos t)^2 = 9(\cos^4 t \sin^2 t + \sin^4 t \cos^2 t)$
$= 9\cos^2 t \sin^2 t = (3\cos t \sin t)^2 = \left(\frac{3}{2}\sin(2t)\right)^2$．$l = \int_0^{2\pi} \sqrt{(x')^2 + (y')^2}\,dt =$
$\int_0^{2\pi} \frac{3}{2}|\sin(2t)|\,dt = 6\int_0^{\pi/2} \sin(2t)\,dt = 6\left[-\frac{1}{2}\cos(2t)\right]_0^{\pi/2} = 6$

22.1 **(1)** $r^2 + (r')^2 = (\pi - \theta)^2 + (-1)^2 = (\theta - \pi)^2 + 1$．$l = \int_0^\pi \sqrt{r^2 + (r')^2}\,d\theta =$
$\int_0^\pi \sqrt{(\theta - \pi)^2 + 1}\,d\theta = \dagger$．
$\theta - \pi = t$ と置く．$d\theta = dt$．$\theta : 0 \to \pi$ より $t : -\pi \to 0$．

$\dagger = \int_{-\pi}^0 \sqrt{t^2 + 1}\,dt = \int_0^\pi \sqrt{t^2 + 1}\,dt$（例題 2.5(2) を使う）
$= \frac{1}{2}[\sinh^{-1} t + t\sqrt{t^2 + 1}]_0^\pi = \frac{1}{2}\{\log(\pi + \sqrt{\pi^2 + 1}) + \pi\sqrt{\pi^2 + 1}\}$

(2) $r^2 + (r')^2 = e^{2\theta} + (e^\theta)^2 = 2e^{2\theta} = (\sqrt{2}e^\theta)^2$,
$$l = \int_0^\pi \sqrt{r^2 + (r')^2}\, d\theta = \int_0^\pi \sqrt{2}e^\theta\, d\theta$$
$$= \sqrt{2}[e^\theta]_0^\pi = \sqrt{2}(e^\pi - 1)$$

(3) $r^2 + (r')^2 = \left(\frac{\pi}{\theta}\right)^2 + \left(-\frac{\pi}{\theta^2}\right)^2 = \pi^2\left(\frac{1}{\theta^2} + \frac{1}{\theta^4}\right)$
$l = \int_\pi^{2\pi} \sqrt{r^2 + (r')^2}\, d\theta = \int_\pi^{2\pi} \pi\sqrt{\frac{1}{\theta^2} + \frac{1}{\theta^4}}\, d\theta = \dagger$
$\int \sqrt{\frac{1}{x^2} + \frac{1}{x^4}}\, dx = \int \frac{\sqrt{x^2+1}}{x^2}\, dx = \int \left(-\frac{1}{x}\right)' \sqrt{x^2+1}\, dx$
$$= -\frac{1}{x}\sqrt{x^2+1} + \int \frac{1}{x}\frac{x}{\sqrt{x^2+1}}\, dx = -\frac{\sqrt{x^2+1}}{x} + \sinh^{-1} x$$

よって $\dagger = \pi\left[-\frac{\sqrt{\theta^2+1}}{\theta} + \sinh^{-1}\theta\right]_\pi^{2\pi}$
$= \pi\left\{-\frac{\sqrt{4\pi^2+1}}{2\pi} + \frac{\sqrt{\pi^2+1}}{\pi} + \sinh^{-1}(2\pi) - \sinh^{-1}\pi\right\}$
$= \sqrt{\pi^2+1} - \frac{\sqrt{4\pi^2+1}}{2} + \pi\{\sinh^{-1}(2\pi) - \sinh^{-1}\pi\}$

23.1 (1) $\sqrt{x} = x^2$ を解くと，$x = 0, 1$ なので，x の範囲は $[0, 1]$.
$$S = \int_0^1 |\sqrt{x} - x^2|\, dx = \int_0^1 (\sqrt{x} - x^2)\, dx = \left[\frac{2}{3}x^{3/2} - \frac{x^3}{3}\right]_0^1 = \frac{2}{3} - \frac{1}{3} = \frac{1}{3}$$

(2) ルートの中なので $0 \leq x$. $0 \leq \sqrt{y} = 1 - \sqrt{x}$ より $x \leq 1$. よって x の範囲は $[0, 1]$.
$\sqrt{y} = 1 - \sqrt{x},\ y = (1 - \sqrt{x})^2$.
$S = \int_0^1 (1 - \sqrt{x})^2\, dx = \int_0^1 (1 - 2\sqrt{x} + x)\, dx = \left[x - 2\cdot\frac{2}{3}x^{3/2} + \frac{x^2}{2}\right]_0^1$
$= 1 - \frac{4}{3} + \frac{1}{2} = \frac{1}{6}$

(3) $y = \pm\sqrt{x^2(1-x)}$. $y = 0$ を解くと $x = 0, 1$. $1 < x$ では $x^2(1-x) < 0$ となって不適．また $x < 0$ では $y > 0$ となり x 軸と交差しない．よって x の範囲は $[0, 1]$.
$$S = \int_0^1 (\sqrt{x^2(1-x)} - (-\sqrt{x^2(1-x)}))\, dx = 2\int_0^1 x\sqrt{1-x}\, dx = \dagger$$
$t = \sqrt{1-x}$ と置く．$t^2 = 1 - x,\ x = 1 - t^2$. $dx = -2t\, dt$. $x: 0 \to 1$ より $t: 1 \to 0$.
$\dagger = 2\int_1^0 (1-t^2)t\,(-2t\,dt) = 4\int_0^1 (1-t^2)t^2\, dt$
$= 4\int_0^1 (t^2 - t^4)\, dt = 4\left[\frac{t^3}{3} - \frac{t^5}{5}\right]_0^1 = 4\left(\frac{1}{3} - \frac{1}{5}\right) = \frac{8}{15}$

24.1 (1) $x = a\cos t,\ y = b\sin t\ (0 \leq t \leq 2\pi)$ と置ける．
$$xy' - yx' = a\cos t\,(b\cos t) - b\sin t\,(-a\sin t) = ab$$
$$S = \frac{1}{2}\left|\int_0^{2\pi} (xy' - yx')\, dt\right| = \frac{1}{2}\int_0^{2\pi} ab\, dt = \pi ab$$

(2) $xy' - yx' = \sin t\,(2\cos 2t) - (\sin 2t)\cos t = 2\sin t\,(1 - 2\sin^2 t) - (2\sin t\cos t)\cos t$
$= 2\sin t - 4\sin^3 t - 2\sin t + 2\sin^3 t = -2\sin^3 t$
$0 \leq t \leq \pi$（右側）の面積を求め 2 倍する．$S = \left|\int_0^\pi (xy' - yx')\, dt\right| = 2\int_0^\pi \sin^3 t\, dt = \dagger$
例題 2.12(1) より $\int \sin^3 t\, dt = -\frac{1}{3}\sin^2 t\cos t + \frac{2}{3}\int \sin t\, dt$
$= -\frac{1}{3}\sin^2 t\cos t - \frac{2}{3}\cos t$. よって $\dagger = 2\left[-\frac{1}{3}\sin^2 t\cos t - \frac{2}{3}\cos t\right]_0^\pi = \frac{8}{3}$

(3) $x = a\cos^3 t,\ y = a\sin^3 t,\ 0 \leq t \leq 2\pi$ と置ける．
$xy' - yx' = (a\cos^3 t)(3a\sin^2 t\cos t) - (a\sin^3 t)(-3a\cos^2 t\sin t)$

$= 3a^2(\cos^4 t \sin^2 t + \sin^4 t \cos^2 t) = 3a^2 \cos^2 t \sin^2 t$

$S = \frac{1}{2}\left|\int_0^{2\pi} (xy' - yx')\,dt\right| = \frac{3a^2}{2}\int_0^{2\pi} \cos^2 t \sin^2 t\,dt = \frac{3a^2}{2}\int_0^{2\pi} \frac{1}{4}\sin^2(2t)\,dt$

$= \frac{3a^2}{8}\int_0^{2\pi} \frac{1-\cos(4t)}{2}\,dt = \frac{3a^2}{8}\left[\frac{t}{2} - \frac{\sin(4t)}{8}\right]_0^{2\pi} = \frac{3\pi a^2}{8}$

(4) $xy' - yx' = \frac{3t}{1+t^3}\cdot\frac{6t(1+t^3)-3t^2(3t^2)}{(1+t^3)^2} - \frac{3t^2}{1+t^3}\cdot\frac{3(1+t^3)-3t(3t^2)}{(1+t^3)^2}$

$= \frac{9}{(1+t^3)^3}\left[t\{2t(1+t^3) - t^2(3t^2)\} - t^2\{(1+t^3) - t(3t^2)\}\right]$

$= \frac{9}{(1+t^3)^3}(t^2 + t^5) = \frac{9t^2}{(1+t^3)^2}$

$S = \frac{1}{2}\left|\int_0^{\infty}(xy' - yx')\,dt\right| = \frac{9}{2}\int_0^{\infty}\frac{t^2}{(1+t^3)^2}\,dt = \frac{9}{2}\lim_{n\to\infty}\int_0^{n}\frac{t^2}{(1+t^3)^2}\,dt$

$= \frac{9}{2}\lim_{n\to\infty}\left[-\frac{1}{3}\frac{1}{1+t^3}\right]_0^{n} = \frac{3}{2}\lim_{n\to\infty}\left\{1 - \frac{1}{1+n^3}\right\} = \frac{3}{2}$

25.1 **(1)** $-\frac{\pi}{4} \leqq \theta \leqq \frac{\pi}{4}$ の部分（右側）の面積を求めて2倍する．

$$S = 2\cdot\frac{1}{2}\int_{-\pi/4}^{\pi/4} r^2\,d\theta = \int_{-\pi/4}^{\pi/4} \cos(2\theta)\,d\theta = \left[\frac{1}{2}\sin(2\theta)\right]_{-\pi/4}^{\pi/4} = 1$$

(2) $S = \frac{1}{2}\int_0^{2\pi} r^2\,d\theta = \frac{1}{2}\int_0^{2\pi}(1+\cos\theta)^2\,d\theta$

$= \frac{1}{2}\int_0^{2\pi}(1+2\cos\theta+\cos^2\theta)\,d\theta = \frac{1}{2}\int_0^{2\pi}\left(1+2\cos\theta+\frac{1+\cos(2\theta)}{2}\right)d\theta$

$= \frac{1}{2}\left[\frac{3}{2}\theta+2\sin\theta+\frac{\sin(2\theta)}{4}\right]_0^{2\pi} = \frac{3\pi}{2}$

(3) $S = \frac{1}{2}\int_{-2\pi/3}^{2\pi/3} r^2\,d\theta = \frac{1}{2}\int_{-2\pi/3}^{2\pi/3}(2\cos\theta+1)^2\,d\theta$

$= \frac{1}{2}\int_{-2\pi/3}^{2\pi/3}(4\cos^2\theta+4\cos\theta+1)\,d\theta = \frac{1}{2}\int_{-2\pi/3}^{2\pi/3}(2+2\cos(2\theta)+4\cos\theta+1)\,d\theta$

$= \frac{1}{2}[3\theta+\sin(2\theta)+4\sin\theta]_{-2\pi/3}^{2\pi/3} = 2\pi+\frac{3\sqrt{3}}{2}$

(4) $S = \frac{1}{2}\int_{2\pi/3}^{4\pi/3} r^2\,d\theta$ （不定積分は(3)と同じ）$= \frac{1}{2}[3\theta+\sin(2\theta)+4\sin\theta]_{2\pi/3}^{4\pi/3} = \pi-\frac{3\sqrt{3}}{2}$

26.1 **(1)** $x=$ 一定の面で切った断面は $y^2+z^2 \leqq 1-x^2$ という，半径 $\sqrt{1-x^2}$ の円であり，断面積は $S(x) = \pi(1-x^2)$．$V = \int_{-1}^{a} S(x)\,dx = \int_{-1}^{a} \pi(1-x^2)\,dx = \pi\left[x-\frac{x^3}{3}\right]_{-1}^{a} = \pi\left(a-\frac{a^3}{3}+1-\frac{1}{3}\right) = \pi\left(a-\frac{a^3}{3}+\frac{2}{3}\right)$．**(2)** $x=$ 一定の面で切った断面は $|z| \leqq \sqrt{2-2x^2}$, $|y| \leqq \sqrt{1-x^2}$ という，長方形であり，$\sqrt{1-x^2}$ の存在範囲より，x の範囲は $[-1,1]$．断面積は $S(x) = 4\sqrt{2-2x^2}\sqrt{1-x^2} = 4\sqrt{2}(1-x^2)$．$V = \int_{-1}^{1} S(x)\,dx = 4\sqrt{2}\int_{-1}^{1}(1-x^2)\,dx = 4\sqrt{2}\left[x-\frac{x^3}{3}\right]_{-1}^{1} = \frac{16\sqrt{2}}{3}$．**(3)** $x=$ 一定の面で切った断面は $|y|^{2/3}+|z|^{2/3} \leqq a^{2/3}-|x|^{2/3} = \{(a^{2/3}-|x|^{2/3})^{3/2}\}^{2/3}$ という，アステロイド図形である．問題24.1(3) より，断面積は $S(x) = \frac{3\pi}{8}\{(a^{2/3}-|x|^{2/3})^{3/2}\}^2 = \frac{3\pi}{8}(a^{2/3}-|x|^{2/3})^3$．

$V = \int_{-a}^{a} S(x)\,dx = \frac{3\pi}{4}\int_0^{a}(a^{2/3}-x^{2/3})^3\,dx$

$= \frac{3\pi}{4}\int_0^{a}(a^2-3a^{4/3}x^{2/3}+3a^{2/3}x^{4/3}-x^2)\,dx$

$= \frac{3\pi}{4}\left[a^2 x - 3a^{4/3}\cdot\frac{3}{5}x^{5/3}+3a^{2/3}\cdot\frac{3}{7}x^{7/3}-\frac{x^3}{3}\right]_0^{a} = \frac{3\pi a^3}{4}\left(1-\frac{9}{5}+\frac{9}{7}-\frac{1}{3}\right)$

$= \frac{3\pi a^3}{4}\cdot\frac{16}{105} = \frac{4\pi a^3}{35}$

27.1 **(1)** $V_x = \int_0^{\pi/2} \pi \cos^2 x\, dx = \pi \int_0^{\pi/2} \frac{1+\cos(2x)}{2}\, dx = \pi \left[\frac{x}{2} + \frac{\sin(2x)}{4}\right]_0^{\pi/2} = \frac{\pi^2}{4}$
$V_y = \int_0^{\pi/2} 2\pi x \cos x\, dx = \dagger.$ 例題 2.6(1) より $\int x \cos x\, dx = x \sin x + \cos x.$ $\dagger = 2\pi[x\sin x + \cos x]_0^{\pi/2} = 2\pi\left(\frac{\pi}{2} - 1\right) = \pi^2 - 2\pi.$
(2) $y = \pm\sqrt{1-(x-2)^2} = \pm\sqrt{-x^2+4x-3},\ 1 \leq x \leq 3.$
$V_x = \int_1^3 \pi y^2\, dx = \pi\int_1^3 (-x^2+4x-3)\, dx = \pi\left[-\frac{x^3}{3} + 2x^2 - 3x\right]_1^3 = \frac{4\pi}{3}.$ $V_y = \int_1^3 2\pi x \cdot 2\sqrt{1-(x-2)^2}\, dx = \dagger.$ $\int x\sqrt{1-(x-2)^2}\, dx = \int (x-2)\sqrt{1-(x-2)^2}\, dx + \int 2\sqrt{1-(x-2)^2}\, dx$ (第 1 項は合成関数の微分, 第 2 項は問題 13.1(6) を使う)
$= -\frac{1}{3}\{1-(x-2)^2\}^{3/2} + 2\sin^{-1}(x-2) + (x-2)\sqrt{1-(x-2)^2}$
$\dagger = 4\pi\left[-\frac{1}{3}\{1-(x-2)^2\}^{3/2} + 2\sin^{-1}(x-2) + (x-2)\sqrt{1-(x-2)^2}\right]_1^3 = 4\pi^2$
(3) $V_x = \int_0^1 \pi\{x(x-1)(x-2)\}^2\, dx = \int_0^1 \{x^2(x-1)^2(x-2)^2\}^2\, dx$
$= \pi\int_0^1 (x^6 - 6x^5 + 13x^4 - 12x^3 + 4x^2)\, dx$
$= \pi\left[\frac{x^7}{7} - x^6 + \frac{13x^5}{5} - 3x^4 + \frac{4x^3}{3}\right]_0^1 = \frac{5}{108}\pi$
$V_y = \int_0^1 (2\pi x) x(x-1)(x-2)\, dx = 2\pi\int_0^1 (x^4 - 3x^3 + 2x^2)\, dx$
$= 2\pi\left[\frac{x^5}{5} - 3\frac{x^4}{4} + 2\frac{x^3}{3}\right]_0^1 = 2\pi\left[\frac{1}{5} - 3\cdot\frac{1}{4} + 2\cdot\frac{1}{3}\right] = \frac{7\pi}{30}$
(4) $V_x = \int_1^\infty \pi(x^{-3})^2\, dx = \lim_{n\to\infty}\int_1^n \pi x^{-6}\, dx = \lim_{n\to\infty} \pi\left[-\frac{1}{5}x^{-5}\right]_1^n = \frac{\pi}{5}$
$V_y = \int_1^\infty 2\pi x \cdot x^{-3}\, dx = 2\pi \lim_{n\to\infty}\int_1^n x^{-2}\, dx = 2\pi \lim_{n\to\infty}[-x^{-1}]_1^n = 2\pi$

28.1 **(1)** 全面積は $S = \frac{\pi a^2}{2}$. 重心は x 軸上にある. $x \sim x + dx$ の領域の面積は $ds = 2\sqrt{a^2-x^2}\, dx.$
$x_c = \frac{1}{S}\int_0^a x\, ds = \frac{2}{\pi a^2}\int_0^a 2x\sqrt{a^2-x^2}\, dx = \frac{2}{\pi a^2}\left[-\frac{2}{3}(a^2-x^2)^{3/2}\right]_0^a = \frac{4a}{3\pi}$
よって重心の座標は $\left(\frac{4a}{3\pi}, 0\right)$
(2) 6 分円だから全面積は $S = \frac{\pi}{6}$. 重心は x 軸上にある. $x \sim x+dx$ の領域の面積 ds とする. $0 \leq x \leq \frac{\sqrt{3}}{2}$ のとき, $ds = \frac{2x}{\sqrt{3}}dx.$ $\frac{\sqrt{3}}{2} \leq x \leq 1$ のとき, $ds = 2\sqrt{1-x^2}\, dx.$
$x_c = \frac{1}{S}\int_0^1 x\, ds = \frac{6}{\pi}\int_0^{\sqrt{3}/2} x\left(\frac{2x}{\sqrt{3}}dx\right) + \frac{6}{\pi}\int_{\sqrt{3}/2}^1 x(2\sqrt{1-x^2}\, dx)$
$= \frac{6}{\pi}\frac{2}{\sqrt{3}}\left[\frac{x^3}{3}\right]_0^{\sqrt{3}/2} + \frac{6}{\pi}\left[-\frac{2}{3}(1-x^2)^{3/2}\right]_{\sqrt{3}/2}^1 = \frac{3}{2\pi} + \frac{1}{2\pi} = \frac{2}{\pi}$
よって重心の座標は $\left(\frac{2}{\pi}, 0\right)$
(3) 例題 2.24(2) より全面積は $S = a$. 重心は x 軸上にある. $x \sim x+dx$ の領域の面積 ds は $0 \leq x \leq 1$ のとき, $ds = 2(\tanh a)x\, dx.$
$1 \leq x \leq \cosh a$ のとき, $ds = 2((\tanh a)x - \sqrt{x^2-1})\, dx$
$x_c = \frac{1}{S}\int_0^a x\, ds = \frac{1}{a}\left\{\int_0^1 x(2\tanh a)x\, dx + \int_1^{\cosh a} x \cdot 2((\tanh a)x - \sqrt{x^2-1})\, dx\right\}$
$= \frac{2\tanh a}{a}\int_0^{\cosh a} x^2\, dx - \frac{2}{a}\int_1^{\cosh a} x\sqrt{x^2-1}\, dx$

$$= \frac{2\tanh a}{a}\left[\frac{x^3}{3}\right]_0^{\cosh a} - \frac{2}{a}\left[\frac{1}{3}(x^2-1)^{3/2}\right]_1^{\cosh a}$$
$$= \frac{2\tanh a}{a}\frac{\cosh^3 a}{3} - \frac{2}{a}\frac{1}{3}(\cosh^2 a - 1)^{3/2}$$
$$= \frac{2\sinh a \cosh^2 a}{3a} - \frac{2}{3a}\sinh^3 a = \frac{2\sinh a}{3a}. \text{ よって重心の座標は }\left(\frac{2\sinh a}{3a}, 0\right).$$

29.1 **(1)** 全面積は $S = \frac{ac}{2}$. $x \sim x+dx$ に対応する面積 ds_x を求める. $0 \leq x \leq a$ のとき $ds_x = \frac{cx}{b}dx$. $a \leq x \leq b$ のとき $ds_x = \left\{\frac{cx}{b} - \frac{c(x-a)}{b-a}\right\}dx.$

$$x_c = \frac{1}{S}\int_0^b x\,ds_x = \frac{2}{ac}\int_0^b \frac{cx}{b}x\,dx - \frac{2}{ac}\int_a^b \frac{c(x-a)}{b-a}x\,dx$$
$$= \frac{2}{ab}\left[\frac{x^3}{3}\right]_0^b - \frac{2}{a(b-a)}\left[\frac{x^3}{3} - a\frac{x^2}{2}\right]_a^b$$
$$= \frac{2}{ab}\frac{b^3}{3} - \frac{2}{a(b-a)}\left(\frac{b^3-a^3}{3} - a\frac{b^2-a^2}{2}\right)$$
$$= \frac{2b^2}{3a} - \frac{2(b^2+ab+a^2)}{3a} + (b+a) = \frac{a+b}{3}$$

$y \sim y+dy$ に対応する面積 ds_y は $ds_y = \left(\frac{(b-a)y}{c} + a - \frac{by}{c}\right)dy$

$$y_c = \frac{1}{S}\int_0^c y\,ds_y = \frac{2}{ac}\int_0^c y\left(\frac{(b-a)y}{c} + a - \frac{by}{c}\right)dy$$
$$= \frac{2}{ac}\frac{b-a}{c}\left[\frac{y^3}{3}\right]_0^c + \frac{2}{ac}a\left[\frac{y^2}{2}\right]_0^c - \frac{2}{ac}\frac{b}{c}\left[\frac{y^3}{3}\right]_0^c$$
$$= \frac{2}{ac}\frac{b-a}{c}\frac{c^3}{3} + \frac{2}{ac}a\frac{c^2}{2} - \frac{2}{ac}\frac{b}{c}\frac{c^3}{3} = \frac{c}{3}. \text{ よって重心の座標は }\left(\frac{a+b}{3}, \frac{c}{3}\right).$$

(2) 全面積は $S = \frac{\pi}{4}$. 重心は直線 $y=x$ 上にある. $x \sim x+dx$ に対応する面積は $ds = \sqrt{1-x^2}\,dx$

$$x_c = \frac{1}{S}\int_0^1 x\,ds = \frac{4}{\pi}\int_0^1 x\sqrt{1-x^2}\,dx = \frac{4}{\pi}\left[-\frac{1}{3}(1-x^2)^{3/2}\right]_0^1$$
$$= \frac{4}{\pi}\frac{1}{3} = \frac{4}{3\pi}. \text{ よって重心の座標は }\left(\frac{4}{3\pi}, \frac{4}{3\pi}\right).$$

(3) 図形の対称性より重心の x 座標は $x_c = \pi$ である. $y \sim y+dy$ に対応する面積 ds を求める.

$y-1 = \cos t$ より $t_1 = \cos^{-1}(y-1)$, $t_2 = 2\pi - \cos^{-1}(y-1)$.
$x_1 = t_1 - \sin t_1 = \cos^{-1}(y-1) - \sin\cos^{-1}(y-1) = \cos^{-1}(y-1) - \sqrt{1-(y-1)^2}$
(例題 1.10(1))

$$x_2 = t_2 - \sin t_2 = 2\pi - \cos^{-1}(y-1) + \sqrt{1-(y-1)^2}$$

よって $ds = (x_2 - x_1)dy = (2\pi - 2\cos^{-1}(y-1) + 2\sqrt{1-(y-1)^2})\,dy$
$S = \int_0^2 ds = \int_0^2(2\pi - 2\cos^{-1}(y-1) + 2\sqrt{1-(y-1)^2})\,dy$ ($y-1 = s$ と置くと)
$= \int_{-1}^1(2\pi - 2\cos^{-1}s + 2\sqrt{1-s^2})\,ds = \dagger$

$\int\cos^{-1}x\,dx = \int(x)'\cos^{-1}x\,dx = x\cos^{-1}x - \int x\frac{-1}{\sqrt{1-x^2}}\,dx = x\cos^{-1}x - \sqrt{1-x^2}$

$\dagger = [2\pi s - 2s\cos^{-1}s + 2\sqrt{1-s^2} + \sin^{-1}s + s\sqrt{1-s^2}]_{-1}^1 = 3\pi$
(面積を求めるだけなら, 例題 2.24(1) のように求める方が簡単)

$$y_c = \frac{1}{S}\int_0^2 y\,ds = \frac{1}{3\pi}\int_0^2 y(2\pi - 2\cos^{-1}(y-1) + 2\sqrt{1-(y-1)^2})\,dy$$
($y-1 = s$ と置くと)
$$= \frac{4}{3} + \frac{2}{3\pi}\int_{-1}^1(s+1)(-\cos^{-1}s + \sqrt{1-s^2})\,ds$$

(奇関数だから $\int_{-1}^1 s\sqrt{1-s^2}\,ds = 0$)

$$= \tfrac{4}{3} + \tfrac{2}{3\pi}\left(-\underbrace{\int_{-1}^{1} s\cos^{-1} s\, ds}_{I_1} - \underbrace{\int_{-1}^{1} \cos^{-1} s\, ds}_{I_2} + \underbrace{\int_{-1}^{1} \sqrt{1-s^2}\, ds}_{I_3}\right) = \ddagger$$

$I_2 = [s\cos^{-1} s - \sqrt{1-s^2}]_{-1}^{1} = \pi$, $I_3 = \left[\tfrac{1}{2}\sin^{-1} s + \tfrac{1}{2}s\sqrt{1-s^s}\right]_{-1}^{1} = \tfrac{\pi}{2}$

$$\int x\cos^{-1} x\, dx = \int \left(\tfrac{x^2}{2}\right)'\cos^{-1} x\, dx = \tfrac{x^2}{2}\cos^{-1} x + \int \tfrac{x^2}{2}\tfrac{1}{\sqrt{1-x^2}}\, dx$$
$$= \tfrac{x^2}{2}\cos^{-1} x - \tfrac{1}{2}\int \tfrac{(1-x^2)-1}{\sqrt{1-x^2}}\, dx$$
$$= \tfrac{x^2}{2}\cos^{-1} x - \tfrac{1}{2}\int \sqrt{1-x^2}\, dx + \tfrac{1}{2}\int \tfrac{dx}{\sqrt{1-x^2}}$$
$$= \tfrac{x^2}{2}\cos^{-1} x - \tfrac{1}{4}\sin^{-1} x - \tfrac{1}{4}x\sqrt{1-x^2} + \tfrac{1}{2}\sin^{-1} x$$
$$= \tfrac{x^2}{2}\cos^{-1} x + \tfrac{1}{4}\sin^{-1} x - \tfrac{1}{4}x\sqrt{1-x^2}$$

よって $I_1 = \left[\tfrac{s^2}{2}\cos^{-1} s + \tfrac{1}{4}\sin^{-1} s - \tfrac{1}{4}s\sqrt{1-s^2}\right]_{-1}^{1} = -\tfrac{\pi}{4}$.

$\ddagger = \tfrac{4}{3} + \tfrac{2}{3\pi}\left\{-\left(-\tfrac{\pi}{4}\right) - \pi + \tfrac{\pi}{2}\right\} = \tfrac{7}{6}$. よって重心の座標は $\left(\pi, \tfrac{7}{6}\right)$.

(4) 全面積は問題 24.1(3) の 4 分の 1 で $S = \tfrac{3\pi}{32}$. 重心は直線 $y = x$ 上にある.
$x \sim x + dx$ に対応する面積 ds は, $ds = (1 - x^{2/3})^{3/2}\, dx$.
よって $x_c = \tfrac{1}{S}\int_0^1 x\, ds = \tfrac{32}{3\pi}\int_0^1 x\left(1 - x^{2/3}\right)^{3/2}\, dx = \dagger$.
$x = \sin^3 t$ と置く. $dx = 3\sin^2 t\cos t\, dt$. $x: 0 \to 1$ より $t: 0 \to \tfrac{\pi}{2}$.
$$\dagger = \tfrac{32}{3\pi}\int_0^{\pi/2}(1 - \sin^2 t)^{3/2}\sin^3 t\,(3\sin^2 t\cos t\, dt)$$
$$= \tfrac{32}{\pi}\int_0^{\pi/2}\sin^5 t\cos^4 t\, dt = \tfrac{32}{\pi}\int \sin^5 t(1 - \sin^2)^2 t\, dt$$
$$= \tfrac{32}{\pi}\left(\int_0^{\pi/2}\sin^5 t\, dt - 2\int_0^{\pi/2}\sin^7 t\, dt + \int_0^{\pi/2}\sin^9 t\, dt\right) = \ddagger$$

例題 2.12(3) の解答と同様に.
$I_1 = \int_0^{\pi/2}\sin x\, dx = [-\cos x]_0^{\pi/2} = 1$, $I_5 = \tfrac{4}{5}I_3 = \tfrac{2}{3}\left(\tfrac{4}{5}I_1\right) = \tfrac{8}{15}$, $I_7 = \tfrac{6}{7}I_5 = \tfrac{6}{7}\cdot\tfrac{8}{15} = \tfrac{16}{35}$, $I_9 = \tfrac{8}{9}I_7 = \tfrac{8}{9}\cdot\tfrac{16}{35} = \tfrac{128}{315}$

$\ddagger = \tfrac{32}{\pi}(I_5 - 2I_7 + I_9) = \tfrac{32}{\pi}\left(\tfrac{8}{15} - 2\tfrac{16}{35} + \tfrac{128}{315}\right) = \tfrac{256}{315\pi}$. よって重心の座標は $\left(\tfrac{256}{315\pi}, \tfrac{256}{315\pi}\right)$.

30.1 (1) 全体積は $V = \tfrac{\pi a^3}{3}$. 重心は x 軸上にある. $x \sim x + dx$ の部分の体積 dv は, $x = $ 一定面による断面が半径 $x - a$ の円になるので, $dv = \pi(x - a)^2\, dx$
$$x_c = \tfrac{1}{V}\int_0^a x\, dv = \tfrac{3}{\pi a^3}\int_0^a x\,\pi(x - a)^2\, dx = \tfrac{3}{a^3}\int_0^a (x^3 - 2ax^2 + a^2 x)\, dx$$
$$= \tfrac{3}{a^3}\left[\tfrac{x^4}{4} - 2a\tfrac{x^3}{3} + a^2\tfrac{x^2}{2}\right]_0^a = \tfrac{3}{a^3}\left(\tfrac{a^4}{4} - 2a\tfrac{a^3}{3} + a^2\tfrac{a^2}{2}\right) = \tfrac{a}{4}$$

よって重心の座標は $\left(\tfrac{a}{4}, 0, 0\right)$.

(2) 全体積は $V = \tfrac{1}{8}\cdot\tfrac{4\pi}{3} = \tfrac{\pi}{6}$. 重心は直線 $x = y = z$ 上にある.
$x \sim x + dx$ の部分の体積 dv は, $x = $ 一定面による断面が半径 $\sqrt{1 - x^2}$ の円の 4 分の 1 になるので, $dv = \tfrac{1}{4}\pi(1 - x^2)\, dx$.
$x_c = \tfrac{1}{V}\int_0^1 x\, dv = \tfrac{6}{\pi}\int_0^1 x\left\{\tfrac{1}{4}\pi(1 - x^2)\, dx\right\}$

$$= \tfrac{3}{2}\int_0^1 (x - x^3)\,dx = \tfrac{3}{2}\int_0^1 \left[\tfrac{x^2}{2} - \tfrac{x^4}{4}\right]_0^1 = \tfrac{3}{8}$$

よって重心の座標は $\left(\tfrac{3}{8}, \tfrac{3}{8}, \tfrac{3}{8}\right)$.

(3) 全体積は $\tfrac{1}{6}$. 重心は直線 $x = y = z$ 上にある.
$x \sim x + dx$ の部分の体積 dv は, $x = $ 一定面による断面が直角二等辺三角形で, 斜辺でない辺の長さが $1 - x$ なので, $dv = \tfrac{1}{2}(1 - x)^2\,dx$.

$$x_c = \tfrac{1}{V}\int_0^1 x\,dv = 6\int_0^1 x\left\{\tfrac{1}{2}(1 - x)^2\,dx\right\}$$
$$= 3\int_0^1 (x - 2x^2 + x^3)\,dx = 3\left[\tfrac{x^2}{2} - 2\tfrac{x^3}{3} + \tfrac{x^4}{4}\right]_0^1 = \tfrac{1}{4}$$

よって重心の座標は $\left(\tfrac{1}{4}, \tfrac{1}{4}, \tfrac{1}{4}\right)$.

(4) 全体積は問題 26.1(3) より $V = \tfrac{1}{8}\tfrac{4\pi}{35} = \tfrac{\pi}{70}$.
$x \sim x + dx$ の部分の体積 dv は, $x = $ 一定面による断面がアステロイドとなり, その面積は, 問題 26.1(3) の解答中で求めた断面積を使って $\tfrac{1}{4}\cdot\tfrac{3\pi}{8}(1 - x^{2/3})^3 = \tfrac{3\pi}{32}(1 - x^{2/3})^3$ なので, $dv = \tfrac{3\pi}{32}(1 - x^{2/3})^3\,dx$

$$x_c = \tfrac{1}{V}\int_0^1 x\,dv = \tfrac{70}{\pi}\int_0^1 x\left\{\tfrac{3\pi}{32}(1 - x^{2/3})^3\,dx\right\} = \tfrac{105}{16}\int_0^1 (x - 3x^{5/3} + 3x^{7/3} - x^3)\,dx$$
$$= \tfrac{105}{16}\left[\tfrac{x^2}{2} - 3\tfrac{3x^{8/3}}{8} + 3\tfrac{3x^{10/3}}{10} - \tfrac{x^4}{4}\right]_0^1 = \tfrac{105}{16}\tfrac{1}{40} = \tfrac{21}{128}$$

よって重心の座標は $\left(\tfrac{21}{128}, \tfrac{21}{128}, \tfrac{21}{128}\right)$.

31.1 **(1)** 長さあたりの質量は $\tfrac{m}{l}$. 棒と同じ向きに x 軸をとり, 棒の中心を $x = 0$ とする. $x \sim x + dx$ に対応する部分を考える. 長さは dx なので $dm = \tfrac{m}{l}dx$. 軸からの距離は $r = \sqrt{a^x + x^2}$.

$$I = \int_{-l/2}^{l/2} r^2\,dm = \int_{-l/2}^{l/2} (a^2 + x^2)\tfrac{m}{l}dx = \tfrac{m}{l}\left[a^2 x + \tfrac{x^3}{3}\right]_{-l/2}^{l/2} = ma^2 + \tfrac{ml^2}{12}$$

(2) 長さあたりの質量は $\tfrac{m}{l}$. 棒と同じ向きに x 軸をとり, 棒の中心を $x = 0$ とする. $x \sim x + dx$ に対応する部分を考える. 長さは dx なので $dm = \tfrac{m}{l}dx$. 軸からの距離は $r = |x|\sin\theta$.

$$I = \int_{-l/2}^{l/2} r^2\,dm = \int_{-l/2}^{l/2} x^2\sin\theta\tfrac{m}{l}dx = \tfrac{m\sin\theta}{l}\left[\tfrac{x^3}{3}\right]_{-l/2}^{l/2} = \tfrac{ml^2\sin\theta}{12}$$

(3) 長さあたりの質量は $\tfrac{m}{2\pi a}$. 円を $(a\cos t, a\sin t)$ $(0 \leq t \leq 2\pi)$, 回転軸を y 軸と考える. $t \sim t + dt$ に対応する部分を考える. 長さは $a\,dt$ なので $dm = \tfrac{m}{2\pi a}a\,dt = \tfrac{m}{2\pi}dt$. 軸からの距離は $r = |x| = a|\sin t|$.

$$I = \int_0^{2\pi} r^2\,dm = \int_0^{2\pi} a^2\sin^2 t\,\tfrac{m}{2\pi}dt = \tfrac{ma^2}{2\pi}\int_0^{2\pi} \sin^2 t\,dt$$
$$= \tfrac{ma^2}{2\pi}\int_0^{2\pi} \tfrac{1 - \cos(2t)}{2}dt = \tfrac{ma^2}{2\pi}\left[\tfrac{t}{2} - \tfrac{\sin(2t)}{4}\right]_0^{2\pi} = \tfrac{ma^2}{2}$$

32.1 **(1)** 面積あたりの質量は $\tfrac{4m}{\sqrt{3}\,l^2}$. 1 辺に沿って x 軸をとり, 辺の中点で $x = 0$ とする. $-\tfrac{l}{2} \leq x \leq \tfrac{l}{2}$. $x \sim x + dx$ に対応する部分を考える. 面積は $(l - 2x)\sqrt{3}\,dx$ なので, $dm = \tfrac{4m}{\sqrt{3}\,l^2}(l - 2x)\sqrt{3}\,dx = \tfrac{4m}{l^2}(l - 2x)\,dx$. 軸からの距離は $r = |x|$.

$$I = \int_{-l/2}^{l/2} r^2\,dm = \int_{-l/2}^{l/2} x^2\tfrac{4m}{l^2}(l - 2x)\,dx = \tfrac{4m}{l^2}\left[l\tfrac{x^3}{3} - 2\tfrac{x^4}{4}\right]_{-l/2}^{l/2} = \tfrac{ml^2}{12}$$

(2) 面積あたりの質量は $\frac{m}{\pi a^2}$. 回転軸からの距離が $x \sim x+dx$ の部分を考える. $0 \leq x \leq a$. 面積は $2\pi x\, dx$ なので, $dm = \frac{m}{\pi a^2} 2\pi x\, dx = \frac{2m}{a^2} x\, dx$. 回転軸からの距離はもちろん $r = x$

$$I = \int_0^a r^2\, dm = \int_0^a x^2 \frac{2m}{a^2} x\, dx = \frac{2m}{a^2} \left[\frac{x^4}{4}\right]_0^a = \frac{ma^2}{2}$$

(3) 面積あたりの質量は $\frac{m}{a^2}$. 軸からの距離が $r \sim r+dr$ の部分を考える. 右図のように θ を置くと, $\cos\theta = \frac{a/2}{r}$ なので $\theta = \cos^{-1}\frac{a}{2r}$. $0 \leq r \leq \frac{a}{2}$ のときは, 質量 $dm = \frac{m}{a^2}(2\pi r\, dr) = \frac{2\pi m}{a^2} r\, dr$. $\frac{a}{2} \leq r \leq \frac{\sqrt{2}a}{2}$ のときは, $dm = \frac{m}{a^2}(2\pi r - 8r\theta)\, dr = \frac{m}{a^2}\left(2\pi r - 8r\cos^{-1}\frac{a}{2r}\right) dr$

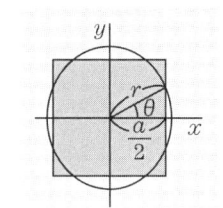

$$I = \int_0^a r^2\, dm = \int_0^{a/2} r^2 \frac{2\pi m}{a^2} r\, dr + \int_{a/2}^{a/\sqrt{2}} r^2 \frac{m}{a^2}\left(2\pi r - 8r\cos^{-1}\frac{a}{2r}\right) dr$$
$$= \frac{2\pi m}{a^2} \int_0^{a/\sqrt{2}} r^3\, dr - \frac{8m}{a^2} \int_{a/2}^{a/\sqrt{2}} r^3 \cos^{-1}\left(\frac{a}{2r}\right) dr = †$$

第 1 項 $= \frac{2\pi m}{a^2} \left[\frac{r^4}{4}\right]_0^{a/\sqrt{2}} = \frac{2\pi m}{a^2} \frac{a^4}{4} \frac{1}{4} = \frac{\pi m a^2}{8}$

第 2 項で $\frac{2r}{a} = t$ と置くと, $\frac{2}{a} dr = dt$. $r : \frac{a}{2} \to \frac{a}{\sqrt{2}}$ より $t : 1 \to \sqrt{2}$.

第 2 項 $= -\frac{8m}{a^2} \int_{a/2}^{a/\sqrt{2}} r^3 \cos^{-1}\left(\frac{a}{2r}\right) dr = -\frac{8m}{a^2} \int_1^{\sqrt{2}} \frac{a^3}{8} t^3 \cos^{-1}\left(\frac{1}{t}\right) \left(\frac{a}{2} dt\right)$
$= -\frac{ma^2}{2} \int_1^{\sqrt{2}} t^3 \cos^{-1}\left(\frac{1}{t}\right) dt$

$\int t^3 \cos^{-1}\left(\frac{1}{t}\right) dt = \int \left(\frac{t^4}{4}\right)' \cos^{-1}(t^{-1}) dt = \frac{t^4}{4}\cos^{-1}\left(\frac{1}{t}\right) - \int \frac{t^4}{4} \frac{t^{-2}}{\sqrt{1-t^{-2}}} dt$
$= \frac{t^4}{4}\cos^{-1}\left(\frac{1}{t}\right) - \frac{1}{4}\int \frac{t^3}{\sqrt{t^2-1}} dt = \frac{t^4}{4}\cos^{-1}\left(\frac{1}{t}\right) - \frac{1}{4}\int t^2 \left(\sqrt{t^2-1}\right)' dt$
$= \frac{t^4}{4}\cos^{-1}\left(\frac{1}{t}\right) - \frac{1}{4} t^2 \sqrt{t^2-1} + \frac{1}{4}\int (2t)\sqrt{t^2-1}\, dt$
$= \frac{t^4}{4}\cos^{-1}\left(\frac{1}{t}\right) - \frac{1}{4} t^2 \sqrt{t^2-1} + \frac{1}{6}(t^2-1)^{3/2} = \frac{t^4}{4}\cos^{-1}\left(\frac{1}{t}\right) - \frac{t^2+2}{12}\sqrt{t^2-1}$

第 2 項 $= -\frac{ma^2}{2} \left[\frac{t^4}{4}\cos^{-1}\left(\frac{1}{t}\right) - \frac{t^2+2}{12}\sqrt{t^2-1}\right]_1^{\sqrt{2}}$
$= -\frac{ma^2}{2} \left\{\cos^{-1}\left(\frac{1}{\sqrt{2}}\right) - \frac{1}{3}\right\} = -\frac{\pi ma^2}{8} + \frac{ma^2}{6}$

$† = \frac{\pi ma^2}{8} - \frac{\pi ma^2}{8} + \frac{ma^2}{6} = \frac{ma^2}{6}$

33.1 **(1)** 体積あたりの質量は $\frac{3m}{\pi a^2 h}$. 回転軸からの距離を x とし, $x \sim x+dx$ の部分を考える. 半径 x, 高さ $h - \frac{h}{a}x$, 厚さ dx の円筒板なので, 体積は $(2\pi x)\left(h - \frac{h}{a}x\right) dx$. よって $dm = \frac{3m}{\pi a^2 h}(2\pi x)\left(h - \frac{h}{a}x\right) dx = \frac{6m}{a^3}(ax - x^2)\, dx$. 回転軸からの距離はもちろん $r = x$.

$$I = \int_0^a r^2\, dm = \int_0^a x^2 \frac{6m}{a^3}(ax - x^2)\, dx = \frac{6m}{a^3} \int_0^a (ax^3 - x^4)\, dx$$
$$= \frac{6m}{a^3}\left[a\frac{x^4}{4} - \frac{x^5}{5}\right]_0^a = \frac{3ma^2}{10}$$

(2) 体積あたりの質量は $\frac{m}{a^3}$. 回転軸からの距離を x とし, $r \sim r+dr$ の部分を考える. 問題 32.1(3) を参考にする. $0 \leq r \leq \frac{a}{2}$ のときは, 質量 $dm = \frac{m}{a^3}(2a\pi r\, dr) = \frac{2a m}{a^3} r\, dr$. $\frac{a}{2} \leq r \leq \frac{\sqrt{2}a}{2}$ のときは, $dm = \frac{m}{a^3}(2\pi r - 8r\theta) a\, dr = \frac{m}{a^2}\left(2\pi r - 8r\cos^{-1}\frac{a}{2r}\right) dr$

dm は問題 32.1(3) と同じであるので，$I = \int_0^a r^2 \, dm = \frac{ma^2}{6}$ は変わらない．

(3) 問題 27.1 と同様の計算により体積は $4\pi^2 a^3$, 体積あたりの質量は $\frac{m}{4\pi^2 a^3}$.
y 軸からの距離を r とする．$r \sim r+dr$ の部分を考える．
半径 r，高さ $2\sqrt{a^2 - (r-2a)^2}$，厚さ dr の円筒板であるから，体積は
$2\pi r \cdot 2\sqrt{a^2 - (r-2a)^2} \, dr = 4\pi r\sqrt{a^2 - (r-2a)^2} \, dr$.
質量は $dm = \frac{m}{4\pi^2 a^3} \cdot 4\pi r \sqrt{a^2 - (r-2a)^2} \, dr = \frac{m}{\pi a^3} r\sqrt{a^2-(r-2a)^2} \, dr$.
回転軸からの距離はもちろん r.
$I = \int_a^{3a} r^2 \, dm = \int_a^{3a} r^2 \frac{m}{\pi a^3} r \sqrt{a^2-(r-2a)^2} \, dr = \frac{m}{\pi a^3} \int_a^{3a} r^3 \sqrt{a^2 - (r-2a)^2}\, dr = \dagger$
$r - 2a = a\sin t$ と置く．$dr = a\cos t\, dt$．$r: a \to 3a$ より $t: -\frac{\pi}{2} \to \frac{\pi}{2}$.
$\dagger = \frac{m}{\pi a^3} \int_{-\pi/2}^{\pi/2} (2a+a\sin t)^3 \sqrt{a^2 - a^2 \sin^2 t} \,(a\cos t\, dt) = \frac{ma^2}{\pi} \int_{-\pi/2}^{\pi/2} (2+\sin t)^3 \cos^2 t\, dt$
($\sin t = s$ と略記する)
$= \frac{ma^2}{\pi} \int_{-\pi/2}^{\pi/2} (2+s)^3 (1-s^2)\, dt \;= \frac{ma^2}{\pi} \int_{-\pi/2}^{\pi/2} (-s^5 - 6s^4 - 11s^3 - 2s^2 + 12s + 8)\, dt$
(s^5, s^3, s は奇関数だから $\left[-\frac{\pi}{2}, \frac{\pi}{2}\right]$ で積分すると 0. $s^4, s^2, 1$ は偶関数だから $\left[-\frac{\pi}{2}, \frac{\pi}{2}\right]$ で積分したものは $\left[0, \frac{\pi}{2}\right]$ で積分したものの 2 倍)
$= \frac{ma^2}{\pi} \int_0^{\pi/2} (-12s^4 - 4s^2 + 16)\, dt = \ddagger$
$I_n = \int_0^{\pi/2} s^n \, dt$ として，例題 2.12(3) と同様に I_n を計算する．
$I_0 = \frac{\pi}{2}, \; I_2 = \frac{1}{2} I_0 = \frac{\pi}{4}, \; I_4 = \frac{3}{4} I_2 = \frac{3\pi}{16}$
$\ddagger = \frac{ma^2}{\pi}(-12 I_4 - 4 I_2 + 16 I_0) = \frac{ma^2}{\pi}\left(-12 \frac{3\pi}{16} - 4\frac{\pi}{4} + 16\frac{\pi}{2}\right) = \frac{19ma^2}{4}$

第 2 章の章末問題

1 **(i)** まずヒントの不等式を証明する．$f(s) = \sqrt{1+s\sin^2 t}$ とする．$f(0) = 1$. $f'(s) = \frac{1}{2}\sin^2 t(1+s\sin^2 t)^{-1/2}$, $f'(0) = \frac{1}{2}\sin^2 t$, $f''(s) = -\frac{1}{4}\sin^4 t(1+s\sin^2 t)^{-3/2}$. よってテイラーの定理 ($n=2$) より，次のような $\theta \in [0,1]$ が存在する．
$f(s) = 1 + \frac{\sin^2 t}{2} s - \frac{1}{8} \sin^4 t(1+\theta s\sin^2 t)^{-3/2} s^2$
この剰余項 (右辺最終項) を R と置く．
$0 \leq \sin^4 t \leq 1, \; 0 \leq (1+\theta s\sin^2 t)^{-3/2} \leq 1$ より $-\frac{1}{8}s^2 \leq R \leq 0$.
$\qquad\qquad 1 + \frac{\sin^2 t}{2}s - \frac{s^2}{8} \leq f(s) \leq 1 + \frac{\sin^2 t}{2}s$
(ii) $(x,y) = (\sqrt{17}\cos t, 4\sin t), \; (x',y') = (-\sqrt{17}\sin t, 4\cos t)$
$l = \int_0^{2\pi} \sqrt{17\sin^2 t + 16\cos^2 t} \, dt = 4\int_0^{\pi/2} \sqrt{17\sin^2 t + 16\cos^2 t}\, dt$
$= 16 \int_0^{\pi/2} \sqrt{\frac{17}{16}\sin^2 t + (1-\sin^2 t)}\, dt = 16 \int_0^{\pi/2} \sqrt{1+\frac{1}{16}\sin^2 t}\, dt$
(iii) (i) の不等式に $s = 1/16$ を代入する．
$1 + \frac{\sin^2 t}{32} - \frac{1}{2048} \leq \sqrt{1 + \frac{1}{16}\sin^2 t} \leq 1 + \frac{\sin^2 x}{32}$
$\int_0^{\pi/2} \left(1 + \frac{\sin^2 t}{32}\right) dt = \frac{65}{128}\pi$
$\frac{65}{128}\pi - \frac{1}{2048}\frac{\pi}{2} \leq \int_0^{\pi/2} \sqrt{1+\frac{1}{16}\sin^2 t}\, dt \leq \frac{65}{128}\pi$. これに 16 をかけて

$\frac{65}{8}\pi - \frac{\pi}{256} \leq l \leq \frac{65}{8}\pi$, $25.52 - 0.012 \leq l \leq 25.52$. よって $l \approx 2.55 \cdot 10^1$

2 帰納法を用いる.
$n = 0$ のとき左辺 − 右辺 = $\int_0^\infty x^0 \exp(-x)\,dx - 0! = \lim_{n\to\infty}[-\exp(-x)]_0^n - 1$
$\lim_{n\to\infty}[-\exp(-n) + 1] - 1 = 0$. よって $n = 0$ のとき与式成立.
ある n で与式成立とする.
$\int_0^\infty x^{n+1}\exp(-x)\,dx - (n+1)! = \int_0^\infty x^{n+1}(-\exp(-x))'\,dx - (n+1)!$
$= [-x^{n+1}\exp(-x)]_0^\infty + (n+1)\int_0^\infty x^n\exp(-x)\,dx - (n+1)!$
$= (n+1)\left\{\int_0^\infty x^n\exp(-x)\,dx - n!\right\} = 0$ (帰納法の仮定より)
よって $n+1$ でも与式成立.
帰納法により, 0 以上の整数 n について, 与式が示された.

3 (i) $a \leq x$ とする. 平均値の定理より $f(x) = f(a) + f'(c)(x-a)$, $a \leq c \leq x$ となる c が存在する. 仮定より $-M \leq f'(c) \leq M$ なので,
$$-M(x-a) \leq f(x) - f(a) \leq M(x-a)$$
となる.

(ii) $0 \leq h$ として, 上の不等式を $[a, a+h]$ で積分する.
$$\int_a^{a+h}(x-a)dx = \left[\frac{x^2}{2} - ax\right]_a^{a+h} = \left[\frac{(a+h)^2 - a^2}{2} - ah\right] = \frac{h^2}{2}$$
なので,
$$-\frac{Mh^2}{2} \leq \int_a^{a+h} f(x)\,dx - f(a)h \leq \frac{Mh^2}{2}$$
となる.

(iii) 上の不等式に $a = a + kh$, $h = \frac{b-a}{n}$ を代入すると,
$$-\frac{M(b-a)^2}{2n^2} \leq \int_{a+k(b-a)/n}^{a+(k+1)(b-a)/n} f(x)\,dx - f\left(a + k\frac{b-a}{n}\right)\frac{b-a}{n} \leq \frac{M(b-a)^2}{2n^2}$$
となる. これの $\sum_{k=0}^{n-1}$ をとる. $\sum_{k=0}^{n-1} \int_{a+k(b-a)/n}^{a+(k+1)(b-a)/n} f(x)\,dx = \int_a^b f(x)dx$ になるので,
$$-\frac{M(b-a)^2}{2n} \leq \int_a^b f(x)\,dx - \sum_{k=0}^{n-1} f\left(a + k\frac{b-a}{n}\right)\frac{b-a}{n} \leq \frac{M(b-a)^2}{2n}$$
となり, 問題の不等式が示された.

4 (i) $n = 2$ のテイラーの定理より, $f(a) = f(x) + f'(x)(a-x) + \frac{1}{2}f''(c)(a-x)^2$ となる c が x と a の間に存在する. 仮定より
$$|f(a) - f(x) - f'(x)(a-x)| \leq \frac{1}{2}f''(c)(a-x)^2 \leq \frac{M}{2}(a-x)^2$$

(ii) 上式の両辺を $x \in [a, a+h]$ で積分する.
$$\left|f(a)h - \int_a^{a+h} f(x)\,dx - \int_a^{a+h} f'(x)(a-x)\,dx\right| \leq \frac{M}{2}\int_a^{a+h}(a-x)^2 = \dagger$$
$$\int_a^{a+h} f'(x)(a-x)\,dx = [f(x)(a-x)]_a^{a+h} + \int_a^{a+h} f(x)\,dx$$
$$= -f(a+h)h + \int_a^{a+h} f(x)\,dx$$
$$\int_a^{a+h}(a-x)^2 = \left[a^2 x - ax + \frac{x^3}{3}\right]_a^{a+h} = \frac{h^3}{3}$$

よって † は $\left| f(a)h - \int_a^{a+h} f(x)\,dx + f(a+h)h - \int_a^{a+h} f(x)\,dx \right| \leq \frac{M}{2} \frac{h^3}{3}$,

$$\left| \frac{f(a)+f(a+h)}{2} h - \int_a^{a+h} f(x)\,dx \right| \leq \frac{Mh^3}{12}$$

(iii) ここで $h = \frac{b-a}{n}, a = a + k\frac{b-a}{n}$ と置くと

$$\left| \frac{f\left(a+k\frac{b-a}{n}\right)+f\left(a+(k+1)\frac{b-a}{n}a\right)}{2} \frac{b-a}{n} - \int_{a+k(b-a)/n}^{a+(k+1)(b-a)/n} f(x)\,dx \right| \leq \frac{M(b-a)^3}{12n^3}$$

上式の $\sum_{k=0}^{n-1}$ をとると

$$\left| \frac{b-a}{n} \sum_{k=0}^{n-1} \frac{f\left(a+k\frac{b-a}{n}\right)+f\left\{a+(k+1)\frac{b-a}{n}a\right\}}{2} - \int_a^b f(x)\,dx \right| \leq \frac{M(b-a)^3}{12n^2}$$

$$\left| \frac{b-a}{2n} \left\{ 2\sum_{k=1}^{n} f\left(a+k\frac{b-a}{n}\right) - f(a) - f(b) \right\} - \int_a^b f(x)\,dx \right| \leq \frac{M(b-a)^3}{12n^2}$$

となり，与式が示された.

5 (i) 左辺は $n=1$ のときは $\left| \int_a^b f(x)\,dx - \frac{b-a}{6}\{f(a)+f(b)+4f(\frac{a+b}{2})\} \right|$ と書ける. そこで $a = x-h, b = x+h$ と置いた
$g(h) = \int_{x-h}^{x+h} f(x)\,dx - \frac{h}{3}\{f(x-h)+f(x+h)+4f(x)\}$ を考える.

(ii) $g(0) = 0$
$g'(h) = f(x+h)+f(x-h) - \frac{1}{3}\{f(x-h)+f(x+h)+4f(x)\} - \frac{h}{3}\{-f'(x-h)+f'(x+h)\}$
$\quad = \frac{2}{3}f(x+h) + \frac{2}{3}f(x-h) - \frac{4}{3}f(x) - \frac{h}{3}\{-f'(x-h)+f'(x+h)\}$
よって $g'(0) = 0$,
$g''(h) = \frac{2}{3}f'(x+h) - \frac{2}{3}f'(x-h) - \frac{1}{3}\{-f'(x-h)+f'(x+h)\} - \frac{h}{3}\{f''(x-h)+f''(x+h)\}$
$\quad = \frac{1}{3}f'(x+h) - \frac{1}{3}f'(x-h) - \frac{h}{3}\{f''(x-h)+f''(x+h)\}$
よって $g''(0) = 0$,
$g'''(h) = \frac{1}{3}f''(x+h) + \frac{1}{3}f''(x-h) - \frac{1}{3}\{f''(x-h)+f''(x+h)\}$
$\qquad - \frac{h}{3}\{-f'''(x-h)+f'''(x+h)\}$
$\quad = -\frac{h}{3}\{-f'''(x-h)+f'''(x+h)\}$

平均値の定理より $f'''(x+h) = f'''(x) + hf''''(x+\theta_1 h)$ となる $\theta_1 \in [0,1]$ が存在する. 同様に $f'''(x-h) = f'''(x) - hf''''(x-\theta_2 h)$ となる $\theta_2 \in [0,1]$ が存在する. よって $|-f'''(x-h)+f'''(x+h)| = h|-f''''(x-\theta_2 h)+f''''(x+\theta_1 h)| \leq 2Mh$ となり, $|g'''(h)| \leq \frac{2M}{3}h^2$ となる.

(iii) 次の積分を考える.

$$\int_0^h g'''(t)(h-t)^2\,dt = [g''(t)(h-t)^2]_0^h + 2\int_0^h g''(t)(h-t)\,dt$$
$$= 2[g'(t)(h-t)]_0^h + 2\int_0^h g'(t)\,dt = 2g(h)$$

よって $h \geq 0$ のとき,

$$|g(h)| = \frac{1}{2}\iint_0^h |g'''(t)|(h-t)^2\,dt \leq \frac{1}{2}\iint_0^h \frac{2M}{3}t^2(h-t)^2\,dt = \frac{Mh^5}{90}$$

つまり $\left| \int_{x-h}^{x+h} f(x)\,dx - \frac{h}{3}\{f(x-h)+f(x+h)+4f(x)\} \right| \leq \frac{Mh^5}{90}$ となる.

(iv) この不等式で $h = \frac{b-a}{2n}$, $x = a + (2k-1)\frac{b-a}{2n}$ と置くと

第 2 章 の 解 答

$$\left|\int_{a+(2k-2)(b-a)/2n}^{a+2k(b-a)/2n} f(x)\,dx - \frac{b-a}{6n}\left\{f\left(a+(2k-2)\frac{b-a}{2n}\right)\right.\right.$$
$$\left.\left.+f\left(a+(2k)\frac{b-a}{2n}\right)+4f\left(a+(2k-1)\frac{b-a}{2n}\right)\right\}\right| \leq \frac{M(b-a)^5}{(2n)^5 \cdot 90} = \frac{M(b-a)^5}{2880n^5}$$

となる．これの $\sum_{k=1}^{n}$ をとると

$$\left|\int_a^b f(x)\,dx - \frac{b-a}{6n}\left\{f(a)+f(b)+4\sum_{k=1}^{n}f\left(a+(2k-1)\frac{b-a}{2n}\right)+2\sum_{k=1}^{n-1}f\left(a+(2k)\frac{b-a}{2n}\right)\right\}\right|$$
$$\leq \frac{M(b-a)^5}{2880n^4}$$

6 (1) $S = \int_0^1 2\pi x\sqrt{1+1^2}\,dx = 2\sqrt{2}\pi\left[\frac{x^2}{2}\right]_0^1 = \sqrt{2}\pi$

(2) $S = \int_0^1 2\pi\sqrt{x}\sqrt{1+\left(\frac{1}{2\sqrt{x}}\right)^2}\,dx = \pi\int_0^1\sqrt{4x+1}\,dx = \pi\left[\frac{1}{6}(4x+1)^{3/2}\right]_0^1$
$= \frac{\pi}{6}[5\sqrt{5}-1]$

(3) $S = \int_0^\pi 2\pi \sin x\sqrt{1+\cos^2 x}\,dx$
$\cos x = t$ と置く．$-\sin x\,dx = dt$．$x: 0 \to \pi$ より $t: 1 \to -1$．
$S = -2\pi\int_1^{-1}\sqrt{1+t^2}\,dt = 2\pi\int_{-1}^{1}\sqrt{1+t^2}\,dt$（例題 2.5(2) を使う）
$= \pi\left[\sinh^{-1}t + x\sqrt{1+x^2}\right]_{-1}^{1} = \pi\{2\sinh^{-1}(1)+2\sqrt{2}\} = 2\pi\{\log(1+\sqrt{2})+\sqrt{2}\}$

(4) $y = \pm\sqrt{1-(x-2)^2}$ ($1 \leq x \leq 3$) であるが，$y = \sqrt{1-(x-2)^2}$ だけを回転させても同じである．

$$y' = \frac{-(x-2)}{\sqrt{1-(x-2)^2}},\ 1+(y')^2 = 1 + \frac{(x-2)^2}{1-(x-2)^2} = \frac{1}{1-(x-2)^2},$$
$$\sqrt{1+(y')^2} = \frac{1}{\sqrt{1-(x-2)^2}}\ y\sqrt{1+(y')^2} = 1$$
$$S = \int_1^3 2\pi y\sqrt{1+(y')'}\,dx = \int_1^3 2\pi\,dx = 4\pi$$

(5) $y = \pm\sqrt{1-x^2}+2$ ($-1 \leq x \leq 1$) であるが，$y_1 = \sqrt{1-x^2}+2$ を回転したときにできる曲面積 S_1，$y_2 = -\sqrt{1-x^2}+2$ を回転したときにできる曲面積 S_2 をそれぞれ求めて，足した $S = S_1 + S_2$ が求める面積．$y_1 = \sqrt{1-x^2}+2$, $y_1' = \frac{-x}{\sqrt{1-x^2}}$, $1+(y_1')^2 = 1 + \frac{x^2}{1-x^2} = \frac{1}{1-x^2}$, $\sqrt{1+(y_1')^2} = \frac{1}{\sqrt{1-x^2}}$, $y_1\sqrt{1+(y_1')^2} = \frac{\sqrt{1-x^2}+2}{\sqrt{1-x^2}} = 1 + \frac{2}{\sqrt{1-x^2}}$

$S_1 = \int_{-1}^{1} 2\pi y_1\sqrt{1+(y_1')^2}\,dx = 2\pi\int_{-1}^{1}\left(1+\frac{2}{\sqrt{1-x^2}}\right)dx = 2\pi\left(2+2\int_{-1}^{1}\frac{dx}{\sqrt{1-x^2}}\right) = \dagger$

最後の項は特異積分であるが，例題 2.16(2) より $\int_0^1\frac{dx}{\sqrt{1-x^2}} = \frac{\pi}{2}$ の 2 倍で $\int_{-1}^{1}\frac{dx}{\sqrt{1-x^2}} = \pi$．$S_1 = \dagger = 2\pi(2+2\pi) = 4\pi + 4\pi^2$．次に S_2 を求める．

$$y_2 = -\sqrt{1-x^2}+2,\ y_2' = \frac{x}{\sqrt{1-x^2}},\ 1+(y_2')^2 = 1+\frac{x^2}{1-x^2} = \frac{1}{1-x^2},$$
$$\sqrt{1+(y_2')^2} = \frac{1}{\sqrt{1-x^2}},\ y_2\sqrt{1+(y_2')^2} = \frac{-\sqrt{1-x^2}+2}{\sqrt{1-x^2}} = -1 + \frac{2}{\sqrt{1-x^2}}$$

$$S_2 = \int_{-1}^{1} 2\pi y_2 \sqrt{1+(y_2')^2}\, dx = 2\pi \int_{-1}^{1}\left(-1+\frac{2}{\sqrt{1-x^2}}\right)dx$$
$$= 2\pi\left(-2+2\int_{-1}^{1}\frac{dx}{\sqrt{1-x^2}}\right)\left(\text{最後の積分は上と同じく}\int_{-1}^{1}\frac{dx}{\sqrt{1-x^2}}=\pi\right)$$
$$= 2\pi(-2+2\pi) = -4\pi + 4\pi^2$$

よって $S = S_1 + S_2 = 4\pi + 4\pi^2 - 4\pi + 4\pi^2 = 8\pi^2$.

7 **(1), (2)** $V = \pi\int_{0}^{\log 2}\sinh^2 t|\sinh t|\,dt = \pi\int_{0}^{\log 2}\sinh^3 t\,dt = \dagger$

$\int\left(\frac{e^t - e^{-t}}{2}\right)^3 dt = \int\left(\frac{e^{3t} - 3e^t + 3e^{-t} - e^{-3t}}{8}\right)dt = \frac{e^{3t}}{24} - \frac{3}{8}e^t - \frac{3}{8}e^{-t} + \frac{e^{-3t}}{24}$

$\dagger = \pi\left[\frac{e^{3t}}{24} - \frac{3}{8}e^t - \frac{3}{8}e^{-t} + \frac{e^{-3t}}{24}\right]_0^{\log 2}$

$= \pi\left(\frac{8}{24} - \frac{3}{8}\cdot 2 - \frac{3}{8}\cdot\frac{1}{2} + \frac{1}{24}\cdot\frac{1}{8} - \frac{1}{24} + \frac{3}{8} + \frac{3}{8} - \frac{1}{24}\right) = \frac{13\pi}{192}$

$S = 2\pi\int_{0}^{\log 2}|\sinh t|\sqrt{\sinh^2 t + \cosh^2 t}\,dt = 2\pi\int_{0}^{\log 2}\sinh t\sqrt{\sinh^2 t + \cosh^2 t}\,dt$

$= 2\pi\left[\frac{1}{2}\cosh t\sqrt{\cosh(2t)} - \frac{1}{2\sqrt{2}}\log(\sqrt{2}\cosh t + \sqrt{\cosh(2t)})\right]_0^{\log 2}$

$= 2\pi\left\{\frac{1}{2}\cdot\frac{2+\frac{1}{2}}{2}\sqrt{\frac{4+\frac{1}{4}}{2}} - \frac{1}{2\sqrt{2}}\log\left(\sqrt{2}\frac{2+\frac{1}{2}}{2} + \sqrt{\frac{4+\frac{1}{4}}{2}}\right) - \frac{1}{2} + \frac{1}{2\sqrt{2}}\log(\sqrt{2}+1)\right\}$

$= 2\pi\left\{\frac{5}{8}\sqrt{\frac{17}{8}} - \frac{1}{2\sqrt{2}}\log\left(\frac{5+\sqrt{17}}{2\sqrt{2}}\right) - \frac{1}{2} + \frac{1}{2\sqrt{2}}\log(\sqrt{2}+1)\right\}$

8 $x \sim x+dx$ の部分の面積は $ds = (f(x)-g(x))dx$ となる．よって全面積は $S = \int_a^b\{f(x)-g(x)\}dx$ である．重心の x 座標は $x_c = \frac{1}{S}\int_a^b x\,ds = \frac{\int_a^b x(f(x)-g(x))\,dx}{\int_a^b(f(x)-g(x))\,dx}$ である．これに $2\pi S$ をかけると

$$2\pi S x_c = 2\pi\int_a^b x\,ds = \int_a^b 2\pi x(f(x)-g(x))\,dx$$

となる．p.70 の回転体の体積 2 の公式より，これは体積に等しい．よって $V = 2\pi S x_c$ となる．

第 3 章

1.1 原点から遠ざかる方向と，z の増大の様子で区別する．**(1)** 方向によらずに均一に z が増大する．A3, B1. **(2)** x 方向に進むと増大，y 方向に進むと減少する．A1, B2. **(3)** x 方向，y 方向とも増大するが，$|x|=|y|$ 方向だと $z=0$ で一定．A2, B3.

2.1 r,θ は極座標とする．**(1)** $\frac{x-y}{\sqrt{x^2+y^2}} = \frac{r\cos\theta - r\sin\theta}{r} = \cos\theta - \sin\theta$. θ によって収束値が異なるので，収束しない．**(2)** $\frac{xy^2+y}{x^2+y^2} = \frac{r\cos\theta\, r^2\sin^2\theta + r\sin\theta}{r^2} = r\cos\theta\sin^2\theta + \frac{1}{r}\sin\theta$. r^{-1} があり収束しない．**(3)** $y^2 = mx$ と置くと $\frac{x^2-y^2}{x^2+y^4} = \frac{x^2-(mx)x}{x^2+(mx)^2} = \frac{1-m}{1+m^2}$. m によって収束値が異なるので，収束しない．**(4)** $\frac{x+y}{x-y} = \frac{r\cos\theta + r\sin\theta}{r\cos\theta - r\sin\theta} = \frac{\cos\theta + \sin\theta}{\cos\theta - \sin\theta}$. θ によって収束値が異なるので，収束しない．**(5)** $\frac{x^3-y^3}{x^2+y^2} = \frac{r^3\cos^3\theta - r^3\sin^3\theta}{r^2} = r(\cos^3\theta - \sin^3\theta)$. $\left|\frac{x^3-y^3}{x^2+y^2}\right| \leqq 2r \to 0$ となるので，0 に収束する．**(6)** $\frac{|xy|^{3/2}}{x^2+y^2} = \frac{|r\cos\theta\, r\sin\theta|^{3/2}}{r^2} = r|\cos\theta\sin\theta|^{3/2}$. $\frac{|xy|^{3/2}}{x^2+y^2} \leqq r \to 0$ となるので，0 に収束する．

(7) $y=0$ として，$x \to 0$ を考えると $\frac{x-y^2}{x^2-y} = \frac{1}{x}$ で発散する． (8) $\sin x = r\cos\theta$, $\tan y = r\sin\theta$ として，$r \to 0$ を考える．$\frac{\sin x \tan^2 y}{\sin^2 x + \tan^2 y} = \frac{r\cos\theta \, r^2 \sin^2\theta}{r^2\cos^2\theta + r^2\sin^2\theta} = r\cos\theta \sin^2\theta$
$\left|\frac{\sin x \tan^2 y}{\sin^2 x + \tan^2 y}\right| \leq r \to 0$ となるので，0 に収束する．

3.1 (1) 分母が 0 にならないので連続である．(2) 原点以外では連続である．原点での連続性を調べる．極座標を使うと $\frac{x^4 - 3x^2 y}{2x^2 + y^2} = \frac{r^4 \cos^4\theta - 3r^2 \cos^2\theta \, r\sin\theta}{2r^2\cos^2\theta + r^2\sin^2\theta} = \frac{r^2\cos^4\theta - 3r\cos^2\theta \sin\theta}{1 + \cos^2\theta}$.
$|r^2 \frac{\cos^4\theta}{1+\cos^2\theta}| \leq r^2 \to 0$. $|-3r\frac{\cos^2\theta \sin\theta}{1+\cos^2\theta}| \leq 3r \to 0$ なので，$\frac{r^2\cos^4\theta - 3r\cos^2\theta \sin\theta}{1+\cos^2\theta} \to 0$.
よって $\lim_{(x,y) \to (0,0)} \frac{x^4 - 3x^2 y}{2x^2 + y^2} = 0 = f(0,0)$ となり，連続である．よって全ての点で連続である．(3) $x \neq 0$ では，分母が 0 にならないので，連続である．$(0,b)$ での連続性を調べる．つまり $\lim_{(x,y) \to (0,b)} f(x,y) = f(0,b)$ かどうか調べる．$y^2 = mx$ として，$x \to 0$ を考えると，$f(x,y) = m$ となるので，近づき方 m によって収束値が異なるので，極限 $\lim_{(x,y) \to (0,b)} f(x,y)$ が存在しない．よって不連続である．まとめると，$x \neq 0$ で連続，$x = 0$ で不連続．

4.1 (1) $f_x = 2(x+y)\frac{\partial}{\partial x}(x+y) = 2(x+y)$. $f_y = 2(x+y)\frac{\partial}{\partial y}(x+y) = 2(x+y)$
(2) $f_x = 2x$. $f_y = -2y$ (3) $f_x = 3x^2 + 4xy$. $f_y = 2x^2 - 2y$
(4) $f_x = \cos x \cos y$. $f_y = -\sin x \sin y$
(5) $f_x = (y\,x^{y-1})(\tan^{-1}\frac{y}{x}) + (x^y)(\frac{-yx^{-2}}{1+(\frac{y}{x})^2}) = y\,x^{y-1}\tan^{-1}\frac{y}{x} + -(x^y)(\frac{y}{x^2+y^2})$
$f_y = \{(\log x)\,x^y\}(\tan^{-1}\frac{y}{x}) + (x^y)(\frac{x^{-1}}{1+(\frac{y}{x})^2}) = (\log x)\,x^y \tan^{-1}\frac{y}{x} + \frac{x^{y+1}}{x^2+y^2}$
(6) $f_x = \frac{1}{\sqrt{x^2+y^2}}\frac{\partial}{\partial x}(\sqrt{x^2+y^2}) = \frac{1}{\sqrt{x^2+y^2}}\frac{x}{\sqrt{x^2+y^2}} = \frac{x}{x^2+y^2}$
$f_y = \frac{1}{\sqrt{x^2+y^2}}\frac{\partial}{\partial y}(\sqrt{x^2+y^2}) = \frac{1}{\sqrt{x^2+y^2}}\frac{y}{\sqrt{x^2+y^2}} = \frac{y}{x^2+y^2}$
(7) $f_x = \frac{1}{1+xy}\frac{\partial}{\partial x}(1+xy) = \frac{y}{1+xy}$. $f_y = \frac{1}{1+xy}\frac{\partial}{\partial y}(1+xy) = \frac{x}{1+xy}$
(8) $\log_x y = \frac{\log y}{\log x}$ を使う．$f_x = -\frac{\log y}{(\log x)^2}\frac{\partial}{\partial x}\log x = -\frac{\log y}{x(\log x)^2}$. $f_x = \frac{y^{-1}}{\log x} = \frac{1}{y\log x}$
(9) $f_x = \frac{1}{\sqrt{1-\left(\frac{y}{\sqrt{x^2+y^2}}\right)^2}}\frac{\partial}{\partial x}\{y(x^2+y^2)^{-1/2}\} = \frac{1}{\sqrt{1-\frac{y^2}{x^2+y^2}}}\{-\frac{1}{2}y(x^2+y^2)^{-3/2}2x\}$
$= -\frac{1}{\sqrt{\frac{x^2}{x^2+y^2}}}\{xy(x^2+y^2)^{-3/2}\} = -\frac{\sqrt{x^2+y^2}}{|x|}\{xy(x^2+y^2)^{-3/2}\} = -\frac{xy}{|x|(x^2+y^2)}$
$f_y = \frac{1}{\sqrt{1-\left(\frac{y}{\sqrt{x^2+y^2}}\right)^2}}\frac{\partial}{\partial y}\{y(x^2+y^2)^{-1/2}\}$
$= \frac{1}{\sqrt{1-\frac{y^2}{x^2+y^2}}}\{(x^2+y^2)^{-1/2}\} + y\left\{-\frac{1}{2}(x^2+y^2)^{-3/2} \cdot 2y\right\}$
$= \frac{1}{\sqrt{\frac{x^2}{x^2+y^2}}}\{(x^2+y^2)^{-1/2} - y^2(x^2+y^2)^{-3/2})\} = \frac{\sqrt{x^2+y^2}}{|x|}(x^2+y^2)^{-3/2}(x^2+y^2-y^2)$
$= \frac{x^2}{|x|(x^2+y^2)}$

5.1 (1) $f_x = y\cos(xy)$, $f_y = x\cos(xy)$ となるので，偏微分可能．(2) $x+y > 0$ では $f = x+y$ なので，$f_x = 1, f_y = 1$ となり，偏微分可能．$x+y < 0$ では $f = -x-y$ なので，$f_x = -1, f_y = -1$ となり，偏微分可能．$x+y = 0$ のとき，$(a,-a)$ での偏微分可能性を調べる．$f_x(a,-a) = \lim_{h \to 0}\frac{f(a+h,-a)-f(a,-a)}{h} = \lim_{h \to 0}\frac{|h|}{h}$ となり，$h \to 0+0$ で 1,

$h \to 0-0$ で -1 となるので，極限は存在しない．よって $x+y=0$ では偏微分不可能．
(3) $f(x,y) = |x^2 y| = x^2 |y|$ となり，$f_x = 2x|y|$ なので，f_y が収束するかどうかだけ調べる．$x^2 y > 0$ では $f = x^2 y$ なので，$f_y = x^2$ となり，偏微分可能．$x^2 y < 0$ では $f = -x^2 y$ なので，$f_y = -x^2$ となり，偏微分可能．$x^2 y = 0$ では，$x = 0$ または $y = 0$ なので，$(0,b)$ と $(a,0)$ での偏微分可能性を調べる．$f_y(0,b) = \lim_{h \to 0} \frac{f(0,b+h)-f(0,b)}{h} = \lim_{h \to 0} \frac{0}{h} = 0$ となり，偏微分可能．$f_y(a,0) = \lim_{h \to 0} \frac{f(a,h)-f(a,0)}{h} = \lim_{h \to 0} \frac{a^2 |h|}{h}$ となり，$a \neq 0$ では極限が存在せず，偏微分不可能．$a = 0$ では 0 に収束するので，偏微分可能．まとめると，$(a,0)$ $(a \neq 0)$ で偏微分不可能．それ以外では偏微分可能．**(4)** $f(x,y) = \sqrt{x^2+y^2}$，$f_x = \frac{x}{\sqrt{x^2+y^2}}$，$f_y = \frac{y}{\sqrt{x^2+y^2}}$ であるので，$x^2 + y^2 \neq 0$ のときは偏微分可能．$f_x(0,0) = \lim_{h \to 0} \frac{f(h,0)-f(0,0)}{h} = \frac{|h|}{h}$ なので，極限が存在せず，$(0,0)$ では偏微分不可能．**(5)** $f_x = \frac{y(x^2+y^2)-xy(2x)}{(x^2+y^2)^2} = \frac{y(-x^2+y^2)}{(x^2+y^2)^2}$，$f_y = \frac{x(-y^2+x^2)}{(x^2+y^2)^2}$ となり，$x^2 + y^2 \neq 0$ では偏微分可能である．$(0,0)$ では，$f_x(0,0) = \lim_{h \to 0} \frac{f(h,0)-f(0,0)}{h} = 0$，$f_y(0,0) = \lim_{h \to 0} \frac{f(0,h)-f(0,0)}{h} = 0$ となるので，やはり偏微分可能である．つまり，全ての点で偏微分可能である．

6.1 $f'(x,y) = (2x-1+y, -2y+3+x) = (0,0)$ を解くと，$(x,y) = (-1,1)$ となる．よって停留点は $(-1,1)$ で他にはない．

7.1 $f' = (-2x, -2y) \exp(-x^2-y^2)$，$f'(1,-1) = (-2,2) \exp(-2)$
(1) $(\sqrt{3}/2, -1/2) \cdot f'(1,-1) = -(\sqrt{3}+1) \exp(-2)$ **(2)** 最大傾斜 $|f'(1,-1)| = 2\sqrt{2} \exp(-2)$，方向 $f'(1,-1)/|f'(1,-1)| = (-1/\sqrt{2}, 1/\sqrt{2})$． **(3)** $f'(1,-1)$ と直交する方向 $\pm(1/\sqrt{2}, 1/\sqrt{2})$． **(4)** 図の中心のベクトルが $f'(1,-1)$ になっているのは (a)．

8.1 $f'(x,y) = (-y\sin(xy), -x\sin(xy))$ なので，$f'(\frac{\pi}{2}, 1) = (-1, -\frac{\pi}{2})$．よって $df = -dx - \frac{\pi}{2} dy$．

9.1 (1) $f_x(0,0) = \lim_{h \to 0} \frac{f(h,0)-f(0,0)}{h} = \lim_{h \to 0} \frac{2h-0}{h} = 2$
$f_y(0,0) = \lim_{h \to 0} \frac{f(0,h)-f(0,0)}{h} = \lim_{h \to 0} \frac{0-0}{h} = 0$
よって $(0,0)$ で偏微分可能である．
$\lim_{(x,y) \to (0,0)} \frac{f(x,y)-f(0,0)-f_x(0,0)x-f_y(0,0)y}{\sqrt{x^2+y^2}}$
$= \lim_{(x,y) \to (0,0)} \frac{|x^2 y|+2x-0-2x-0y}{\sqrt{x^2+y^2}} = \lim_{(x,y) \to (0,0)} \frac{|x^2 y|}{\sqrt{x^2+y^2}} = \dagger$
極座標を使うと，$\frac{|x^2 y|}{\sqrt{x^2+y^2}} = \frac{|r^2 \cos^2 \theta \, r \sin \theta|}{r^2} = r|\cos^2 \theta \sin \theta| \leqq r \to 0$ となるので，$\dagger = 0$ である．よって $(0,0)$ で全微分可能である．
(2) $f_x(0,0) = \lim_{h \to 0} \frac{f(h,0)-f(0,0)}{h} = \lim_{h \to 0} \frac{2h-0}{h} = 2$
$f_y(0,0) = \lim_{h \to 0} \frac{f(0,h)-f(0,0)}{h} = \lim_{h \to 0} \frac{0-0}{h} = 0$
よって $(0,0)$ で偏微分可能である．
$\lim_{(x,y) \to (0,0)} \frac{f(x,y)-f(0,0)-f_x(0,0)x-f_y(0,0)y}{\sqrt{x^2+y^2}} = \lim_{(x,y) \to (0,0)} \frac{\frac{|x^2 y|}{\sqrt{x^2+y^2}}+2x-f(0,0)-2x-0y}{\sqrt{x^2+y^2}}$
$= \lim_{(x,y) \to (0,0)} \frac{|x^2 y|}{(\sqrt{x^2+y^2})^3}$，極座標を使うと，$\frac{|x^2 y|}{(\sqrt{x^2+y^2})^3} = \frac{|r^2 \cos^2 \theta \, r \sin \theta|}{r^3} = |\cos^2 \theta \sin \theta|$

近づき方 θ によって, 収束値が異なるので, この極限は存在しない. よって $(0,0)$ で全微分不可能である.

10.1 (1) $z'(x,y) = (y\cos(xy), x\cos(xy))$ より, $z'(\pi,1) = (-1,-\pi)$ である. $z(\pi,1) = 0$. よって接平面は $z = -1(x-\pi) - \pi(y-1)$. 法線は $\frac{x-\pi}{-1} = \frac{y-1}{\pi} = \frac{z}{-1}$. (2) $z'(x,y) = (y\cos(xy), x\cos(xy))$ より, $z'(\pi,0) = (0,\pi)$ である. $z(\pi,0) = 0$. よって接平面は $z = -\pi y$. 法線は $x = \pi$ かつ $\frac{y-0}{\pi} = \frac{z}{-1}$. (3) $z'(x,y) = \left(\frac{x}{\sqrt{x^2+y^2}}, \frac{y}{\sqrt{x^2+y^2}}\right)$ より $z'(1,1) = (\frac{1}{\sqrt{2}}, \frac{1}{\sqrt{2}})$ である. $z(1,1) = \sqrt{2}$. よって接平面は $z = \frac{1}{\sqrt{2}}(x-1) + \frac{1}{\sqrt{2}}(y-1) + \sqrt{2}$. 法線は $\frac{x-1}{\frac{1}{\sqrt{2}}} = \frac{y-1}{\frac{1}{\sqrt{2}}} = \frac{z}{-1}$. (4) $z = \sqrt{x^2+y^2}$, $(a,b) = (1,0)$. $z'(x,y) = \left(\frac{x}{\sqrt{x^2+y^2}}, \frac{y}{\sqrt{x^2+y^2}}\right)$ より $z'(1,0) = (1,0)$ である. $z(1,0) = 1$. よって接平面は $z = (x-1) + 1$. 法線は $\frac{x-1}{1} = \frac{z}{-1}$ かつ $y = 0$.

11.1 (1) $f'(x,y) = (2x, 2y)$, $g'(x,y) = (2x, -2y)$ なので, $\frac{\partial(f,g)}{\partial(x,y)} = \begin{bmatrix} 2x & 2y \\ 2x & -2y \end{bmatrix}$. $J = (2x)(-2y) - (2y)(2x) = -8xy$
(2) $x'(r,\theta) = (\cos\theta, -r\sin\theta)$, $y'(r,\theta) = (\sin\theta, r\cos\theta)$ なので, $\frac{\partial(x,y)}{\partial(r,\theta)} = \begin{bmatrix} \cos\theta & -r\sin\theta \\ \sin\theta & r\cos\theta \end{bmatrix}$. $J = (\cos\theta)(r\cos\theta) - (-r\sin\theta)(\sin\theta) = r$

12.1 (1) $\frac{d}{dt}\{f(g(h(t)))\} = f'(g(h(t)))\frac{d}{dt}\{g(h(t))\} = f'(g(h(t)))g'(h(t))h'(t)$
(2) $\frac{\partial}{\partial x}\{f(g(x,y), h(x,y))\} = \frac{\partial f}{\partial g}\frac{\partial g}{\partial x} + \frac{\partial f}{\partial h}\frac{\partial h}{\partial x}$
$\frac{\partial}{\partial y}\{f(g(x,y), h(x,y))\} = \frac{\partial f}{\partial g}\frac{\partial g}{\partial y} + \frac{\partial f}{\partial h}\frac{\partial h}{\partial y}$
(3) $\frac{d}{dt}\{f(x(t),t)\} = \frac{\partial f}{\partial x}\frac{dx}{dt} + \frac{\partial f}{\partial t}$
(4) $\frac{d}{dt}\{\exp(x(t)^2 + y(t)^2 + z(t)^2)\} = 2x(t)\exp(x(t)^2 + y(t)^2 + z(t)^2)$
$+ 2y(t)\exp(x(t)^2 + y(t)^2 + z(t)^2) + 2z(t)\exp(x(t)^2 + y(t)^2 + z(t)^2)$
$= 2(x(t) + y(t) + z(t))\exp(x(t)^2 + y(t)^2 + z(t)^2)$
(5) $\frac{\partial}{\partial x}\{\sqrt{f(x,y)^2 + g(x,y)^2}\} = \frac{\frac{\partial}{\partial x}\{f(x,y)^2 + g(x,y)^2\}}{2\sqrt{f(x,y)^2 + g(x,y)^2}} = \frac{f(x,y)\frac{\partial f}{\partial x} + g(x,y)\frac{\partial g}{\partial x}}{\sqrt{f(x,y)^2 + g(x,y)^2}}$
$\frac{\partial}{\partial y}\{\sqrt{f(x,y)^2 + g(x,y)^2}\} = \frac{\frac{\partial}{\partial y}\{f(x,y)^2 + g(x,y)^2\}}{2\sqrt{f(x,y)^2 + g(x,y)^2}} = \frac{f(x,y)\frac{\partial f}{\partial y} + g(x,y)\frac{\partial g}{\partial y}}{\sqrt{f(x,y)^2 + g(x,y)^2}}$

13.1 問題 11.1(2) より $\left(\frac{\partial(x,y)}{\partial(r,\theta)}\right) = \begin{bmatrix} \cos\theta & -r\sin\theta \\ \sin\theta & r\cos\theta \end{bmatrix}$, $J = r$ なので, 原点以外で $J \ne 0$ となるので変数変換である.

$\frac{\partial(r,\theta)}{\partial(x,y)} = \left(\frac{\partial(x,y)}{\partial(r,\theta)}\right)^{-1} = \begin{bmatrix} \cos\theta & -r\sin\theta \\ \sin\theta & r\cos\theta \end{bmatrix}^{-1} = \frac{1}{r}\begin{bmatrix} r\cos\theta & r\sin\theta \\ -\sin\theta & \cos\theta \end{bmatrix}$ となる.

14.1 (1) $\frac{\partial f}{\partial x} = \frac{\partial r}{\partial x}\frac{\partial f}{\partial r} + \frac{\partial\theta}{\partial x}\frac{\partial f}{\partial\theta}$. 問題 13.1 より $\frac{\partial r}{\partial x} = \cos\theta$, $\frac{\partial\theta}{\partial x} = -\frac{\sin\theta}{r}$ なので, これらを代入する. $\frac{\partial f}{\partial x} = \cos\theta\frac{\partial f}{\partial r} - \frac{\sin\theta}{r}\frac{\partial f}{\partial\theta}$. (2) $\frac{\partial f}{\partial y} = \frac{\partial r}{\partial y}\frac{\partial f}{\partial r} + \frac{\partial\theta}{\partial y}\frac{\partial f}{\partial\theta}$. 問題 13.1 より $\frac{\partial r}{\partial y} = \sin\theta$, $\frac{\partial\theta}{\partial y} = \frac{\cos\theta}{r}$ なので, これらを代入する. $\frac{\partial f}{\partial y} = \sin\theta\frac{\partial f}{\partial r} + \frac{\cos\theta}{r}\frac{\partial f}{\partial\theta}$.

14.2 (1) $\frac{\partial f}{\partial x} = \frac{\partial t}{\partial x}\frac{\partial f}{\partial t} + \frac{\partial s}{\partial x}\frac{\partial f}{\partial s}$. $(t,s) = (2x+y, x-y)$ より, $\frac{\partial t}{\partial x} = 2$, $\frac{\partial s}{\partial x} = 1$ となり, これらを代入する. $\frac{\partial f}{\partial x} = 2\frac{\partial f}{\partial t} + \frac{\partial f}{\partial s}$. $\frac{\partial f}{\partial y} = \frac{\partial t}{\partial y}\frac{\partial f}{\partial t} + \frac{\partial s}{\partial y}\frac{\partial f}{\partial s}$. $(t,s) = (2x+y, x-y)$ より, $\frac{\partial t}{\partial y} = 1$, $\frac{\partial s}{\partial y} = -1$ となり, これらを代入する. $\frac{\partial f}{\partial x} = \frac{\partial f}{\partial t} - \frac{\partial f}{\partial s}$. (2) $(t,s) =$

$(2x+y, x-y)$ より，$x = \frac{1}{3}t + \frac{1}{3}s, y = \frac{1}{3}t - \frac{2}{3}s$. よって $\frac{\partial x}{\partial t} = \frac{1}{3}, \frac{\partial x}{\partial s} = \frac{1}{3}, \frac{\partial y}{\partial t} = \frac{1}{3},$
$\frac{\partial y}{\partial s} = -\frac{2}{3}$. 偏微分の変換則とこれらの偏微分係数を使う．
$\frac{\partial f}{\partial t} = \frac{\partial x}{\partial t}\frac{\partial f}{\partial x} + \frac{\partial y}{\partial t}\frac{\partial f}{\partial y} = \frac{1}{3}\frac{\partial f}{\partial x} + \frac{1}{3}\frac{\partial f}{\partial y}. \frac{\partial f}{\partial s} = \frac{\partial x}{\partial s}\frac{\partial f}{\partial x} + \frac{\partial y}{\partial s}\frac{\partial f}{\partial y} = \frac{1}{3}\frac{\partial f}{\partial x} - \frac{2}{3}\frac{\partial f}{\partial y}$

15.1 (1) $f_x = -2x\exp(-x^2-y^2)$ をさらに偏微分する．$f_{xx} = -2\exp(-x^2-y^2) + (-2x)^2\exp(-x^2-y^2), f_{xy} = 4xy\exp(-x^2-y^2)$. $f(x,y)$ は x, y について対称なので，x と y の役割を入れ替えて，$f_y = -2x\exp(-x^2-y^2), f_{yy} = -2\exp(-x^2-y^2) + (-2y)^2\exp(-x^2-y^2), f_{yx} = 4yx\exp(-x^2-y^2)$. よって，$f''(x,y) = \begin{bmatrix} 4x^2-2 & 4xy \\ 4xy & 4y^2-2 \end{bmatrix}\exp(-x^2-y^2)$. よって $\Delta f = (4x^2-2+4y^2-2)\exp(-x^2-y^2) = 4(x^2+y^2-1)\exp(-x^2-y^2)$. (2) $f_x = \frac{\frac{\partial}{\partial x}(\frac{y}{x})}{1+(\frac{y}{x})^2} = \frac{-yx^{-2}}{1+(\frac{y}{x})^2} = \frac{-y}{x^2+y^2}$ をさらに偏微分する．$f_{xx} = \frac{y(2x)}{(x^2+y^2)^2} = \frac{2xy}{(x^2+y^2)^2}$. $f_{xy} = \frac{-(x^2+y^2)+y(2y)}{(x^2+y^2)^2} = \frac{-x^2+y^2}{(x^2+y^2)^2}$. $f_y = \frac{\frac{\partial}{\partial y}(\frac{y}{x})}{1+(\frac{y}{x})^2} = \frac{x^{-1}}{1+(\frac{y}{x})^2} = \frac{x}{x^2+y^2}$ をさらに偏微分する．$f_{yx} = \frac{1(x^2+y^2)-x(2x)}{(x^2+y^2)^2} = \frac{-x^2+y^2}{(x^2+y^2)^2}$. $f_{yy} = \frac{-x(2y)}{(x^2+y^2)^2} = \frac{-2xy}{(x^2+y^2)^2}$. よって $f''(x,y) = \begin{bmatrix} 2xy & -x^2+y^2 \\ -x^2+y^2 & -2xy \end{bmatrix}\frac{1}{(x^2+y^2)^2}$. よって $\Delta f = 0$. (3) $f_x = e^x\cos y$ をさらに偏微分する．$f_{xx} = e^x\cos y$. $f_{xy} = -e^x\sin y$. $f_y = -e^x\sin y$ をさらに偏微分する．$f_{yx} = -e^x\sin y, f_{yy} = -e^x\cos y$. よって $f''(x,y) = \begin{bmatrix} \cos y & -\sin y \\ -\sin y & -\cos y \end{bmatrix}e^x$. よって $\Delta f = 0$. (4) $f_x = \frac{(x^2+y^2)-x(2x)}{(x^2+y^2)^2} = \frac{-x^2+y^2}{(x^2+y^2)^2}$ をさらに偏微分する．

$f_{xx} = \frac{-2x(x^2+y^2)^2-(-x^2+y^2)2(x^2+y^2)(2x)}{(x^2+y^2)^4} = \frac{-2x(x^2+y^2)-4x(-x^2+y^2)}{(x^2+y^2)^3} = \frac{2x^3-6xy^2}{(x^2+y^2)^3}$

$f_{xy} = \frac{(2y)(x^2+y^2)^2-(-x^2+y^2)2(x^2+y^2)(2y)}{(x^2+y^2)^4} = \frac{2y(x^2+y^2)-4y(-x^2+y^2)}{(x^2+y^2)^3} = \frac{6x^2y-2y^3}{(x^2+y^2)^3}$

$f_y = \frac{-x(2y)}{(x^2+y^2)^2} = \frac{-2xy}{(x^2+y^2)^2}$ をさらに偏微分する．

$f_{yx} = \frac{(-2y)(x^2+y^2)^2-(-2xy)2(x^2+y^2)(2x)}{(x^2+y^2)^4} = \frac{(-2y)(x^2+y^2)+8x^2y}{(x^2+y^2)^3} = \frac{6x^2y-2y^3}{(x^2+y^2)^3}$

$f_{yy} = \frac{(-2x)(x^2+y^2)^2-(-2xy)2(x^2+y^2)(2y)}{(x^2+y^2)^4} = \frac{(-2x)(x^2+y^2)+8xy^2}{(x^2+y^2)^3} = \frac{6xy^2-2x^3}{(x^2+y^2)^3}$

よって $f''(x,y) = \begin{bmatrix} 2x^3-6xy^2 & 6x^2y-2y^3 \\ 6x^2y-2y^3 & 6xy^2-2x^3 \end{bmatrix}\frac{1}{(x^2+y^2)^3}$. よって $\Delta f = 0$. (5) $f_x = -\frac{1}{2}(x^2+y^2)^{-3/2}(2x) = -x(x^2+y^2)^{-3/2}$ をさらに偏微分する．$f_{xx} = -(x^2+y^2)^{-3/2} - x\frac{-3}{2}(x^2+y^2)^{-5/2}(2x) = \{-(x^2+y^2)+3x^2\}(x^2+y^2)^{-5/2} = (2x^2-y^2)(x^2+y^2)^{-5/2}$. $f_{xy} = -x\frac{-3}{2}(x^2+y^2)^{-5/2}(2y) = 3xy(x^2+y^2)^{-5/2}$. $f(x,y)$ は x, y について対称なので，x と y の役割を入れ替えて，$f_y = -y(x^2+y^2)^{-3/2}, f_{yy} = (2y^2-x^2)(x^2+y^2)^{-5/2}$. $f_{yx} = 3xy(x^2+y^2)^{-5/2}$. よって $f''(x,y) = \begin{bmatrix} 2x^2-y^2 & 3xy \\ 3xy & 2y^2-x^2 \end{bmatrix}(x^2+y^2)^{-5/2}$. よって $\Delta f = (x^2+y^2)^{-3/2}$.

15.2 $\frac{d}{dt}\{f(\cos t, \sin t)\} = f_x(\cos t)' + f_y(\sin t)' = -f_x\sin t + f_y\cos t$,
$\frac{d^2}{dt^2}\{f(\cos t, \sin t)\} = -\frac{d}{dt}(f_x)\sin t - f_x(\sin t)' + \frac{d}{dt}f_y\cos t + f_y(\cos t)'$
$= -\{f_{xx}(\cos t)' + f_{xy}(\sin t)'\}\sin t - f_x\cos t + \{f_{yx}(\cos t)' + f_{yy}(\sin t)'\}\cos t - f_y\sin t$

第 3 章 の 解 答

$= f_{xx}\sin^2 t - f_{xy}\cos t\sin t - f_x\cos t - f_{yx}\sin t\cos t + f_{yy}\cos^2 t - f_y\sin t$
$= f_{xx}\sin^2 t + f_{yy}\cos^2 t - 2f_{xy}\cos t\sin t - f_x\cos t - f_y\sin t$

16.1 $f(x,y) = x^2 + xy - y^2 - 5x + 3y - 2$, $f(-1,2) = 4$
$f'(x,y) = (2x+y-5, x-2y+3)$, $f'(-1,2) = (-5,-2)$, $f''(x,y) = \begin{bmatrix} 2 & 1 \\ 1 & -2 \end{bmatrix} = f''(-1,2)$. $f(x,y) = 4 - 5(x+1) - 2(y-2) + (x+1)^2 + (x+1)(y-2) - (y-2)^2$

17.1 (1) $\log(1+x) = x - \frac{x^2}{2} + \frac{x^3}{3} - \frac{x^4}{4} + \cdots$ の x に $-2x$ を代入する. $\log(1-2x) = -2x - 2x^2 - \frac{8x^3}{3} - 4x^4 - \cdots$
$\sin x = x - \frac{x^3}{3!} + \frac{x^5}{5!} - \frac{x^7}{7!} + \cdots$ の x に $3y$ を代入する. $\sin(3y) = 3y - \frac{9y^3}{2} + \cdots$
よって $\log(1-2x)\sin(3y) = \left(-2x - 2x^2 - \frac{8x^3}{3} - 4x^4 - \cdots\right)\left(3y - \frac{9y^3}{2} + \cdots\right)$
$= -6xy + 9xy^3 - 6x^2y - 8x^3y + \cdots$.
x^3y^3 の係数は $\left(-\frac{8}{3}\right)\left(-\frac{9}{2}\right) = 12$ である.

(2) $e^x = 1 + x + \frac{1}{2!}x^2 + \frac{1}{3!}x^3 + \frac{1}{4!}x^4 + \cdots$ の x に $-x^2 - y^2$ を代入する. $\exp(-x^2-y^2) = 1 + (-x^2-y^2) + \frac{1}{2!}(-x^2-y^2)^2 + \cdots = 1 - x^2 - y^2 + \frac{1}{2}x^4 + x^2y^2 + \frac{1}{2}y^4 + \cdots$ x^{10} が得られるのは, $\frac{1}{5!}(-x^2-y^2)^5$ から出てくる $-\frac{x^{10}}{120}$ なので, 係数は $-\frac{1}{120}$.
x^6y^6 が得られるのは, $\frac{1}{6!}(-x^2-y^2)^6$ から出てくる $\frac{1}{720}x^6y^6 \cdot {}_6C_3 = \frac{1}{720}x^6y^6 \cdot 20 = \frac{1}{36}x^6y^6$ なので, 係数は $\frac{1}{36}$.

18.1 (1) (存在) $f(2,\sqrt{3}) = 4 - 3 - 1 = 0$. $f_y(x,y) = -2y$ より $f_y(2,\sqrt{3}) = -2\sqrt{3} \neq 0$ なので, $y(x)$ が存在する. (導関数) $\frac{dy}{dx} = -\frac{f_x}{f_y} = -\frac{2x}{-2y} = \frac{x}{y}$. (接線) $(x,y) = (2,\sqrt{3})$ のとき, $\frac{dy}{dx} = \frac{2}{\sqrt{3}}$. よって接線は $y - \sqrt{3} = \frac{2}{\sqrt{3}}(x-2)$.

(2) (存在) $f(0,0) = 0 - 0 = 0$. $f_y(x,y) = -\cos y$ より $f_y(0,0) = -1 \neq 0$ なので, $y(x)$ が存在する. (導関数) $\frac{dy}{dx} = -\frac{f_x}{f_y} = -\frac{1}{-\cos y} = \frac{1}{\cos y}$. (接線) $(x,y) = (0,0)$ のとき, $\frac{dy}{dx} = 1$. よって接線は $y = x$.

(3) (存在) $f(\pi,0) = 0 - 0 = 0$. $f_y(x,y) = \cos(x+y) - x$ なので, $f_y(\pi,0) = -1 \neq 0$ なので, $y(x)$ が存在する. (導関数) $\frac{dy}{dx} = -\frac{f_x}{f_y} = -\frac{\cos(x+y)-y}{\cos(x+y)-x}$. (接線) $(x,y) = (\pi,0)$ のとき, $\frac{dy}{dx} = -\frac{-1-0}{-1-\pi} = -\frac{1}{1+\pi}$. よって接線は $y = -\frac{1}{1+\pi}(x-\pi)$.

19.1 (1) $f'(x,y) = (2y - 4x^3, 2x - 4y^3) = (0,0)$ を解いて, $(x,y) = (0,0)$, $(\pm\frac{1}{\sqrt{2}}, \pm\frac{1}{\sqrt{2}})$ (複号同順) が停留点. $f''(x,y) = \begin{bmatrix} -12x^2 & 2 \\ 2 & -12y^2 \end{bmatrix}$, $D(x,y) := (-12x^2)(-12y^2) - 2\cdot 2 = 144x^2y^2 - 4$ で極値の判定をする. $D(0,0) = -4 < 0$ なので $(0,0)$ は峠点. $D(\pm\frac{1}{\sqrt{2}}, \pm\frac{1}{\sqrt{2}}) = 36 - 4 = 32 > 0$, $f_{xx}(\pm\frac{1}{\sqrt{2}}, \pm\frac{1}{\sqrt{2}}) = -3 < 0$ なので $f(\pm\frac{1}{\sqrt{2}}, \pm\frac{1}{\sqrt{2}}) = \frac{1}{2}$ は極大値.

(2) $f'(x,y) = (y - \frac{1}{x^2}, x - \frac{1}{y^2}) = (0,0)$ を解いて, $(x,y) = (0,0), (1,1)$. $(0,0)$ は $f(x,y)$ の無定義点なので除外し, $(1,1)$ が停留点. $f''(x,y) = \begin{bmatrix} \frac{2}{x^3} & 1 \\ 1 & \frac{2}{y^3} \end{bmatrix}$, $D(x,y) := \frac{2}{x^3}\frac{2}{y^3} - 1\cdot 1 = \frac{4}{x^3y^3} - 1$ で極値の判定をする. $D(1,1) = \frac{4}{1} - 1 = 3 > 0$ で $f_{xx}(1,1) = 2$ なので, $f(1,1) = 3$ は極小値.

(3) $f'(x,y) = (12x^3+12y, -12y^2+12x) = (0,0)$ を解いて, $(x,y)=(0,0),(1,-1)$ が停留点. $f''(x,y) = \begin{bmatrix} 36x^2 & 12 \\ 12 & -24y \end{bmatrix}$, $D(x,y) := (36x^2)(-24y)-12\cdot 12 = -864x^2y - 144$ で極値の判定をする. $D(0,0) = -144 < 0$ なので, $(0,0)$ は峠点. $D(1,-1) = 864-144 = 720 > 0$ かつ $f_{xx}(1,-1) = 36 > 0$ なので, $f(1,-1) = -5$ は極小値.

(4) $f'(x,y) = (-3x^2+3y^2, -2+6xy) = (0,0)$ を解いて, $(x,y) = \pm(\frac{1}{\sqrt{3}}, \frac{1}{\sqrt{3}})$ が停留点. $f''(x,y) = \begin{bmatrix} -6x & 6y \\ 6y & 6x \end{bmatrix}$, $D(x,y) := (-6x)(6x)-(6y)^2 = -36(x^2+y^2)$ で極値の判定をする. $D(\frac{1}{\sqrt{3}}, \frac{1}{\sqrt{3}}) = -24 < 0$ なので, $(\frac{1}{\sqrt{3}}, \frac{1}{\sqrt{3}})$ は峠点. $D(-\frac{1}{\sqrt{3}}, -\frac{1}{\sqrt{3}}) = -24 < 0$ なので, $(-\frac{1}{\sqrt{3}}, -\frac{1}{\sqrt{3}})$ は峠点. よって極値なし.

20.1 **(1)** $-\frac{1}{2}\pi \leqq x < \frac{3}{2}\pi$, $-\frac{1}{2}\pi \leqq y < \frac{3}{2}\pi$ の範囲で考えればよい. $f'(x) = (\sin(x+y) - \sin(x), \sin(x+y) - \sin(y)) = (0,0)$ を解く. $\sin x = \sin y$ なので, $y = x$ または $y + x = \pi$. ① $y = x$ のとき, $\sin(2x) - \sin(x)$ となるので, $2x = x$ または $2x + x = -\pi, \pi, 3\pi$. これらよりそれぞれ, $(x,y) = (0,0)$, $(-\frac{\pi}{3}, -\frac{\pi}{3})$, $(\frac{\pi}{3}, \frac{\pi}{3})$, (π, π) が得られる. ② $y + x = \pi$ のとき, $\sin(x) = 0$ となるので, $x = 0, \pi$. これらよりそれぞれ, $(x,y) = (0, \pi), (\pi, 0)$ が得られる. まとめると, $(x,y) = (0,0)$, $(-\frac{\pi}{3}, -\frac{\pi}{3})$, $(\frac{\pi}{3}, \frac{\pi}{3})$, (π, π), $(0, \pi)$, $(\pi, 0)$ の6つが停留点. 周期関数なので, 端は考えなくてよい. $f(0,0) = 1$, $f(-\frac{\pi}{3}, -\frac{\pi}{3}) = \frac{3}{2}$ $f(\frac{\pi}{3}, \frac{\pi}{3}) = \frac{3}{2}$, $f(\pi,\pi) = -3$, $f(0,\pi) = 1$, $f(\pi, 0) = 1$ を比較する. 最大値は $f(-\frac{\pi}{3}, -\frac{\pi}{3}) = f(\frac{\pi}{3}, \frac{\pi}{3}) = \frac{3}{2}$. 最小値は $f(\pi, \pi) = -3$.

(2) $f'(x,y) = \left(\frac{-x^2+2xy+y^2+2}{(x^2+y^2+2)^2}, \frac{-x^2-2xy+y^2-2}{(x^2+y^2+2)^2}\right) = (0,0)$ を解く. $x^2 = y^2$, $xy+1 = 0$ となるので, $(x,y) = (1,-1), (-1,1)$ なる. これらが停留点. $x = r\cos\theta, y = r\sin\theta$ と置くと $\frac{x-y}{x^2+y^2+2} = \frac{r\cos\theta - r\sin\theta}{r^2+2} \to 0$ $(r \to \infty)$ なので無限遠で0になる. 停留点 $f(1,-1) = \frac{1}{2}$, $f(-1,1) = -\frac{1}{2}$ と無限遠 $f \to 0$ を比較する. 最大値は $f(1,-1) = \frac{1}{2}$, 最小値は $f(-1,1) = -\frac{1}{2}$. **(3)** $f'(x,y) = (-2x\exp(-x^2-y^2), -2y\exp(-x^2-y^2)) = (0,0)$ を解くと, $(x,y) = (0,0)$. これが停留点. $x = r\cos\theta, y = r\sin\theta$ と置くと $\exp(-x^2-y^2) = \exp(-r^2-y^2) \to 0$ $(r \to \infty)$ なので無限遠で0になる. $f(0,0) = 1$ と無限遠 $f \to 0$ を比較する. 最大値は $f(0,0) = 1$, 最小値は無限遠でとるのでなし.

(4) $x = 0$ と置いて, $f(0,y) = y^3$ で $y \to \pm\infty$ とすると, $f \to \pm\infty$ となる. よって最大値も最小値も存在しない.

21.1 **(1)** $x-y+1 = 0$ は $y = x+1$ と解ける. そのとき $f = x^2 + (x+1)^2 = 2x^2 + 2x + 1 = 2(x+\frac{1}{2})^2 + \frac{1}{2}$ となるので, $x = -\frac{1}{2}$ のとき最小値 $\frac{1}{2}$ をとり, 最大値は存在しない. つまり $f(-\frac{1}{2}, \frac{1}{2}) = \frac{1}{2}$ が最小値. 最大値なし. **(2)** $2x^2 + y^2 - 1 = 0$ は $x = \frac{1}{\sqrt{2}}\cos t$, $y = \sin t$ ($0 \leqq t < 2\pi$) と解ける. そのとき, $f = \frac{1}{\sqrt{2}}\cos t \sin t = \frac{1}{2\sqrt{2}}\sin(2t)$ となる. よって $t = \frac{\pi}{4}, \frac{5\pi}{4}$ のとき, つまり $f(\frac{1}{2}, \frac{1}{\sqrt{2}}) = f(-\frac{1}{2}, -\frac{1}{\sqrt{2}}) = \frac{1}{2\sqrt{2}}$ が最大値. $t = \frac{3\pi}{4}, \frac{7\pi}{4}$ のとき, つまり $f(-\frac{1}{2}, \frac{1}{\sqrt{2}}) = f(\frac{1}{2}, -\frac{1}{\sqrt{2}}) = -\frac{1}{2\sqrt{2}}$ が最小値. **(3)** $x^2 - y^2 - 1 = 0$ $(x > 0)$ は $x = \cosh t$, $y = \sinh t$ と解ける. そのとき $f = 2\cosh t + \sinh t$, $\frac{df}{dt} = 2\sinh t + \cosh t = 2\sinh t + \sqrt{1+\sinh^2 t} = 0$ と置くと

$-2\sinh t = \sqrt{1+\sinh^2 t}$, $4\sinh^2 t = 1+\sinh^2 t$ $(\sinh t < 0)$, $3\sinh^2 t = 1$, $\sinh t = -\frac{1}{\sqrt{3}}$, $t = \sinh^{-1}(-\frac{1}{\sqrt{3}}) = \log(-\frac{1}{\sqrt{3}} + \sqrt{(-\frac{1}{\sqrt{3}})^2+1}) = \log(-\frac{1}{\sqrt{3}} + \frac{2}{\sqrt{3}}) = \log(\frac{1}{\sqrt{3}})$ $= -\frac{1}{2}\log 3$. $-\frac{1}{2}\log 3 < t$ では $f'(t) < 0$, $t < -\frac{1}{2}\log 3$ では $f'(t) > 0$ となるので, $f(-\frac{1}{2}\log 3)$ が最小値. $\lim_{t\to\infty} f(t) = \infty$ なので, 最大値はなし. $f(t) = 2\sqrt{1+\sinh^2 t} + \sinh t$ に $\sinh t = -\frac{1}{\sqrt{3}}$ を代入すると, $f(-\frac{1}{2}\log 3) = 2\sqrt{1+(-\frac{1}{\sqrt{3}})^2} - \frac{1}{\sqrt{3}}$ $= 2\sqrt{\frac{4}{3}} - \frac{1}{\sqrt{3}} = \frac{3}{\sqrt{3}} = \sqrt{3}$ が最小値.

22.1 **(1)** $c'(x,y) = (3x^2-2y, 3y^2-2x)$ と $f'(x,y) = (2x, 2y)$ が平行とすると, $(3x^2-2y)(2y) - (3y^2-2x)(2x) = 0$, $3x^2y - 2y^2 - 3xy^2 + 2x^2 = 0$, $2(x-y)(2x+2y+3xy) = 0$. よって $y = x$ または $y = -\frac{2x}{3x+2}$. 後者は $0 \leq x, y \geq 0$ という条件に不適. $y = x$ のときは $c(x,x) = 2x^3 - 2x^2 = 2x^2(x-1) = 0$ となり $x = 0, 1$. よって $(x,y) = (0,0), (1,1)$ が極値の候補. $x \to \infty$ のときは, $c(x,y) = x^3+y^3-2xy = 0$ より $y \to -\infty$ となり, $y \geq 0$ に不適なので, 領域 $x \geq 0, y \geq 0$ では $x \to \infty$ とならない. 同様に $y \to \infty$ ともならない. よって $x^3+y^3-2xy = 0$ は, 領域 $x \geq 0, y \geq 0$ では閉曲線となり, 端点を持たない. よって $f(0,0) = 0$, $f(1,1) = \sqrt{2}$ を比較して, $f(1,1) = \sqrt{2}$ が最大値, $f(0,0) = 0$ が最小値. **(2)** $c'(x,y) = (4x^3-2y, 2y-2x)$ と $f'(x,y) = (1,0)$ が平行とすると, $2y-2x = 0$, よって $y = x$ となる. このとき, $c(x,x) = x^4+x^2-2x^2 = x^4-x^2 = x^2(x+1)(x-1) = 0$ となり $x = -1, 0, 1$. つまり $(-1,1), (0,0), (1,1)$ が極値の候補. $c(x,y) = x^4+y^2-2xy = (y-2x)^2 - 4x^2 + x^4 = (y-2x)^2 + (x^2-2)^2 - 4$ と書き直す. $x \to \pm\infty$ とすると, 必ず $(x^2-2)^2$ が発散するが, $(y-2x)^2$ や -4 では, これを抑えられない. $y \to \pm\infty$ のときは $y-2x$ を有限にするためには $x \to \pm\infty$ でなくてはならず, 上記の理由で不可能. よって $c(x,y) = x^4+y^2-2xy = 0$ は端点を持たない. よって $f(-1,-1) = -1$, $f(0,0) = 0$, $f(1,1) = 1$ を比較して, $f(1,1) = 1$ が最大値, $f(-1,-1) = -1$ が最小値.

23.1 **(1)** 点 (x,y) と直線 $y = 2x+3$ の距離は $l = \frac{|y-2x-3|}{\sqrt{5}}$ である. よって $x^2-2y^2 = 1$ $(x>0)$ の条件のもと, $l = \frac{|y-2x-3|}{\sqrt{5}}$ の最小値を求める. 双曲線上の点は $(x,y) = (\cosh t, \frac{1}{\sqrt{2}}\sinh t)$ と置ける. そのとき, $f(t) = l^2 = \frac{1}{5}(\frac{1}{\sqrt{2}}\sinh t - 2\cosh t - 3)^2$ と置き, $f(t)$ の最小値を求める. $f'(t) = \frac{2}{5}(\frac{1}{\sqrt{2}}\sinh t - 2\cosh t - 3)(\frac{1}{\sqrt{2}}\cosh t - 2\sinh t)$ となる. $\frac{1}{\sqrt{2}}\sinh t - 2\cosh t - 3 = \frac{1}{\sqrt{2}}\frac{e^t-e^{-t}}{2} - 2\frac{e^t+e^{-t}}{2} - 3 = -\frac{2\sqrt{2}-1}{2\sqrt{2}}e^t - (\frac{1}{2\sqrt{2}}+1)e^{-t} - 3$ これは全ての項が負なので, $\frac{1}{\sqrt{2}}\sinh t - 2\cosh t - 3 < 0$ となる (これは双曲線と直線が交わらないことを意味している). よって $f'(t) = 0$ を解くと, $\frac{1}{\sqrt{2}}\cosh t - 2\sinh t = 0$ となり, $\sqrt{1+\sinh^2 t} = 2\sqrt{2}\sinh t$ $(\sinh t > 0)$, $1+\sinh^2 t = 8\sinh^2 t$, $1 = 7\sinh^2 t$, $\frac{1}{7} = \sinh^2 t$, $t = \sinh^{-1}\frac{1}{\sqrt{7}}$. $t > \sinh^{-1}\frac{1}{\sqrt{7}}$ のときは, $1 < 7\sinh^2 t$, $\sqrt{1+\sinh^2 t} < 2\sqrt{2}\sinh t$, $\frac{1}{\sqrt{2}}\cosh t - 2\sinh t > 0$ となり, $f'(t) > 0$. 逆に $t < \sinh^{-1}\frac{1}{\sqrt{7}}$ のときは, $1 > 7\sinh^2 t$, $\sqrt{1+\sinh^2 t} > 2\sqrt{2}\sinh t$, $\frac{1}{\sqrt{2}}\cosh t - 2\sinh t < 0$ となり, $f'(t) < 0$. よって $f(\sinh^{-1}\frac{1}{\sqrt{7}})$ が $f(t)$ の最小値となる. $f(\sinh^{-1}\frac{1}{\sqrt{7}}) = \frac{1}{5}(\frac{1}{\sqrt{2}}\frac{1}{\sqrt{7}} - 2\sqrt{1+(\frac{1}{\sqrt{7}})^2} - 3)^2$ $= \frac{1}{5}(\frac{\sqrt{2}}{2\sqrt{7}} - \frac{4\sqrt{2}}{\sqrt{7}} - 3)^2 = \frac{1}{5}(\frac{\sqrt{2}}{\sqrt{7}}+3)^2$. よって l の最小値は $\sqrt{f(\sinh^{-1}\frac{1}{\sqrt{7}})} = \frac{\frac{\sqrt{2}}{\sqrt{7}}+3}{\sqrt{5}} =$

$\frac{\sqrt{2}}{\sqrt{35}} + \frac{3}{\sqrt{5}}$. **(2)** 点 (x,y) と直線 $x+y+4=0$ の距離は $l = \frac{|x+y+4|}{\sqrt{2}}$ なので, $c(x,y) = x^4+y^4-2xy = 0$ の条件のもと, $f(x,y) = l^2 = \frac{(x+y+4)^2}{2}$ の最小値を求める. $c'(x,y) = (4x^3-2y, 4y^3-2x)$ と $f'(x,y) = (x+y+4, x+y+4)$ が平行であるとすると, $x+y+4=0$ または $4x^3-2y = 4y^3-2x$ となる. $x+y+4=0$ のときは $y=-x-4$ となり, $c(x,-x-4) = x^4+(-x-4)^4-2x(-x-4) = 2x^4+16x^3+98x^2+264x+256 = g(x)$ と置く. $g'(x) = 8x^3+48x^2+196x+264 = 4(x+2)(2x^2+8x+33)$ なので, $x=-2$ のとき $g'(x) = 0$. $x > -2$ では $g'(x) > 0$, $x < -2$ では $g'(x) < 0$ なので $g(-2) = 24$ が最小値である. 常に $g(x) > 0$ となるので, $c(x,-x-4) = 0$ は解を持たず不適である (これは, $x^4+y^4-2xy=0$ と $x+y+4=0$ が交点を持たないことを意味している). $4x^3-2y = 4y^3-2x$ のときは $0 = 4x^3-2y-4y^3+2x = 2(x-y)(1+2x^2+2xy+2y^2) = 2(x-y)\{2(x+\frac{y}{2})^2+\frac{3}{2}y^2+1\}$ となり, $y=x$ となる. $c(x,x) = 2x^4-2x^2 = 2x^2(x^2-1)$ となるので, $(x,y) = (0,0), (1,1), (-1,-1)$ が極値の候補である. $f(0,0) = \frac{4^2}{2} = 8$, $f(1,1) = \frac{6^2}{2} = 18$, $f(-1,-1) = \frac{2^2}{2} = 2$ を比較して, $f(-1,-1) = 2$ が最小である. よって $l = \sqrt{2}$ が求める距離である. **(3)** $f'(x,y) = (2x, 2y-4) = (0,0)$ を解いて, $(x,y) = (0,2)$. これは $x^2-y^2 \geq 1$ の範囲外. 無限遠では $f \to \infty$ となる. $c(x,y) = x^2-y^2-1 = 0$ の条件のもとで, $f(x,y) = x^2+y^2-4y$ の極値の候補を調べる. $c(x,y) = x^2-y^2-1 = 0$ は $(x,y) = (\pm\cosh t, \sinh t)$ と解けるので, $f(\pm\cosh t, \sinh t) = \cosh^2 t+\sinh^2 t-4\sinh t = 2\sinh^2 t-4\sinh t+1 = 2(\sinh t-1)^2-1$. よって $\sinh t = 1$ のとき最小値 $f = -1$, 最大値なし. $\sinh t = 1$ のときは, $\cosh t = \sqrt{2}$. よって $f(\pm\sqrt{2}, 1) = -1$ が最小値. 最大値なし. **(4)** $f'(x,y) = (2x, 2y) = (0,0)$ を解いて, $(x,y) = (0,0)$. これは $x^4+y^4-2xy \leq 0$ の範囲内の停留点. $c(x,y) = x^4+y^4-2xy = 0$ の条件のもとで, $f(x,y) = x^2+y^2$ の極値の候補を調べる. $c'(x,y) = (4x^3-2y, 4y^3-2x)$ と $f'(x,y) = (2x, 2y)$ が平行とすると, $0 = (4x^3-2y)(2y)-(4y^3-2x)(2x) = 4(x^2-y^2)(1+2xy)$. よって $y=x$ または $y=-x$ または $y=-\frac{1}{2x}$ となる. それぞれ $c(x,y) = 0$ に代入する. $y=x$ のとき, $c(x,x) = 2x^4-2x^2 = 2x^2(x^2-1) = 0$ なので, $(0,0), (1,1), (-1,-1)$ が極値の候補. $y=-x$ のとき, $c(x,x) = 2x^4+2x^2 = 2x^2(x^2+1) = 0$ なので, $(0,0)$ が極値の候補. $y=-\frac{1}{2x}$ のとき, $c(x,x) = x^4+\frac{1}{16x^4}+1 > 0$ なので, ここでは解なし. 停留点および極値の候補での f の値, $f(0,0) = 0, f(1,1) = 2, f(-1,-1) = 2$ を比較する. $f(1,1) = f(-1,-1) = 2$ が最大値. $f(0,0) = 0$ が最小値.

24.1 (1) 原点以外では, 分母が 0 にならないので連続である. 3 次元極座標を使う. $\frac{xyz}{x^2+y^2+z^2} = \frac{(r\sin\theta\cos\varphi)(r\sin\theta\sin\varphi)(r\cos\theta)}{r^2} = r\sin^2\theta\cos\theta\sin\varphi\cos\varphi$ なので, $\left|\frac{xyz}{x^2+y^2+z^2}\right| \leq r \to 0$ となる. よって $\lim_{(x,y,z) \to (0,0,0)} f(x,y,z) = 0 = f(0,0,0)$ となり, 原点でも連続である. よって全ての点で連続である.
(2) 原点以外では, 分母が 0 にならないので連続である. $y = mx$, $z^2 = mx$ として, $x \to 0$ を考える. $\frac{xy-z^4}{x^2+y^2+z^4} = \frac{x(mx)-(mx)^2}{x^2+(mx)^2+(mx)^2} = \frac{m+m^2}{1+2m^2}$ となるので, 近づき方 (m) によって収束値が異なる. よって $\lim_{(x,y,z) \to (0,0,0)} f(x,y,z)$ が存在せず, 原点では不連続である. まとめ

ると，原点以外では連続，原点では不連続．

25.1 $f'(x,y,z) = (3x^2+2xy, x^2-z, -y+2z)$ なので，$f'(1,-1,1) = (1,0,3)$. よって全微分は $df = dx + 3dz$. $(\frac{3}{5}, \frac{4}{5}, 0)$ 方向の勾配は $f'(1,-1,1) \cdot (\frac{3}{5}, \frac{4}{5}, 0) = \frac{3}{5}$. $f(1,-1,1) = 2$ なので，接平面は $w-2 = (x-1)+3(z-1)$. 法線は $\frac{x-1}{1} = \frac{z-1}{3} = \frac{w-2}{-1}$ かつ $y = -1$.

26.1 $\frac{\partial}{\partial r} = \frac{\partial x}{\partial r}\frac{\partial}{\partial x} + \frac{\partial y}{\partial r}\frac{\partial}{\partial y} + \frac{\partial z}{\partial r}\frac{\partial}{\partial z} = \sin\theta\cos\varphi\frac{\partial}{\partial x} + \sin\theta\sin\varphi\frac{\partial}{\partial y} + \cos\theta\frac{\partial}{\partial z}$

$\frac{\partial}{\partial \theta} = \frac{\partial x}{\partial \theta}\frac{\partial}{\partial x} + \frac{\partial y}{\partial \theta}\frac{\partial}{\partial y} + \frac{\partial z}{\partial \theta}\frac{\partial}{\partial z} = r\cos\theta\cos\varphi\frac{\partial}{\partial x} + r\cos\theta\sin\varphi\frac{\partial}{\partial y} - r\sin\theta\frac{\partial}{\partial z}$

$\frac{\partial}{\partial \varphi} = \frac{\partial x}{\partial \varphi}\frac{\partial}{\partial x} + \frac{\partial y}{\partial \varphi}\frac{\partial}{\partial y} + \frac{\partial z}{\partial \varphi}\frac{\partial}{\partial z} = -r\sin\theta\sin\varphi\frac{\partial}{\partial x} + r\sin\theta\cos\varphi\frac{\partial}{\partial y}$

26.2 $r = \sqrt{x^2+y^2+z^2}$ なので，$\frac{\partial r}{\partial x} = \frac{x}{\sqrt{x^2+y^2+z^2}} = \sin\theta\cos\varphi$, $\frac{\partial r}{\partial y} = \frac{y}{\sqrt{x^2+y^2+z^2}} = \sin\theta\sin\varphi$, $\frac{\partial r}{\partial z} = \frac{z}{\sqrt{x^2+y^2+z^2}} = \cos\theta$. $\tan\theta = \frac{\sqrt{x^2+y^2}}{z}$ の両辺を微分する．

$\frac{1}{\cos^2\theta}\frac{\partial\theta}{\partial x} = \frac{x}{z\sqrt{x^2+y^2}}$, $\frac{\partial\theta}{\partial x} = \frac{r\sin\theta\cos\varphi}{r\cos\theta\, r\sin\theta}\cos^2\theta = \frac{\cos\theta\cos\varphi}{r}$

$\frac{1}{\cos^2\theta}\frac{\partial\theta}{\partial y} = \frac{y}{z\sqrt{x^2+y^2}}$, $\frac{\partial\theta}{\partial y} = \frac{r\sin\theta\sin\varphi}{r\cos\theta\, r\sin\theta}\cos^2\theta = \frac{\cos\theta\sin\varphi}{r}$

$\frac{1}{\cos^2\theta}\frac{\partial\theta}{\partial z} = -\frac{\sqrt{x^2+y^2}}{z^2}$, $\frac{\partial\theta}{\partial z} = -\frac{r\sin\theta}{r^2\cos^2\theta}\cos^2\theta = -\frac{\sin\theta}{r}$

$\tan\varphi = \frac{y}{x}$ の両辺を微分する．

$\frac{1}{\cos^2\varphi}\frac{\partial\varphi}{\partial x} = -\frac{y}{x^2}$, $\frac{\partial\varphi}{\partial x} = -\frac{r\sin\theta\sin\varphi}{r^2\sin^2\theta\cos^2\varphi}\cos^2\varphi = -\frac{\sin\varphi}{r\sin\theta}$

$\frac{1}{\cos^2\varphi}\frac{\partial\varphi}{\partial y} = \frac{1}{x}$, $\frac{\partial\varphi}{\partial y} = \frac{1}{r\sin\theta\cos\varphi}\cos^2\varphi = \frac{\cos\varphi}{r\sin\theta}$

$\frac{1}{\cos^2\varphi}\frac{\partial\varphi}{\partial z} = 0$, $\frac{\partial\varphi}{\partial z} = 0$

まとめると，$\frac{\partial(r,\theta,\varphi)}{\partial(x,y,z)} = \begin{bmatrix} \sin\theta\cos\varphi & \sin\theta\sin\varphi & \cos\theta \\ \frac{\cos\theta\cos\varphi}{r} & \frac{\cos\theta\sin\varphi}{r} & -\frac{\sin\theta}{r} \\ -\frac{\sin\varphi}{r\sin\theta} & \frac{\cos\varphi}{r\sin\theta} & 0 \end{bmatrix}$ となる．

$J = \frac{\cos\theta\cos\varphi}{r}\frac{\cos\varphi}{r\sin\theta}\cos\theta - \frac{\sin\varphi}{r\sin\theta}\sin\theta\sin\varphi\left(-\frac{\sin\theta}{r}\right)$
$\quad - \left(-\frac{\sin\varphi}{r\sin\theta}\right)\frac{\cos\theta\sin\varphi}{r}\cos\theta - \sin\theta\cos\varphi\frac{\cos\varphi}{r\sin\theta}\left(-\frac{\sin\theta}{r}\right)$
$= \frac{\cos^2\theta\cos^2\varphi + \sin^2\theta\sin^2\varphi + \cos^2\theta\sin^2\varphi + \sin^2\theta\cos^2\varphi}{r^2\sin\theta}$
$= \frac{(\cos^2\theta+\sin^2\theta)(\cos^2\varphi+\sin^2\varphi)}{r^2\sin\theta} = \frac{1}{r^2\sin\theta}$

26.3 $\frac{\partial}{\partial x} = \frac{\partial r}{\partial x}\frac{\partial}{\partial r} + \frac{\partial\theta}{\partial x}\frac{\partial}{\partial\theta} + \frac{\partial\varphi}{\partial x}\frac{\partial}{\partial\varphi} = \sin\theta\cos\varphi\frac{\partial}{\partial r} + \frac{\cos\theta\cos\varphi}{r}\frac{\partial}{\partial\theta} - \frac{\sin\varphi}{r\sin\theta}\frac{\partial}{\partial\varphi}$

$\frac{\partial}{\partial y} = \frac{\partial r}{\partial y}\frac{\partial}{\partial r} + \frac{\partial\theta}{\partial y}\frac{\partial}{\partial\theta} + \frac{\partial\varphi}{\partial y}\frac{\partial}{\partial\varphi} = \sin\theta\sin\varphi\frac{\partial}{\partial r} + \frac{\cos\theta\sin\varphi}{r}\frac{\partial}{\partial\theta} + \frac{\cos\varphi}{r\sin\theta}\frac{\partial}{\partial\varphi}$

$\frac{\partial}{\partial z} = \frac{\partial r}{\partial z}\frac{\partial}{\partial r} + \frac{\partial\theta}{\partial z}\frac{\partial}{\partial\theta} + \frac{\partial\varphi}{\partial z}\frac{\partial}{\partial\varphi} = \cos\theta\frac{\partial}{\partial r} - \frac{\sin\theta}{r}\frac{\partial}{\partial\theta}$

27.1 **(1)** $f'(x,y,z) = (-3+3x^2+y^2, 2xy-z^2, 4z-2yz) = (0,0,0)$ を解いて $(x,y,z) = (\pm 1, 0, 0), (0, \pm\sqrt{3}, 0)$ の 4 点が停留点．

$f''(x,y,z) = \begin{pmatrix} 6x & 2y & 0 \\ 2y & 2x & -2z \\ 0 & -2z & 4-2y \end{pmatrix}$, $f''(\pm 1, 0, 0) = \begin{pmatrix} \pm 6 & 0 & 0 \\ 0 & \pm 2 & 0 \\ 0 & 0 & 4 \end{pmatrix}$ （複号同順）

なので，固有値は $\pm 6, \pm 2, 0$ の 3 つとなり，$(1,0,0)$ で極小，$(-1,0,0)$ は峠点．

$$f''(0,\pm\sqrt{3},0) = \begin{bmatrix} 0 & \pm 2\sqrt{3} & 0 \\ \pm 2\sqrt{3} & 0 & 0 \\ 0 & 0 & 4\mp 2\sqrt{3} \end{bmatrix}$$ となり,固有値は $2\sqrt{3}, -2\sqrt{3}, 4\mp 2\sqrt{3}$ の 3 つ.よって $(0,\pm\sqrt{3},0)$ は両方とも峠点.よって,まとめると,$f(1,0,0) = -2$ は極小値. **(2)** $c'(x,y,z) = (2x,2y,4z^3)$ と $f'(x,y,z) = (yz,zx,xy)$ が平行だとすると,$(2x)(zx)-(2y)(yz)=0, (2y)(xy)-(4z^3)(zx)=0, (4z^3)(yz)-(2x)(xy)=0$.整理すると,$z(x^2-y^2)=0, x(y^2-2z^4)=0, y(2z^4-x^2)=0$.第 1 式より $z=0$ または $y=x$ または $y=-x$ $z=0$ のとき,第 2, 3 式は $xy^2=0, y(-x^2)=0$ なので,$x=0$ または $y=0$.これを $c=0$ へ代入すると,$(x,y,z)=(0,\pm 1,0),(\pm 1,0,0)$ が得られる.$y=\pm x$ のとき,第 2, 3 式は $x(x^2-2z^4)=0, x(2z^4-x^2)=0$ なので,$x=0$ または $2z^4=x^2$.これを $c=0$ へ代入すると,$(x,y,z)=(0,0,\pm 1),(\pm\sqrt{\frac{2}{5}},\pm\sqrt{\frac{2}{5}},\pm\sqrt[4]{\frac{1}{5}})$ (複号同順ではない) が得られる.$x^2+y^2+z^4-1=0$ は閉曲面なので端点はない.これらの f の値を比較する.$f(0,\pm 1,0) = f(\pm 1,0,0) = f(0,0,\pm 1) = 0, f(\pm\sqrt{\frac{2}{5}},\pm\sqrt{\frac{2}{5}},\pm\sqrt[4]{\frac{1}{5}}) = \pm\frac{2}{5}\sqrt[4]{\frac{1}{5}}$ よって,$(\pm\sqrt{\frac{2}{5}},\pm\sqrt{\frac{2}{5}},\pm\sqrt[4]{\frac{1}{5}})$ で負が 0 個または 2 つのとき,最大値 $f = \frac{2}{5}\sqrt[4]{\frac{1}{5}}$,負が 1 つまたは 3 つのとき,最小値は $f = -\frac{2}{5}\sqrt[4]{\frac{1}{5}}$. **(3)** $c'(x,y,z) = (2x,2y,2z), d'(x,y,z) = (1,1,1), f'(x,y,z) = (yz,zx,xy)$ の間に,$f' + \lambda c' + \mu d' = 0$ という関係があったとする.$\det\begin{bmatrix} 2x & 2y & 2z \\ 1 & 1 & 1 \\ yz & zx & xy \end{bmatrix} = -2(x-y)(y-z)(z-x) = 0$ よって,$x=y$ または $y=z$ または $z=x$ となる.$x=y$ のとき,$c = 2x^2+z^2-1 = 0, d = 2x+z-1 = 0$.$z = 1-2x$ を $c=0$ へ代入して,$2x^2+(1-2x)^2-1 = 2x(3x-2) = 0$.よって,$x=0$ または $x=\frac{2}{3}$ となり,$(x,y,z) = (0,0,1),(\frac{2}{3},\frac{2}{3},-\frac{1}{3})$ となる.$y=z$ のときは,同様にして $(x,y,z) = (1,0,0),(-\frac{1}{3},\frac{2}{3},\frac{2}{3})$.$z=x$ のときは,同様にして $(x,y,z) = (0,1,0),(\frac{2}{3},-\frac{1}{3},\frac{2}{3})$.この 6 点が極値の候補.端点はないので,このときの f の値を比較する.$f(0,0,1) = f(1,0,0) = f(0,1,0) = 0$ が最大値.$f(\frac{2}{3},\frac{2}{3},-\frac{1}{3}) = f(-\frac{1}{3},\frac{2}{3},\frac{2}{3}) = f(\frac{2}{3},-\frac{1}{3},\frac{2}{3}) = -\frac{4}{27}$ が最小値.

第 3 章の章末問題

1 **(1)** 3 辺の長さを x,y,z とする.

(i) $x+y+z=a$ の条件である三角形の成立条件より,$0<x, 0<y, 0<z, x<y+z, y<z+x, z<x+y$ という条件付き.$z=a-x-y$ として z を消去すれば,$0<x, 0<y, 0<a-x-y, x<y+a-x-y, y<a-x-y+x, a-x-y<x+y$ となり,$0<x<\frac{a}{2}, 0<y<\frac{a}{2}, \frac{a}{2}<x+y<a$ となる.このとき $f = \sqrt{s(s-x)(s-y)(s-z)}$ ($s = \frac{x+y+z}{2}$) の最大値・最小値を求める.$g(x,y) = f^2 = \frac{a}{2}(\frac{a}{2}-x)(\frac{a}{2}-y)\{\frac{a}{2}-(a-x-y)\} = \frac{a}{2}(\frac{a}{2}-x)(\frac{a}{2}-y)(-\frac{a}{2}+x+y)$ の最大値・最小値を調べる.

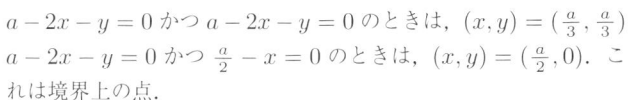

$g'(x,y) = \frac{a}{2}\{-(\frac{a}{2}-y)(-\frac{a}{2}+x+y)+(\frac{a}{2}-x)(\frac{a}{2}-y),$
　　　　　$-(\frac{a}{2}-x)(-\frac{a}{2}+x+y)+(\frac{a}{2}-x)(\frac{a}{2}-y)\}$
$= \frac{3a}{2}\{(a-2x-y)(\frac{a}{2}-y),(a-x-2y)(\frac{a}{2}-x)\} = (0,0)$
と置く． 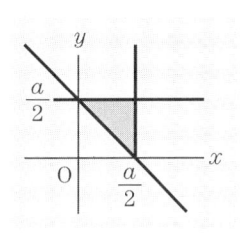
$a-2x-y=0$ かつ $a-2x-y=0$ のときは，$(x,y)=(\frac{a}{3},\frac{a}{3})$
$a-2x-y=0$ かつ $\frac{a}{2}-x=0$ のときは，$(x,y)=(\frac{a}{2},0)$．これは境界上の点．
$\frac{a}{2}-y=0$ かつ $a-x-2y$ のときは，$(x,y)=(0,\frac{a}{2})$．これは境界上の点．
$\frac{a}{2}-y=0$ かつ $\frac{a}{2}-x=0$ のときは，$(x,y)=(\frac{a}{2},\frac{a}{2})$．これは境界上の点．
この4つが極値の候補．全ての端点（境界上の点）は，$f(x,y)=0$ となる．端点と極値の候補での f の値を比較する．$g(\frac{a}{3},\frac{a}{3})=\frac{a^4}{432}$ が最大値．$g=0$ が最も小さいが，範囲外の境界上の点でとるので，最小値なし．よって f は3辺の長さが等しいときに，最大値 $\frac{a^2}{12\sqrt{3}}$ をとる．最小値はなし．

(ii) 条件より $a^2 = \frac{x+y+z}{2}\frac{-x+y+z}{2}\frac{x-y+z}{2}\frac{x+y-z}{2}$ が成り立つ．$c(x,y,z) = \frac{x+y+z}{2}\frac{-x+y+z}{2}\frac{x-y+z}{2}\frac{x+y-z}{2} - a^2 = 0$ と，三角形の成立条件 $0<x, 0<y, 0<z, x<y+z, y<z+x, z<x+y$ のもと，$f(x,y,z)=x+y+z$ の最大値・最小値を求める．
$c'(x,y,z) = \frac{1}{4}\left(x\left(-x^2+y^2+z^2\right),y\left(x^2-y^2+z^2\right),z\left(x^2+y^2-z^2\right)\right)$ と $f'(x,y,z)$
$=(1,1,1)$ が平行だとすると $x\left(-x^2+y^2+z^2\right)=y\left(x^2-y^2+z^2\right)$ より
$(x-y)(x+y-z)(x+y+z)=0$ となり $x=y$ となる．同様にして，$y\left(x^2-y^2+z^2\right)=z\left(x^2+y^2-z^2\right)$ からは $y=z$ となる．よって $c'(x,y,z)$ と $f'(x,y,z)$ が平行なのは，
$x=y=z$ のとき．そのとき，$c(x,x,x)=\frac{3}{16}x^4=a^2$ より $x=\sqrt[4]{\frac{16a^2}{3}}=\frac{2\sqrt{a}}{\sqrt[4]{3}}$．つまり
$f(\frac{2\sqrt{a}}{\sqrt[4]{3}},\frac{2\sqrt{a}}{\sqrt[4]{3}},\frac{2\sqrt{a}}{\sqrt[4]{3}})=\frac{6\sqrt{a}}{\sqrt[4]{3}}$ が極値の候補．
端点 $x=0$ では $y=z\to\infty$ となり，$f\to\infty$．同様に $y=0, z=0$ でも $f\to\infty$．
端点 $x=y+z$ では $x\to\infty$ となり，$f\to\infty$．同様に $y=z+x, z=x+y$ でも $f\to\infty$．
これらを比較して，$f(\frac{2\sqrt{a}}{\sqrt[4]{3}},\frac{2\sqrt{a}}{\sqrt[4]{3}},\frac{2\sqrt{a}}{\sqrt[4]{3}})=\frac{6\sqrt{a}}{\sqrt[4]{3}}$ が最小値．最大値はなし．

(2) 3辺の長さを x,y,z とする．
(i) $x+y+z=a, 0<x, 0<y, 0<z$ のとき，$f=xyz$ の最大値・最小値を求める．
$z=a-x-y$ なので，$0<x, 0<y, x+y<a$ のときの $f(x,y)=xy(a-x-y)$ の最大値・最小値を求める．$f'(x,y)=(y(a-2x-y),x(a-x-2y))=(0,0)$ と置く．
　$y=0$ かつ $x=0$ のとき，$(x,y)=(0,0)$
　$y=0$ かつ $a-x-2y=0$ のとき，$(x,y)=(a,0)$
　$a-2x-y=0$ かつ $x=0$ のとき，$(x,y)=(0,a)$
　$a-2x-y=0$ かつ $x=0$ のとき，$(x,y)=(0,a)$
　$a-2x-y=0$ かつ $a-x-2y=0$ のとき，$(x,y)=(\frac{a}{3},\frac{a}{3})$
この4つが極値の候補．端点 $0=x, 0=y, x+y=a$ では全て $f=0$ 極値の候補と端点での f の値を比較して，$f(\frac{a}{3},\frac{a}{3})=\frac{27}{a^3}$ が最大値．最小値は領域外の境界でとるので，最小

値なし.

(ii) $x+y+z=a, 0<x, 0<y, 0<z$ のとき, $f=2(xy+yz+zx)$ の最大値・最小値を求める. $z=a-x-y$ なので, $0<x, 0<y, x+y<a$ のときの $f(x,y)=2xy+2(x+y)(a-x-y)$ の最大値・最小値を求める. $f'(x,y)=2(a-2x-y, a-x-2y)=(0,0)$ を解くと, $(x,y)=(\frac{a}{3}, \frac{a}{3})$. よって $f(\frac{a}{3}, \frac{a}{3})=\frac{2a}{3}$

端点の $x=0$ では $f(0,y)=2y(a-y)=-2(y-\frac{a}{2})^2+\frac{a^2}{2}$ なので, ここでは $f(0,\frac{a}{2})=\frac{a^2}{2}$ が最大, $f(0,0)=f(0,a)=0$ が最小.

端点の $y=0$ でも同様にして, $f(\frac{a}{2},0)=\frac{a^2}{2}$ が最大, $f(0,0)=f(a,0)=0$ が最小.

端点の $x+y=a$ では, $f(x,a-x)=2x(a-x)=-2(x-\frac{a}{2})^2+\frac{a^2}{2}$ なので, $f(\frac{a}{2},\frac{a}{2})=\frac{a^2}{2}$ が最大, $f(0,a)=f(a,0)=0$ が最小.

極値の候補と端点での値を比較して, $f(\frac{a}{3},\frac{a}{3})=\frac{2a}{3}$ が最大値. 最小は 0 だが, 領域外の境界でとるので, 最小値なし.

(iii) $xyz=a, 0<x, 0<y, 0<z$ のとき, $f=x+y+z$ の最大値・最小値を求める. $z=\frac{a}{xy}$ なので, $0<x, 0<y$ のとき, $f=x+y+\frac{a}{xy}$ の最大値・最小値を求める. $f'(x,y)=(1-\frac{a}{x^2 y}, 1-\frac{a}{xy^2})=(0,0)$ と置くと $x^2 y=xy^2=a$ となり, $x=y=\sqrt[3]{a}$ となる. よって $f(\sqrt[3]{a},\sqrt[3]{a})=3\sqrt[3]{a}$ が極値の候補.

端点 $x\to 0+0$ では, $f\to\infty$.

端点 $y\to 0+0$ でも, $f\to\infty$.

極値の候補と端点の f の値を比較して, $f(\sqrt[3]{a},\sqrt[3]{a})=3\sqrt[3]{a}$ が最小値. 最大値はなし.

つまり 3 辺の長さが $\sqrt[3]{a}$ に等しいとき, 3 辺の和は最小値 $3\sqrt[3]{a}$ をとり, 最大値はなし.

(iv) $xyz=a, 0<x, 0<y, 0<z$ のとき, $f=xy+yz+zx$ の最大値・最小値を求める. $z=\frac{a}{xy}$ なので, $0<x, 0<y$ のとき, $f=xy+(x+y)\frac{a}{xy}$ の最大値・最小値を求める. $f'(x,y)=(y-\frac{a}{x^2}, x-\frac{a}{y^2})=(0,0)$ と置くと $(x,y)=(\sqrt[3]{a},\sqrt[3]{a})$. よって $f(\sqrt[3]{a},\sqrt[3]{a})=3a^{2/3}$ が極値の候補.

端点 $x\to 0+0$ では, $f\to\infty$.

端点 $y\to 0+0$ でも, $f\to\infty$.

極値の候補と端点の f の値を比較して, $f(\sqrt[3]{a},\sqrt[3]{a})=3a^{2/3}$ が最小値. 最大値はなし.

つまり 3 辺の長さが $\sqrt[3]{a}$ に等しいとき, 表面積は最小値 $3a^{2/3}$ をとり, 最大値はなし.

(v) $xy+yz+zx=a, 0<x, 0<y, 0<z$ のとき, $f=xyz$ の最大値・最小値を求める. $z=\frac{a-xy}{x+y}$ なので, $0<x, 0<y, xy<a$ のとき, $f=xy\frac{a-xy}{x+y}$ の最大値・最小値を求める.
$f'(x,y)=\left(\frac{y^2(a-x(x+2y))}{(x+y)^2}, \frac{x^2(a-y(2x+y))}{(x+y)^2}\right)$

$\quad x=0$ かつ $y=0$ のとき, $(x,y)=(0,0)$

$\quad x=0$ かつ $a-y(2x+y)=0$ のとき, $(x,y)=(0,\sqrt{a})$

$\quad a-x(x+2y)=0$ かつ $y=0$ のとき, $(x,y)=(\sqrt{a},0)$

$\quad a-x(x+2y)=0$ かつ $a-y(2x+y)=0$ のとき, $(x,y)=(\sqrt{\frac{a}{3}},\sqrt{\frac{a}{3}})$

最初の 3 つはいずれも境界上で, $f=0$, 最後のは領域内で, $f(\sqrt{\frac{a}{3}},\sqrt{\frac{a}{3}})=\frac{a\sqrt{a}}{3\sqrt{3}}$.

端点の $0=x, 0=y, xy=a$ では, 全て $f=0$.

極値の候補と端点の f の値を比較して, $f(\sqrt{\frac{a}{3}}, \sqrt{\frac{a}{3}}) = \frac{a\sqrt{a}}{3\sqrt{3}}$ が最大値. 最小は 0 だが, 領域外の境界でとるので, 最小値なし.
つまり 3 辺が $\sqrt{\frac{a}{3}}$ に等しいときに, 体積は最大値 $\frac{a\sqrt{a}}{3\sqrt{3}}$ をとる. 最小値はなし.
(vi) $xy+yz+zx = a, 0 < x, 0 < y, 0 < z$ のとき, $f = x+y+z$ の最大値・最小値を求める.
$z = \frac{a-xy}{x+y}$ なので, $0 < x, 0 < y, xy < a$ のとき, $f(x,y) = x+y+\frac{a-xy}{x+y}$ の最大値・最小値を求める. $f'(x,y) = \left(\frac{x(x+2y)-a}{(x+y)^2}, \frac{y(2x+y)-a}{(x+y)^2}\right) = (0,0)$ と置くと $(x,y) = (\sqrt{\frac{a}{3}}, \sqrt{\frac{a}{3}})$.
これは領域内の極値の候補 $f(\sqrt{\frac{a}{3}}, \sqrt{\frac{a}{3}}) = \sqrt{3a}$ となる.
端点 $x = 0$ では, $f(0,y) = y + \frac{a}{y}$ となり, $f(0, \sqrt{a}) = 2$ がここでの最小値, 最大値はなし.
端点 $y = 0$ では, 同様に $f(\sqrt{a}, 0) = 2\sqrt{a}$ がここでの最小値, 最大値はなし.
端点 $xy = a$ では, $f(x,y) = x + \frac{a}{x}$ となり, $f(\sqrt{a}, \sqrt{a}) = 2\sqrt{a}$ がここでの最小値, 最大値はなし.
極値の候補と端点の f の値を比較して, $f(\sqrt{\frac{a}{3}}, \sqrt{\frac{a}{3}}) = \sqrt{3a}$ が最小値, 最大値はなし.
よって 3 辺の長さが $\sqrt{\frac{a}{3}}$ に等しいとき, 辺の和は最小値 $\sqrt{3a}$ をとる. 最大値はなし.

2 (1) 問題 14.1 より $\frac{\partial f}{\partial x} = \cos\theta \frac{\partial f}{\partial r} - \frac{\sin\theta}{r}\frac{\partial f}{\partial \theta}$

$$\frac{\partial^2 f}{\partial x^2} = \left(\cos\theta\frac{\partial}{\partial r} - \frac{\sin\theta}{r}\frac{\partial}{\partial \theta}\right)\left(\cos\theta\frac{\partial f}{\partial r} - \frac{\sin\theta}{r}\frac{\partial f}{\partial \theta}\right)$$
$$= \cos^2\theta \frac{\partial^2 f}{\partial r^2} + \frac{\sin\theta\cos\theta}{r^2}\frac{\partial f}{\partial \theta} - \frac{\sin\theta\cos\theta}{r}\frac{\partial^2 f}{\partial r\partial\theta}$$
$$+ \frac{\sin^2\theta}{r}\frac{\partial f}{\partial r} - \frac{\sin\theta\cos\theta}{r}\frac{\partial^2 f}{\partial\theta\partial r} + \frac{\sin\theta\cos\theta}{r^2}\frac{\partial f}{\partial\theta} + \frac{\sin^2\theta}{r^2}\frac{\partial^2 f}{\partial\theta^2}$$
$$= \cos^2\theta \frac{\partial^2 f}{\partial r^2} + \frac{2\sin\theta\cos\theta}{r^2}\frac{\partial f}{\partial \theta} - \frac{2\sin\theta\cos\theta}{r}\frac{\partial^2 f}{\partial r\partial\theta} + \frac{\sin^2\theta}{r}\frac{\partial f}{\partial r} + \frac{\sin^2\theta}{r^2}\frac{\partial^2 f}{\partial\theta^2}$$

問題 14.1 より $\frac{\partial f}{\partial y} = \sin\theta \frac{\partial f}{\partial r} + \frac{\cos\theta}{r}\frac{\partial f}{\partial \theta}$

$$\frac{\partial^2 f}{\partial y^2} = \left(\sin\theta\frac{\partial}{\partial r} + \frac{\cos\theta}{r}\frac{\partial}{\partial \theta}\right)\left(\sin\theta\frac{\partial f}{\partial r} + \frac{\cos\theta}{r}\frac{\partial f}{\partial \theta}\right)$$
$$= \sin^2\theta \frac{\partial^2 f}{\partial r^2} - \frac{\sin\theta\cos\theta}{r^2}\frac{\partial f}{\partial \theta} + \frac{\sin\theta\cos\theta}{r}\frac{\partial^2 f}{\partial r\partial\theta} + \frac{\cos^2\theta}{r}\frac{\partial f}{\partial r}$$
$$+ \frac{\sin\theta\cos\theta}{r}\frac{\partial^2 f}{\partial\theta\partial r} - \frac{\sin\theta\cos\theta}{r^2}\frac{\partial f}{\partial\theta} + \frac{\cos^2\theta}{r^2}\frac{\partial^2 f}{\partial\theta^2}$$
$$= \sin^2\theta \frac{\partial^2 f}{\partial r^2} - \frac{2\sin\theta\cos\theta}{r^2}\frac{\partial f}{\partial \theta} + \frac{2\sin\theta\cos\theta}{r}\frac{\partial^2 f}{\partial r\partial\theta} + \frac{\cos^2\theta}{r}\frac{\partial f}{\partial r} + \frac{\cos^2\theta}{r^2}\frac{\partial^2 f}{\partial\theta^2}$$

$\Delta f = \frac{\partial^2 f}{\partial x^2} + \frac{\partial^2 f}{\partial y^2} = \frac{\partial^2 f}{\partial r^2} + \frac{1}{r}\frac{\partial f}{\partial r} + \frac{1}{r^2}\frac{\partial^2 f}{\partial\theta^2}$

ここから f を取り除くと, $\Delta = \frac{\partial^2}{\partial r^2} + \frac{1}{r}\frac{\partial}{\partial r} + \frac{1}{r^2}\frac{\partial^2}{\partial\theta^2}$ となる.

(2) 問題 26.3 より $\frac{\partial f}{\partial x} = \frac{\partial r}{\partial x}\frac{\partial f}{\partial r} + \frac{\partial \theta}{\partial x}\frac{\partial f}{\partial \theta} + \frac{\partial \varphi}{\partial x}\frac{\partial f}{\partial \varphi} = \sin\theta\cos\varphi\frac{\partial f}{\partial r} + \frac{\cos\theta\cos\varphi}{r}\frac{\partial f}{\partial\theta} - \frac{\sin\varphi}{r\sin\theta}\frac{\partial f}{\partial\varphi}$,

$\frac{\partial^2 f}{\partial x^2} = \left(\sin\theta\cos\varphi\frac{\partial}{\partial r} + \frac{\cos\theta\cos\varphi}{r}\frac{\partial}{\partial\theta} - \frac{\sin\varphi}{r\sin\theta}\frac{\partial}{\partial\varphi}\right)\left(\sin\theta\cos\varphi\frac{\partial f}{\partial r} + \frac{\cos\theta\cos\varphi}{r}\frac{\partial f}{\partial\theta} - \frac{\sin\varphi}{r\sin\theta}\frac{\partial f}{\partial\varphi}\right)$

$= \sin\theta\cos\varphi\left(\sin\theta\cos\varphi\frac{\partial^2 f}{\partial r^2} - \frac{\cos\theta\cos\varphi}{r^2}\frac{\partial f}{\partial\theta} + \frac{\cos\theta\cos\varphi}{r}\frac{\partial^2 f}{\partial\theta\partial r} + \frac{\sin\varphi}{r^2\sin\theta}\frac{\partial f}{\partial\varphi} - \frac{\sin\varphi}{r\sin\theta}\frac{\partial^2 f}{\partial\varphi\partial r}\right)$

$+ \frac{\cos\theta\cos\varphi}{r}\left(\cos\theta\cos\varphi\frac{\partial f}{\partial r} + \sin\theta\cos\varphi\frac{\partial^2 f}{\partial r\partial\theta} + \frac{\sin\theta\cos\varphi}{r}\frac{\partial f}{\partial\theta} - \frac{\cos\theta\cos\varphi}{r}\frac{\partial^2 f}{\partial\theta^2} + \frac{\cos\theta\sin\varphi}{r}\frac{\partial f}{\partial\varphi} - \frac{\sin\varphi}{r\sin\theta}\frac{\partial^2 f}{\partial\theta\partial\varphi}\right)$

$- \frac{\sin\varphi}{r\sin\theta}\left(-\sin\theta\sin\varphi\frac{\partial f}{\partial r} + \sin\theta\cos\varphi\frac{\partial^2 f}{\partial r\partial\varphi} - \frac{\cos\theta\sin\varphi}{r}\frac{\partial f}{\partial\theta} + \frac{\cos\theta\cos\varphi}{r}\frac{\partial^2 f}{\partial\theta\partial\varphi} - \frac{\cos\varphi}{r\sin\theta}\frac{\partial f}{\partial\varphi} - \frac{\sin\varphi}{r\sin\theta}\frac{\partial^2 f}{\partial\varphi^2}\right)$

$= \sin^2\theta\cos^2\varphi\frac{\partial^2 f}{\partial r^2} - \frac{\sin\theta\cos\theta\cos^2\varphi}{r^2}\frac{\partial f}{\partial\theta} + \frac{\sin\theta\cos\theta\cos^2\varphi}{r}\frac{\partial^2 f}{\partial\theta\partial r} + \frac{\sin\varphi\cos\varphi}{r^2}\frac{\partial f}{\partial\varphi} - \frac{\sin\varphi\cos\varphi}{r}\frac{\partial^2 f}{\partial\varphi\partial r}$

$+ \frac{\cos^2\theta\cos^2\varphi}{r}\frac{\partial f}{\partial r} + \frac{\sin\theta\cos\theta\cos^2\varphi}{r}\frac{\partial^2 f}{\partial r\partial\theta} + \frac{\sin\theta\cos\theta\cos^2\varphi}{r^2}\frac{\partial f}{\partial\theta} + \frac{\cos^2\theta\cos^2\varphi}{r^2}\frac{\partial^2 f}{\partial\theta^2} + \frac{\sin\varphi\cos\varphi}{r^2\tan\theta}\frac{\partial f}{\partial\varphi}$

$- \frac{\sin\varphi\cos\varphi}{r^2\tan\theta}\frac{\partial^2 f}{\partial\theta\partial\varphi} + \frac{\sin^2\varphi}{r}\frac{\partial f}{\partial r} - \frac{\sin\varphi\cos\varphi}{r}\frac{\partial^2 f}{\partial r\partial\varphi} + \frac{\sin^2\varphi}{r^2\tan\theta}\frac{\partial f}{\partial\theta} - \frac{\sin\varphi\cos\varphi}{r^2\tan\theta}\frac{\partial^2 f}{\partial\theta\partial\varphi} + \frac{\sin\varphi\cos\varphi}{r^2\sin^2\theta}\frac{\partial f}{\partial\varphi}$

$+ \frac{\sin^2\varphi}{r^2\sin^2\theta}\frac{\partial^2 f}{\partial\varphi^2}$

問題 26.3 より $\frac{\partial f}{\partial y} = \frac{\partial r}{\partial y}\frac{\partial f}{\partial r} + \frac{\partial \theta}{\partial y}\frac{\partial f}{\partial \theta} + \frac{\partial \varphi}{\partial y}\frac{\partial f}{\partial \varphi} = \sin\theta\sin\varphi \frac{\partial f}{\partial r} + \frac{\cos\theta\sin\varphi}{r}\frac{\partial f}{\partial \theta} + \frac{\cos\varphi}{r\sin\theta}\frac{\partial f}{\partial \varphi}$

$\frac{\partial^2 f}{\partial y^2} = \left(\sin\theta\sin\varphi \frac{\partial}{\partial r} + \frac{\cos\theta\sin\varphi}{r}\frac{\partial}{\partial \theta} + \frac{\cos\varphi}{r\sin\theta}\frac{\partial}{\partial \varphi}\right)\left(\sin\theta\sin\varphi \frac{\partial f}{\partial r} + \frac{\cos\theta\sin\varphi}{r}\frac{\partial f}{\partial \theta} + \frac{\cos\varphi}{r\sin\theta}\frac{\partial f}{\partial \varphi}\right)$

$= \sin\theta\sin\varphi\left(\sin\theta\sin\varphi \frac{\partial^2 f}{\partial r^2} - \frac{\cos\theta\sin\varphi}{r^2}\frac{\partial f}{\partial \theta} + \frac{\cos\theta\sin\varphi}{r}\frac{\partial^2 f}{\partial \theta \partial r} - \frac{\cos\varphi}{r^2\sin\theta}\frac{\partial f}{\partial \varphi} + \frac{\cos\varphi}{r\sin\theta}\frac{\partial^2 f}{\partial \varphi \partial r}\right)$

$+ \frac{\cos\theta\sin\varphi}{r}\left(\cos\theta\sin\varphi \frac{\partial f}{\partial r} + \sin\theta\sin\varphi \frac{\partial^2 f}{\partial r \partial \theta} - \frac{\sin\theta\sin\varphi}{r}\frac{\partial f}{\partial \theta} + \frac{\cos\theta\sin\varphi}{r}\frac{\partial^2 f}{\partial \theta^2} - \frac{\cos\varphi\cos\theta}{r\sin^2\theta}\frac{\partial f}{\partial \varphi} + \frac{\cos\varphi}{r\sin\theta}\frac{\partial^2 f}{\partial \varphi \partial \theta}\right)$

$+ \frac{\cos\varphi}{r\sin\theta}\left(\sin\theta\cos\varphi \frac{\partial f}{\partial r} + \sin\theta\sin\varphi \frac{\partial^2 f}{\partial r \partial \varphi} + \frac{\cos\theta\cos\varphi}{r}\frac{\partial f}{\partial \theta} + \frac{\cos\theta\sin\varphi}{r}\frac{\partial^2 f}{\partial \theta \partial \varphi} - \frac{\sin\varphi}{r\sin\theta}\frac{\partial f}{\partial \varphi} + \frac{\cos\varphi}{r\sin\theta}\frac{\partial^2 f}{\partial \varphi^2}\right)$

$= \sin^2\theta\sin^2\varphi \frac{\partial^2 f}{\partial r^2} - \frac{\sin\theta\cos\theta\sin^2\varphi}{r^2}\frac{\partial f}{\partial \theta} + \frac{\sin\theta\cos\theta\sin^2\varphi}{r}\frac{\partial^2 f}{\partial \theta \partial r} - \frac{\sin\varphi\cos\varphi}{r^2}\frac{\partial f}{\partial \varphi}$

$+ \frac{\sin\varphi\cos\varphi}{r}\frac{\partial^2 f}{\partial \varphi \partial r} + \frac{\cos^2\theta\sin^2\varphi}{r}\frac{\partial f}{\partial r} + \frac{\sin\theta\cos\theta\sin^2\varphi}{r}\frac{\partial^2 f}{\partial r \partial \theta} - \frac{\sin\theta\cos\theta\sin^2\varphi}{r^2}\frac{\partial f}{\partial \theta}$

$+ \frac{\cos^2\theta\sin^2\varphi}{r^2}\frac{\partial^2 f}{\partial \theta^2} - \frac{\cos^2\theta\sin\varphi\cos\varphi}{r^2\tan\theta}\frac{\partial f}{\partial \varphi} + \frac{\sin\varphi\cos\varphi}{r^2}\frac{\partial^2 f}{\partial \theta \partial \varphi} + \frac{\cos^2\varphi}{r}\frac{\partial f}{\partial r} + \frac{\sin\varphi\cos\varphi}{r}\frac{\partial^2 f}{\partial r \partial \varphi}$

$+ \frac{\cos^2\varphi}{r^2\tan\theta}\frac{\partial f}{\partial \theta} + \frac{\sin\varphi\cos\varphi}{r^2\tan\theta}\frac{\partial^2 f}{\partial \theta \partial \varphi} - \frac{\sin\varphi\cos\varphi}{r^2\sin^2\theta}\frac{\partial f}{\partial \varphi} + \frac{\cos^2\varphi}{r^2\sin^2\theta}\frac{\partial^2 f}{\partial \varphi^2}$

問題 26.3 より $\frac{\partial f}{\partial z} = \frac{\partial r}{\partial z}\frac{\partial f}{\partial r} + \frac{\partial \theta}{\partial z}\frac{\partial f}{\partial \theta} + \frac{\partial \varphi}{\partial z}\frac{\partial f}{\partial \varphi} = \cos\theta\frac{\partial f}{\partial r} - \frac{\sin\theta}{r}\frac{\partial f}{\partial \theta}$

$\frac{\partial^2 f}{\partial z^2} = \left(\cos\theta\frac{\partial}{\partial r} - \frac{\sin\theta}{r}\frac{\partial}{\partial \theta}\right)\left(\cos\theta\frac{\partial f}{\partial r} - \frac{\sin\theta}{r}\frac{\partial f}{\partial \theta}\right) = \cos\theta\left(\cos\theta\frac{\partial^2 f}{\partial r^2} + \frac{\sin\theta}{r^2}\frac{\partial f}{\partial \theta} - \frac{\sin\theta}{r}\frac{\partial^2 f}{\partial \theta \partial r}\right)$

$- \frac{\sin\theta}{r}\left(-\sin\theta\frac{\partial f}{\partial r} + \cos\theta\frac{\partial^2 f}{\partial r \partial \theta} - \frac{\cos\theta}{r}\frac{\partial f}{\partial \theta} - \frac{\sin\theta}{r}\frac{\partial^2 f}{\partial \theta^2}\right) = \cos^2\theta\frac{\partial^2 f}{\partial r^2} + \frac{\sin\theta\cos\theta}{r^2}\frac{\partial f}{\partial \theta}$

$- \frac{\sin\theta\cos\theta}{r}\frac{\partial^2 f}{\partial \theta \partial r} + \frac{\sin^2\theta}{r}\frac{\partial f}{\partial r} - \frac{\sin\theta\cos\theta}{r}\frac{\partial^2 f}{\partial r \partial \theta} + \frac{\sin\theta\cos\theta}{r^2}\frac{\partial f}{\partial \theta} + \frac{\sin^2\theta}{r^2}\frac{\partial^2 f}{\partial \theta^2}$

よって $\Delta f = \frac{\partial^2 f}{\partial x^2} + \frac{\partial^2 f}{\partial y^2} + \frac{\partial^2 f}{\partial z^2} = \frac{\partial^2 f}{\partial r^2} + \frac{2}{r}\frac{\partial f}{\partial r} + \frac{1}{r^2\tan\theta}\frac{\partial f}{\partial \theta} + \frac{1}{r^2}\frac{\partial^2 f}{\partial \theta^2} + \frac{1}{r^2\sin^2\theta}\frac{\partial^2 f}{\partial \varphi^2} = \frac{1}{r^2}\frac{\partial}{\partial r}(r^2\frac{\partial}{\partial r}f) + \frac{1}{r^2\sin\theta}\frac{\partial}{\partial \theta}(\sin\theta\frac{\partial}{\partial \theta}f) + \frac{1}{r^2\sin^2\theta}\frac{\partial^2}{\partial \varphi^2}f$.

ここから f を取り除くと, $\Delta = \frac{1}{r^2}\frac{\partial}{\partial r}(r^2\frac{\partial}{\partial r}) + \frac{1}{r^2\sin\theta}\frac{\partial}{\partial \theta}(\sin\theta\frac{\partial}{\partial \theta}) + \frac{1}{r^2\sin^2\theta}\frac{\partial^2}{\partial \varphi^2}$ となる.

3 $f(x,y,z) = 0$ の全微分をとると, $f_x dx + f_y dy + f_z dz = 0$ となる. よって接平面の方程式は $f_x(a,b,c)(x-a) + f_y(a,b,c)(y-b) + f_z(a,b,c)(z-c) = 0$ 法線の方程式は $\frac{x-a}{f_x(a,b,c)} = \frac{y-b}{f_y(a,b,c)} = \frac{z-c}{f_z(a,b,c)}$ (分母が 0 なら分子も 0).

(1) $f(\frac{\sqrt{3}}{2}, 0, -\frac{1}{2}) = 0$ である. $f'(x,y,z) = (2x, 2y, 2z)$ なので, $f'(\frac{\sqrt{3}}{2}, 0, -\frac{1}{2}) = (\sqrt{3}, 0, -1)$. よって接平面の方程式は $\sqrt{3}(x - \frac{\sqrt{3}}{2}) - (z + \frac{1}{2}) = 0$, 法線の方程式は $\frac{x - \frac{\sqrt{3}}{2}}{\sqrt{3}} = \frac{z + \frac{1}{2}}{-1}$ かつ $y = 0$.

(2) $f(\pi/3, \pi/3, \pi/3) = 0$ である.

$$f'(x,y,z) = (\cos(x+y+z) + 1, \cos(x+y+z) + 1, \cos(x+y+z) - 2)$$

なので, $f'(\pi/3, \pi/3, \pi/3) = (0, 0, -1)$. よって接平面の方程式は $-(z - \frac{\pi}{3}) = 0$, 法線の方程式は $x = y = \frac{\pi}{3}$.

4 (1) 角度が α の対辺の長さは, 正弦定理より $2a\sin\alpha$. 同様に, 角度が β の対辺の長さは $2a\sin\beta$. その 2 辺の挟む角は $\pi - \alpha - \beta$.
よって面積 $S = \frac{1}{2}(2a\sin\alpha)(2a\sin\beta)\sin(\pi - \alpha - \beta) = 2a^2\sin\alpha\sin\beta\sin(\alpha + \beta)$
$0 < \alpha < \pi, 0 < \beta < \pi, 0 < \alpha + \beta < \pi$ の範囲で, S の最大値を求める.
$S'(\alpha, \beta) = 2a^2(\sin(\beta)\sin(2\alpha + \beta), \sin(\alpha)\sin(\alpha + 2\beta)) = (0,0)$ と置く.
$2\alpha + \beta = \pi$, $\alpha + 2\beta = \pi$ となり, $(\alpha, \beta) = (\frac{\pi}{3}, \frac{\pi}{3})$. つまり $S(\frac{\pi}{3}, \frac{\pi}{3}) = \frac{3\sqrt{3}a^2}{4}$ が極値の候補. 領域の境界では, どこでも $S = 0$. よって $S(\frac{\pi}{3}, \frac{\pi}{3}) = \frac{3\sqrt{3}a^2}{4}$ が最大値.

(2) 長さ x の辺の対角は, 正弦定理より $\sin^{-1}\frac{x}{2a}$. 同様に, 長さ y の辺の対角は $\sin^{-1}\frac{y}{2a}$.

第 3 章 の 解 答

よって長さ x の辺と長さ y の辺の挟む角は，$\pi - \sin^{-1}\frac{x}{2a} - \sin^{-1}\frac{y}{2a}$．面積は

$$S(x,y) = \tfrac{1}{2}xy\sin(\pi - \sin^{-1}\tfrac{x}{2a} - \sin^{-1}\tfrac{y}{2a}) = \tfrac{xy}{2}\sin(\sin^{-1}\tfrac{x}{2a} + \sin^{-1}\tfrac{y}{2a})$$
$$= \tfrac{xy}{2}\left(\sin(\sin^{-1}\tfrac{x}{2a})\cos(\sin^{-1}\tfrac{y}{2a}) + \cos(\sin^{-1}\tfrac{x}{2a})\sin(\sin^{-1}\tfrac{y}{2a})\right)$$
$$= \tfrac{xy}{2}\left(\tfrac{x}{2a}\sqrt{1-(\tfrac{y}{2a})^2} + \sqrt{1-(\tfrac{x}{2a})^2}\tfrac{y}{2a}\right) = \tfrac{xy}{8a^2}\left(x\sqrt{4a^2-y^2} + y\sqrt{4a^2-x^2}\right)$$

$0 \leq x \leq 2a, 0 \leq y \leq 2a$ の範囲で，$S(x,y)$ の最大値を求める．

$$S'(x,y) = \left(\tfrac{y(x\sqrt{4a^2-x^2}\sqrt{4a^2-y^2}+2a^2y-x^2y)}{4a^2\sqrt{4a^2-x^2}}, \tfrac{x(y\sqrt{4a^2-y^2}\sqrt{4a^2-x^2}+2a^2x-y^2x)}{4a^2\sqrt{4a^2-y^2}}\right) = (0,0)$$

を解くと，$(x,y) = \pm(\sqrt{3}a, \sqrt{3}a)$ だが，$0 < x, 0 < y$ より複号下は不適．つまり $S(\sqrt{3}a, \sqrt{3}a) = \tfrac{3\sqrt{3}a^2}{4}$ が極値の候補．端点 $x = 0, x = 2a, y = 0, y = 2a$ ではいずれも $S = 0$．よって $S(\sqrt{3}a, \sqrt{3}a) = \tfrac{3\sqrt{3}a^2}{4}$ が最大値．

5　$f(a,b) = \sum\limits_{k=1}^{n}(ax_k + b - y_k)^2$

$f'(a,b) = \left(\sum\limits_{k=1}^{n}2x_k(ax_k+b-y_k), \sum\limits_{k=1}^{n}2(ax_k+b-y_k)\right) = (0,0)$ を解く．

$$\tfrac{1}{2}f_a = \left(\sum_{k=1}^{n}(x_k)^2\right)a + \left(\sum_{k=1}^{n}x_k\right)b - \left(\sum_{k=1}^{n}x_ky_k\right) = 0,$$
$$\tfrac{1}{2}f_b = \left(\sum_{k=1}^{n}x_k\right)a + nb - \left(\sum_{k=1}^{n}y_k\right) = 0$$

b を消去する．

$$0 = \tfrac{n}{2}f_a - \left(\sum_{k=1}^{n}x_k\right)\tfrac{1}{2}f_b = n\left(\sum_{k=1}^{n}(x_k)^2\right)a - n\left(\sum_{k=1}^{n}x_ky_k\right)$$
$$- \left(\sum_{k=1}^{n}x_k\right)\left(\sum_{k=1}^{n}x_k\right)a + \left(\sum_{k=1}^{n}x_k\right)\left(\sum_{k=1}^{n}y_k\right)$$
$$= \left\{n\left(\sum_{k=1}^{n}(x_k)^2\right) - \left(\sum_{k=1}^{n}x_k\right)^2\right\}a - n\left(\sum_{k=1}^{n}x_ky_k\right) + \left(\sum_{k=1}^{n}x_k\right)\left(\sum_{k=1}^{n}y_k\right)$$

よって $a = \dfrac{n\left(\sum\limits_{k=1}^{n}x_ky_k\right) - \left(\sum\limits_{k=1}^{n}x_k\right)\left(\sum\limits_{k=1}^{n}y_k\right)}{n\left(\sum\limits_{k=1}^{n}(x_k)^2\right) - \left(\sum\limits_{k=1}^{n}x_k\right)^2}$．

$f_b = 0$ より

$$b = -\tfrac{1}{n}\left(\sum_{k=1}^{n}x_k\right)a + \tfrac{1}{n}\left(\sum_{k=1}^{n}y_k\right)$$
$$= -\tfrac{1}{n}\left(\sum_{k=1}^{n}x_k\right)\dfrac{n\left(\sum\limits_{k=1}^{n}x_ky_k\right) - \left(\sum\limits_{k=1}^{n}x_k\right)\left(\sum\limits_{k=1}^{n}y_k\right)}{n\left(\sum\limits_{k=1}^{n}(x_k)^2\right) - \left(\sum\limits_{k=1}^{n}x_k\right)^2} + \tfrac{1}{n}\left(\sum_{k=1}^{n}y_k\right)$$
$$= \dfrac{-\left(\sum\limits_{k=1}^{n}x_k\right)\left(\sum\limits_{k=1}^{n}x_ky_k\right) + \left(\sum\limits_{k=1}^{n}y_k\right)\left(\sum\limits_{k=1}^{n}(x_k)^2\right)}{n\left(\sum\limits_{k=1}^{n}(x_k)^2\right) - \left(\sum\limits_{k=1}^{n}x_k\right)^2}$$

この (a,b) が極値の候補である．端点の $a \to \pm\infty$ や $b \to \pm\infty$ では $S \to \infty$ となる．よって上の (a,b) で S は最小値をとる．

6　(1)（存在）$f(x,y) = x^3 + y^3 - 2xy$ と置く．$f_y = 3y^2 - 2x$．

$$x^3 + y^3 - 2xy = 0,\ 0 < x < 1,\ 3y^2 - 2x = 0$$

と仮定すると $(x,y) = (\frac{2^{5/3}}{3}, \frac{2^{4/3}}{3})$ となるので，$x > y$ となる．よって
$$x^3 + y^3 - 2xy = 0, \quad 0 < x < 1, x < y$$
と仮定すると，$3y^2 - 2x \neq 0$ である．よってこの範囲で $f_y = 3y^2 - 2x \neq 0$ であるので，陰関数 $y(x)$ が存在する．

（極値）y を x の関数とみて，$x^3 + y^3 - 2xy = 0$ の両辺を微分する．
$$3x^2 + 3y^2 y' - 2y - 2xy' = 0, \quad y' = \frac{2y - 3x^2}{3y^2 - 2x}$$
$y' = 0$ となるのは $2y - 3x^2 = 0$ のとき．
$y = \frac{3}{2}x^2$ を $x^3 + y^3 - 2xy = 0$ に代入して $\frac{27}{8}x^6 - 2x^3 = 0$,
$x = 0, \frac{2^{4/3}}{3}$ となるが，$0 < x < 1$ という条件より $x = 0$ は不適．
よって $y(\frac{2^{4/3}}{3}) = \frac{2^{5/3}}{3}$ が極値の候補．$y' = \frac{2y - 3x^2}{3y^2 - 2x}$ を x で微分する．
$$y'' = \frac{(2y' - 6x)(3y^2 - 2x) - (2y - 3x^2)(6yy' - 2)}{(3y^2 - 2x)^2}$$
これに $(x,y) = (\frac{2^{4/3}}{3}, \frac{2^{5/3}}{3})$ を代入した符号を調べる．分母は正，$(2y - 3x^2) = 0, y' = 0$ なので，$-x(3y^2 - 2x)$ の符号と一致する．
$$0 < x, 3y^2 - 2x = 3\left(\frac{2^{5/3}}{3}\right)^2 - 2\frac{2^{4/3}}{3} = \frac{2^{10/3}}{3} - \frac{2^{7/3}}{3} > 0$$
よって $y'' < 0$ となり，$y(\frac{2^{4/3}}{3}) = \frac{2^{5/3}}{3}$ は極小値．

(2)（存在）$f(x, y) = x^4 + y^4 - 2xy$ と置く．$f_y = 4y^3 - 2x$.
$x^4 + y^4 - 2xy = 0, 4y^3 - 2x, 0 < x < 1$ と置くと $(x,y) = (\frac{3^{3/8}}{\sqrt{2}}, \frac{3^{1/8}}{\sqrt{2}})$ となるので $x > y$ である．
よって $x^4 + y^4 - 2xy = 0, 0 < x < 1, x < y$ ならば $4y^3 - 2x \neq 0$ である．
よってこの範囲では $f_y = 4y^3 - 2x \neq 0$ であるので，陰関数 $y(x)$ が存在する．

（極値）y を x の関数とみて，$x^4 + y^4 - 2xy = 0$ の両辺を x で微分する．
$$4x^3 + 4y^3 y' - 2y - 2xy' = 0, \quad y' = \frac{2y - 4x^3}{4y^3 - 2x}$$
$y' = 0$ となるのは $2y - 4x^3 = 0$ のとき．
$y = 2x^3$ となり，これを $x^4 + y^4 - 2xy = 0$ へ代入する．
$$0 = x^4 + (2x^3)^4 - 2x(2x^3) = x^4 + 16x^{12} - 4x^4 = x^4(16x^8 - 3)$$
よって $x = (\frac{3}{16})^{1/8}$ のとき，$y((\frac{3}{16})^{1/8}) = 2(\frac{3}{16})^{3/8}$ が極値の候補．$y' = \frac{2y - 4x^3}{4y^3 - 2x}$ をさらに x で微分して，$y'' = \frac{(2y' - 12x^2)(4y^3 - 2x) - (2y - 4x^3)(12y^2 y' - 2)}{(4y^3 - 2x)^2}$．ここに $x = (\frac{3}{16})^{1/8}, y = 2(\frac{3}{16})^{3/8}$ を代入したときの符号を調べる．分母は正，$(2y - 4x^3) = 0, y' = 0$ なので $-12x^2(4y^3 - 2x)$ の符号を調べればよい．
$$-12x^2 < 0, \ 4y^3 - 2x = 4 \cdot 8(\frac{3}{16})^{9/8} - 2(\frac{3}{16})^{1/8} = (\frac{4 \cdot 8 \cdot 3}{16} - 2)(\frac{3}{16})^{1/8} > 0$$
よって $-12x^2(4y^3 - 2x) < 0$ で，$y'' < 0$. よって $y((\frac{3}{16})^{1/8}) = 2(\frac{3}{16})^{3/8}$ は極大値．

7 $(x,y) \neq (0,0)$ のとき，$f_x = \frac{y(x^4 + 4x^2 y^2 - y^4)}{(x^2 + y^2)^2}$, $f_y = \frac{x^5 - 4x^3 y^2 - xy^4}{(x^2 + y^2)^2}$.
$f_x(0,0) = \lim_{h \to 0} \frac{f(h,0) - f(0,0)}{h} = \lim_{h \to 0} \frac{0 - 0}{h} = 0, f_y(0,0) = \lim_{h \to 0} \frac{f(0,h) - f(0,0)}{h} = \lim_{h \to 0} \frac{0 - 0}{h} = 0$
$f_{xy}(0,0) = \lim_{h \to 0} \frac{f_x(0,h) - f(0,0)}{h} = \lim_{h \to 0} \frac{-h - 0}{h} = -1, f_{yx}(0,0) = \lim_{h \to 0} \frac{f_y(h,0) - f(0,0)}{h} = \lim_{h \to 0} \frac{h - 0}{h} = 1$

8 $f'(x,y) = (-2x, -2y)\exp(-x^2 - y^2)$

$g(x,y) = |f'(x,y)| = \sqrt{4x^2 + 4y^2}\exp(-x^2 - y^2) = 2\sqrt{x^2+y^2}\exp(-x^2-y^2)$

と置き，$g(x,y)$ が最大になる点を求める．

$$g'(x,y) = \left(-\frac{2xe^{-x^2-y^2}(2x^2+2y^2-1)}{\sqrt{x^2+y^2}}, -\frac{2ye^{-x^2-y^2}(2x^2+2y^2-1)}{\sqrt{x^2+y^2}}\right)$$

$2x^2 + 2y^2 - 1 = 0$ のとき，$x^2 + y^2 = \frac{1}{2}$ なので，$g(x,y) = 2\sqrt{\frac{1}{2}}\exp(-\frac{1}{2}) = \sqrt{2}\exp(-\frac{1}{2})$,
$2x^2 + 2y^2 - 1 \neq 0$ のとき，$(x,y) = (0,0)$ となり，$g(x,y) = 0$.
無限遠では $g \to 0$.
よって $|f'(x,y)|$ は $x^2 + y^2 = \frac{1}{2}$ のときに，最大値 $\sqrt{2}\exp(-\frac{1}{2})$ をとる．

第 4 章

1.1 $dx = \frac{1}{n}$, $dy = \frac{1}{n}$ とする． (1) $\iint_{0\leq x\leq 1,\ 0\leq y\leq 1}(2x-y)\,dxdy$

$= \lim_{n\to\infty}\sum_{k=1}^{n}\sum_{l=1}^{n}(2k\,dx - l\,dy)\,dxdy = \lim_{n\to\infty}\frac{1}{n^3}\sum_{k=1}^{n}\sum_{l=1}^{n}(2k - l)$

$= \lim_{n\to\infty}\frac{1}{n^3}\sum_{k=1}^{n}\left\{2kn - \frac{n(n+1)}{2}\right\} = \lim_{n\to\infty}\frac{1}{n^3}\left\{2n\frac{n(n+1)}{2} - n\frac{n(n+1)}{2}\right\}$

$= \lim_{n\to\infty}n\frac{n(n+1)}{2n^3} = \frac{1}{2}$

(2) $\iint_{0\leq x\leq 1,\ 0\leq y\leq 1}x^2\,dxdy = \lim_{n\to\infty}\sum_{k=1}^{n}\sum_{l=1}^{n}(k\,dx)^2\,dxdy$

$= \lim_{n\to\infty}\frac{1}{n^4}\sum_{k=1}^{n}\sum_{l=1}^{n}k^2 = \lim_{n\to\infty}\frac{1}{n^4}\sum_{k=1}^{n}nk^2 = \lim_{n\to\infty}\frac{1}{n^4}n\frac{n(n+1)(2n+1)}{6} = \frac{1}{3}$

(3) $\iint_{0\leq x\leq 1,\ 0\leq y\leq 1}(x+y)^2\,dxdy = \lim_{n\to\infty}\sum_{k=1}^{n}\sum_{l=1}^{n}(k\,dx + l\,dy)^2\,dx\,dy$

$= \lim_{n\to\infty}\frac{1}{n^4}\sum_{k=1}^{n}\sum_{l=1}^{n}(k^2 + 2kl + l^2) = \lim_{n\to\infty}\frac{1}{n^4}\sum_{k=1}^{n}\left\{nk^2 + 2k\frac{n(n+1)}{2} + \frac{n(n+1)(2n+1)}{6}\right\}$

$= \lim_{n\to\infty}\frac{1}{n^4}\left\{n\frac{n(n+1)(2n+1)}{6} + 2\frac{n(n+1)}{2}\frac{n(n+1)}{2} + n\frac{n(n+1)(2n+1)}{6}\right\} = \frac{1}{3} + \frac{1}{2} + \frac{1}{3} = \frac{7}{6}$

2.1 (1) $\iint_{0\leq x\leq \pi/2,\ 0\leq y\leq \pi/2}\sin(x+y)\,dxdy = \int_0^{\pi/2}\left(\int_0^{\pi/2}\sin(x+y)\,dy\right)dx$

$= \int_0^{\pi/2}\left[-\cos(x+y)\right]_0^{\pi/2}dx = \int_0^{\pi/2}\left\{-\cos\left(x + \frac{\pi}{2}\right) + \cos x\right\}dx$

$= \int_0^{\pi/2}(\sin x + \cos x)\,dx = [-\cos x + \sin x]_0^{\pi/2} = 1 - (-1) = 2$

(2) $\iint_{0\leq x\leq 1,\ 0\leq y\leq 2}\sqrt{2x+y}\,dxdy = \int_0^1\left(\int_0^2\sqrt{2x+y}\,dy\right)dx$

$= \int_0^1\left[\frac{2}{3}(2x+y)^{3/2}\right]_0^2 dx = \int_0^1\left[\frac{2}{3}(2x+2)^{3/2} - \frac{2}{3}(2x)^{3/2}\right]_0^2 dx$

$= \left[\frac{2}{3}\cdot\frac{2}{5}\cdot\frac{1}{2}(2x+2)^{5/2} - \frac{2}{3}\cdot\frac{2}{5}\cdot\frac{1}{2}(2x)^{5/2}\right]_0^1 = \frac{2}{3}\cdot\frac{2}{5}\cdot\frac{1}{2}\left\{(2+2)^{5/2} - 2^{5/2} - 2^{5/2}\right\}$

$= \frac{2}{15}(32 - 4\sqrt{2} - 4\sqrt{2}) = \frac{64 - 16\sqrt{2}}{15}$

(3) $\iint_{1\leq x\leq 2,\ 0\leq y\leq 3}xy\,dxdy = \left(\int_1^2 x\,dx\right)\cdot\left(\int_0^3 y\,dx\right) = \left[\frac{x^2}{2}\right]_1^2\left[\frac{y^2}{2}\right]_0^3$

$= \frac{4-1}{2}\cdot\frac{9-0}{2} = \frac{27}{4}$

(4) $\iint_{0\leq x\leq \pi,\ 0\leq y\leq \pi}(\sin x)(\sin y)\,dxdy = \left(\int_0^\pi \sin x\,dx\right)^2 = ([-\cos x]_0^\pi)^2 = 2^2 = 4$

3.1 (1) $D = \{|x| \leq y \leq 1\} = \{y \leq 1,\ x \leq y,\ -x \leq y\}$
$\qquad\qquad = \{-1 \leq x \leq 1,\ |x| \leq y \leq 1\}$
$\qquad\qquad = \{0 \leq y \leq 1,\ -y \leq x \leq y\}$

(2) $D = \{\sqrt{x} + \sqrt{y} \leq 1\} = \{0 \leq x,\ 0 \leq y,\ \sqrt{x} + \sqrt{y} \leq 1\}$
$\qquad = \{0 \leq x \leq 1,\ 0 \leq y \leq (1-\sqrt{x})^2\} = \{0 \leq y \leq 1,\ 0 \leq x \leq (1-\sqrt{y})^2\}$

(3) $D = \{0 \leq y \leq x \leq 1\} = \{0 \leq y,\ x \leq 1,\ y \leq x\} = \{0 \leq x \leq 1,\ 0 \leq y \leq x\}$
$\qquad = \{0 \leq y \leq 1,\ y \leq x \leq 1\}$

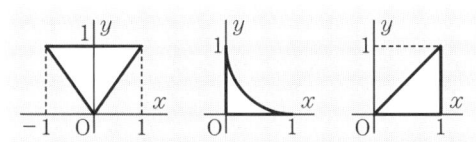

4.1 (1) $\iint_{|x|\leq y\leq 1} ye^x\,dxdy = \iint_{0\leq y\leq 1,\ -y\leq x\leq y} ye^x\,dxdy = \int_0^1\left(\int_{-y}^y ye^x\,dx\right)dy$
$= \int_0^1 [ye^x]_{-y}^y\,dy = \int_0^1 (ye^y - ye^{-y})\,dy = \int_0^1 (y(e^y)' + y(e^{-y})')\,dy$
$= [ye^y + ye^{-y}]_0^1 - \int_0^1 (e^y + e^{-y})\,dy = e + e^{-1} - [e^y - e^{-y}]_0^1$
$= e + e^{-1} - e + e^{-1} + 1 - 1 = 2e^{-1}$

(2) $\iint_{\sqrt{x}+\sqrt{y}\leq 1} y\,dxdy = \iint_{0\leq y\leq 1,\ 0\leq x\leq (1-\sqrt{y})^2} y\,dxdy = \int_0^1\left(\int_0^{(1-\sqrt{y})^2} y\,dx\right)dy$
$= \int_0^1 [yx]_0^{(1-\sqrt{y})^2}\,dy = \int_0^1 y(1-\sqrt{y})^2\,dy = \int_0^1 (y - 2y\sqrt{y} + y^2)\,dy$
$= \left[\frac{y^2}{2} - \frac{1}{5}y^{5/2} + \frac{y^3}{3}\right]_0^1 = \frac{1}{2} - \frac{1}{5} + \frac{1}{3} = \frac{1}{30}$

(3) $\iint_{x^2+y^2\leq a^2} \sqrt{a^2-x^2}\,dxdy = \iint_{-a\leq x\leq a,\ -\sqrt{a^2-x^2}\leq y\leq \sqrt{a^2-x^2}} \sqrt{a^2-x^2}\,dxdy$
$= \int_{-a}^a\left(\int_{-\sqrt{a^2-x^2}}^{\sqrt{a^2-x^2}} \sqrt{a^2-x^2}\,dy\right)dx = \int_{-a}^a \left[\sqrt{a^2-x^2}\,y\right]_{-\sqrt{a^2-x^2}}^{\sqrt{a^2-x^2}}\,dx$
$= [2a^2 x - \frac{2}{3}x^3]_{-a}^a = 4a^3 - \frac{4}{3}a^3 = \frac{8}{3}a^3$

(4) $\iint_{\sqrt{|x|}+\sqrt{|y|}\leq 1} \frac{dxdy}{(1-\sqrt{|x|})^2}$
$= 4\iint_{\sqrt{x}+\sqrt{y}\leq 1} \frac{dxdy}{(1-\sqrt{x})^2} = 4\iint_{0\leq x\leq 1,\ 0\leq y\leq (1-\sqrt{x})^2} \frac{dxdy}{(1-\sqrt{x})^2}$
$= 4\int_0^1\left(\int_0^{(1-\sqrt{x})^2} \frac{dy}{(1-\sqrt{x})^2}\right)dx = 4\int_0^1 dx = 4$

(5) 問題 3.1(3) を参考に，領域表現を x 優先に書き換える．
$\int_0^1 dy \int_y^1 dx\,\exp(-x^2) = \int_0^1 dx \int_0^x dy\,\exp(-x^2) = \int_0^1 dx\,[\exp(-x^2)\,y]_0^x$
$= \int_0^1 dx\,x\exp(-x^2) = [-\frac{1}{2}\exp(-x^2)]_0^1 = \frac{1}{2} - \frac{1}{2}\exp(-1) = \frac{1-e^{-1}}{2}$

(6) 問題 3.1(3) を参考に，領域表現を x 優先に書き換える．

$\iint_{0\leq y\leq x\leq 1} \frac{\sin(\pi x)}{x} dxdy = \iint_{0\leq x\leq 1,\ 0\leq y\leq x} \frac{\sin(\pi x)}{x} dxdy = \int_0^1 \left(\int_0^x \frac{\sin(\pi x)}{x} dy\right) dx$
$= \int_0^1 \sin(\pi x) dx = [-\frac{1}{\pi}\cos(\pi x)]_0^1 = \frac{2}{\pi}$.

5.1 (1) $t = x+y, s = 2x-y$ と置く. $t_x s_y - t_y s_x = 1(-1) - 1\cdot 2 = -3$ なので, $dxdy = \frac{1}{3}dtds \iint_{0\leq x+y\leq 2x-y\leq 1}\exp((2x-y)^2) dxdy = \iint_{0\leq t\leq s\leq 1}\exp(s^2)(\frac{1}{3}dtds) = \frac{1}{3}\int_0^1\left(\int_0^s\exp(s^2)dt\right)ds = \frac{1}{3}\int_0^1 s\exp(s^2)ds = \frac{1}{3}\left[\frac{1}{2}\exp(s^2)\right]_0^1 = \frac{1}{3}\frac{e-1}{2} = \frac{e-1}{6}$. **(2)** $t = x-y, s = x+y$ と置く. $t_x s_y - t_y s_x = 1\cdot 1 - (-1)\cdot 1 = 2$ なので, $dxdy = \frac{1}{2}dtds \iint_{1\leq x+y\leq 2,\ |x-y|\leq \pi/2}\cos(x-y)\log(x+y)dxdy = \iint_{1\leq s\leq 2,\ |t|\leq \pi/2}\cos t\log s\,(\frac{1}{2}dtds) = \frac{1}{2}\left(\int_1^2\log s\,ds\right)\left(\int_{-\pi/2}^{\pi/2}\cos t\,dt\right)$
$= \frac{1}{2}[s\log s - s]_1^2 [\sin t]_{-\pi/2}^{\pi/2} = \frac{1}{2}(2\log 2 - 2 + 1)\cdot 2 = 2\log 2 - 1$.

6.1 (1) $1\leq x^2+y^2\leq 4$ は $1\leq r\leq 2$, $0\leq x$ は $-\frac{\pi}{2}\leq \theta\leq \frac{\pi}{2}$ となるので, $D = \{1\leq r\leq 2, -\frac{\pi}{2}\leq \theta\leq \frac{\pi}{2}\}$.
(2) $0\leq x$ は $-\frac{\pi}{2}\leq \theta\leq \frac{\pi}{2}$ となるので, $D = \{0\leq r < \infty, -\frac{\pi}{2}\leq \theta\leq \frac{\pi}{2}\}$.
(3) $x^2+y^2\leq 1$ は $r\leq 1$, $0\leq y$ は $0\leq \theta\leq \pi$, $y\leq x$ は $-\frac{3\pi}{4}\leq \theta\leq \frac{\pi}{4}$ となるので, $D = \{0\leq r\leq 1, 0\leq \theta\leq \frac{\pi}{4}\}$.
(4) $x^2+x+y^2\leq 0$ は
$r^2\cos^2\theta + r\cos\theta + r^2\sin^2\theta \leq 0,\ r^2 + r\cos\theta \leq 0,\ r+\cos\theta\leq 0,\ r\leq -\cos\theta$
$0\leq r$ より $0\leq -\cos\theta$ が必要なので $\frac{\pi}{2}\leq \theta\leq \frac{3\pi}{2}$.
よって $D = \{\frac{\pi}{2}\leq \theta\leq \frac{3\pi}{2}, 0\leq r\leq -\cos\theta\}$.

7.1 (1) $\iint_{x^2+y^2\leq 1}\sqrt{1-x^2-y^2}\,dxdy = \int_0^{2\pi}d\theta\int_0^1 dr\sqrt{1-r^2}\,r$
$= 2\pi[-\frac{1}{3}(1-r^2)^{3/2}]_0^1 = \frac{2\pi}{3}$
(2) $\iint_{x^2+y^2\leq \pi}\sin(x^2+y^2)\,dxdy = \int_0^{2\pi}d\theta\int_0^{\sqrt{\pi}}dr\sin(r^2)\,r$
$= 2\pi[-\frac{1}{2}\cos(r^2)]_0^{\sqrt{\pi}} = 2\pi$
(3) 問題 6.1(4) を参考にして, $x^2+y^2\leq ax$ を極座標で表すと, $-\frac{\pi}{2}\leq \theta\leq \frac{\pi}{2}, 0\leq r\leq a\cos\theta$ となる.
$\iint_{x^2+y^2\leq ax} x\,dxdy = \int_{-\pi/2}^{\pi/2}d\theta\int_0^{a\cos\theta}dr(r\cos\theta)\,r$
$= \int_{-\pi/2}^{\pi/2}d\theta\,\cos\theta[\frac{r^3}{3}]_0^{a\cos\theta}$
$= \frac{a^3}{3}\int_{-\pi/2}^{\pi/2}\cos^4\theta\,d\theta = \frac{2a^3}{3}\int_0^{\pi/2}\cos^4\theta\,d\theta = \dagger$

2章問題 12.1(1) を使って,
$\int_0^{\pi/2}\cos^4\theta\,d\theta = \frac{3}{4}\int_0^{\pi/2}\cos^2\theta\,d\theta = \frac{3}{4}\frac{1}{2}\int_0^{\pi/2}d\theta = \frac{3}{4}\frac{1}{2}\frac{\pi}{2} = \frac{3\pi}{16}$
$\dagger = \frac{2a^3}{3}\frac{3\pi}{16} = \frac{\pi a^3}{8}$

(4) $x = ar\cos\theta, y = br\sin\theta$ と置く.
$x_r y_\theta - x_\theta y_r = (a\cos\theta)(br\cos\theta) - (-ar\sin\theta)(b\sin\theta) = abr$

よって $dxdy = abr\,drd\theta$.

$$\iint_{\frac{x^2}{a^2}+\frac{y^2}{b^2}\leq 1}(x^2+y^2)\,dxdy = \int_0^{2\pi}d\theta\int_0^1 dr(a^2r^2\cos^2\theta + b^2r^2\sin^2\theta)(abr)$$
$$= a^3b\int_0^{2\pi}\cos^2\theta\,d\theta\int_0^1 r^3\,dr + ab^3\int_0^{2\pi}\sin^2\theta\,d\theta\int_0^1 r^3\,dr = \dagger$$
$$\int_0^{2\pi}\sin^2\theta\,d\theta = \int_0^{2\pi}\cos^2\theta\,d\theta = \int_0^{2\pi}\frac{1+\cos(2\theta)}{2}d\theta = \left[\frac{\theta}{2}+\frac{1}{4}\sin(2\theta)\right]_0^{2\pi} = \pi$$
$$\int_0^1 r^3\,dr = \left[\frac{r^4}{4}\right]_0^1 = \frac{1}{4}$$
$$\dagger = a^3b\pi\cdot\frac{1}{4} + ab^3\pi\cdot\frac{1}{4} = \frac{\pi ab(a^2+b^2)}{4}$$

8.1 **(1)** 無定義点の $y=x$ のみを避ける近似増加列 $D_n = \{0\leq x,\ x+\frac{1}{n}\leq y\leq 1\}$ を考える．定符号であるので，1 つの近似増加列のみ考えればよい．

・$a \neq 1,2$ のとき，

$$\iint_{D_n}\frac{dxdy}{(y-x)^a} = \int_0^{1-1/n}dx\left(\int_{x+1/n}^1 (y-x)^{-a}\,dy\right)$$
$$= \int_0^{1-1/n}dx\left[\frac{(y-x)^{-a+1}}{-a+1}\right]_{x+1/n}^1 = \int_0^{1-1/n}dx\left(\frac{(1-x)^{-a+1}-(1/n)^{-a+1}}{-a+1}\right)$$
$$= \left[\frac{-(1-x)^{-a+2}}{(-a+1)(-a+2)}\right]_0^{1-1/n} - \frac{(1/n)^{-a+1}}{-a+1}$$
$$= \frac{-(\frac{1}{n})^{-a+2}}{(-a+1)(-a+2)} + \frac{1}{(-a+1)(-a+2)} - \frac{(1/n)^{-a+1}}{-a+1}\left(1-\frac{1}{n}\right) = \dagger$$

$\left(\frac{1}{n}\right)^{-a+2}$ は $-a+2>0$ のときは 0 に収束し，$-a+2<0$ のときは発散する．
$\left(\frac{1}{n}\right)^{-a+1}$ は $-a+1>0$ のときは 0 に収束し，$-a+1<0$ のときは発散する．

・$a<1$ のとき，$\dagger \to \frac{1}{(-a+1)(-a+2)}$

・$a=1$ のとき，
$$\iint_{D_n}\frac{dxdy}{(y-x)^a} = \int_0^{1-1/n}dx\,[\log(y-x)]_{x+1/n}^1 = \int_0^{1-1/n}dx\,(\log(1-x)-\log(1/n))$$
は発散する．

・$a=2$ のとき，$\iint_{D_n}\frac{dxdy}{(y-x)^a} = \int_0^{1-1/n}dx\,(n-(1-x)^{-1})$ は発散する．まとめると，$a<1$ のとき，与式 $= \frac{1}{(1-a)(2-a)}$．$a\geq 1$ のときは発散．

(2) 無定義点の $x+y=1$ のみを避ける近似増加列 $D_n = \{0\leq x,\ 0\leq y,\ x+y\leq 1-\frac{1}{n}\}$ を考える．定符号であるので，1 つの近似増加列のみ考えればよい．

$$\iint_{D_n}\frac{dxdy}{\sqrt{1-x-y}} = \int_0^{1-1/n}dx\int_0^{1-1/n-x}dy\,\frac{1}{\sqrt{1-x-y}}$$
$$= \int_0^{1-1/n}dx\,[-2\sqrt{1-x-y}]_0^{1-1/n-x}$$
$$= \int_0^{1-1/n}dx\left(-2\sqrt{\frac{1}{n}}+2\sqrt{1-x}\right) = -2\sqrt{\frac{1}{n}}\left(1-\frac{1}{n}\right) + \left[-\frac{4}{3}(1-x)^{3/2}\right]_0^{1-1/n}$$
$$= -2\sqrt{\frac{1}{n}}\left(1-\frac{1}{n}\right) - \frac{4}{3}\left(\frac{1}{n}\right)^{3/2} + \frac{4}{3} \to \frac{4}{3}$$

(3) 無定義点の $x+y=0$ のみを避ける近似増加列 $D_n = \{\frac{1}{n}\leq x+y,\ x\leq 1,\ y\leq 1\}$ を考える．定符号であるので，1 つの近似増加列のみ考えればよい．

$$\iint_{D_n}\frac{dxdy}{(x+y)^a} = \int_{-1+1/n}^1 dx\int_{1/n-x}^1 dy\,(x+y)^{-a} = \dagger$$

・$a\neq 1$ のとき

第 4 章 の 解 答

$$\dagger = \int_{-1+1/n}^{1} dx \left[\frac{(x+y)^{-a+1}}{-a+1}\right]_{1/n-x}^{1} = \int_{-1+1/n}^{1} dx \left(\frac{(x+1)^{-a+1}-(1/n)^{-a+1}}{-a+1}\right)$$
$$= \int_{-1+1/n}^{1} \frac{(x+1)^{-a+1}}{-a+1} dx - \frac{(1/n)^{-a+1}}{-a+1}\left(2-\frac{1}{n}\right) = \ddagger$$

・$a \neq 1, 2$ のとき
$$\ddagger = \left[\frac{(x+1)^{-a+2}}{(-a+1)(-a+2)}\right]_{-1+1/n}^{1} - \frac{(1/n)^{-a+1}}{-a+1}\left(2-\frac{1}{n}\right)$$
$$= \frac{2^{-a+2}-(1/n)^{-a+2}}{(-a+1)(-a+2)} - \frac{(1/n)^{-a+1}}{-a+1}\left(2-\frac{1}{n}\right)$$

これは $a < 1$ のときは $\frac{2^{-a+2}}{(-a+1)(-a+2)}$ に収束し，$a > 1$ のとき発散する．

・$a = 1$ のとき
$$\dagger = \int_{-1+1/n}^{1} dx \int_{1/n-x}^{1} dy (x+y)^{-1} = \int_{-1+1/n}^{1} dx [\log(x+y)]_{1/n-x}^{1}$$
$$= \int_{-1+1/n}^{1} dx \left(\log(x+1) - \log \frac{1}{n}\right)$$

これは発散する．

・$a = 2$ のとき，$\ddagger = \int_{-1+1/n}^{1} (x+1)^{-1} dx$ は発散する．

まとめると，$a < 1$ のとき与式 $= \frac{2^{-a+2}}{(-a+1)(-a+2)}$ に収束し，$a > 1$ のとき発散する．

(4) 無定義点の $x = 0$ のみを避ける近似増加列 $D_n = \left\{\frac{1}{n} \leqq x \leqq \pi, \, 0 \leqq y \leqq x^2\right\}$ を考える．定符号であるので，1 つの近似増加列のみ考えればよい．

$$\iint_{D_n} \sin \frac{y}{x} \, dxdy = \int_{1/n}^{\pi} dx \int_0^{x^2} \sin \frac{y}{x} \, dy = \int_{1/n}^{\pi} dx \left[-x \cos \frac{y}{x}\right]_0^{x^2}$$
$$= \int_{1/n}^{\pi} dx \, (-x \cos x + x) \quad (\text{例題 2.6(1) より} \int x \cos x \, dx = x \sin x + \cos x)$$
$$= \left[-x \sin x - \cos x + \frac{x^2}{2}\right]_{1/n}^{\pi} = 1 + \frac{\pi^2}{2} + \frac{1}{n}\sin\frac{1}{n} + \cos\frac{1}{n} - \frac{(1/n)^2}{2} \to \frac{\pi^2}{2} + 2$$

9.1 (1) 原点が無定義点である．例題 4.9(1) と同じ近似増加列 D_n を使う．定符号なので，1 つの近似増加列を考えれば十分である．

$$\iint_{D_n} \log(x+y) \, dxdy = \int_0^{1/n} dx \int_{1/n}^{1} dy \, \log(x+y) + \int_{1/n}^{1} dx \int_0^{1} dy \, \log(x+y)$$

右辺第 1 項を I_1，第 2 項を I_2 と置く．2 章問題 7.1(1) より $\int \log y \, dy = y \log y - y$

$$I_1 = \int_0^{1/n} dx \, [(x+y)\log(x+y) - y]_{1/n}^{1}$$
$$= \int_0^{1/n} dx \left((x+1)\log(x+1) - 1 - \left(x+\frac{1}{n}\right)\log\left(x+\frac{1}{n}\right) + \frac{1}{n}\right)$$
$$(2 \text{ 章問題 6.1(5) より} \int x \log x \, dx = \frac{x^2}{2}\log x - \frac{x^2}{4})$$
$$= \left[\frac{(x+1)^2}{2}\log(x+1) - \frac{(x+1)^2}{4} - x - \frac{(x+\frac{1}{n})^2}{2}\left\{\log\left(x+\frac{1}{n}\right) + \frac{(x+\frac{1}{n})^2}{4}\right\} + \frac{x}{n}\right]_0^{1/n}$$
$$= \frac{1}{2}\left(\frac{1}{n}+1\right)^2 \log\left(\frac{1}{n}+1\right) - \frac{1}{4}\left(\frac{1}{n}+1\right)^2 - \frac{1}{n} - \frac{1}{2}\left(\frac{1}{n}+\frac{1}{n}\right)^2 \log\left(\frac{1}{n}+\frac{1}{n}\right)$$
$$+ \frac{1}{4}\left(\frac{1}{n}+\frac{1}{n}\right)^2 + \frac{1}{n}\frac{1}{n} + \frac{1}{n} + \frac{1}{2}\left(\frac{1}{n}\right)^2 \log\left(\frac{1}{n}\right) - \frac{1}{4}\left(\frac{1}{n}\right)^2 \to -\frac{1}{4} + \frac{1}{4} = 0$$

$I_2 = \int_{1/n}^1 dx \, [(x+y)\log(x+y) - y]_0^1$
$= \int_{1/n}^1 dx \, ((x+1)\log(x+1) - 1 - x\log x)$
$= \left[\frac{1}{2}(x+1)^2 \log(x+1) - \frac{1}{4}(x+1)^2 - x - \frac{1}{2}x^2 \log x + \frac{1}{4}x^2 \right]_{1/n}^1$
$= \frac{1}{2}(1+1)^2 \log(1+1) - \frac{1}{4}(1+1)^2 - 1 - \frac{1}{2}1^2 \log 1 + \frac{1}{4}1^2$
$- \frac{1}{2}\left(\frac{1}{n}+1\right)^2 \log\left(\frac{1}{n}+1\right) + \frac{1}{4}\left(\frac{1}{n}+1\right)^2 + \frac{1}{n} + \frac{1}{2}\left(\frac{1}{n}+1\right)^2 \log\left(\frac{1}{n}+1\right) - \frac{1}{4}\left(\frac{1}{n}+1\right)^2$

(例題 1.23(3) より $\frac{1}{2}\left(\frac{1}{n}\right)^2 \log\left(\frac{1}{n}\right) \to 0$) $\to 2\log 2 - 1 - 1 + \frac{1}{4} + \frac{1}{4} = 2\log 2 - \frac{3}{2}$

よって 与式 $= \lim_{n \to \infty} (I_1 + I_2) = 2\log 2 - \frac{3}{2}$.

(2) 原点が無定義点である．例題 4.9(1) と同じ近似増加列 D_n を使う．
定符号なので，1 つの近似増加列を考えれば十分である．

$$\iint_{D_n} \frac{dx\,dy}{(x+y)^a} = \int_0^{1/n} dx \int_{1/n}^1 dy \, (x+y)^{-a} + \int_{1/n}^1 dx \int_0^1 dy \, (x+y)^{-a} = \dagger$$

・$a \neq 1$ のとき
$$\dagger = \int_0^{1/n} dx \left[\frac{(x+y)^{1-a}}{1-a} \right]_{1/n}^1 + \int_{1/n}^1 dx \left[\frac{(x+y)^{1-a}}{1-a} \right]_0^1$$
$$= \int_0^{1/n} dx \left(\frac{(x+1)^{1-a} - (x+1/n)^{1-a}}{1-a} \right) + \int_{1/n}^1 dx \left(\frac{(x+1)^{1-a} - x^{1-a}}{1-a} \right)$$
$$= \int_0^1 dx \, \frac{(x+1)^{1-a}}{1-a} - \int_0^{1/n} dx \, \frac{(x+1/n)^{1-a}}{1-a} - \int_{1/n}^1 dx \, \frac{x^{1-a}}{1-a} = \ddagger$$

・$a \neq 1, 2$ のとき
$$\ddagger = \left[\frac{(x+1)^{2-a}}{(1-a)(2-a)} \right]_0^1 - \left[\frac{(x+1/n)^{2-a}}{(1-a)(2-a)} \right]_0^{1/n} - \left[\frac{x^{2-a}}{(1-a)(2-a)} \right]_{1/n}^1$$
$$= \frac{1}{(1-a)(2-a)} \left\{ 2^{2-a} - 1 - (2/n)^{2-a} + \left(\frac{1}{n}\right)^{2-a} - 1 + \left(\frac{1}{n}\right)^{2-a} \right\}$$
$$= \frac{1}{(1-a)(2-a)} \left\{ 2^{2-a} - 2 + (2 - 2^{2-a})\left(\frac{1}{n}\right)^{2-a} \right\}$$

$2 > a$ のとき，$\frac{2^{2-a} - 2}{(1-a)(2-a)}$ に収束する．$a < 2$ のとき，発散する．

$a = 1$ のとき
$$\dagger = \int_0^{1/n} dx \int_{1/n}^1 dy \, (x+y)^{-1} + \int_{1/n}^1 dx \int_0^1 dy \, (x+y)^{-1}$$
$$= \int_0^{1/n} dx \, [\log(x+y)]_{1/n}^1 + \int_{1/n}^1 dx \, [\log(x+y)]_0^1$$
$$= \int_0^{1/n} dx \left\{ \log(x+1) - \log\left(x + \frac{1}{n}\right) \right\} + \int_{1/n}^1 dx \, (\log(x+1) - \log x)$$
$$= \int_0^1 dx \, \log(x+1) - \int_0^{1/n} dx \, \log\left(x + \frac{1}{n}\right) - \int_{1/n}^1 dx \, \log x$$

(2 章問題 7.1(1) より $\int \log x \, dx = x\log x - x$)

$$= [(x+1)\log(x+1) - (x+1)]_0^1 - [(x+\tfrac{1}{n})\log(x+\tfrac{1}{n}) - (x+\tfrac{1}{n})]_0^{1/n}$$
$$- [x\log x - x]_{1/n}^1$$
$$= 2\log 2 - 2 + 1 - \tfrac{2}{n}\log\tfrac{2}{n} + \tfrac{2}{n} + \tfrac{1}{n}\log\tfrac{1}{n} - \tfrac{1}{n} + 1 + \tfrac{1}{n}\log\tfrac{1}{n} - \tfrac{1}{n}$$
$$= 2\log 2 - \tfrac{2}{n}\log\tfrac{2}{n} + \tfrac{2}{n}\log\tfrac{1}{n} \to 2\log 2$$

・$a = 2$ のとき,
$$\ddagger = -\int_0^1 dx (x+1)^{-1} + \int_0^{1/n} dx\,(x+\tfrac{1}{n})^{-1} + \int_{1/n}^1 dx\,x^{-1}$$
$$= -[\log(x+1)]_0^1 + [\log(x+\tfrac{1}{n})]_0^{1/n} + [\log x]_{1/n}^1$$
$$= -\log 2 + \log\tfrac{2}{n} - \log\tfrac{1}{n} - \log\tfrac{1}{n}$$
$$= -\log 2 + \log\tfrac{2}{n} - \log\tfrac{1}{n^2}$$
$$= -\log 2 + \log\tfrac{2n^2}{n}$$

これは発散する.

まとめると,$a \neq 1, a < 2$ のとき,与式 $= \frac{2^{2-a}-2}{(1-a)(2-a)}$,

$a = 1$ のとき,与式 $= 2\log 2$,

$a \geqq 2$ のときは発散する.

(3) 無定義の $r = a$ のみ取り除く近似増加列 $D_n = \{0 \leqq r \leqq a - 1/n,\ 0 \leqq \theta \leqq 2\pi\}$ を考える.定符号なので,1 つの近似増加列を考えれば十分である.
$$\iint_{D_n} \frac{dxdy}{\sqrt{a^2-x^2-y^2}} = \int_0^{2\pi} d\theta \int_0^{a-1/n} d\theta \frac{r}{\sqrt{a^2-r^2}}$$
$$= 2\pi[-\sqrt{a^2-r^2}]_0^{a-1/n} = 2\pi(a - \sqrt{a^2-(a-1/n)^2}) \to 2\pi a$$

(4) $\iint_{0 \leqq x,\,0 \leqq y,\,x^2+y^2 \leqq 1} \tan^{-1}\left(\tfrac{y}{x}\right) dxdy$. 無定義の $x = 0$ のみ取り除く近似増加列 $D_n = \{\tfrac{1}{n} \leqq r \leqq 1,\ \tfrac{1}{n} \leqq \theta \leqq \tfrac{\pi}{2}\}$ を考える.定符号なので,1 つの近似増加列を考えれば十分である.
$$\iint_{D_n} \tan^{-1}\left(\tfrac{y}{x}\right) dxdy = \int_{1/n}^{\pi/2} d\theta \int_{1/n}^1 dr\,\theta\,r$$
$$= \left[\tfrac{\theta^2}{2}\right]_{1/n}^{\pi/2} \left[\tfrac{r^2}{2}\right]_{1/n}^1 = \left(\tfrac{\pi^2}{8} - \tfrac{1}{2n^2}\right)\left(\tfrac{1}{2} - \tfrac{1}{2n^2}\right) \to \tfrac{\pi^2}{16}$$

(5) $0 \leqq y \leqq x \leqq 1$ は,極座標で書くと,$0 \leqq \theta \leqq \tfrac{\pi}{4}, 0 \leqq r \leqq \tfrac{1}{\cos\theta}$

無定義点の原点のみを取り除く,近似増加列 $D_n = \{0 \leqq \theta \leqq \tfrac{\pi}{4},\ \tfrac{1}{n} \leqq r \leqq \tfrac{1}{\cos\theta}\}$
を考える.定符号なので,1 つの近似増加列を考えれば十分である.
$$\iint_{D_n} \frac{dxdy}{\sqrt{x^2+y^2}} = \int_0^{\pi/4} d\theta \int_0^{1/\cos\theta} dr \tfrac{1}{r} r = \int_0^{\pi/4} d\theta \tfrac{1}{\cos\theta}$$
$$(\text{例題 2.11(4) より}\ \int \tfrac{d\theta}{\cos\theta} = 2\tanh^{-1}(\tan\tfrac{\theta}{2}))$$
$$= \left[2\tanh^{-1}(\tan\tfrac{\theta}{2})\right]_0^{\pi/4} = 2\tanh^{-1}(\tan\tfrac{\pi}{8}) = \dagger$$

$$\tan^2\frac{\pi}{8} = \frac{\sin^2\frac{\pi}{8}}{\cos^2\frac{\pi}{8}} = \frac{1-\cos\frac{\pi}{4}}{1+\cos\frac{\pi}{4}} = \frac{1-\frac{1}{\sqrt{2}}}{1+\frac{1}{\sqrt{2}}} = \frac{\sqrt{2}-1}{\sqrt{2}+1} = (\sqrt{2}-1)^2, \ \tan\frac{\pi}{8} = \sqrt{2}-1$$

$$\dagger = \log\frac{1+\tan\frac{\pi}{8}}{1-\tan\frac{\pi}{8}} = \log\frac{1+(\sqrt{2}-1)}{1-(\sqrt{2}-1)} = \log\frac{\sqrt{2}}{2-\sqrt{2}} = \log(\sqrt{2}+1)$$

(6) 無定義点の原点のみを取り除く,近似増加列 $D_n = \{0 \leqq \theta \leqq 2\pi,\ 1/n \leqq r \leqq 1\}$ を考える.定符号なので,1つの近似増加列を考えれば十分である.

$$\iint_{D_n} \log(x^2+y^2)\,dxdy = \int_0^{2\pi} d\theta \int_{1/n}^1 dr \log(r^2)\,r = 4\pi \int_{1/n}^1 dr\,r\log r$$

$$\text{(2 章問題 6.1(5) より,}\ \int r\log r\,dr = \frac{r^2}{2}\log r - \frac{r^4}{4})$$

$$= 4\pi \left[\frac{r^2}{2}\log r - \frac{r^4}{4}\right]_{1/n}^1 = 4\pi\left(-\frac{1}{4} - \frac{1}{2n^2}\log\frac{1}{n} + \frac{1}{4n^4}\right)$$

$$\text{(1 章例題 1.23(3) より}\ \frac{1}{n^2}\log\frac{1}{n} \to 0)$$

$$\to -\pi$$

10.1 (1) 無限遠のみ取り除く近似増加列 $D_n = \{1 \leqq x \leqq n,\ 1 \leqq x \leqq n\}$ を考える.定符号なので,1つの近似増加列を考えれば十分である.

$$\iint_{D_n} \frac{dxdy}{(x+y)^a} = \int_1^n dy \int_1^n dx (x+y)^{-a} = \dagger$$

· $a \neq 1$ のとき

$$\dagger = \int_1^n dy \left[\frac{(x+y)^{1-a}}{1-a}\right]_1^n = \frac{1}{1-a}\int_1^n dy\left((n+y)^{1-a} - (1+y)^{1-a}\right) = \ddagger$$

· $a \neq 1, 2$ のとき

$$\ddagger = \frac{1}{1-a}\left[\frac{(n+y)^{2-a}}{2-a} - \frac{(1+y)^{2-a}}{2-a}\right]_1^n$$

$$= \frac{1}{(1-a)(2-a)}\left((2n)^{2-a} - (1+n)^{2-a} - (n+1)^{2-a} + 2^{2-a}\right)$$

$$= \frac{1}{(1-a)(2-a)}\left\{(2n)^{2-a}\left(1 - 2\left(\frac{1+n}{2n}\right)^{2-a}\right) + 2^{2-a}\right\}$$

· $2-a > 0$ のとき,$(2n)^{2-a} \to \infty$,$1 - 2\left(\frac{1+n}{2n}\right)^{2-a} \to 1$ なので,発散する.

· $2-a < 0, a \neq 1$ のとき,$(2n)^{2-a} \to 0$,$1 - 2\left(\frac{1+n}{2n}\right)^{2-a} \to 1 - 2^{a-1}$ なので,$\frac{2^{2-a}}{(1-a)(2-a)}$ に収束する.

· $a = 2$ のとき

$$\dagger = -\int_1^n dy\left((n+y)^{-1} - (1+y)^{-1}\right) = -[\log(n+y) - \log(1+y)]_1^n$$

$$= -\log(2n) + \log(1+n) + \log(n+1) - \log 2 = \log\frac{(n+1)^2}{2n} - \log 2$$

は発散する.

· $a = 1$ のとき

$$\dagger = \int_1^n dy \int_1^n dx(x+y)^{-1} = \int_1^n dy[\log(x+y)]_1^n = \int_1^n dy(\log(n+y) - \log(1+y))$$

$$\text{(2 章問題 7.1(1) より,}\ \int \log y\,dy = y\log y - y)$$

$$= [(n+y)\log(n+y) - (n+y) - (1+y)\log(1+y) + (1+y)]_1^n$$

$$= 2n\log(2n) - 2n - (1+n)\log(1+n) + (1+n)$$

$$-(n+1)\log(n+1)+(n+1)+2\log 2-2$$
$$=2n\log(2n)-2(1+n)\log(1+n)+2\log 2=*$$
$$\lim_{x\to\infty}\{x\log(2x)-(1+x)\log(1+x)\}=\lim_{x\to\infty}\log\frac{(2x)^x}{(1+x)^{1+x}}$$
$$=\lim_{x\to\infty}\log\left((\tfrac{2x}{1+x})^x\tfrac{1}{1+x}\right)=\lim_{x\to\infty}x\log(\tfrac{2x}{1+x})+\log\tfrac{1}{1+x}=\infty$$
よって $*$ は発散する.

まとめると, $a>2$ のとき, 与式 $=\frac{2^{2-a}}{(1-a)(2-a)}$, $a\leqq 2$ のとき, 発散する.

(2) 無限遠のみ取り除く近似増加列 $D_n=\{0\leqq x\leqq n,\ 0\leqq x\leqq n\}$ を考える. 定符号なので, 1つの近似増加列を考えれば十分である.

$$\iint_{D_n}\tfrac{dxdy}{(x+y+1)^a}=\int_0^n dx\int_0^n dy\,(x+y+1)^{-a}$$
$$=\int_0^n dx\left[\tfrac{(x+y+1)^{-a+1}}{1-a}\right]_0^n=\int_0^n dx\left(\tfrac{(x+n+1)^{-a+1}}{1-a}-\tfrac{(x+1)^{-a+1}}{1-a}\right)$$
$$=\left[\tfrac{(x+n+1)^{-a+2}}{(1-a)(2-a)}-\tfrac{(x+1)^{-a+2}}{(1-a)(2-a)}\right]_0^n$$
$$=\tfrac{(n+n+1)^{-a+2}}{(1-a)(2-a)}-\tfrac{(n+1)^{-a+2}}{(1-a)(2-a)}-\tfrac{(n+1)^{-a+2}}{(1-a)(2-a)}+\tfrac{1}{(1-a)(2-a)}$$
$$\to\tfrac{1}{(1-a)(2-a)}$$

(3) 無限遠のみ取り除く近似増加列 $D_n=\{0\leqq y\leqq n,\ 0\leqq x\leqq y\}$ を考える. 定符号なので, 1つの近似増加列を考えれば十分である.

$$\iint_{D_n}\exp(-y^2)\,dxdy=\int_0^n dy\int_0^y dx\exp(-y^2)=\int_0^n dy\,y\exp(-y^2)$$
$$=\left[-\tfrac{1}{2}\exp(-y^2)\right]_0^n=\tfrac{1}{2}-\tfrac{1}{2}\exp(-n^2)\to\tfrac{1}{2}$$

(4) 無限遠のみ取り除く近似増加列 $D_n=\{0\leqq y\leqq n,\ 0\leqq x\leqq y\}$ を考える. 定符号なので, 1つの近似増加列を考えれば十分である.

$$\iint_{D_n}\exp(-x-y)\,dxdy=\int_0^n dy\int_0^y\exp(-x-y)=\int_0^n dy\left[-\exp(-x-y)\right]_0^y$$
$$=\int_0^n dy\left[\exp(-y)-\exp(-2y)\right]=\left[-\exp(-y)+\tfrac{1}{2}\exp(-2y)\right]_0^n$$
$$=-\exp(-n)+\tfrac{1}{2}\exp(-2n)+1-\tfrac{1}{2}\to\tfrac{1}{2}$$

11.1 (1) 無限遠のみを取り除く近似増加列 $D_n=\{1\leqq r\leqq n,\ 0\leqq\theta\leqq 2\pi\}$ を考える. 定符号であるので, 1つの近似増加列のみ考えればよい.

$$\iint_{D_n}\tfrac{dxdy}{(x^2+y^2)^a}=\int_0^{2\pi}d\theta\int_1^n dr\,\tfrac{r}{r^{2a}}=2\pi\int_1^n dr\,r^{1-2a}=\dagger$$

・$a\neq 1$ のとき, $\dagger=2\pi\left[\tfrac{r^{2-2a}}{2-2a}\right]_1^n=2\pi\tfrac{n^{2-2a}-1}{2-2a}$

・$2-2a<0$ のとき, $\tfrac{\pi}{a-1}$ に収束する. $2-2a>0$ のとき, 発散する.

・$a=1$ のとき, $\dagger=2\pi\int_1^n dr\,r^{-1}=2\pi[\log r]_1^n=2\pi\log n$. 発散する.

まとめると, $a>1$ のとき, $\tfrac{\pi}{a-1}$ に収束する. $a\leqq 1$ のとき, 発散する.

(2) 無限遠のみを取り除く近似増加列 $D_n=\{0\leqq r\leqq n,\ 0\leqq\theta\leqq 2\pi\}$ を考える.

定符号であるので, 1 つの近似増加列のみ考えればよい.

$$\iint_{D_n} x^2 \exp(-x^2-y^2)\,dxdy = \int_0^{2\pi} d\theta \int_0^n dr (r\cos\theta)^2 \exp(-r^2)\,r$$
$$= \int_0^{2\pi} \cos^2\theta\, d\theta \int_0^n r^3 \exp(-r^2)\,dr$$
$$= \int_0^{2\pi} \tfrac{1+\cos(2\theta)}{2} d\theta \int_0^n r^2 (-\tfrac{1}{2}\exp(-r^2))'\,dr$$
$$= \left[\tfrac{\theta}{2} + \tfrac{\sin(2\theta)}{4}\right]_0^{2\pi} \left\{\left[-\tfrac{1}{2}r^2 \exp(-r^2)\right]_0^n + \int_0^n \tfrac{1}{2}(2r)\exp(-r^2)\,dr\right\}$$
$$= \pi \left\{-\tfrac{1}{2}n\exp(-n^2) + \left[-\tfrac{1}{2}\exp(-r^2)\right]_0^n\right\}$$
$$= \pi \left\{-\tfrac{1}{2}n\exp(-n^2) + \tfrac{1}{2} - \tfrac{1}{2}\exp(-n^2)\right\} = \dagger$$

$$\lim_{x\to\infty} x\exp(-x^2) = \lim_{x\to\infty} \frac{x}{\exp(x^2)} \left(= \tfrac{\infty}{\infty}\right) = \lim_{x\to\infty} \frac{1}{2x\exp(x^2)} = 0$$

よって $\dagger \to \frac{\pi}{2}$.

(3) 無限遠のみを取り除く近似増加列 $D_n = \{0 \leq r \leq n,\ 0 \leq \theta \leq \frac{\pi}{2}\}$ を考える.
定符号であるので, 1 つの近似増加列のみ考えればよい.

$$\iint_{D_n} x\exp(-x^2-y^2)\,dxdy = \int_0^{\pi/2} d\theta \int_0^n dr (r\cos\theta)\exp(-r^2)\,r$$
$$= \int_0^{\pi/2} \cos\theta\, d\theta \int_0^n r^2 \exp(-r^2)\,dr = [\sin\theta]_0^{\pi/2} \int_0^n r\left(-\tfrac{1}{2}\exp(-r^2)\right)'\,dr$$
$$= \left\{\left[-\tfrac{1}{2}r\exp(-r^2)\right]_0^n + \int_0^n \tfrac{1}{2}\exp(-r^2)\,dr\right\}$$
$$= -\tfrac{1}{2}n\exp(-n^2) + \tfrac{1}{2}\int_0^n \exp(-r^2)\,dr = \dagger$$

$$\lim_{x\to\infty} x\exp(-x^2) = \lim_{x\to\infty} \frac{x}{\exp(x^2)} \left(= \tfrac{\infty}{\infty}\right) = \lim_{x\to\infty} \frac{1}{2x\exp(x^2)} = 0$$

(例題 4.11(2) より $\int_0^\infty \exp(-x^2)\,dx = \lim_{n\to\infty} \tfrac{1}{2}\int_0^n \exp(-x^2)\,dx = \tfrac{\sqrt{\pi}}{2}$)

よって $\dagger = \tfrac{1}{2}\tfrac{\sqrt{\pi}}{2} = \tfrac{\sqrt{\pi}}{4}$

(4) 無限遠のみを取り除く近似増加列 $D_n = \{0 \leq r \leq n,\ 0 \leq \theta \leq 2\pi\}$ を考える.
定符号であるので, 1 つの近似増加列のみ考えればよい.

$$\iint_{D_n} \frac{dxdy}{(1+x^2+y^2)^a} = \int_0^{2\pi} d\theta \int_0^n dr (1+r^2)^{-a}\,r = 2\pi \int_0^n r(1+r^2)^{-a}\,dr = \dagger$$

・$a \neq 1$ のとき, $\dagger = 2\pi \left[\tfrac{1}{2}\tfrac{(1+r^2)^{1-a}}{1-a}\right]_0^n = \pi\left(\tfrac{(1+n^2)^{1-a}-1}{1-a}\right)$

・$1-a < 0$ のとき, $\tfrac{\pi}{a-1}$ に収束. $1-a > 0$ のとき, 発散.

・$a = 1$ のとき, $\dagger = 2\pi \int_0^n r(1+r^2)^{-1}\,dr = 2\pi \left[\tfrac{1}{2}\log(1+r^2)\right]_0^n = \pi\log(1+n^2)$
発散する.

まとめると, $a > 1$ のとき, 与式 $= \tfrac{\pi}{a-1}$, $a \leq 1$ のとき, 発散.

(5) 原点が無定義点なので,

$$\text{与式} = \iint_{x^2+y^2 \leq 1} \frac{dxdy}{(x^2+y^2+\sqrt{x^2+y^2})^{3/2}} + \iint_{x^2+y^2 \geq 1} \frac{dxdy}{(x^2+y^2+\sqrt{x^2+y^2})^{3/2}}$$

と，特異積分と無限積分に分ける．第 1 項を I_1, 第 2 項を I_2 と置く．
I_1 では，無定義点の原点のみを取り除く近似増加列 $\{1/n \leqq r \leqq 1,\ 0 \leqq \theta \leqq 2\pi\}$ を考える．定符号であるので，1 つの近似増加列のみ考えればよい．
$$\int_0^{2\pi} d\theta \int_{1/n}^1 dr\, \frac{r}{(r^2+r)^{3/2}} = 2\pi \int_{1/n}^1 \frac{r\,dr}{(r^2+r)^{3/2}} = \dagger$$
$$\int x(x^2+x)^{-3/2}\,dx = \int x^{-1/2}(x+1)^{-3/2}\,dx = \int x^{-1/2}(x+1)^{-3/2}(x+1-x)\,dx$$
$$= \int x^{-1/2}(x+1)^{-1/2}\,dx - \int x^{1/2}(x+1)^{-3/2}\,dx$$
$$= \int x^{-1/2}(x+1)^{-1/2}\,dx - \int x^{1/2}(-2(x+1)^{-1/2})'\,dx$$
$$= \int x^{-1/2}(x+1)^{-1/2}\,dx + 2x^{1/2}(x+1)^{-1/2} - 2\int \tfrac{1}{2}x^{-1/2}(x+1)^{-1/2}\,dx$$
$$= 2x^{1/2}(x+1)^{-1/2}$$
$$\dagger = 2\pi [2x^{1/2}(x+1)^{-1/2}]_{1/n}^1 = 2\pi\left\{\sqrt{2} - \tfrac{2}{n}(\tfrac{1}{n^2}+\tfrac{1}{n})^{-1/2}\right\}$$
$$= 2\pi\left(\sqrt{2} - 2\tfrac{1}{\sqrt{n+1}}\right) \to 2\sqrt{2}\,\pi = I_1$$

I_2 では無限遠のみを取り除く近似増加列 $D_n = \{1 \leqq r \leqq n,\ 0 \leqq \theta \leqq 2\pi\}$ を考える．定符号であるので，1 つの近似増加列のみ考えればよい．
$$\iint_{D_n} \frac{dxdy}{(x^2+y^2+\sqrt{x^2+y^2})^{3/2}} = \int_0^{2\pi} d\theta \int_1^n dr\,\frac{r}{(r^2+r)^{3/2}}$$
$$= 2\pi \left[2x^{1/2}(x+1)^{-1/2}\right]_1^n = 2\pi\left\{2n^{1/2}(n+1)^{-1/2} - \sqrt{2}\right\}$$
$$= 2\pi\left(2\sqrt{\tfrac{n}{n+1}} - \sqrt{2}\right) \to 2\pi(2-\sqrt{2}) = 4\pi - 2\sqrt{2}\,\pi = I_2$$
よって与式 $= I_1 + I_2 = 2\sqrt{2}\,\pi + 4\pi - 2\sqrt{2}\,\pi = 4\pi$

(6) $t = \frac{x-\mu}{\sqrt{2}\sigma}$ と置く．$dt = \frac{dx}{\sqrt{2}\sigma}$．$x: -\infty \to \infty$ なので，$t: -\infty \to \infty$．
$$\int_{-\infty}^\infty \frac{1}{\sqrt{2\pi}\sigma} \exp\left(-\frac{(x-\mu)^2}{2\sigma^2}\right) dx = \frac{1}{\sqrt{\pi}} \int_{-\infty}^\infty \exp(-t^2)\,dt = \frac{2}{\sqrt{\pi}} \int_0^\infty \exp(-t^2)\,dt$$
（例題 4.11(2) より $\int_0^\infty \exp(-t^2)\,dt = \frac{\sqrt{\pi}}{2}$）
$$= \frac{2}{\sqrt{\pi}} \cdot \frac{\sqrt{\pi}}{2} = 1$$

12.1 (1) $-\frac{\pi}{2} \leqq x \leqq \frac{\pi}{2}$, $-\frac{\pi}{2} \leqq y \leqq \frac{\pi}{2}$ の範囲で，$\cos(x+y)\cos(x-y) \geqq 0$ となるのは，$-\frac{\pi}{2} \leqq x+y \leqq \frac{\pi}{2}$, $-\frac{\pi}{2} \leqq x-y \leqq \frac{\pi}{2}$ のときである．
$$V = \iint_{-\pi/2 \leqq x+y \leqq \pi/2,\,-\pi/2 \leqq x-y \leqq \pi/2} \cos(x+y)\cos(x-y)\,dxdy$$
$t = x+y$, $s = x-y$ と置換積分する．
$\det \frac{\partial(t,s)}{\partial(x,y)} = t_x s_y - t_y s_x = -2$ なので，$dxdy = \frac{1}{2} dtds$．
$$V = \iint_{-\pi/2 \leqq t \leqq \pi/2,\,-\pi/2 \leqq s \leqq \pi/2} \cos(t)\cos(s)\,(\tfrac{1}{2}dtds) = \tfrac{1}{2}\left(\int_{-\pi/2}^{\pi/2} \cos t\,dt\right)^2$$
$$= \tfrac{1}{2}\left([\sin x]_{-\pi/2}^{\pi/2}\right)^2 = \tfrac{1}{2} \cdot 2^2 = 2$$

(2) $2 - \exp(|x| + |y|) \geqq 0$ となるのは, $|x| + |y| \leqq \log 2$ のとき.
$$V = \iint_{|x|+|y|\leqq \log 2} \{2 - \exp(|x| + |y|)\}\, dxdy$$
$$= 4\iint_{0 \leqq x,\ 0 \leqq y,\ x+y \leqq \log 2} \{2 - \exp(x + y)\}\, dxdy$$
$$= 4\int_0^{\log 2} dy \int_0^{\log 2 - y} dx \{2 - \exp(x + y)\} = 4\int_0^{\log 2} dy\, [2x - \exp(x + y)]_0^{\log 2 - y}$$
$$= 4\int_0^{\log 2} dy\, (2\log 2 - 2y - 2 + \exp y) = 4\left[(2\log 2 - 2)y - y^2 + \exp y\right]_0^{\log 2}$$
$$= 4\left\{(2\log 2 - 2)\log 2 - (\log 2)^2 + 2 - 1\right\} = 4\left\{(\log 2)^2 - 2\log 2 + 1\right\}$$
$$= 4\{(\log 2) - 1\}^2$$

(3) $f(x, y) = x^4 - 2x^2 + 1 - y^2 = (x^2 - 1)^2 - y^2 \geqq 0$ とすると,
$$(x^2 - 1)^2 \geqq y^2,\ 1 - x^2 \geqq |y|,\ x^2 - 1 \leqq y \leqq 1 - x^2$$
これが成り立てば, $-1 \leqq x \leqq 1,\ -1 \leqq y \leqq 1$ が成り立つ.
$$V = \iint_{x^2 - 1 \leqq y \leqq 1 - x^2} ((x^2 - 1)^2 - y^2)\, dxdy = 4\int_0^1 dx \int_0^{1-x^2} dy((x^2 - 1)^2 - y^2)$$
$$= 4\int_0^1 dx \left\{(x^2 - 1)^2(1 - x^2) - \left[\frac{y^3}{3}\right]_0^{1 - x^2}\right\}$$
$$= \frac{8}{3}\int_0^1 dx(1 - x^2)^3 = \frac{8}{3}\int_0^1 dx(1 - 3x^2 + 3x^4 - x^6) = \frac{8}{3}\left[x - x^3 + 3\frac{x^5}{5} - \frac{x^7}{7}\right]_0^1$$
$$= \frac{8}{3} \cdot \frac{16}{35} = \frac{128}{105}$$

13.1 (1) $x^2 + y^2 + z^2 \leqq 2,\ x^2 + y^2 \leqq z$ から z を消去すると, $x^2 + y^2 + (x^2 + y^2)^2 \leqq 2$, $(x^2 + y^2 + 2)(x^2 + y^2 - 1) \leqq 0,\ x^2 + y^2 \leqq 1$ となる.
$$V = \iint_{x^2 + y^2 \leqq 1} \{\sqrt{2 - x^2 - y^2} - (x^2 + y^2)\}\, dxdy$$
$$= \int_0^{2\pi} d\theta \int_0^1 dr(\sqrt{2 - r^2} - r^2)\, r = 2\pi\left[-\frac{1}{3}(2 - r^2)^{3/2} - \frac{r^4}{4}\right]_0^1$$
$$= 2\pi\left(-\frac{1}{3} - \frac{1}{4} + \frac{1}{3}(2)^{3/2}\right) = \frac{8\sqrt{2} - 7}{6}\pi$$

(2) $V = \iint_{x^2 + y^2 \leqq 1} |x + y|\, dxdy = 2\iint_{0 \leqq x + y,\ x^2 + y^2 \leqq 1} (x + y)\, dxdy$
$$= 2\int_{-\pi/4}^{3\pi/4} d\theta \int_0^1 dr(r\cos\theta + r\sin\theta)\, r = 2\int_{-\pi/4}^{3\pi/4} (\cos\theta + \sin\theta)d\theta \int_0^1 r^2\, dr$$
$$= 2[\sin\theta - \cos\theta]_{-\pi/4}^{3\pi/4} \left[\frac{r^3}{3}\right]_0^1 = 2 \cdot 2\sqrt{2} \cdot \frac{1}{3} = \frac{4\sqrt{2}}{3}$$

(3) 与えられた条件から z を消去すると, $x^2 + y^2 \leqq \frac{3}{4},\ 0 \leqq x,\ 0 \leqq y$
$$V = \iint_{x^2 + y^2 \leqq \frac{3}{4},\, 0 \leqq x,\, 0 \leqq y} \left(\sqrt{1 - x^2 - y^2} - \sqrt{\frac{x^2 + y^2}{3}}\right) dxdy$$
$$= \int_0^{\pi/2} d\theta \int_0^{\sqrt{3}/2} dr\left(\sqrt{1 - r^2} - \frac{r}{\sqrt{3}}\right) r = \frac{\pi}{2}\left[-\frac{1}{3}(1 - r^2)^{3/2} - \frac{1}{\sqrt{3}}\frac{r^3}{3}\right]_0^{\sqrt{3}/2}$$
$$= \frac{\pi}{2}\left(-\frac{1}{3}\left(\frac{1}{4}\right)^{3/2} - \frac{1}{3\sqrt{3}}\left(\frac{\sqrt{3}}{2}\right)^3 + \frac{1}{3}\right) = \frac{\pi}{12}$$

(4) xy 平面に射影した図形は $\frac{x^2}{a^2} + \frac{y^2}{b^2} \leqq 1$

$$V = \iint_{\frac{x^2}{a^2}+\frac{y^2}{b^2}\leq 1} 2c\sqrt{1-\frac{x^2}{a^2}-\frac{y^2}{b^2}}\,dxdy = \dagger$$

$x = ar\cos\theta, y = br\sin\theta$ と置く。$x_r y_\theta - x_\theta y_r - (a\cos\theta)(br\cos\theta) - (-ar\sin\theta)(b\sin\theta) = abr$. よって $dxdy = abr\,drd\theta$

$$\dagger = \int_0^{2\pi} d\theta \int_0^1 dr\,2c\sqrt{1-r^2}\,abr = abc(4\pi)\left[-\tfrac{1}{3}(1-r^2)^{3/2}\right]_0^1 = \tfrac{4\pi}{3}abc$$

14.1 (1) $z = y - x^2, z_x = -2x, z_y = 1, 1+(z_x)^2+(z_y)^2 = 1+4x^2+1 = 2+4x^2$

$$S = \iint_{0\leq x\leq 1,\,0\leq y\leq 1}\sqrt{1+(z_x)^2+(z_y)^2} = \int_0^1 dy \int_0^1 dx\,\sqrt{2+4x^2}$$

$$= \int_0^1 dx\,\sqrt{1+(\sqrt{2}x)^2}\,d(\sqrt{2}x)$$

(2章問題 7.1(5) より $\int \sqrt{1+x^2}\,dx = \tfrac{1}{2}x\sqrt{1+x^2} + \tfrac{1}{2}\sinh^{-1}x$)

$$= \left[\tfrac{1}{2}(\sqrt{2}\,x)\sqrt{1+2x^2} + \tfrac{1}{2}\sinh^{-1}(\sqrt{2}\,x)\right]_0^1 = \tfrac{\sqrt{6}}{2} + \tfrac{1}{2}\sinh^{-1}\sqrt{2}$$

$$= \tfrac{\sqrt{6}}{2} + \tfrac{1}{2}\log(\sqrt{2}+\sqrt{3})$$

(2) x と z を交換して, $z^2+y^2-y = 0, x^2+y^2+z^2 \leq 1$ という曲面を考える.
$z = \sqrt{y-y^2}$ (x 正側のみ) であるが, $y-y^2 \geq 0$ となるのは, $0 \leq y \leq 1$ のときである.

$$1+(z_y)^2 = 1+\left(\frac{1-2y}{2\sqrt{y-y^2}}\right)^2 = \frac{1}{4(y-y^2)}$$

$$S = 2\iint_{0\leq y,\,x^2+y^2\leq 1}\frac{dxdy}{2\sqrt{y-y^2}}$$

これは $y = 0$ と $y = 1$ で無定義の, 特異積分である. 無定義点 $y = 0$ と $y = 1$ のみ取り除く近似増加列 $D = \{\tfrac{1}{n} \leq y \leq 1-\tfrac{1}{n},\,-\sqrt{y-y^2} \leq \sqrt{y-y^2}\}$ を考える. 定符号であるので, 1 つの近似増加列のみ考えればよい.

$$S = \int_{1/n}^{1-1/n} dy \int_{-\sqrt{1-y^2}}^{\sqrt{1-y^2}} dx\,\frac{1}{\sqrt{y-y^2}} = \int_{1/n}^{1-1/n} dy\,\frac{2\sqrt{1-y^2}}{\sqrt{y-y^2}}$$

$$= 2\int_{1/n}^{1-1/n} dy\,\sqrt{1+\tfrac{1}{y}} = \dagger$$

$\left(\text{2 章問題 13.1(5) より} \int dy\,\sqrt{1+\tfrac{1}{y}} = \log(\sqrt{|y+1|}+\sqrt{|y|}) + y\sqrt{1+\tfrac{1}{y}}\right)$

$$\dagger = 2\left[\log(\sqrt{|y+1|}+\sqrt{|y|}) + y\sqrt{1+\tfrac{1}{y}}\right]_{1/n}^{1-1/n}$$

$$= 2\log(\sqrt{2-1/n}+\sqrt{1-1/n}) + 2(1-1/n)\sqrt{1+\tfrac{1}{1-1/n}}$$

$$-2\log(\sqrt{1/n+1}+\sqrt{1/n}) - 2\tfrac{1}{n}\sqrt{1+n} \to 2\log(\sqrt{2}+1)+2\sqrt{2}$$

(3) $z = xy, z_x = y, z_y = x,\,\sqrt{1+(z_x)^2+(z_y)^2} = \sqrt{1+y^2+x^2}$

$$S = \iint_{x^2+y^2\leq 1}\sqrt{1+y^2+x^2}\,dxdy = \int_0^{2\pi} d\theta \int_0^1 dr\,\sqrt{1+r^2}\,r$$

$$= \tfrac{2\pi}{3}\left[(1+r^2)^{3/2}\right]_0^1 = \tfrac{2\pi}{3}(2\sqrt{2}-1)$$

(4) $z = \sqrt{x^2+y^2}, z_x = \frac{x}{\sqrt{x^2+y^2}}, z_y = \frac{x}{\sqrt{x^2+y^2}}, 1+(z_x)^2+(z_y)^2 = 2$

$z \leqq \frac{1}{2}x + 1$ となるのは,
$$\sqrt{x^2 + y^2} \leqq \frac{1}{2}x + 1, x^2 + y^2 \leqq (\frac{1}{2}x + 1)^2, \frac{3}{4}x^2 - x - 1 + y^2 \leqq 0,$$
$$\frac{3}{4}(x - \frac{2}{3})^2 + y^2 \leqq \frac{4}{3}, \frac{(x - \frac{2}{3})^2}{(\frac{4}{3})^2} + \frac{y^2}{(\frac{2}{\sqrt{3}})^2} \leqq 1$$

という楕円板になる.
$$S = \iint_{\sqrt{x^2+y^2} \leqq \frac{1}{2}x+1} \sqrt{1 + (z_x)^2 + (z_y)^2} \, dxdy$$
$$= \iint_{\frac{(x-\frac{2}{3})^2}{(\frac{4}{3})^2} + \frac{y^2}{(\frac{2}{\sqrt{3}})^2} \leqq 1} \sqrt{2} \, dxdy = \dagger$$

(2 章問題 24.1(1) よりこの楕円板の面積は $\pi \cdot \frac{4}{3} \cdot \frac{2}{\sqrt{3}} = \frac{8\pi}{3\sqrt{3}}$)

よって $\dagger = \sqrt{2} \frac{8\pi}{3\sqrt{3}} = \frac{8\sqrt{6}\pi}{9}$

15.1 (1) 円柱座標を使う. z 正側は $z = \sqrt{1 - r^2}$ となるので, $z_r = \frac{-r}{\sqrt{1-r^2}}, z_\theta = 0$
$$r^2 + r^2(z_r)^2 + (z_\theta)^2 = r^2 + r^2 \frac{r^2}{1-r^2} = \frac{r^2}{1-r^2}$$

・$0 \leqq a \leqq 1$ のとき, $a \leqq z = \sqrt{1 - r^2}$ は, $r \leqq \sqrt{1 - a^2}$ となる.
$$S = \iint_{r \leqq \sqrt{1-a^2}} \sqrt{r^2 + r^2(z_r)^2 + (z_\theta)^2} \, drd\theta = \int_0^{2\pi} d\theta \int_0^{\sqrt{1-a^2}} dr \frac{r}{\sqrt{1-r^2}}$$
$$= 2\pi \left[-\sqrt{1-r^2} \right]_0^{\sqrt{1-a^2}} = 2\pi(1 - a)$$

・$-1 < a < 0$ のとき. $a < z$ の部分は, 球面(面積 4π)から, $-1 < z < a$ を除いたもの. $-1 < z < a$ の部分の面積は, 上の $0 < a$ のときの面積を利用して, $2\pi(1+a)$. よって $S = 4\pi - 2\pi(1 + a) = 2\pi(1 - a)$ となる.

まとめると, a の符号によらず $S = 2\pi(1 - a)$.

(2) 円柱座標を使う. $z = r^2$ となるので, $z_r = 2r, z_\theta = 0$,
$$r^2 + r^2(z_r)^2 + (z_\theta)^2 = r^2 + r^2(2r)^2 = r^2 + 4r^4$$
$$S = \iint_{r \leqq a} \sqrt{r^2 + r^2(z_r)^2 + (z_\theta)^2} \, drd\theta = \int_0^{2\pi} d\theta \int_0^a dr \sqrt{r^2 + 4r^4}$$
$$= 2\pi \int_0^a r\sqrt{1 + 4r^2} \, dr = 2\pi \left[\frac{1}{12}(1 + 4r^2)^{3/2} \right]_0^a = \frac{\pi}{6} \left\{ (1 + 4a^2)^{3/2} - 1 \right\}$$

(3) 円柱座標を使う. $z = r$ となるので, $z_r = 1, z_\theta = 0, r^2 + r^2(z_r)^2 + (z_\theta)^2 = 2r^2$.
$$S = \iint_{r \leqq a} \sqrt{r^2 + r^2(z_r)^2 + (z_\theta)^2} \, drd\theta = \int_0^{2\pi} d\theta \int_0^a dr \sqrt{2} \, r = 2\pi\sqrt{2} \left[\frac{r^2}{2} \right]_0^a = \sqrt{2}\pi a^2$$

(4) 円柱座標を使う. $z = \theta$ となるので, $z_r = 0, z_\theta = 1$.
$$S = \iint_{r \leqq 1} \sqrt{r^2 + r^2(z_r)^2 + (z_\theta)^2} \, drd\theta$$
$$= \int_0^{2\pi} d\theta \int_0^1 dr \sqrt{r^2 + 1} \quad (\text{例題 } 2.5(2))$$
$$= 2\pi \left[\frac{1}{2} \sinh^{-1} x + \frac{1}{2} x\sqrt{x^2 + 1} \right]_0^1 = \{\log(1 + \sqrt{2}) + \sqrt{2}\}\pi$$

16.1 (1) 与式 $= \int_0^1 x \, dx \int_0^1 y \, dy \int_0^1 z \, dz = \left(\int_0^1 x \, dx \right)^3 = \left(\left[\frac{x^2}{2} \right]_0^1 \right)^3 = (\frac{1}{2})^3 = \frac{1}{8}$

(2) $D = \{0 \leqq x \leqq 1, \ 0 \leqq y \leqq 1 - x, \ 0 \leqq z, \ 1 - x - y\}$ と累次表現できる.

$$\begin{aligned}
与式 &= \int_0^1 dx \int_0^{1-x} dy \int_0^{1-x-y} dz\, (x+y+z) = \int_0^1 dx \int_0^{1-x} dy \left[(x+y)z + \tfrac{z^2}{2}\right]_0^{1-x-y} \\
&= \int_0^1 dx \int_0^{1-x} dy \left((x+y)(1-x-y) + \tfrac{(1-x-y)^2}{2}\right) \\
&= \tfrac{1}{2} \int_0^1 dx \int_0^{1-x} dy \left(1 - x^2 - 2xy - y^2\right) \\
&= \tfrac{1}{2} \int_0^1 dx \left[(1-x^2)y - xy^2 - \tfrac{y^3}{3}\right]_0^{1-x} \\
&= \tfrac{1}{2} \int_0^1 dx \left((1-x^2)(1-x) - x(1-x)^2 - \tfrac{(1-x)^3}{3}\right) \\
&= \tfrac{1}{6} \int_0^1 dx (2 - 3x + x^3) = \tfrac{1}{6} \left[2x - 3\tfrac{x^2}{2} + \tfrac{x^4}{4}\right]_0^1 \\
&= \tfrac{1}{6}\left(2 - \tfrac{3}{2} + \tfrac{1}{4}\right) = \tfrac{1}{8}
\end{aligned}$$

(3) 与式 $= \int_0^1 dz\, z \iint_{z \leq x^2 + y^2 \leq 1} dxdy$ ($z \leq x^2 + y^2 \leq 1$ は半径 1 と半径 $\sqrt{z}$ の円に挟まれた部分なので, 面積は $\pi(1-z)$) $= \int_0^1 z\pi(1-z)dz = \pi \left[\tfrac{z^2}{2} - \tfrac{z^3}{3}\right]_0^1 = \tfrac{\pi}{6}$.

17.1 (1) 3次元極座標を使う.
積分領域: $D = \{0 \leq r \leq 1,\ 0 \leq \theta \leq \tfrac{\pi}{2},\ 0 \leq \varphi \leq \tfrac{\pi}{2}\}$
被積分関数: $z^2 = r^2 \cos^2 \theta$
変数変換: $dxdydz = r^2 \sin\theta\, dr\, d\theta d\varphi$

$$\begin{aligned}
与式 &= \int_0^1 dr \int_0^{\pi/2} d\theta \int_0^{\pi/2} d\varphi (r^2 \cos^2 \theta)(r^2 \sin\theta) \\
&= \tfrac{\pi}{2} \int_0^1 r^4\, dr \int_0^{\pi/2} \cos^2 \theta \sin\theta\, d\theta = \tfrac{\pi}{2} \left[\tfrac{r^5}{5}\right]_0^1 \left[-\tfrac{1}{3}\cos^3 \theta\right]_0^{\pi/2} = \tfrac{\pi}{2} \cdot \tfrac{1}{5} \cdot \tfrac{1}{3} = \tfrac{\pi}{30}
\end{aligned}$$

(2) 無限積分である. 積分領域: $D_n = \{-n \leq z < n,\ x^2 + y^2 \leq 1\}$ という近似増加列を考える. 定符号だから1つの近似増加列を考えれば十分である.
$\iiint_{D_n} \sqrt{x^2+y^2} \exp(-z^2)\, dxdydz = \int_{-n}^n \exp(-z^2)\, dz \iint_{x^2+y^2 \leq 1} \sqrt{x^2+y^2}\, dxdy = \dagger$
・例題 4.11(2) より $\lim_{n \to \infty} \int_{-n}^n \exp(-z^2)\, dz = \sqrt{\pi}$
・$x = r\cos\theta, y = r\sin\theta$ とすると, $dxdy = rdrd\theta$
$$\iint_{x^2+y^2 \leq 1} \sqrt{x^2+y^2}\, dxdy = \int_0^{2\pi} d\theta \int_0^1 dr\, r \cdot r = 2\pi \left[\tfrac{r^3}{3}\right]_0^1 = \tfrac{2\pi}{3}$$
よって $\dagger \to \sqrt{\pi}\, \tfrac{2\pi}{3} = \tfrac{2\pi\sqrt{\pi}}{3}$.

(3) 原点が無定義の特異積分である. 原点のみ避ける近似増加列
$$D_n = \{\tfrac{1}{n} \leq r \leq 1,\ 0 \leq \theta \leq \pi,\ 0 \leq \varphi \leq 2\pi\}$$
を考える. 定符号だから1つの近似増加列を考えれば十分である.
$$\begin{aligned}
\iiint_{D_n} \tfrac{dxdydz}{x^2+y^2+z^2} &= \int_0^{2\pi} d\varphi \int_0^\pi d\theta \int_{1/n}^1 dr\, \tfrac{r^2 \sin\theta}{r^2} \\
&= 2\pi(1 - \tfrac{1}{n})[-\cos\theta]_0^\pi = 4\pi(1 - \tfrac{1}{n}) \to 4\pi
\end{aligned}$$

第 4 章の章末問題

1 $x = r(\theta, \varphi) \sin\theta \cos\varphi$ なので,
$$x_\theta = r_\theta \sin\theta \cos\varphi + r \cos\theta \cos\varphi,\ x_\varphi = r_\varphi \sin\theta \cos\varphi - r\sin\theta \sin\varphi$$

$y = r(\theta, \varphi)\sin\theta \sin\varphi$ なので,
$$y_\theta = r_\theta \sin\theta \sin\varphi + r\cos\theta \sin\varphi, \quad y_\varphi = r_\varphi \sin\theta \sin\varphi + r\sin\theta \cos\varphi$$
$$\frac{\partial(x,y)}{\partial(\theta,\varphi)} = \begin{bmatrix} r_\theta \sin\theta \cos\varphi + r\cos\theta \cos\varphi & r_\varphi \sin\theta \cos\varphi - r\sin\theta \sin\varphi \\ r_\theta \sin\theta \sin\varphi + r\cos\theta \sin\varphi & r_\varphi \sin\theta \sin\varphi + r\sin\theta \cos\varphi \end{bmatrix}$$
$$J = \det \frac{\partial(x,y)}{\partial(\theta,\varphi)} = r\sin\theta(r\cos\theta + r_\theta \sin\theta)$$
$$\frac{\partial(\theta,\varphi)}{\partial(x,y)} = \begin{bmatrix} \frac{r\cos\varphi + r_\varphi \sin\varphi}{r^2 \cos\theta + r_\theta r \sin\theta} & \frac{r\sin\varphi - r_\varphi \cos\varphi}{r^2 \cos\theta + r_\theta r \sin\theta} \\ -\frac{\sin\varphi}{r\sin\theta} & \frac{\cos\varphi}{r\sin\theta} \end{bmatrix}$$
$z = r(\theta,\varphi)\cos\theta$ なので,
$z_\theta = r_\theta \cos\theta - r\sin\theta,$
$z_\varphi = r_\varphi \cos\theta,$
$z_x = \frac{\partial \theta}{\partial x}\frac{\partial z}{\partial \theta} + \frac{\partial \varphi}{\partial x}\frac{\partial z}{\partial \varphi} = \frac{r\cos\varphi + r_\varphi \sin\varphi}{r^2 \cos\theta + r_\theta r \sin\theta}(r_\theta \cos\theta - r\sin\theta) - \frac{\sin\varphi}{r\sin\theta} r_\varphi \cos\theta,$
$z_y = \frac{\partial \theta}{\partial y}\frac{\partial z}{\partial \theta} + \frac{\partial \varphi}{\partial y}\frac{\partial z}{\partial \varphi} = \frac{r\sin\varphi - r_\varphi \cos\varphi}{r^2 \cos\theta + r_\theta r \sin\theta}(r_\theta \cos\theta - r\sin\theta) + \frac{\cos\varphi}{r\sin\theta} r_\varphi \cos\theta$
$$1 + (z_x)^2 + (z_y)^2 = \frac{r^2 + \frac{r_\varphi^2}{\sin^2\theta} + r_\theta^2}{(r\cos\theta + r_\theta \sin\theta)^2}$$
$$\{1 + (z_x)^2 + (z_y)^2\}J^2 = \frac{r^2 + \frac{r_\varphi^2}{\sin^2\theta} + r_\theta^2}{(r\cos\theta + r_\theta \sin\theta)^2} r^2 \sin^2\theta (r\cos\theta + r_\theta \sin\theta)^2$$
$$= r^4 \sin^2\theta + r^2 r_\varphi^2 + r^2 r_\theta^2 \sin^2\theta$$
よって $\sqrt{1 + (z_x)^2 + (z_y)^2}\, dxdy = \sqrt{r^4 \sin^2\theta + r^2 r_\varphi^2 + r^2 r_\theta^2 \sin^2\theta}\, d\theta d\varphi$
$$= r\sqrt{r^2 \sin^2\theta + r_\varphi^2 + r_\theta^2 \sin^2\theta}\, d\theta d\varphi$$

(1) $r = a, r_\theta = 0, r_\varphi = 0, \sqrt{r^4 \sin^2\theta + r^2 r_\varphi^2 + r^2 r_\theta^2 \sin^2\theta} = a^2 \sin\theta,$
$$S = \int_0^{2\pi} d\varphi \int_0^\pi d\theta a^2 \sin\theta = 2\pi a^2 [-\cos\theta]_0^\pi = 4\pi a^2$$

(2) $r = a(1 + \cos\theta), r_\theta = -a\sin\theta, r_\varphi = 0, \sqrt{r^4 \sin^2\theta + r^2 r_\varphi^2 + r^2 r_\theta^2 \sin^2\theta}$
$= \sqrt{a^4(1+\cos\theta)^4 \sin^2\theta + a^2(1+\cos\theta)^2(-a\sin\theta)^2 \sin^2\theta}$
$= a^2(1+\cos\theta)\sin\theta\sqrt{(1+\cos\theta)^2 + (-\sin\theta)^2} = a^2(1+\cos\theta)\sin\theta\sqrt{2+2\cos\theta}$
$= a^2(1+\cos\theta)\sin\theta\sqrt{4\cos^2 \frac{\theta}{2}} = 2a^2(1+\cos\theta)\sin\theta\cos\frac{\theta}{2} \quad (0 \leq \theta \leq \pi)$
$S = \int_0^{2\pi} d\varphi \int_0^\pi d\theta\, 2a^2(1+\cos\theta)\sin\theta\cos\frac{\theta}{2} = 4\pi a^2 \int_0^\pi d\theta (1+\cos\theta)\sin\theta\cos\frac{\theta}{2} = \dagger$
$\int (1+\cos\theta)\sin\theta\cos\frac{\theta}{2} d\theta = \int (2\cos^2 \frac{\theta}{2})(2\sin\frac{\theta}{2}\cos\frac{\theta}{2})(\cos\frac{\theta}{2}) d\theta$
$$= 8\int \cos^4 \frac{\theta}{2} \sin\frac{\theta}{2} d(\frac{\theta}{2}) = -\frac{8}{5}\cos^5 \frac{\theta}{2}$$
$\dagger = 4\pi a^2 \left[-\frac{8}{5}\cos^5 \frac{\theta}{2}\right]_0^\pi = \frac{32}{5}\pi a^2$

(3) $r^2 = a^2 \sin^2\theta \cos(2\varphi), 2rr_\theta = 2a^2 \sin\theta\cos\theta\cos(2\varphi), 2rr_\varphi$
$= -2a^2 \sin^2\theta \sin(2\varphi)$
$r^4 \sin^2\theta + r^2 r_\varphi^2 + r^2 r_\theta^2 \sin^2\theta = (a^2 \sin^2\theta \cos(2\varphi))^2 \sin^2\theta$
$+ (a^2 \sin\theta \sin(2\varphi))^2 + (a^2 \sin\theta\cos\theta\cos(2\varphi))^2 \sin^2\theta$
$= a^4 \sin^4\theta \{(\cos(2\varphi))^2 \sin^2\theta + (\sin(2\varphi))^2 + (\cos\theta\cos(2\varphi))^2\}$
$= a^4 \sin^4\theta \{(\cos(2\varphi))^2 + (\sin(2\varphi))^2\} = a^4 \sin^4\theta$

$\cos(2\varphi) \geqq 0$ である必要があるので，$-\frac{\pi}{4} \leqq \varphi \leqq \frac{\pi}{4}$ または $\frac{3\pi}{4} \leqq \varphi \leqq \frac{5\pi}{4}$ である．
両者の面積は同じなので，前者の面積を求めて 2 倍する．
$$S = 2\int_0^\pi d\theta \int_{-\pi/4}^{\pi/4} d\varphi \sqrt{a^4 \sin^4 \theta} = \pi a^2 \int_0^\pi \sin^2\theta\, d\theta = \pi a^2 \int_0^\pi \frac{1-\cos(2\theta)}{2}\, d\theta$$
$$= \pi a^2 \left[\frac{\theta}{2} - \frac{\sin(2\theta)}{4}\right]_0^\pi = \pi a^2 \frac{\pi}{2} = \frac{\pi^2 a^2}{2}$$

2　**(1)** 前問 1(1) より，$\sqrt{r^4 \sin^2\theta + r^2 r_\varphi^2 + r^2 r_\theta^2 \sin^2\theta} = a^2 \sin\theta$．面積 $S = 4\pi a^2$ なので，面積あたりの質量は $\frac{m}{4\pi a^2}$．z 軸からの距離は $r\sin\theta = a\sin\theta$．
よって $I = \int_0^{2\pi} d\varphi \int_0^\pi d\theta \frac{m}{4\pi a^2}(a^2 \sin\theta)(a\sin\theta)^2 = \frac{ma^2}{2}\int_0^\pi \sin^3\theta\, d\theta = \dagger$.
例題 2.12(1) より $\int \sin^3 x\, dx = -\frac{1}{3}\sin^2 x \cos x + \frac{2}{3}\int \sin x\, dx$
$$= -\frac{1}{3}\sin^2 x \cos x - \frac{2}{3}\cos x.$$
$$\dagger = \frac{ma^2}{2}\left[-\frac{1}{3}\sin^2\theta\cos\theta - \frac{2}{3}\cos\theta\right]_0^\pi = \frac{ma^2}{2}\cdot\frac{4}{3} = \frac{2ma^2}{3}$$

(2) 前問 1(2) より，$\sqrt{r^4\sin^2\theta + r^2 r_\varphi^2 + r^2 r_\theta^2 \sin^2\theta} = 2a^2(1+\cos\theta)\sin\theta \cos\frac{\theta}{2}$．面積 $S = \frac{32}{5}\pi a^2$ なので，面積あたりの質量は $\frac{5m}{32\pi a^2}$．
z 軸からの距離は $r\sin\theta = a(1+\cos\theta)\sin\theta$．
よって $I = \int_0^{2\pi} d\varphi \int_0^\pi d\theta \frac{5m}{32\pi a^2}(2a^2(1+\cos\theta)\sin\theta\cos\frac{\theta}{2})(a(1+\cos\theta)\sin\theta)^2$
$$= \frac{5ma^2}{8}\int_0^\pi (1+\cos\theta)^3 \sin^3\theta \cos\frac{\theta}{2}\, d\theta = \dagger$$
$\int(1+\cos\theta)^3 \sin^3\theta \cos\frac{\theta}{2}\, d\theta = \int(2\cos^2\frac{\theta}{2})^3 (2\sin\frac{\theta}{2}\cos\frac{\theta}{2})^3 \cos\frac{\theta}{2}\, d\theta$
$= 64\int \cos^{10}\frac{\theta}{2}\sin^3\frac{\theta}{2}\, d\theta = 64\int(-\frac{2}{11}\cos^{11}\frac{\theta}{2})'\sin^2\frac{\theta}{2}\, d\theta$
$= -\frac{128}{11}\cos^{11}\frac{\theta}{2}\sin^2\frac{\theta}{2} + \frac{128}{11}\int \cos^{11}\frac{\theta}{2}(\sin\frac{\theta}{2}\cos\frac{\theta}{2})\, d\theta$
$= -\frac{128}{11}\cos^{11}\frac{\theta}{2}\sin^2\frac{\theta}{2} + \frac{128}{11}(-\frac{2}{13}\cos^{13}\frac{\theta}{2}) = -\frac{128}{11}\cos^{11}\frac{\theta}{2}\sin^2\frac{\theta}{2} - \frac{256}{143}\cos^{13}\frac{\theta}{2}$
$$\dagger = \frac{5ma^2}{8}\left[-\frac{128}{11}\cos^{11}\frac{\theta}{2}\sin^2\frac{\theta}{2} - \frac{256}{143}\cos^{13}\frac{\theta}{2}\right]_0^\pi = \frac{160}{143}ma^2$$

(3) 前問 1(3) より，$\sqrt{r^4\sin^2\theta + r^2 r_\varphi^2 + r^2 r_\theta^2 \sin^2\theta} = a^2 \sin^2\theta$．
面積 $S = \frac{\pi^2 a^2}{2}$ なので，面積あたりの質量は $\frac{2m}{\pi^2 a^2}$．
z 軸からの距離は $r\sin\theta = \sqrt{a^2 \sin^2\theta \cos(2\varphi)}\sin\theta$．
$-\frac{\pi}{4} \leqq \varphi \leqq \frac{\pi}{4}$ の部分と $\frac{3\pi}{4} \leqq \varphi \leqq \frac{5\pi}{4}$ の部分のモーメントは同じであるので，前者のモーメントを求めて 2 倍する．
よって $I = 2\int_{-\pi/4}^{\pi/4} d\varphi \int_0^\pi d\theta \frac{2m}{\pi^2 a^2}(a^2\sin^2\theta)(\sqrt{a^2 \sin^2\theta \cos(2\varphi)}\sin\theta)^2$
$$= \frac{4ma^2}{\pi^2}\int_{-\pi/4}^{\pi/4} \cos(2\varphi)d\varphi \int_0^\pi \sin^6\theta d\theta = \dagger$$
$$\int_{-\pi/4}^{\pi/4} \cos(2\varphi)d\varphi = \left[\frac{1}{2}\sin(2\varphi)\right]_{-\pi/4}^{\pi/4} = 1$$
例題 2.12(3) と同様にして，
$$\int_0^\pi \sin^6\theta\, d\theta = 2\int_0^{\pi/2} \sin^6\theta\, d\theta = 2\frac{5}{6}\int_0^{\pi/2} \sin^4\theta\, d\theta$$
$= 2\cdot\frac{5}{6}\cdot\frac{3}{4}\int_0^{\pi/2}\sin^2\theta\, d\theta = 2\cdot\frac{5}{6}\cdot\frac{3}{4}\cdot\frac{1}{2}\int_0^{\pi/2}\sin^0\theta d\theta = 2\cdot\frac{5}{6}\cdot\frac{3}{4}\cdot\frac{1}{2}\cdot\frac{\pi}{2} = \frac{5\pi}{16}$
よって $\dagger = \frac{4ma^2}{\pi^2}\cdot 1 \cdot \frac{5\pi}{16} = \frac{5ma^2}{4\pi}$.

3 (**1**) $[0, n]$ を n^2 個に均等分割することを考える．
$$\lim_{n\to\infty} \sum_{k=1}^{n^2} \frac{1}{n\exp((k/n)^2)}$$
$$= \lim_{n\to\infty} \int_0^n \exp(-x^2)\,dx = \int_0^\infty \exp(-x^2)\,dx$$
（例題 4.11(2) を使う）
$$= \frac{\sqrt{\pi}}{2}$$

(**2**) $D = \{0 \leq x \leq 1,\ 0 \leq y \leq 1\}$ を n^2 個の正方形に均等に分割することを考える．
$$\lim_{n\to\infty}\sum_{k=1}^n \sum_{l=1}^n \frac{1}{n\sqrt{n(k+l)}} = \lim_{n\to\infty}\sum_{k=1}^n \sum_{l=1}^n \frac{1}{n^2}\frac{1}{\sqrt{\frac{k}{n}+\frac{l}{n}}} = \int_0^1 dx \int_0^1 dy \frac{1}{\sqrt{x+y}}$$
（問題 9.1(2) を使う）
$$= \frac{2^{2-1/2}-2}{(1-1/2)(2-1/2)} = \frac{8}{3}(\sqrt{2}-1)$$

(**3**) $D = \{0 \leq x \leq 1,\ 0 \leq y \leq 1,\ 0 \leq z \leq 1\}$ を n^3 個の立方体に均等分割することを考える．
$$\lim_{n\to\infty} \sum_{k=1}^n \sum_{l=1}^n \sum_{m=1}^n \frac{k\,l\,m}{n^6} = \lim_{n\to\infty} \frac{1}{n^3}\sum_{k=1}^n \sum_{l=1}^n \sum_{m=1}^n \frac{k}{n}\frac{l}{n}\frac{m}{n} = \int_0^1 dx \int_0^1 dy \int_0^1 dz\, xyz$$
（問題 16.1(1) より）
$$= \frac{1}{8}$$

4 (**1**) 特異積分であるが，定符号でないので，積分領域を分割し，それぞれの領域で定符号になるようにする．
$$\iint_{x^2+y^2\leq 1} \tan^{-1}\left(\frac{y}{x}\right) dxdy$$
$$= \iint_{x^2+y^2\leq 1,\ 0\leq x,\leq y} \tan^{-1}\left(\frac{y}{x}\right) dxdy + \iint_{x^2+y^2\leq 1,\ 0\geq x,\ 0\leq y} \tan^{-1}\left(\frac{y}{x}\right) dxdy$$
$$+ \iint_{x^2+y^2\leq 1,\ 0\geq x,\ 0\geq y} \tan^{-1}\left(\frac{y}{x}\right) dxdy + \iint_{x^2+y^2\leq 1,\ 0\leq x,\ 0\geq y} \tan^{-1}\left(\frac{y}{x}\right) dxdy$$
第 1, 2, 3, 4 項をそれぞれ I_1, I_2, I_3, I_4 と置く．$t = -x, s = -y$ と置換積分して考えると，$I_1 = I_3, I_2 = I_4$ である．$t = -x$ と置換積分して考えると，$I_1 = -I_2$ である．また，本章問題 9.1(4) より $I_1 = \frac{\pi^2}{16}$ と収束する．よって与式 $= I_1 + I_2 + I_3 + I_4 = \frac{\pi^2}{16} - \frac{\pi^2}{16} + \frac{\pi^2}{16} - \frac{\pi^2}{16} = 0$.

(**2**) 無限積分であるが，定符号でないので，次のように分割して考える．
$$\iint_{\mathbf{R}^2} (x^2-y)\exp(-x^2-y^2)\,dxdy = \iint_{\mathbf{R}^2} x^2 \exp(-x^2-y^2)\,dxdy$$
$$- \iint_{0\leq y} y\exp(-x^2-y^2)\,dxdy - \iint_{0\geq y} y\exp(-x^2-y^2)\,dxdy$$
右辺第 1,2,3 項をそれぞれ，I_1, I_2, I_3 と置く．本章問題 11.1(2) より $I_1 = \frac{\pi}{2}$
$$I_2 = 2\iint_{0\leq x,\ 0\leq y} y\exp(-x^2-y^2)\,dxdy$$
（問題 11.1(3) より）
$$= 2\frac{\sqrt{\pi}}{4} = \frac{\sqrt{\pi}}{2}$$
$t = -y$ と置換積分して考えると，$I_3 = -I_2 = -\frac{\sqrt{\pi}}{2}$．よって与式 $= I_1 + I_2 + I_3 = \frac{\pi}{2}$．

第 5 章 の 解 答

5 (1) $V = \iiint_{x^2+y^2+z^2 \leq a^2} dxdydz$ （3 次元極座標に変換する）
$= \int_0^{2\pi} d\varphi \int_0^{\pi} d\theta \int_0^a dr\, r^2 \sin\theta = 2\pi \int_0^{\pi} \sin\theta\, d\theta \int_0^a r^2\, dr$
$= 2\pi [-\cos\theta]_0^{\pi} \left[\frac{r^3}{3}\right]_0^a$
$= 2\pi \cdot 2 \cdot \frac{a^3}{3} = \frac{4\pi a^3}{3}$

(2) $(x^2+y^2+z^2)^2 \leq z$ は 3 次元極座標で書くと $r^4 \leq r\cos\theta, r^3 \leq \cos\theta$ となる．$0 \leq z$ より $0 \leq \theta \leq \frac{\pi}{2}$ である．
$V = \iiint_{r^3 \leq \cos\theta} dxdydz$
$= \int_0^{2\pi} d\varphi \int_0^{\pi/2} d\theta \int_0^{(\cos\theta)^{1/3}} dr\, r^2 \sin\theta$
$= 2\pi \int_0^{\pi/2} d\theta\, \sin\theta \int_0^{(\cos\theta)^{1/3}} r^2\, dr$
$= 2\pi \int_0^{\pi/2} d\theta\, \sin\theta \left[\frac{r^3}{3}\right]_0^{(\cos\theta)^{1/3}} = 2\pi \int_0^{\pi/2} d\theta\, \sin\theta \frac{\cos\theta}{3} = 2\pi \frac{1}{3}\left[\frac{1}{2}\sin^2\theta\right]_0^{\pi/2} = \frac{\pi}{3}$

(3) $(x^2+y^2+z^2)^{3/2} = z^2$ は 3 次元極座標で書くと $r^3 \leq r^2\cos^2\theta, r \leq \cos^2\theta$ となる．$0 \leq \theta \leq \frac{\pi}{2}$ と $\frac{\pi}{2} \leq \theta \leq \pi$ では，同じものができるので，前者の体積を求めて 2 倍する．
$V = \iiint_{r \leq \cos^2\theta,\, 0 \leq \theta \leq \pi/2} dxdydz = \int_0^{2\pi} d\varphi \int_0^{\pi} d\theta \int_0^{\cos^2\theta} dr\, r^2 \sin\theta$
$= 2\pi \int_0^{\pi} d\theta\, \sin\theta \int_0^{\cos^2\theta} dr\, r^2 = 2\pi \int_0^{\pi} d\theta\, \sin\theta \left[\frac{r^3}{3}\right]_0^{\cos^2\theta} = \frac{2\pi}{3} \int_0^{\pi} \sin\theta \cos^6\theta\, d\theta$
$= \frac{2\pi}{3}\left[-\frac{1}{7}\cos^7\theta\right]_0^{\pi} = \frac{2\pi}{3} \cdot \frac{2}{7} = \frac{4\pi}{21}$

第 5 章

1.1 (1) $\frac{dy}{dx} = y, \frac{dy}{y} = dx, \int \frac{dy}{y} = \int dx, \log|y| = x+c, |y| = \exp(x+c)$. $y = c\exp(x)$ ($\pm \exp c$ を改めて c と置いた）．ここに $y(0) = 1$ を代入すると，$1 = c\exp 0$. よって $c = 1$ となり $y = \exp x$.

(2) $x + y\frac{dy}{dx} = 0, y\frac{dy}{dx} = -x, y\, dy = -x\, dx, \int y\, dy = -\int x\, dx, \frac{y^2}{2} = -\frac{x^2}{2} + c$.
$y^2 = -x^2 + 2c, y = \pm\sqrt{2c - x^2}$. ここに $y(1) = 1$ を代入すると，$1 = \pm\sqrt{2c-1}$ となり $c = 1$ で，複号は上となる．よって $y = \sqrt{2 - x^2}$.

(3) $x\frac{dy}{dx} - y = 0, x\frac{dy}{dx} = y, \frac{dy}{y} = \frac{dx}{x}, \int \frac{dy}{y} = \int \frac{dx}{x}, \log|y| = \log|x| + c$.
$|y| = |x|\exp c, \pm \exp c$ を改めて c と置くと，$y = cx$. ここに $y(1) = 1$ を代入すると，$1 = c$ となり $y = x$.

(4) $(x^2 + x)\frac{dy}{dx} + y = 0, (x^2 + x)\frac{dy}{dx} = -y, \frac{dy}{y} = -\frac{dx}{x^2 + x}$,
$\int \frac{dy}{y} = -\int \left(\frac{1}{x} - \frac{1}{x+1}\right)dx, \log|y| = -\log|x| + \log|x+1| + c$
$|y| = \frac{|x+1|}{|x|}\exp c, \pm \exp c$ を改めて c と置くと，$y = c\frac{x+1}{x}$. ここに $y(1) = 2$ を代入すると，$c = 1$ となり $y = \frac{x+1}{x}$.

(5) $x\sqrt{1-y^2} + \frac{dy}{dx} = 0, \frac{dy}{dx} = -x\sqrt{1-y^2}, \frac{dy}{\sqrt{1-y^2}} = -x\, dx$,

$$\int \frac{dy}{\sqrt{1-y^2}} = -\int x\,dx, \sin^{-1} y = -\frac{x^2}{2} + c, y = \sin(-\frac{x^2}{2} + c)$$

ここに $y(0) = 0$ を代入すると，$c = 0$ となり $y = \sin(-\frac{x^2}{2})$．

2.1 **(1)** $(x^2 + y^2)y' = 2xy$ を x^2 で割って，$(1 + (\frac{y}{x})^2)y' = 2\frac{y}{x}$．$z = \frac{y}{x}$ と置くと，
$(1+z^2)(xz)' = 2z$, $(1+z^2)(z + xz')(xz)' = 2z$,
$z + x\frac{dz}{dx} = \frac{2z}{1+z^2}$, $x\frac{dz}{dx} = \frac{2z}{1+z^2} - z = \frac{z-z^3}{1+z^2}$, $\frac{1+z^2}{z-z^3}\,dz = \frac{dx}{x}$,
$\int \left(-\frac{1}{z-1} + \frac{1}{z} - \frac{1}{1+z}\right) dz = \int \frac{dx}{x}$,
$-\log|z-1| + \log|z| - \log|1+z| = \log|x| + c$, $\frac{z}{z^2-1} = cx$ （$\pm \exp c$ を改めて c と置いた）
$z = cx(z^2 - 1)$, $z = \frac{\pm 1 - \sqrt{1+4c^2x^2}}{2cx}$, $y = xz = \frac{\pm 1 - \sqrt{1+4c^2x^2}}{2c}$

ここで $y(0) = 1$ を代入すると $1 = \frac{\pm 1 - 1}{2c}$ となるので，複号は下で，$c = -1$ となる．よって $y = \frac{-1-\sqrt{1+4x^2}}{-2} = \frac{1+\sqrt{1+4x^2}}{2}$．

(2) $xy' = 2x - y$ の両辺を x で割って，$y' = 2 - \frac{y}{x}$．$z = \frac{y}{x}$ と置く．
$(xz)' = 2 - z$, $z + xz' = 2 - z$, $x\frac{dz}{dx} = 2 - 2z$, $\frac{dz}{1-z} = 2\frac{dx}{x}$, $\int \frac{dz}{1-z} = 2\int \frac{dx}{x}$,
$-\log|z-1| = 2\log|x| + c$, $\log|z-1| = -2\log|x| - c$, $z - 1 = \frac{c}{x^2}$
（$\pm\exp(-c)$ を改めて c と置いた）
$$z = \frac{c}{x^2} + 1, \quad y = xz = \frac{c}{x} + x$$

ここで $y(1) = 2$ を代入すると $2 = \frac{c}{1} + 1$ となり，$c = 1$．よって $y = \frac{1}{x} + x$．

(3) $yy' = x$ の両辺を x で割って，$(y/x)y' = 1$．$z = \frac{y}{x}$ と置くと，
$z(xz)' = 1$, $z + x\frac{dz}{dx} = \frac{1}{z}$, $x\frac{dz}{dx} = \frac{1}{z} - z = \frac{1-z^2}{z}$, $\frac{z}{1-z^2}\,dz = \frac{dx}{x}$,
$\int \frac{2z}{z^2-1}\,dz = -2\int \frac{dx}{x}$, $\log|z^2-1| = -2\log|x| + c$,
$z^2 - 1 = \frac{c}{x^2}$ （$\pm\exp(-c)$ を改めて c と置いた）
$$z = \pm\sqrt{\frac{c}{x^2} + 1}, \quad y = xz = \pm x\sqrt{\frac{c}{x^2} + 1} = \pm\sqrt{c + x^2}$$

ここで $y(0) = 2$ を代入すると $2 = \pm\sqrt{c}$ となり，複号は上で，$c = 4$．よって $y = \sqrt{4 + x^2}$．

(4) $xyy' = x^2 + y^2$ の両辺を x^2 で割って，$\frac{y}{x}y' = 1 + (\frac{y}{x})^2$．$z = \frac{y}{x}$ と置くと，
$z(xz)' = 1 + z^2$, $z + x\frac{dz}{dx} = \frac{1+z^2}{z}$, $x\frac{dz}{dx} = \frac{1+z^2}{z} - z = \frac{1}{z}$, $z\,dz = \frac{dx}{x}$,
$\int z\,dz = \int \frac{dx}{x}$, $\frac{z^2}{2} = \log|x| + c$, $z = \pm\sqrt{2\log|x| + 2c}$, $y = xz = \pm x\sqrt{2\log|x| + 2c}$

ここで $y(1) = 1$ を代入すると $1 = \pm\sqrt{2c}$ となり，複号は上で，$c = \frac{1}{2}$．
よって $y = x\sqrt{2\log|x| + 1}$．

(5) $(x+2y)y' = 2x - y$ の両辺を x で割って，$(1 + \frac{2y}{x})y' = 2 - \frac{y}{x}$．$z = \frac{y}{x}$ と置く．
$(1+2z)(xz)' = 2 - z$, $(1+2z)(z+xz') = 2 - z$, $z + x\frac{dz}{dx} = \frac{2-z}{1+2z}$,
$x\frac{dz}{dx} = \frac{2-z}{1+2z} - z = \frac{2-2z-2z^2}{1+2z}$, $\frac{1+2z}{2-2z-2z^2}\,dz = \frac{dx}{x}$, $\int \frac{1+2z}{-1+z+z^2}\,dz = -2\int \frac{dx}{x}$,
$\log|-1+z+z^2| = -2\log|x| + c$, $-1 + z + z^2 = \frac{c}{x^2}$ （$\pm\exp(-c)$ を改めて c と置いた）
$$z = \frac{-x \pm \sqrt{4c+5x^2}}{2x}$$
$$y = xz = \frac{-x \pm \sqrt{4c+5x^2}}{2}$$

ここで $y(1) = 2$ を代入すると $2 = \frac{-1 \pm \sqrt{4c+5}}{2}$ となり，複号は上で，$c = 1$．
よって $y = \frac{-x + \sqrt{4+5x^2}}{2}$．

第 5 章 の 解 答

3.1 (1) y の係数である 1 の積分は x なので, $\exp(x)$ を両辺にかける.
$$e^x y' + e^x y = x e^x, \ (e^x y)' = x e^x,$$
$e^x y = \int x e^x\, dx = \int x(e^x)'\, dx = x e^x - \int e^x\, dx = x e^x - e^x + c, \ y = x - 1 + c e^{-x}.$
ここに $y(0) = 0$ を代入すると, $0 = 0 - 1 + c$ なので, $c = 1$. よって $y = x - 1 + e^{-x}$.
(2) y の係数である x の積分は $\frac{x^2}{2}$ なので, $\exp\left(\frac{x^2}{2}\right)$ を両辺にかける.
$$\exp\left(\tfrac{x^2}{2}\right) y' + \exp\left(\tfrac{x^2}{2}\right) x y = \exp\left(\tfrac{x^2}{2}\right) x,$$
$\left(\exp\left(\tfrac{x^2}{2}\right) y\right)' = \exp\left(\tfrac{x^2}{2}\right) x \ \exp\left(\tfrac{x^2}{2}\right) y = \int \exp\left(\tfrac{x^2}{2}\right) x\, dx = \exp\left(\tfrac{x^2}{2}\right) + c,$
$y = 1 + c \exp\left(-\tfrac{x^2}{2}\right).$
ここに $y(0) = 0$ を代入すると, $0 = 1 + c$ なので $c = -1$. よって $y = 1 - \exp(-\tfrac{x^2}{2})$.
(3) y の係数である $\tan x$ の積分は $-\log|\cos x|$ なので, $\exp(-\log|\cos x|) = \frac{1}{|\cos x|}$ を両辺にかける.
$\frac{y'}{\cos x} + \frac{(\tan x) y}{\cos^2 x} + 1 = 0, \ \left(\frac{y}{\cos x}\right)' = -1, \ \frac{y}{\cos x} = -x + c, \ y = -x \cos x + c \cos x$
ここに $y(0) = 1$ を代入すると, $1 = c$ なので $c = 1$. よって $y = -x \cos x + \cos x$.
(4) $y' - \tfrac{1}{x} y = \tfrac{\sqrt{1-x^2}}{x}$ と変形する. y の係数である $\left(-\tfrac{1}{x}\right)$ の積分は $-\log|x|$ なので, $\exp(-\log|x|) = 1/|x|$ を両辺にかける.
$\frac{y'}{x} - \frac{y}{x^2} = \frac{\sqrt{1-x^2}}{x^2}, \ \left(\frac{y}{x}\right)' = \frac{\sqrt{1-x^2}}{x^2},$
$$\frac{y}{x} = \int \frac{\sqrt{1-x^2}}{x^2}\, dx = \int \sqrt{1-x^2} \left(-\tfrac{1}{x}\right)' dx$$
$$= -\frac{\sqrt{1-x^2}}{x} + \int \frac{-x}{\sqrt{1-x^2}} \frac{1}{x}\, dx = -\frac{\sqrt{1-x^2}}{x} - \int \frac{dx}{\sqrt{1-x^2}}$$
$$= -\frac{\sqrt{1-x^2}}{x} - \sin^{-1} x + c y = -\sqrt{1-x^2} - x \sin^{-1} x + c x$$
ここに $y(1) = 1$ を代入すると, $1 = -\tfrac{\pi}{2} + c$ なので $c = 1 + \tfrac{\pi}{2}$. よって $y = -\sqrt{1-x^2} - x \sin^{-1} x + (1 + \tfrac{\pi}{2}) x$.
(5) $y' + \frac{y}{\sqrt{x^2+1}} = x$ と変形する. y の係数である $\frac{1}{\sqrt{x^2+1}}$ の積分は $\sinh^{-1} x = \log(x + \sqrt{x^2+1})$ なので, $\exp(\sinh^{-1} x) = x + \sqrt{x^2+1}$ を両辺にかける.
$(x+\sqrt{x^2+1}) y' + \frac{x+\sqrt{x^2+1}}{\sqrt{x^2+1}} y = x(x+\sqrt{x^2+1}), \ \{(x+\sqrt{x^2+1}) y\}' = x(x+\sqrt{x^2+1}),$
$(x + \sqrt{x^2+1}) y = \int x(x + \sqrt{x^2+1})\, dx = \int \left(x^2 + x \sqrt{x^2+1}\right) dx$
$\qquad = \tfrac{x^3}{3} + \tfrac{1}{3}(x^2+1)^{3/2} + c,$
$y = \frac{\frac{x^3}{3} + \frac{1}{3}(x^2+1)^{3/2} + c}{x + \sqrt{x^2+1}}.$
ここに $y(0) = 0$ を代入すると, $0 = \tfrac{1}{3} + c$ なので $c = -\tfrac{1}{3}$.
よって $y = \frac{\frac{x^3}{3} + \frac{1}{3}(x^2+1)^{3/2} - \frac{1}{3}}{x + \sqrt{x^2+1}} = \frac{x^3 + (x^2+1)^{3/2} - 1}{3(x + \sqrt{x^2+1})}$.

4.1 (1) 特性方程式 $y^2 = 1$ を解いて, $\alpha = 1, \beta = -1$. 公式を使って,
$$y = c_1 e^{\alpha x} + c_2 e^{\beta x} = c_1 e^x + c_2 e^{-x}, \ y' = c_1 e^x - c_2 e^{-x}$$

これに $y(0) = 0, y'(0) = -1$ を代入すると，$c_1 + c_2 = 0, c_1 - c_2 = -1$ なので
$(c_1, c_2) = (-\frac{1}{2}, \frac{1}{2})$ となる．よって $y = \frac{1}{2}(-e^x + e^{-x}) = -\sinh x$．

(2) 特性方程式 $y^2 + 3y + 2 = 0$ を解いて，$\alpha = -1, \beta = -2$．公式を使って，
$$y = c_1 e^{\alpha x} + c_2 e^{\beta x} = c_1 e^{-x} + c_2 e^{-2x}, y' = -c_1 e^{-x} - 2c_2 e^{-2x}$$
これに $y(0) = 2, y'(0) = 0$ を代入すると，$c_1 + c_2 = 2, -c_1 - 2c_2 = 0$ なので，$(c_1, c_2) = (4, -2)$ となる．よって $y = 4e^{-x} - 2e^{-2x}$．

(3) 特性方程式 $y^2 + y - 6 = 0$ を解いて，$\alpha = -3, \beta = 2$．
公式を使って，$y = c_1 e^{\alpha x} + c_2 e^{\beta x} = c_1 e^{-3x} + c_2 e^{2x}, y' = -3c_1 e^{-3x} + 2c_2 e^{2x}$．
これに $y(1) = 0, y'(1) = 5$ を代入すると，$c_1 e^{-3} + c_2 e^2 = 0, -3c_1 e^{-3} + 2c_2 e^2 = 5$ なので，$(c_1, c_2) = (-e^3, e^{-2})$ となる．よって $y = -e^3 e^{-3x} + e^{-2} e^{2x} = -e^{3-3x} + e^{-2+2x}$．

5.1 (1) 特性方程式 $y^2 + 2y + 1 = 0$ を解いて，重解 $\alpha = -1$．公式を使って，
$y = c_1 x e^{\alpha x} + c_2 e^{\alpha x} = c_1 x e^{-x} + c_2 e^{-x}, y' = c_1(e^{-x} - x e^{-x}) - c_2 e^{-x}$
これに $y(0) = 2, y'(0) = -1$ を代入すると，$c_2 = 2, c_1 - c_2 = -1$ なので，$(c_1, c_2) = (1, 2)$ となる．よって $y = x e^{-x} + 2 e^{-x}$．

(2) 特性方程式 $y^2 - 2ay - a^2$ を解くと，重解 $\alpha = a$．
公式を使って，$y = c_1 x e^{\alpha x} + c_2 e^{\alpha x} = c_1 x e^{ax} + c_2 e^{ax}, y' = c_1(e^{ax} - ax e^{ax}) + c_2 a e^{ax}$．
これに $y(0) = a, y'(0) = 0$ を代入すると，$c_2 = a, c_1 + c_2 a = 0$ なので，$(c_1, c_2) = (-a^2, a)$．
よって $y = -a^2 x e^{ax} + a e^{ax}$．

6.1 (1) 特性方程式 $y^2 + y = 0$ を解くと $\pm i$．公式を使って，$p = 0, q = 1$ として，
$y = c_1 e^{px} \cos qx + c_2 e^{px} \sin qx = c_1 \cos x + c_2 \sin x, y' = -c_1 \sin x + c_2 \cos x$
これに $y(0) = 0, y'(0) = 1$ を代入すると，$0 = c_1, 1 = c_2$ となるので，$y = \sin x$．

(2) 特性方程式 $y^2 - 2y + 2 = 0$ を解いて，$1 \pm i$．公式を使って，$p = 1, q = 1$ として，
$$y = c_1 e^{px} \cos qx + c_2 e^{px} \sin qx = c_1 e^x \cos x + c_2 e^x \sin x,$$
$$y' = c_1(e^x \cos x - e^x \sin x) + c_2(e^x \sin x + e^x \cos x)$$
これに $y(0) = 1, y'(0) = 0$ を代入すると，$1 = c_1, 0 = c_1 + c_2$ なので，$(c_1, c_2) = (1, -1)$．
よって $y = e^x(\cos x - \sin x)$．

(3) 特性方程式 $y^2 + y + 1 = 0$ を解いて，$\frac{-1 \pm \sqrt{3} i}{2}$．
公式を使って，$p = -\frac{1}{2}, q = \frac{\sqrt{3}}{2}$ として，
$y = c_1 e^{-x/2} \cos \frac{\sqrt{3} x}{2} + c_2 e^{-x/2} \sin \frac{\sqrt{3} x}{2}, y' = c_1 \left(-\frac{1}{2} e^{-x/2} \cos \frac{\sqrt{3} x}{2} - \frac{\sqrt{3}}{2} e^{-x/2} \sin \frac{\sqrt{3} x}{2} \right)$
$+ c_2 \left(-\frac{1}{2} e^{-x/2} \sin \frac{\sqrt{3} x}{2} + \frac{\sqrt{3}}{2} e^{-x/2} \cos \frac{\sqrt{3} x}{2} \right)$
これに $y(0) = 0, y'(0) = 2$ を代入すると，
$0 = c_1, 2 = -\frac{1}{2} c_1 + \frac{\sqrt{3}}{2} c_2$ なので，$(c_1, c_2) = (0, \frac{4}{\sqrt{3}})$．
よって $y = \frac{4}{\sqrt{3}} e^{-x/2} \sin \frac{\sqrt{3} x}{2}$．

第 5 章の章末問題

1 (1) $z = y^{-1}$ と置く．
$$xy' + y = y^2, x(z^{-1})' + z^{-1} = z^{-2}, x(-z^{-2}\tfrac{dz}{dx}) + z^{-1} = z^{-2}.$$
$$-x\tfrac{dz}{dx} + z = 1, x\tfrac{dz}{dx} = z - 1, \tfrac{dz}{z-1} = \tfrac{dx}{x}, \int \tfrac{dz}{z-1} = \int \tfrac{dx}{x},$$
$\log|z-1| = \log|x| + c,\ z - 1 = cx$ （$\pm\exp(c)$ を改めて c と置いた）
$$z = cx + 1, y = z^{-1} = \tfrac{1}{cx+1}$$
これに $y(1) = 2$ を代入すると，$2 = \tfrac{1}{c+1}$ なので，$c = -\tfrac{1}{2}$．よって $y = z^{-1} = \tfrac{1}{-\frac{1}{2}x+1} = \tfrac{2}{2-x}$．

(2) $z = y^{-2}$ と置く．
$$z = y^{-1/2}.\ y' + y = xy^3, (z^{-1/2})' + z^{-1/2} = xz^{-3/2},$$
$$-\tfrac{1}{2}z^{-3/2}z' + z^{-1/2} = xz^{-3/2}, -\tfrac{1}{2}z' + z = x, z' - 2z = -2x$$
これは 1 階線形で，z の係数 -2 の不定積分は $-2x$ なので，両辺に $\exp(-2x)$ をかける．
$\exp(-2x)z' - 2\exp(-2x)z = -2x\exp(-2x), (\exp(-2x)z)' = -2x\exp(-2x),$
$\exp(-2x)z = -2\int x\exp(-2x)\,dx = -2\int x(-\tfrac{1}{2}\exp(-2x))'\,dx$
$= x\exp(-2x) - \int \exp(-2x)\,dx = x\exp(-2x) + \tfrac{1}{2}\exp(-2x) + cz = x + \tfrac{1}{2} + c\exp(2x),$
$y = z^{-1/2} = \tfrac{1}{\sqrt{x+\frac{1}{2}+c\exp(2x)}}$
ここに $y(0) = 1$ を代入すると，$1 = \tfrac{1}{\sqrt{\frac{1}{2}+c}}$ なので，$c = \tfrac{1}{2}$．
よって $y = \tfrac{1}{\sqrt{x+\frac{1}{2}+\frac{1}{2}\exp(2x)}}$．

(3) $z = y^{-1}$ と置く．
$$(z^{-1})' + z^{-1} = e^x z^{-2}, -z^{-2}z' + z^{-1} = e^x z^{-2}, z' - z = -e^x$$
これは 1 階線形で，z の係数 -1 の不定積分は $-x$ なので，両辺に $\exp(-x)$ を書ける．
$\exp(-x)z' - \exp(-x)z = -1, (\exp(-x)z)' = -1, \exp(-x)z = -\int dx = -x + c,$
$z = (-x + c)\exp(x)$
$$y = z^{-1} = \tfrac{1}{(-x+c)\exp(x)}$$
ここに $y(0) = 1$ を代入すると，$1 = \tfrac{1}{c}$ なので，$c = 1$．よって $y = \tfrac{1}{(1-x)\exp(x)}$．

2 (1) $y = cx + f(c)$ とする．$y' = c, y - xy' - f(y') = cx + f(c) - xc - f(c) = 0$ となるので，微分方程式を満たす．$(x,y) = (-f'(t), -f'(t)t + f(t))$ とする．
$$\tfrac{dy}{dx} = \tfrac{\frac{dy}{dt}}{\frac{dx}{dt}} = \tfrac{-f''(t)t - f'(t) + f'(t)}{-f''(t)} = t\ y - xy' - f(y')$$
$$= -f'(t)t + f(t) - (-f'(t))t - f(t) = 0$$
となるので，微分方程式を満たす．

(2) $y = xy' + (y')^2$ なので，$f(s) = s^2$ と置く．
$$f'(s) = 2s.\ y = cx + f(c) = cx + c^2$$
が一般解．
$$(x,y) = (-f'(t), -f'(t)t + f(t)) = (-2t, -2t^2 + t^2) = (-2t, -t^2)$$
ここから t を消去した $y = -(\tfrac{x}{-2})^2 = -\tfrac{x^2}{4}$ が特異解．　(3) $y = xy' + \sqrt{y'}$ だから，

$f(s) = \sqrt{s}$ と置く. $f'(s) = \frac{1}{2\sqrt{s}}$ $y = cx + f(c) = cx + \sqrt{c}$ が一般解.
$(x, y) = (-f'(t), -f'(t)t + f(t)) = (-\frac{1}{2\sqrt{t}}, -\frac{1}{2\sqrt{t}}t + \sqrt{t}) = (-\frac{1}{2\sqrt{t}}, \frac{1}{2}\sqrt{t})$
ここから t を消去する. $x = -\frac{1}{2\sqrt{t}}$ より, $t = \frac{1}{4x^2}$ $(t > 0, x < 0)$ となる.
$y = \frac{1}{2}\sqrt{t} = \frac{1}{2}\frac{1}{2|x|} = -\frac{1}{4x}$ が特異解.

3 (1) $y = \frac{1}{\alpha - \beta}\left(e^{\alpha x}\int e^{-\alpha x}c(x)dx - e^{\beta x}\int e^{-\beta x}c(x)dx\right)$,
$y' = \frac{1}{\alpha - \beta}\left(\alpha e^{\alpha x}\int e^{-\alpha x}c(x)dx + e^{\alpha x}e^{-\alpha x}c(x) - \beta e^{\beta x}\int e^{-\beta x}c(x)dx - e^{\beta x}e^{-\beta x}c(x)\right)$
$= \frac{1}{\alpha - \beta}\left(\alpha e^{\alpha x}\int e^{-\alpha x}c(x)dx - \beta e^{\beta x}\int e^{-\beta x}c(x)dx\right)$,
$y'' = \frac{1}{\alpha - \beta}\left(\alpha^2 e^{\alpha x}\int e^{-\alpha x}c(x)dx + \alpha e^{\alpha x}e^{-\alpha x}c(x) - \beta^2 e^{\beta x}\int e^{-\beta x}c(x)dx\right.$
$\left. - \beta e^{\beta x}e^{-\beta x}c(x)\right) \frac{1}{\alpha - \beta}\left(\alpha^2 e^{\alpha x}\int e^{-\alpha x}c(x)dx - \beta^2 e^{\beta x}\int e^{-\beta x}c(x)dx + (\alpha - \beta)c(x)\right)$
$y'' - ay' - by - c(x) = \frac{1}{\alpha - \beta}\left(\alpha^2 e^{\alpha x}\int e^{-\alpha x}c(x)dx - \beta^2 e^{\beta x}\int e^{-\beta x}c(x)dx + (\alpha - \beta)c(x)\right.$
$-a\alpha e^{\alpha x}\int e^{-\alpha x}c(x)dx + a\beta e^{\beta x}\int e^{-\beta x}c(x)dx - be^{\alpha x}\int e^{-\alpha x}c(x)dx$
$\left. + be^{\beta x}\int e^{-\beta x}c(x)dx - (\alpha - \beta)c(x)\right)$
$= \frac{1}{\alpha - \beta}\left((\alpha^2 - a\alpha - b)e^{\alpha x}\int e^{-\alpha x}c(x)dx - (\beta^2 - a\beta - b)e^{\beta x}\int e^{-\beta x}c(x)dx\right) = 0$
(α, β は特性方程式の解であるので, $\alpha^2 - a\alpha - b = 0, \beta^2 - a\beta - b = 0$).

(2) $\alpha \to \beta$ を考える.
$y \to \frac{d}{d\beta}\left(e^{\beta x}\int e^{-\beta x}c(x)dx\right) = xe^{\beta x}\int e^{-\beta x}c(x)dx - e^{\beta x}\int xe^{-\beta x}c(x)dx$,
$y' = e^{\beta x}\int e^{-\beta x}c(x)dx + \beta xe^{\beta x}\int e^{-\beta x}c(x)dx + xe^{\beta x}e^{-\beta x}c(x)$
$- \beta e^{\beta x}\int xe^{-\beta x}c(x)dx - e^{\beta x}xe^{-\beta x}c(x)$
$= e^{\beta x}\int e^{-\beta x}c(x)dx + \beta xe^{\beta x}\int e^{-\beta x}c(x)dx - \beta e^{\beta x}\int xe^{-\beta x}c(x)dx$,
$y'' = \beta e^{\beta x}\int e^{-\beta x}c(x)dx + e^{\beta x}e^{-\beta x}c(x) + \beta e^{\beta x}\int e^{-\beta x}c(x)dx$
$+ \beta^2 xe^{\beta x}\int e^{-\beta x}c(x)dx + \beta xe^{\beta x}e^{-\beta x}c(x) - \beta^2 e^{\beta x}\int xe^{-\beta x}c(x)dx - \beta e^{\beta x}xe^{-\beta x}c(x)$
$= 2\beta e^{\beta x}\int e^{-\beta x}c(x)dx + \beta^2 xe^{\beta x}\int e^{-\beta x}c(x)dx - \beta^2 e^{\beta x}\int xe^{-\beta x}c(x)dx + c(x)$
$y'' - ay' - by - c(x) = 2\beta e^{\beta x}\int e^{-\beta x}c(x)dx + \beta^2 xe^{\beta x}\int e^{-\beta x}c(x)dx$
$- \beta^2 e^{\beta x}\int xe^{-\beta x}c(x)dx + c(x) - ae^{\beta x}\int e^{-\beta x}c(x)dx - a\beta xe^{\beta x}\int e^{-\beta x}c(x)dx$
$+ a\beta e^{\beta x}\int xe^{-\beta x}c(x)dx - bxe^{\beta x}\int e^{-\beta x}c(x)dx + be^{\beta x}\int xe^{-\beta x}c(x)dx - c(x)$
$= (2\beta - a)e^{\beta x}\int e^{-\beta x}c(x)dx + (\beta^2 - a\beta - b)xe^{\beta x}\int e^{-\beta x}c(x)dx$
$+ (a\beta + b - \beta^2)e^{\beta x}\int xe^{-\beta x}c(x)dx = 0$ (β は特性方程式の解であるので, $\beta^2 - a\beta - b = 0$, また重解であるので, $2\beta - a = 0$).

(3) 特性方程式 $y^2 - 3y + 2y = 0$ を解いて, $\alpha = 2, \beta = 1$. これと, $c(x) = x$ を (i) の公式に代入する.

第 5 章 の 解 答

$$y = e^{2x}\int e^{-2x}x\,dx - e^x\int e^{-x}x\,dx = e^{2x}\int(-\tfrac{1}{2}e^{-2x})'x\,dx - e^x\int(-e^{-x})'x\,dx$$
$$= e^{2x}\left(-\tfrac{1}{2}e^{-2x}x + \tfrac{1}{2}\int e^{-2x}\,dx\right) - e^x\left(-e^{-x}x + \int e^{-x}\,dx\right)$$
$$= e^{2x}\left(-\tfrac{1}{2}e^{-2x}x - \tfrac{1}{4}e^{-2x} + c_1\right) - e^x\left(-e^{-x}x - e^{-x} + c_2\right)$$
$$= -\tfrac{1}{2}x - \tfrac{1}{4} + c_1 e^{2x} + x + 1 - c_2 e^x = \tfrac{1}{2}x + \tfrac{3}{4} + c_1 e^{2x} - c_2 e^x,$$
$$y' = \tfrac{1}{2} + 2c_1 e^{2x} - c_2 e^x$$

ここで $y(0) = 1, y'(0) = 0$ を代入すると, $1 = \tfrac{3}{4} + c_1 - c_2, 0 = \tfrac{1}{2} + 2c_1 - c_2$ なので, $(c_1, c_2) = (-\tfrac{3}{4}, -1)$. よって $y = \tfrac{1}{2}x + \tfrac{3}{4} - \tfrac{3}{4}e^{2x} + e^x$.

(4) 特性方程式 $y^2 + 2y + 1 = 0$ の解は, 重解の $\beta = -1$. これと $c(x) = e^x$ を (2) の公式に代入する.

$$y = xe^{-x}\int e^x e^x\,dx - e^{-x}\int xe^x e^x\,dx = xe^{-x}(\tfrac{1}{2}e^{2x} + c_1) - e^{-x}\int x(\tfrac{1}{2}e^{2x})'\,dx$$
$$= \tfrac{1}{2}xe^x + c_1 xe^{-x} - e^{-x}x\tfrac{1}{2}e^{2x} + e^{-x}\int \tfrac{1}{2}e^{2x}\,dx$$
$$= \tfrac{1}{2}xe^x + c_1 xe^{-x} - e^{-x}x\tfrac{1}{2}e^{2x} + e^{-x}(\tfrac{1}{4}e^{2x} + c_2)$$
$$= c_1 xe^{-x} + \tfrac{1}{4}e^x + c_2 e^{-x},$$
$$y' = c_1(e^{-x} - xe^{-x}) + \tfrac{1}{4}e^x - c_2 e^{-x}$$

ここで, $y(0) = 1, y'(0) = 0$ を代入すると $1 = \tfrac{1}{4} + c_2, 0 = c_1 + \tfrac{1}{4} - c_2$ なので, $(c_1, c_2) = (\tfrac{1}{2}, \tfrac{3}{4})$. よって $y = \tfrac{1}{2}xe^{-x} + \tfrac{1}{4}e^x + \tfrac{3}{4}e^{-x}$.

(5) 特性方程式 $y^2 + 1 = 0$ の解は $\alpha = i, \beta = -i$. これと $c(x) = x^2$ を (i) の公式に代入する.

$$y = \tfrac{1}{2i}\left(e^{ix}\int e^{-ix}x^2\,dx - e^{-ix}\int e^{ix}x^2\,dx\right) = \dagger. \int e^{ax}x^2\,dx = \int(\tfrac{1}{a}e^{ax})'x^2\,dx$$
$$= \tfrac{1}{a}e^{ax}x^2 - \tfrac{2}{a}\int e^{ax}x\,dx = \tfrac{1}{a}e^{ax}x^2 - \tfrac{2}{a}\int(\tfrac{1}{a}e^{ax})'x\,dx$$
$$= \tfrac{1}{a}e^{ax}x^2 - \tfrac{2}{a}\left(\tfrac{1}{a}e^{ax}x - \tfrac{1}{a}\int e^{ax}\,dx\right) = \tfrac{1}{a}e^{ax}x^2 - \tfrac{2}{a^2}e^{ax}x + \tfrac{2}{a^3}e^{ax}$$
$$= (\tfrac{x^2}{a} - \tfrac{2x}{a^2} + \tfrac{2}{a^3})e^{ax},$$
$$\int e^{-ix}x^2\,dx = (\tfrac{x^2}{-i} - \tfrac{2x}{(-i)^2} + \tfrac{2}{(-i)^3})e^{-ix} = (ix^2 + 2x - 2i)e^{-ix},$$
$$\int e^{ix}x^2\,dx = (\tfrac{x^2}{i} - \tfrac{2x}{i^2} + \tfrac{2}{i^3})e^{ix} = (-ix^2 + 2x + 2i)e^{ix}$$
$$\dagger = y = \tfrac{1}{2i}\left(e^{ix}\{(ix^2 + 2x - 2i)e^{-ix} + c_1\} - e^{-ix}\{(-ix^2 + 2x + 2i)e^{ix} + c_2\}\right)$$
$$= \tfrac{1}{2i}\left(2ix^2 - 4i + c_1 e^{ix} - c_2 e^{-ix}\right) = x^2 - 2 - \tfrac{ic_1}{2}e^{ix} + \tfrac{ic_2}{2}e^{-ix}$$
$$y' = 2x + \tfrac{c_1}{2}e^{ix} + \tfrac{c_2}{2}e^{-ix}$$

ここで, $y(0) = 0, y'(0) = 0$ を代入すると, $0 = -2 - \tfrac{ic_1}{2} + \tfrac{ic_2}{2}, 0 = \tfrac{c_1}{2} + \tfrac{c_2}{2}$ なので $(c_1, c_2) = (2i, -2i)$. よって $y = x^2 - 2 + e^{ix} + e^{-ix}$. ここでオイラーの公式 $e^{ix} = \cos x + i\sin x$ を代入する.

$$y = x^2 - 2 + \cos x + i\sin x + \cos(-x) + i\sin(-x) = x^2 - 2 + 2\cos x$$

4 **(1)** 定数係数の斉次 2 階線形微分方程式である. 特性方程式 $y^2 + 2\gamma y + \omega^2 = 0$ の解は判別式 $D = 4(\gamma^2 - \omega^2)$ なので, D の符号で場合分けして考える.

・$D < 0$ のとき, つまり $\gamma^2 < \omega^2$ のとき. 特性方程式の解は共役複素数 $-\gamma \pm i\sqrt{\omega^2 - \gamma^2}$

なので，$y = c_1 e^{-\gamma x}\cos(\sqrt{\omega^2-\gamma^2}\,x) + c_2 e^{-\gamma x}\sin(\sqrt{\omega^2-\gamma^2}\,x)$,

$$y' = c_1\{-\gamma e^{-\gamma x}\cos(\sqrt{\omega^2-\gamma^2}\,x) - \sqrt{\omega^2-\gamma^2}\,e^{-\gamma x}\sin(\sqrt{\omega^2-\gamma^2}\,x)\}$$
$$+ c_2\{-\gamma e^{-\gamma x}\sin(\sqrt{\omega^2-\gamma^2}\,x) + \sqrt{\omega^2-\gamma^2}\,e^{-\gamma x}\cos(\sqrt{\omega^2-\gamma^2}\,x)\}$$

これに $y(0) = 1, y'(0) = 0$ を代入する．$1 = c_1, 0 = -c_1 + \sqrt{\omega^2-\gamma^2}\,c_2$ なので，$(c_1, c_2) = (1, \frac{\gamma}{\sqrt{\omega^2-\gamma^2}})$. よって

$$y = e^{-\gamma x}\cos(\sqrt{\omega^2-\gamma^2}\,x) + \frac{\gamma}{\sqrt{\omega^2-\gamma^2}}\,e^{-\gamma x}\sin(\sqrt{\omega^2-\gamma^2}\,x)$$

・$D = 0$ のとき，つまり $\gamma^2 = \omega^2$ のとき．特性方程式 $y^2 = -2\gamma y - \omega^2$ は重解 $(-\gamma)$ となるので，$y = c_1 x e^{-\gamma x} + c_2 e^{-\gamma x}, y' = c_1(e^{-\gamma x} - \gamma x e^{-\gamma x}) - c_2 \gamma e^{-\gamma x}$. これに $y(0) = 1, y'(0) = 0$ を代入する．$1 = c_2, 0 = c_1 - \gamma c_2$ なので，$(c_1, c_2) = (\gamma, 1)$. よって

$$y = \gamma x e^{-\gamma x} + e^{-\gamma x}$$

・$D > 0$ のとき，つまり $\gamma^2 > \omega^2$ のとき．特性方程式 $y^2 = -2\gamma y - \omega^2$ の解は異なる 2 実数 $-\gamma \pm \sqrt{\gamma^2-\omega^2}$ なので，

$$y = c_1 \exp((-\gamma + \sqrt{\gamma^2-\omega^2})x) + c_2 \exp((-\gamma - \sqrt{\gamma^2-\omega^2})x),$$

$$y' = c_1(-\gamma + \sqrt{\gamma^2-\omega^2})\exp((-\gamma + \sqrt{\gamma^2-\omega^2})x)$$
$$+ c_2(-\gamma - \sqrt{\gamma^2-\omega^2})\exp((-\gamma - \sqrt{\gamma^2-\omega^2})x)$$

これに $y(0) = 1, y'(0) = 0$ を代入する．
$1 = c_1 + c_2, 0 = (-\gamma + \sqrt{\gamma^2-\omega^2})c_1 + (-\gamma - \sqrt{\gamma^2-\omega^2})c_2$
なので，$(c_1, c_2) = (\frac{\gamma+\sqrt{\gamma^2-\omega^2}}{2\sqrt{\gamma^2-\omega^2}}, 1 - \frac{\gamma+\sqrt{\gamma^2-\omega^2}}{2\sqrt{\gamma^2-\omega^2}})$. よって，

$$y = \frac{\gamma+\sqrt{\gamma^2-\omega^2}}{2\sqrt{\gamma^2-\omega^2}}\exp((-\gamma+\sqrt{\gamma^2-\omega^2})x) + \{1 - \frac{\gamma+\sqrt{\gamma^2-\omega^2}}{2\sqrt{\gamma^2-\omega^2}}\}\exp((-\gamma-\sqrt{\gamma^2-\omega^2})x)$$

第 6 章

1.1 **(1)** $a_\infty = 0$ ではないので Σa_n は発散する． **(2)** $a_\infty = 0$ ではないので Σa_n は発散する． **(3)** $\Sigma\left(\frac{1}{2}\right)^n$ も $\Sigma\left(-\frac{2}{3}\right)^n$ も収束するので，Σa_n は収束する． **(4)** $0 \leq a_n \leq \left(\frac{1}{2}\right)^n$ であり，$\Sigma\left(\frac{1}{2}\right)^n$ は収束するので，Σa_n も収束する． **(5)** $0 \leq |a_n| \leq \frac{1}{2^n}$ であり，$\Sigma\frac{1}{2^n}$ は収束するので，$\Sigma|a_n|$ も収束する．よって Σa_n も収束する． **(6)** コーシーの判定法を使う．$|a_n|^{1/n} = \frac{3n+5}{2n+1} \to \frac{3}{2} > 1$. よって発散する． **(7)** コーシーの判定法を使う．$|a_n|^{1/n} = \left(1 + \frac{1}{2n}\right)^n \to \sqrt{e} > 1$ (1 章問題 4.1(9) より) よって発散する． **(8)** コーシーの判定法を使う．$|a_n|^{1/n} = \left(1 - \frac{1}{n}\right)^n \to e^{-1} < 1$ (例題 1.4(2) より) よって収束する． **(9)** ダランベールの判定法を使う．$\left|\frac{a_{n+1}}{a_n}\right| = \frac{2^{n+1}}{(n+1)!}\frac{n!}{2^n} = \frac{2}{n+1} \to 0 < 1$. よって収束する． **(10)** ダランベールの判定法を使う．$\left|\frac{a_{n+1}}{a_n}\right| = \frac{3(n+1)}{(n+1)!}\frac{n!}{3n} = \frac{3}{3n} \to 0 < 1$. よって収束する． **(11)** ダランベールの判定法を使う．$\left|\frac{a_{n+1}}{a_n}\right| = \frac{1\cdot 3\cdots 5\cdots(2n+1)}{(n+1)!}\frac{n!}{1\cdot 3\cdots 5\cdots(2n-1)} = \frac{2n+1}{n+1} \to 2 > 1$. よって発散する．

第6章の解答

2.1 **(1)** $a=1$ のゼータ級数なので発散する．**(2)** $a=\frac{3}{2}$ のゼータ級数なので収束する．**(3)** $\frac{2n+5}{3n^2-2}\Big/\frac{1}{n}=\frac{2n^2+5n}{3n^2-2}\to\frac{2}{3}$ である．$\Sigma\frac{1}{n}$ が発散するので Σa_n も発散する．**(4)** $\lim\limits_{x\to\infty}\frac{\sin x}{x}=1$ より，$\sin^2\frac{1}{n}\Big/\frac{1}{n^2}=\left(\sin\frac{1}{n}\Big/\frac{1}{n}\right)^2\to 1$ である．$\Sigma\frac{1}{n^2}$ が収束するので Σa_n も収束する．**(5)** $\frac{1}{n!}\Big/\frac{1}{n^2}=\frac{n^2}{n!}=\frac{1}{(n-2)!}\frac{n^2}{(n-1)n}=\dagger$．$\frac{1}{(n-2)!}\to 0$，$\frac{n^2}{(n-1)n}\to 1$ なので，$\dagger\to 0$．$\Sigma\frac{1}{n^2}$ が収束するので Σa_n も収束する．**(6)** $\frac{n^2+1}{e^n}\Big/\frac{1}{n^2}=\frac{n^4+n^2}{e^n}\to 0$ である．$\Sigma\frac{1}{n^2}$ が収束するので Σa_n も収束する．**(7)** $\frac{1}{\log(n+1)}\Big/\frac{1}{n}=\frac{n}{\log(n+1)}=\dagger$．$\lim\limits_{x\to\infty}\frac{x}{\log(x+1)}\left(=\frac{\infty}{\infty}\right)=\lim\limits_{x\to\infty}\frac{1}{(x+1)^{-1}}=\lim\limits_{x\to\infty}(x+1)=\infty$．よって，$\dagger\to\infty$ となる．$\Sigma\frac{1}{n}$ が発散するので Σa_n も発散する．**(8)** $\frac{\log n}{n}\Big/\frac{1}{n}=\log n\to\infty$ となる．$\Sigma\frac{1}{n}$ が発散するので Σa_n も発散する．**(9)** $\frac{\sqrt{n+1}-\sqrt{n}}{n}=\frac{1}{n(\sqrt{n+1}+\sqrt{n})}$ となるので，$n^{-3/2}$ と比較する．$\frac{\sqrt{n+1}-\sqrt{n}}{n}\Big/\frac{1}{n^{3/2}}=\frac{n^{3/2}}{n(\sqrt{n+1}+\sqrt{n})}=\frac{1}{(\sqrt{1+\frac{1}{n}}+1)}\to\frac{1}{2}$ である．$\Sigma\frac{1}{n^{3/2}}$ は $a=\frac{3}{2}$ のゼータ級数なので収束する．よって Σa_n も収束する．**(10)** マクローリン展開 $(1+x)^{5/2}=1+\frac{5}{2}x+\frac{15}{8}x^2+\cdots$ を利用する．
$$\frac{(n+1)^{5/2}-n^{5/2}}{n^2}=\frac{n^{5/2}}{n^2}\left((1+\frac{1}{n})^{5/2}-1\right)=n^{1/2}\left(\frac{5}{2}\frac{1}{n}+\frac{15}{8}\frac{1}{n^2}+\cdots\right)$$
$$=\frac{5}{2}\frac{1}{n^{1/2}}+\frac{15}{8}\frac{1}{n^{3/2}}+\cdots$$
となるので，$\frac{(n+1)^{5/2}-n^{5/2}}{n^2}\Big/\frac{1}{n^{1/2}}=\frac{5}{2}+\frac{15}{8}\frac{1}{n}+\cdots\to\frac{5}{2}$ となる．$\frac{1}{n^{1/2}}$ は $a=\frac{1}{2}$ のゼータ級数であるから発散する．よって Σa_n も発散する．**(11)** 十分大きい n で，交代級数である．$\frac{1}{n+1}\leq\frac{1}{n}$ より，十分大きい n で $|\sin\frac{1}{n+1}|\leq|\sin\frac{1}{n}|$ となる．また，$\sin\frac{1}{n}\to 0$ となる．よって Σa_n は収束する．

3.1 **(1)** $\lim\limits_{x\to\infty}x=\infty$ なので，与式は発散する．**(2)** $\lim\limits_{x\to\infty}\sin x$ が振動するので，与式は発散する．**(3)** 与式 $=\int_1^\infty\left(\frac{2}{3}\right)^x dx$ となり，$|\frac{2}{3}|<1$ なので収束する．**(4)** 与式 $=\int_1^\infty\frac{dx}{x^{1/2}}$ となり，$|\frac{1}{2}|\leq 1$ なので発散する．**(5)** 与式 $=\lim\limits_{x\to\infty}\log x=\infty$ なので発散する．**(6)** $\int_1^\infty\frac{dx}{x^2}$ で，$|2|>1$ なので収束する．**(7)** $0\leq|\frac{\cos x}{2^x}|\leq\left(\frac{1}{2}\right)^x$ であり，$\int_1^\infty(1/2)^x dx$ は $|\frac{1}{2}|<1$ より収束する．よって $\int_1^\infty|\frac{\cos x}{2^x}| dx$ も収束，$\int_1^\infty\frac{\cos x}{2^x} dx$ も収束する．**(8)** $\frac{x^2+1}{2^x}\Big/\left(\frac{2}{3}\right)^x=(x^2+1)\left(\frac{3}{4}\right)^x\to 0$ となる．$\int_1^\infty\left(\frac{2}{3}\right)^x dx$ が収束するので，与式も収束する．**(9)** $\frac{\sin x}{e^x}\Big/\left(\frac{2}{3}\right)^x=(\sin x)\left(\frac{3}{2e}\right)^x\to 0$ となる．$\int_1^\infty\left(\frac{2}{3}\right)^x dx$ が収束するので，与式も収束する．**(10)** $\frac{x^a}{e^x}\Big/\left(\frac{1}{2}\right)^x=x^a\left(\frac{3}{2e}\right)^x\to 0$ となる．$\int_1^\infty\left(\frac{1}{2}\right)^x dx$ が収束するので，与式も収束する．

4.1 **(1)** $\int_0^1\frac{dx}{x}=\lim\limits_{x\to 0+0}(-\log x)=\infty$ なので発散する．**(2)** $\int_0^1\frac{dx}{\sqrt[3]{x}}=\int_0^1\frac{dx}{x^{1/3}}$ となり，$\frac{1}{3}<1$ なので収束する．**(3)** $\frac{1}{\sin x}\Big/\frac{1}{x}=\frac{x}{\sin x}\to 1\ (x\to 0+0)$ である．$\int_0^{\pi/2}\frac{dx}{x}$ は発散するので，与式も発散する．**(4)** $\frac{\sqrt{x}}{e^x-1}\Big/\frac{1}{\sqrt{x}}=\frac{x}{e^x-1}\to 1\ (x\to 0+0)$ (1章問題 5.1(3)) である．$\int_0^1\frac{dx}{\sqrt{x}}$ は収束するので，与式も収束する．**(5)** $\frac{\sqrt{1+x}-1}{\sqrt{x}\sin x}\Big/\frac{1}{\sqrt{x}}=$

$\frac{x}{(\sqrt{1+x}+1)\sin x} \to \frac{1}{2}$ $(x \to 0+0)$ である. $\int_0^1 \frac{dx}{\sqrt{x}}$ は収束するので,与式も収束する.

第 6 章章末問題

1 次の 4 つに場合分けする.(i) $0 < p < 1$, $0 < q < 1$, (ii) $1 \leqq p$, $0 < q < 1$, (iii) $0 < p < 1$, $1 \leqq q$, (iv) $1 \leqq p$, $1 \leqq q$

(i) $0 < p < 1$, $0 < q < 1$ のとき.$x=0$ と $x=1$ で無定義の特異積分であるから,
$$\text{与式} = \int_0^{1/2} x^{p-1}(1-x)^{q-1}\,dx + \int_{1/2}^1 x^{p-1}(1-x)^{q-1}\,dx$$
と分割して考える.第 1 項を I_1,第 2 項を I_2 と置く.

・I_1 の収束について.$0 \leqq x^{p-1}(1-x)^{q-1}| \leqq x^{p-1}$ であって,
$$\int_0^{1/2} x^{p-1}\,dx = \int_0^{1/2} \frac{dx}{x^{1-p}}$$
は $1-p < 1$ なので収束する.よって I_1 も収束する.

・I_2 の収束について.$1-x=t$ とすると,$-dx=dt$.$x:\frac{1}{2} \to 1$ より,$t:\frac{1}{2} \to 0$.
$$I_2 = \int_{1/2}^0 (1-t)^{p-1}t^{q-1}\,(-dt) = \int_0^{1/2}(1-t)^{p-1}t^{q-1}\,dt \quad (t=0 \text{ で無定義の特異積分}).$$
$0 \leqq (1-t)^{p-1}t^{q-1} \leqq t^{q-1}$ であって,$\int_0^{1/2} t^{q-1}\,dt = \int_0^{1/2}\frac{dt}{t^{1-q}}$ は $1-q<1$ なので収束する.よって I_2 も収束する.I_1, I_2 とも収束するので,与式は収束する.

(ii) $1 \leqq p, 0 < q < 1$ のとき.$x=1$ で無定義の特異積分である.$1-x=t$ とすると,$-dx=dt$.$x:0 \to 1$ より,$t:1 \to 0$.
$$\text{与式} = \int_1^0 (1-t)^{p-1}t^{q-1}\,(-dt) = \int_0^1 (1-t)^{p-1}t^{q-1}\,dt$$
となり,(i) の I_2 と同様に収束することが示せる.

(iii) $0 < p < 1, 1 \leqq q$ のとき.$x=0$ で無定義の特異積分である.(i) の I_1 と同様に収束することが示せる.

(iv) $1 \leqq p, 1 \leqq q$ のとき.特異積分ではなく,通常の積分であるから収束する.

2 $\Gamma(p) = \int_0^\infty e^{-x}x^{p-1}\,dx = \int_0^1 e^{-x}x^{p-1}\,dx + \int_1^\infty e^{-x}x^{p-1}\,dx$ と分割して,第 1 項 I_1,第 2 項 I_2 の収束性をそれぞれ示す.

・$I_1 = \int_0^1 e^{-x}x^{p-1}\,dx$ は $p<1$ のときは,$x=0$ で無定義の特異積分である.$0 \leqq e^{-x}x^{p-1} \leqq x^{p-1}$ であって,$\int_0^1 x^{p-1}\,dx = \int_0^1 \frac{dx}{x^{1-p}}$ は $1-p<1$ なので収束する.よって I は収束する.$1 \geqq p$ のときは,I_1 は特異積分ではなく,通常の積分であるから収束する.

・$I_2 = \int_1^\infty e^{-x}x^{p-1}\,dx$ は無限積分である.$e^{-x}x^{p-1} \big/ \frac{1}{x^2} = \frac{x^{1+p}}{e^x} \to 0$ (これは $x \to \infty$ のとき,$\frac{\infty}{\infty}$ の不定形であるが,ロピタルの定理を $1+p$ 以上回使うことにより,0 に収束することが分かる).$\int_1^\infty \frac{dx}{x^2}$ は $2 > 1$ なので,収束する.よって I_2 も収束する.I_1, I_2 とも収束するので,与式は収束する.

3 (1) $B(p,q) = \int_0^1 x^{p-1}(1-x)^{q-1}\,dx$.$1-x=t$ とすると,$-dx=dt$.$x:0 \to 1$ より $t:1 \to 0$.$B(p,q) = \int_1^0 (1-t)^{p-1}t^{q-1}\,(-dt) = \int_0^1 t^{q-1}(1-t)^{p-1}\,dt = B(q,p)$.

第 6 章 の 解 答

(2) $B(p,q+1) = \int_0^1 p\,x^{p-1}(1-x)^q\,dx = \int_0^1 (x^p)'(1-x)^q\,dx$
$= [x^p(1-x)^q]_0^1 + \int x^p q(1-x)^{q-1}\,dx = q\int x^p(1-x)^{q-1}\,dx = qB(p+1,q)$

(3) $B(p,q) = \int_0^1 x^{p-1}(1-x)^{q-1}\,dx$ で $x = \sin^2 t$ と置換積分する．$dx = 2\sin t \cos t\,dt$．
$x: 0 \to 1$ より $t: 0 \to \frac{\pi}{2}$．
$B(p,q) = \int_0^{\pi/2} \sin^{2p-2} t\,(1-\sin^2 t)^{q-1}\,(2\sin t \cos t\,dt)$
$= 2\int_0^{\pi/2} \sin^{2p-1} t \cos^{2q-1} t\,dt$

(4) $\Gamma(p+1) = \int_0^\infty e^{-x} x^p\,dx = \int_0^\infty (-e^{-x})' x^p\,dx$
$= -[e^{-x} x^p]_0^\infty + \int_0^\infty e^{-x} p x^{p-1}\,dx\,dx = p\Gamma(p)$

(5) $\Gamma(n) = \int_0^\infty e^{-x} x^{p-1}\,dx$ (2 章の章末問題 2 より)
$= (p-1)!$

(6) $\Gamma(\frac{1}{2}) = \int_0^\infty e^{-x} x^{-1/2}\,dx$．ここで $x = t^2$ と置くと，$dx = 2t\,dt$．$x: 0 \to \infty$ より $t: 0 \to \infty$．
$\Gamma(\frac{1}{2}) = \int_0^\infty e^{-t^2} t^{-1} (2t\,dt) = 2\int_0^\infty e^{-t^2}\,dt$ (例題 4.11(2) より)
$= 2\frac{\sqrt{\pi}}{2} = \sqrt{\pi}$

(7) $\Gamma(p)\Gamma(q) = \int_0^\infty e^{-x} x^{p-1}\,dx \int_0^\infty e^{-y} y^{q-1}\,dy$
$= \iint_{0\leq x,\,0\leq y} \exp(-x-y) x^{p-1} y^{q-1}\,dxdy = \dagger$

$x = s(1-t), y = st\ (s \geq 0)$ と置く．$x_s y_t - x_t y_s = (1-t)s - (-s)t = s$．
$0 \leq x,\,0 \leq y$ より $0 \leq s(1-t),\,0 \leq st$ となり，$0 \leq t \leq 1,\,0 \leq s$ となる．
$\dagger = \iint_{0\leq t\leq 1,\,0\leq s} \exp(-s)(s(1-t))^{p-1}(st)^{q-1}\,(s\,dtds)$
$= \int_0^1 t^{q-1}(1-t)^{p-1}\,dt \int_0^\infty \exp(-s) s^{p+q-1}\,ds$
$= B(q,p)\Gamma(p+q) = B(p,q)\Gamma(p+q)$

4 (1) $a_n = \frac{x^n}{n!}$ とすると，$1 + x + \frac{1}{2!}x^2 + \frac{1}{3!}x^3 + \frac{1}{4!}x^4 + \cdots = \sum_{n=0}^\infty a_n$
ダランベールの判定法を使う．$\left|\frac{a_{n+1}}{a_n}\right| = \frac{x^{n+1}}{(n+1)!} \frac{n!}{x^n} = \frac{x}{n+1} \to 0\ (n \to \infty)$
よって $\sum_{n=0}^\infty \frac{x^n}{n!}$ は収束する．任意の x で収束するので，条件はなし．

(2) $a_n = \frac{-(-x)^n}{n}$ とすると，$x - \frac{x^2}{2} + \frac{x^3}{3} - \frac{x^4}{4} + \cdots = \sum_{n=1}^\infty a_n$．ダランベールの判定法を使う．
$\left|\frac{a_{n+1}}{a_n}\right| = \frac{|x|^{n+1}}{n+1} \frac{n}{|x|^n} = \frac{|x|n}{n+1} \to |x|\ (n \to \infty)$
よって $|x| < 1$ のとき収束し，$|x| > 1$ のとき発散する．
・$x = 1$ のときは，$a_n = \frac{-(-1)^n}{n}$ となり $\sum_{n=1}^\infty a_n = 1 - \frac{1}{2} + \frac{1}{3} - \frac{1}{4} + \cdots$ という交代級数．
$|a_n| - |a_{n+1}| = \frac{1}{n} - \frac{1}{n+1} > 0$ かつ $a_n \to 0\ (n \to \infty)$ となるので，$\sum_{n=1}^\infty a_n$ は収束する．

・$x = -1$ のときは, $a_n = \frac{-1}{n}$ となり $\sum_{n=1}^{\infty} a_n = -\sum_{n=1}^{\infty} \frac{1}{n}$ なので, ゼータ級数の $a = 1$ のときなので発散する. まとめると, 収束する x の条件は $-1 < x \leq 1$ である.

(3) まずヒントの内容を証明する.

・$a_n = \frac{a(a-1)(a-2)\cdots(a-n+1)}{n!}$ と置き, $|a_n|n^{1+a}$ が収束することを示す.
$\frac{a_{n+1}}{a_n} = \frac{a(a-1)(a-2)\cdots(a-n)}{(n+1)!} \cdot \frac{n!}{a(a-1)(a-2)\cdots(a-n+1)} = \frac{a-n}{n+1}$,
$\frac{a_{n+1}(n+1)^{1+a}}{a_n n^{1+a}} = \frac{a-n}{n+1} \cdot \frac{(n+1)^{1+a}}{n^{1+a}} = \frac{(a-n)(n+1)^a}{n^{1+a}}$
十分大きい n では, $\frac{|a_{n+1}|(n+1)^{1+a}}{|a_n|n^{a+1}} = \frac{(n-a)(n+1)^a}{n^{a+1}}$. $f(x) = \frac{(x-a)(x+1)^a}{x^{a+1}}$ と置く.
$f'(x) = \frac{(x+1)^a + (x-a)a(x+1)^{a-1}}{x^{a+1}} + \frac{-(a+1)(x-a)(x+1)^a}{x^{a+2}} = \frac{a(a+1)(x+1)^{a-1}}{x^{a+2}} > 0$
よって $0 \leq x$ で単調増加. $\lim_{x \to \infty} f(x) = 1$ なので, $0 \leq x$ で $f(x) < 1$.
よって, 十分大きい n では $\frac{|a_{n+1}|(n+1)^{1+a}}{|a_n|n^{a+1}} = \frac{(n-a)(n+1)^a}{n^{a+1}} < 1$ となり, $|a_n|n^{a+1}$ は単調減少する.
$0 \leq |a_n|n^{a+1}$ と下限を持つので, $|a_n|n^{a+1}$ は収束する.

・$b_n = \frac{a(a-1)(a-2)\cdots(a-n+1)}{n!}x^n$ と置くと, 与式 $= 1 + \sum_{n=1}^{\infty} b_n$ となる. $\sum_{n=1}^{\infty} b_n$ の収束性を調べればよい. ① a が 0 以上の整数のとき, ② $0 < a, a \notin \mathbf{N}$, ③ $-1 < a < 0$, ④ $a \leq -1$ に場合分けする.

① a が 0 以上の整数のとき. b_n は最初または途中から先は 0 になるので, $\sum_{n=1}^{\infty} b_n$ は収束する. よって収束する x の範囲は $-\infty < x < \infty$ である.

② $0 < a, a \notin \mathbf{N}$ のとき. ダランベールの判定法を使う. $a \notin \mathbf{N}$ より, $b_n \neq 0$ である.
$\left|\frac{b_{n+1}}{b_n}\right| = \left|\frac{a(a-1)(a-2)\cdots(a-n)x^{n+1}}{(n+1)!} \cdot \frac{n!}{a(a-1)(a-2)\cdots(a-n+1)x^n}\right| = \frac{|n-a||x|}{n+1} \to |x|$ よって
$|x| < 1$ のとき収束, $|x| > 1$ のとき発散する.
$x = \pm 1$ のとき. $|b_n| / \frac{1}{n^{1+a}}$ が収束し, $\sum_{n=1}^{\infty} \frac{1}{n^{1+a}}$ はゼータ級数 $(1 + a > 1)$ より収束する. よって $\sum_{n=1}^{\infty} |b_n|$ も収束し, $\sum_{n=1}^{\infty} b_n$ も収束する. まとめると, 収束する x の範囲は $-1 \leq x \leq 1$.

③ $-1 < a < 0$ のとき. ②と同様にダランベールの判定法を使って, $|x| < 1$ のとき収束, $|x| > 1$ のとき発散する. $x = 1$ のときは, $\frac{b_{n+1}}{b_n} = \frac{a_{n+1}}{a_n} = \frac{a-n}{n+1}$ なので, 十分大きい n で, $\frac{b_{n+1}}{b_n} < 0$ となり交代級数である. $-1 < a$ なので, 十分大きい n で $\left|\frac{b_{n+1}}{b_n}\right| = \frac{n-a}{n+1} < 1$ となる. さらに $b_n n^{1+a}$ が収束するので, $b_n \to 0$ となる. よって $\sum_{n=1}^{\infty} b_n$ は収束する. $x = -1$ のとき,
$b_n / \frac{1}{n} = \frac{a(a-1)(a-2)\cdots(a-n+1)}{n!}(-1)^n n = \frac{(-a)(1-a)(2-a)(3-a)\cdots(n-1-a)}{(n-1)!}$
$\geq \frac{(-a) \cdot 1 \cdot 2 \cdot 3 \cdots (n-1)}{(n-1)!} = -a > 0$
$\sum_{n=1}^{\infty} \frac{1}{n}$ は発散するので, $\sum_{n=1}^{\infty} b_n$ も発散する.
まとめると, 収束する x の範囲は $-1 < x \leq 1$.

④ $a \leq -1$ のとき. ②と同様にダランベールの判定法を使って, $|x| < 1$ のとき, 収束,

$|x|>1$ のとき,発散する. $x=\pm 1$ のとき,

$$b_n = \frac{a(a-1)(a-2)\cdots(a-n+1)}{n!}x^n = (-x)^n \frac{(-a)(1-a)(2-a)\cdots(n-a-1)}{n!}$$
$$\frac{b_n}{(-x)^n} = \frac{(-a)(1-a)(2-a)\cdots(n-a-1)}{n!} \geqq \frac{1\cdot 2\cdot 3\cdots n}{n!} = 1$$

よって $\displaystyle\lim_{n\to\infty} b_n = 0$ とならないので,$\displaystyle\sum_{n=1}^{\infty} b_n$ は発散する.まとめると,収束する x の範囲は $-1 < x < 1$.

索　引

あ 行

鞍点　101

1 階線形　137
一般解　137
陰関数　100, 107, 108
陰関数定理　100
陰関数の極値　114

n 階導関数　24
円柱座標　131

か 行

回転体の体積　70
慣性モーメント　76
ガンマ関数　152

逆関数　15
逆関数の微分　19
逆三角関数　15
逆双曲線関数　20
逆変換　94
極限　107
極限（関数）　7
極限（3 変数）　107
極限（数列）　6
極限（2 変数関数）　81
極座標（3 次元）　109
極座標変換　122
極小値　34
極小値（2 変数関数）　101
曲線の長さ　63
極大値　34
極大値（2 変数関数）　101
極値　34, 101, 109
極値（2 変数関数）　101
曲面積　131
近似増加列　125

区分求積法　42
区分求積法（2 変数）　115

さ 行

グラフ　81, 107
グラフの凹凸　37
クレロー型　144

原始関数　40

高階導関数　24
高階偏微分　96, 109
広義 3 重積分　133
合成関数　108
合成関数の微分法則　12
勾配ベクトル　87, 107

最小 2 乗法　114
三角関数　2
三角関数の積分　52
3 次元のヘッセ行列　109
3 次元のラプラシアン　109
3 重積分　133

指数関数　1
自然対数　1
収束の判定　107
重心　73
収束　6, 7
条件付き極値問題　104
剰余項　26
剰余項（2 変数関数）　98
初期条件　137
初期値問題　137
振動　6, 7
シンプソンの公式　79

図形の面積　66

正規形　137
積の微分法則　12
積分の平均値の定理　42
接平面　107
接平面の方程式　89

接ベクトル　89
線　107
線形性　12
全微分　89, 107
全微分可能　89

双曲線関数　20

た 行

台形公式　79
対数関数　1
対数微分法　23
体積（3 重積分）　133
体積（2 重積分）　129
多項式関数　1
単純　118
単調　15
単調減少　15
単調増加　15
断面積と体積　70

値域　2
置換積分　45, 122, 133
中間値の定理　8
調和関数　96

定義域　2
定数係数の斉次 2 階線形微分方程式　141
定数係数の非斉次 2 階線形微分方程式　144
定積分　42
テイラー展開　26, 109
テイラー展開（2 変数関数）　98
テイラーの定理　26
テイラーの定理（2 変数関数）　98
停留点　87

導関数　12
峠点　101

索　引

同次形　137
特異積分　59
特異2重積分　125

な　行

2項定理　3
2重積分　115
2変数関数　81

は　行

パーツ表現　118
はさみうちの定理　6, 7
発散　6, 7
パップス-ギュルダンの定理　80

被積分関数　40
微分可能　12
微分係数　12
微分方程式　137

不定積分　40
部分積分　47
分数関数の微分法則　12

平均値の定理
　（コーシー）　31
平均値の定理
　（ラグランジュ）　26
ベータ関数　152

べき関数　1
べき関数の特異積分　59
べき関数の無限積分　61
ヘッセ行列　96
ベルヌーイ型　144
変曲　37
変曲点　37
変数分離形　137
変数分離の重積分　118
変数変換　94, 108
偏導関数　85
偏微分　85, 107
偏微分可能　85
偏微分係数　85

方向微分　87
法線　107
法線の方程式　89
法ベクトル　89

ま　行

マクローリン展開　26
マクローリン展開
　（2変数関数）　98
マクローリンの定理　26
マクローリンの定理
　（2変数関数）　98

未定係数法　109

無限級数　145
無限積分　61

無限2重積分　127
無定義点　2
無理関数の積分　55

や　行

ヤコビアン　92
ヤコビアン（3次元）　108
ヤコビ行列　92
ヤコビ行列（3次元）　108
ヤングの定理　96

有理関数の積分　49

ら　行

ライプニッツの公式　24
ラグランジュの未定係数法　104
ラプラシアン　96

累次積分　118, 133
累次表現　118

連鎖律　92
連続　8
連続（2変数関数）　81
連続性　107

ロピタルの定理　31
ロルの定理　26

著者略歴

米田　元
　よねだ　げん

1989年　早稲田大学理工学部卒業
現　在　早稲田大学理工学術院教授　博士（理学）

主要著書
理工系のための微分積分入門（サイエンス社，2009）
大学新入生のための基礎数学（共著，サイエンス社，2010）

ライブラリ演習新数学大系＝S3
理工基礎　演習　微分積分
2011 年 3 月 10 日 Ⓒ　　　　　　　初　版　発　行

著　者　米　田　　　元　　　発行者　木　下　敏　孝
　　　　　　　　　　　　　　　印刷者　山　岡　景　仁
　　　　　　　　　　　　　　　製本者　関　川　安　博

発行所　株式会社　サ　イ　エ　ン　ス　社
〒151–0051　東京都渋谷区千駄ヶ谷 1 丁目 3 番 25 号
営業　☎（03）5474–8500（代）　振替 00170–7–2387
編集　☎（03）5474–8600（代）
FAX　☎（03）5474–8900

印刷　三美印刷　　　　　　　製本　関川製本所

《検印省略》

本書の内容を無断で複写複製することは，著作者および
出版者の権利を侵害することがありますので，その場合
にはあらかじめ小社あて許諾をお求め下さい．

ISBN 978-4-7819-1275-2

PRINTED IN JAPAN

サイエンス社のホームページのご案内
http://www.saiensu.co.jp
ご意見・ご要望は
rikei@saiensu.co.jp まで．

理工系のための微分積分入門
米田　元著　2色刷・A5・本体1800円

理工基礎　微分積分学 I
足立恒雄著　2色刷・A5・本体1600円

理工基礎　微分積分学 II
足立恒雄著　2色刷・A5・本体1600円

基本例解テキスト　微分積分
寺田・坂田共著　2色刷・A5・本体1450円

新微分積分
寺田文行著　A5・本体1100円

微分積分の基礎
寺田・中村共著　2色刷・A5・本体1480円

改訂　微分積分
洲之内・和田共著　A5・本体1280円

基礎　微分積分
洲之内治男著　A5・本体1456円

＊表示価格は全て税抜きです．

サイエンス社

理工基礎 **線形代数**
　　　　高橋大輔著　２色刷・Ａ５・本体1600円

基本例解テキスト **線形代数**
　　　　寺田・坂田共著　２色刷・Ａ５・本体1450円

線形代数学
　　　　笠原晧司著　Ａ５・本体1553円

新線形代数
　　　　寺田文行著　Ａ５・本体1100円

線形代数　増訂版
　　　　寺田文行著　Ａ５・本体1262円

線形代数の基礎
　　　　寺田・木村共著　２色刷・Ａ５・本体1480円

基礎 **線形代数［新訂版］**
　　　　洲之内治男著　田中和永改訂　Ａ５・本体1600円

コア・テキスト **線形代数**
　　　　鈴木香織著　２色刷・Ａ５・本体1600円

＊表示価格は全て税抜きです．

サイエンス社

演習と応用 **線形代数**
寺田・木村共著　2色刷・A5・本体1700円

演習と応用 **微分積分**
寺田・坂田共著　2色刷・A5・本体1700円

演習と応用 **微分方程式**
寺田・坂田・曽布川共著　2色刷・A5・本体1800円

演習と応用 **関数論**
寺田・田中共著　2色刷・A5・本体1600円

演習と応用 **ベクトル解析**
寺田・福田共著　2色刷・A5・本体1700円

＊表示価格は全て税抜きです．

サイエンス社